淡水池塘 生态环境修复技术

DANSHUI CHITANG SHENGTAI
HUANJING XIUFU JISHU

陈家长 孟顺龙 杨 弘 邴旭文 等 编著

中国农业出版社
北 京

图书在版编目（CIP）数据

淡水池塘生态环境修复技术 / 陈家长等编著 . —北京：中国农业出版社，2022.3
ISBN 978 - 7 - 109 - 27671 - 0

Ⅰ.①淡…　Ⅱ.①陈…　Ⅲ.①养鱼池塘—水环境—生态恢复　Ⅳ.①S955.1

中国版本图书馆 CIP 数据核字（2020）第 265268 号

中国农业出版社出版
地址：北京市朝阳区麦子店街 18 号楼
邮编：100125
责任编辑：杨晓改
版式设计：王　晨　责任校对：吴丽婷
印刷：中农印务有限公司
版次：2022 年 3 月第 1 版
印次：2022 年 3 月北京第 1 次印刷
发行：新华书店北京发行所
开本：787mm×1092mm　1/16
印张：21.5
字数：580 千字
定价：198.00 元

编著者名单

陈家长　孟顺龙　杨　弘　郏旭文　范立民
郑　尧　宋　超　李丹丹　陈　曦　裴丽萍
汪　倩　穆希岩　胡庚东　张宪中　刘　颖
冯　军　何　奇　朱新艳

[淡水池塘生态环境修复技术]

前言

  池塘养殖在我国有着悠久的历史，中国池塘养殖业在世界水产养殖业的发展历程中有着举足轻重的地位。多年来，我国池塘养殖业发展取得了显著成绩，为保障优质蛋白供给、降低天然水域水生生物资源利用强度、促进渔业产业兴旺和渔民生活富裕作出了突出贡献。但也应看到，现阶段我国池塘养殖仍是以牺牲资源和环境为代价的开放型养殖模式，池塘养殖饲料中13%的蛋白质、8%的脂肪、40%的碳水化合物、17%的有机质、50%的灰分和23%的干物质被鱼类作为代谢物排出，最终积累在养殖水体中，将养殖水体变成了富营养化废水。为了满足养殖鱼类对水质和生态的要求，必须不断更换、排放养殖废水，因此，传统的池塘养殖生产模式造成大量水资源和物质能量的浪费。

  近年来，党中央、国务院高度重视生态文明建设，实行最严格的生态环境保护制度，坚持绿色生产方式，坚定走生产发展、生活富裕、生态良好的文明发展道路。池塘养殖业发展方式粗放以及发展不平衡、不协调、不可持续的深层次矛盾已经引起党中央、国务院的高度重视和社会各界的极大关注。农业部在2016年12月31日印发的《全国渔业发展第十三个五年规划》强调，"十三五"要大力推进渔业供给侧结构性改革、加快渔业转方式调结构、促进渔业转型升级；2019年，经国务院批准，农业农村部联合生态环境部、自然资源部、国家发展和改革委员会、财政部、科学技术部、工业和信息化部、商务部、国家市场监督管理总局、中国银行保险监督管理委员会等10部委共同发布了《关于加快推进水产养殖业绿色发展的若干意见》，更是将水产养殖业绿色发展提高到特别重要的位置。

  当前，渔业正处在转型升级的关键时期，渔业发展的主要矛盾已经转化为人民对优质安全水产品、优美水域生态环境的需求与水产品供给侧结构性矛盾突出、渔业资源环境过度利用之间的矛盾。在新的发展阶段，需要开展高效、安全、节约、环保型渔业生产，不断探索产出高效、产品安全、资源节约、环境友好型渔业生产技术和模式，有效破解水产养殖与环境污染之间的矛盾、养殖规模扩展和养殖效益下降之间的矛盾、养殖病害频发和产品质量安全之间的矛盾，从而实现提质增效、减量增收、绿色发展、富裕渔民的渔业发展目标。为加快推进池塘养殖业绿色高效发展，促进产业转型升级，满足人民对优质水产品和优美水域生态环境的需求，党和政府投入了大量的人力物力，渔业生态环境科技工作者也投入了大量的心血智慧。多年来，通过科技攻关，突破了一些制约池塘养殖业绿色发展的关键技术瓶颈，形成了一批与池塘养殖业绿色发展相关的研究成果，如在池塘养殖系统中生源要素的转归机制研究方面，开展了池塘养殖系统氮、磷收支研究；在池塘养殖生态净化技术研究方面，开展了基于空心菜、中草药浮床和高效净水微生物的原位净化技术以及基于人工湿地和生态沟渠的异位净化技术研究；在池塘标准化改造技术研究方面，开展了基于多净化区、多过滤坝等多级净化技术的池塘改造技术研究等。

本书编者以中国水产科学研究院淡水渔业研究中心渔业生态环境学科多年来的技术储备和积累为基础，通过查阅大量的国内外文献，吸收近二十年来国内外学者在池塘生态环境修复领域的研究成果，特别是有机结合了"国家特色淡水鱼产业技术体系养殖水环境控制岗位"和国家"十二五"科技支撑计划"池塘养殖水质净化和修复技术研究与示范"的研究工作成果，从而编撰成本书。根据中国各地相继开展的淡水池塘养殖环境修复技术要求，本书全面系统地阐述了中国水产养殖特别是淡水池塘养殖的现状、淡水池塘生态环境的主要特征、淡水池塘生态环境所面临的主要压力及生态修复的主要技术与手段，揭示了淡水池塘生态环境变动的内在规律及池塘生态环境修复与渔业经济可持续发展的相关性，在此基础上提出了淡水池塘生态环境修复和管理的重要性。本书将淡水池塘生态环境修复的理论和实践有机地结合起来，既保证有一定的理论深度，又充分反映出其鲜明的实践性和应用性特点。本书共分九章，并附有多个案例，以淡水池塘自然资源及生态环境的合理利用和可持续发展为主线，将我国的池塘养殖产业政策、环境标准与法规、水产品质量安全控制、池塘环境污染特征及池塘环境修复技术紧密地结合在一起，重点阐述淡水池塘生态环境的物理修复技术、化学修复技术、生物修复技术等。希望本书能够为中国各地的淡水池塘生态环境修复提供技术支撑，为高等农业院校水产养殖及相关专业高层次人才培养提供教学参考，为渔业科研技术人员和行政管理人员提供相应的理论依据。

由于时间匆忙，加之编者水平有限，书中错误或不当之处，敬请广大读者批评指正。

本书得到现代农业产业技术体系专项"国家特色淡水鱼产业技术体系养殖水环境控制岗位"（CARS—46）和国家"十二五"科技支撑计划"池塘养殖水质净化和修复技术研究与示范"（2015BAD13B03）的资助。

编著者
2020 年 5 月

目录

前言

第一章 绪 论

第一节 水产养殖业及其在社会生产中的作用

一、水产业及水产养殖业的概念

水产业是以水生生态系统为依托，利用水生生物机体本身生产量的增长，通过采捕天然水生动植物，人工投苗、放养、强化或控制水生生物生长、繁殖，而取得水产品的社会生产部门。水产养殖业是人类利用海水与淡水养殖水域，采取改良环境、清除敌害、人工繁育与放养苗种、施肥培养天然饵料、投喂饲料、调控水质、防治病害、设置各种设施与繁殖保护等系列科学管理措施，促进养殖对象快速生长发育，最终获得鱼类、虾蟹类、贝类与棘皮动物、藻类及两栖类与爬行类等水产品的农业生产部门。水产养殖业是水产业（渔业）的重要组成部分，按水域性质不同分为海水养殖业和淡水养殖业。按养殖、种植对象，分为鱼类、虾蟹类、贝类，及藻类、芡、莲、藕等。中国水产养殖业历史悠久，远至公元前 1142 年（殷末周初）已知凿池养鱼，范蠡约在公元前 460 年著有《养鱼经》，为世界最早的养鱼文献。中华人民共和国成立后，通过大力改造利用一切可供养殖的水域和潜在水域，扩大养殖面积和提高单位面积（水体）产量；开拓水产养殖的新领域、新途径，发展工厂化、机械化、集约化经营，扩展高密度温流水、网箱（包括多层网箱）、人工鱼礁、立体、间套混等多种养殖方式，挖掘水产生产潜力；保护水产资源和生态环境，使水产养殖业获得较快发展。人类从事水产养殖的时期较之采捕天然水产资源的捕捞业晚，水产养殖业的出现和发展，标志着人类影响及控制水域能力的增强。

水产养殖业的经营方式包括粗放型和集约型。粗放型养殖水域的基本条件较差，面积较大，苗种放养密度稀，一般不施肥、不投饵，主要依靠天然肥力与饵料生物进行生长发育，人工调控与管理措施不够科学合理，因此，单位水体产量与产值较低。集约型养殖水体的基本条件较好，面积或体积较小，苗种放养密度大，人工施肥与投饵，养殖对象主要依靠人工肥力与饲料进行生长发育，通常采用电力、机械、电子等现代化技术措施监测和调控水域环境条件。因此，单位水体产量与产值较高，是一种高投入、高产出的水产养殖方式。

水产养殖业与农业的性质相似，同属于第一产业，但由于它是在水域中养殖经济动植物，经营对象的种类与生物学特性、应用的基础理论、生产方式与方法以及关键技术与重难点等与种植业和畜牧业有很大不同，因此，具有明显的特色。同时，在水产养殖全过程中与农林业和机械、电子、建筑、饲料等工业发生密切联系。与国民经济其他行业相比，水产养殖业的投资较少，周期较短，见效较快，效益和潜力都较大。

我国是一个农业大国，农业是国民经济的基础，水产业作为农业的一个重要组成部分，在推动社会生产发展和提高人民生活水平中发挥着不可替代的作用。第一，水产业对拓宽就业门路、调整产业结构、繁荣农村经济、增加农民收入等方面有着重要的意义。水产业的发展直接给广大渔民提供了广阔的就业机会，据统计，2016年渔业人口达1973.41万人，同时，由水产养殖发展而带动起来的储藏、加工、流通、渔用饲料与渔用药物等一批产前产后的相关产业规模不断扩大，从业人数大量增加，间接地拓宽了就业空间，缓解了我国城乡居民的就业压力。第二，水产业每年为人们提供着巨大的鱼蛋白。水产食品营养丰富、味道鲜美，并具有低脂肪、高蛋白、营养平衡性好等特点，不仅改善了我国人民的膳食结构，提高了我国人民的食物质量，而且已经成为确保我国粮食安全"紧缺资源替代"的一个重要产业。第三，发展水产业能够推动国土资源的合理开发和综合利用。第四，发展水产业能够为国民生产其他部门提供大量的原材料。近些年来，水产业已成为我国农村经济新的增长点，作为农业发展的新亮点，在大农业中的份额进一步增加，为优化农村产业结构、增加农民收入做出了新的贡献，在缓解食品供应短缺局面中起着不可或缺的作用。

二、水产养殖业在社会生产中的作用

（一）利于调整农村产业结构，促进国土资源合理开发利用

我国人口众多，人均占有耕地面积非常少，而且随着城市建设扩展，农村建设、能源开发和交通网的修建等因素继续与农争地，加之人口的增加，人均占有耕地量还在继续下降。我国内陆水面近2000万 hm²，浅海滩涂1333.3万 hm²，加上能够划归给我国海洋专属经济区的海域面积，总水面面积差不多相当于我国农作物的播种面积，这些水域是与耕地同样重要的国土资源。由于目前开发利用的还很少，如何合理而有效地开发这些既不与粮食争耕地、又不与畜牧争草原的辽阔水域以发展养殖、增殖或捕捞，如何有计划地"退耕还渔"或挖塘抬田，开发不适合种植的低洼地、荒滩盐碱地以发展渔业生产，对于调整我国产业结构有着重要意义。

（二）利于改善人民的膳食构成，提高全民族的健康水平

食物构成，尤其是膳食营养水平，对人体健康和智力发展有重要作用。我国目前的食物构成，属于典型的以植物产品为主型，营养供应的基本特点是"一够二缺"，即以粮食为主，虽然能量足够，但动物性蛋白和脂肪摄取量不足。因此，发展渔业能够为我国的食物构成加入丰富的水产蛋白。鱼的可食部分较高，大量食用鱼及海产品，使得血液中含有一种高度的不饱和脂肪酸，对于预防脑血栓、心肌梗死有特殊效用。我国自古以来就将海味与山珍并列，对鲤、鲫、鳗、甲鱼、对虾、海参、海带等水产品的营养价值评价也是很高的。

（三）利于加强横向联系，促进与水产业有关的产业发展

现代科学技术的发展，使水产业与其他部门经济的横向联系大大加强，水产业的产前、产后服务部门越来越多，如渔船、网具、导航助渔仪器、养殖增殖，水产品加工、冷

冻、冷藏等。随着水产业的发展，这些与水产业有关的经济、技术部门也将得到促进和发展。

水产业除了给人类提供食用动物蛋白源，还在药物、化工、装饰等方面有着广泛的用途。随着社会的发展，旅游渔业将在我国快速发展起来。

（四）利于创造利润、税收，增加国家财政收入

发展渔业可以为国家增加财富，为社会主义建设积累资金。在我国对外出口物资中，水产品占有重要地位，水产品是我国大量出口的产品，每年向日本、欧美国家出口大量的对虾、鳗、河蟹、珍珠等，可创造几亿美元的外汇。

（五）利于广开生产门路，扩大劳动就业

我国的农业人口所占比例是相当高的。随着我国农村经济体制改革的不断发展，将有很多的劳动力从土地上解放出来，如何安排这些"富余"的劳动力，发展渔业给出了一条有效途径。我国水产资源发展的潜力还很大，可以吸收相当数量的劳动力就业。同时，从农业生产的季节性特点看，发展水产养殖业可以使农闲时的农业劳动力适当转移到渔业生产，从而开拓生产门路，增加社会财富，提高劳动者收入。

水产品全面放开以后，总体形式是好的，它调动了广大生产者的积极性，水产品市场空前活跃。国家近些年也逐渐加大了对水产器械的财政补贴力度，使生产者也看到了实惠。随着市场的全面开放，意味着水产品流通体制已经由过去的封闭型转变为开放型，由独家经营到开放经营。同时，在这种形势下，水产行政部门作为政府管理经济的专设机构，要切实加强对新情况、新问题的研究，要像抓生产一样，研究有关流通方针政策，协调各种关系。要引导生产企业和个体经营者增强时间观念、信息观念、市场观念和效益观念，善于利用经济信息和供求信息规律，组织安排商品生产，要引导水产供销业加强生产营销观念，一方面，为生产提供多种优质的产前、产后服务，提供商业信息动态，促进生产企业搞好经营，另一方面，要不断改进自己的销售服务意识，自觉维护消费者利益。

（六）利于开展国际经济技术合作，扩大我国的政治经济影响

我国水产业在生物技术的某些领域，例如传统的综合淡水养鱼技术、海产贝藻类养殖技术和海洋捕捞技术等方面，居领先地位。总体来看，我国水产业科学技术水平比起一些水产业发达的国家还有不小差距。我国通过对水产资源的开发利用，可以有助于与友好国家增强经济技术合作，既能促进我国水产业的发展又能扩大我国的政治经济影响。

第二节 水产养殖业发展概况

一、世界渔业发展概况

（一）世界渔业资源状况

地球表面的总面积为 5.1 亿 km^2，其中海洋面积为 3.6 亿 km^2，海洋占地球表面总面积的 71%。国际上将世界海洋划分为 19 个渔区，以太平洋西北部和大西洋东北部渔区渔获量最大，其次为太平洋东南部和太平洋中西部渔区。上述四大渔区占世界大洋面积约 1/4，渔获量占世界海洋渔获量近 2/3。按照渔业资源的丰富程度，世界海洋分为四大渔

场，即北太平洋渔场、东北大西洋渔场、西北大西洋渔场和秘鲁渔场。

海洋蕴藏着十分丰富的海洋生物资源。世界海洋生物 20 万种以上，其中海洋动物约 18 万种。从生物学上，海洋生物资源包括鱼类资源、海洋无脊椎动物资源、海洋脊椎动物资源和海洋藻类资源。全世界鱼类有 2.5 万～3 万种，其中海产鱼类超过 1.6 万种，但海洋捕捞种类约有 200 种。其中年产量不足 5 万 t 的占多数，为 140 多种；超过 100 万 t 的仅有 12 种，即狭鳕、大西洋鳕鱼、秘鲁鳀鱼、大西洋鲱鱼、鲐鱼、毛鳞鱼、远东拟沙丁鱼、沙瑙鱼、智利竹荚鱼、沙丁鱼、鲣、黄鳍金枪鱼等，它们约占世界海洋渔获量的 1/3。海洋无脊椎动物估计有 16 万种，经济价值较大，目前已被人类利用的有 130 多种，包括乌贼、章鱼、鱿、贻贝、牡蛎、扇贝、蛤、蚶、砗磲、鲍、红螺、对虾、龙虾、蟹、海参、海蜇等。大西洋西北部是世界上捕捞头足类的中心，年产约 100 万 t。大西洋中东部是世界上头足类捕捞的第二渔场，年产约 30 万 t。中国黄海、东海头足类是以日本枪乌贼和大枪乌贼为主。据估计，世界大陆架和大陆斜坡上部海区内头足类的蕴藏量 800 万～1 200 万 t，但有 90％尚未开发。全世界有牡蛎 200 多种，中国沿海有 20 多种，贻贝有紫贻贝和翡翠贻贝、加州贻贝等，扇贝的种类也很多，分布广泛，世界各海洋都有。捕虾业是经济价值最高的一种渔业，世界上捕虾的国家达七八十个，主要产虾国家是美国、印度、日本、墨西哥等。虾场主要分布在南美、欧洲南部、中国、朝鲜和日本南部外海。蟹类种类很多，中国有 600 多种，绝大多数为海生，常见的有三疣梭子蟹、锯缘青蟹等。在世界上产量最多的是堪察加蟹和雪蟹，年产约 15 万 t。全世界的海参有 1 100 多种，可供食用的约 40 种，从渤海湾、辽东半岛到北部湾的涠洲岛、南沙群岛都有海参产出。另外中国的海蜇资源非常丰富，中国北方沿海常见的是海蜇、面蜇、沙蜇 3 种，分布于南海的是黄斑海蜇。联合国粮农组织（FAO）对世界海洋渔业资源年可捕量总体估计是：经济鱼类 1.04 亿 t，经济甲壳类 230 万 t，头足类 1 000 万～1 亿 t，灯笼鱼类 1 亿 t，南极磷虾 1 亿 t 以上。

近几十年来，人类对海洋生物资源的过度利用和对海洋日趋严重的污染，使全球范围内的海洋生产力和海洋环境质量出现明显退化。一是过度捕捞引起的海洋生物资源衰退。随着世界各国海洋捕捞技术日益增强，现代化的捕捞技术迅速提高，渔业资源因过度捕捞而逐渐衰退。大多数野生鱼种已被充分利用，越来越多的鱼种都呈现过度捕捞状态。一些捕鱼行为，如底拖网捕捞会破坏海洋鱼类的栖息地，捕走大量鱼种，破坏生态系统中食物链的动态平衡。联合国粮农组织发布的《世界渔业和水产养殖状况》指出，在全球野生鱼类种群中，52％已接近或达到可持续捕捞要求的最大限度，17％的鱼类被过度捕捞，7％的鱼类资源已经枯竭，而那些处于各国管辖权范围之外的国际水域内的鱼类更是岌岌可危，捕捞状况令人担忧。报告指出，世界各海域的捕捞情况不尽相同，问题较为严重的是大西洋的东南部和东北部海域、太平洋东南部海域以及大西洋和印度洋中拥有金枪鱼的公海区域。报告还表明，包括鳕、大比目鱼、罗非鱼、金枪鱼和姥鲨在内的远海鱼类，由于其活动范围经常跨越国家海域界限或具有群集洄游习性，过度捕捞而面临枯竭的种类已达 50％以上。二是水域污染日趋严重。人类活动产生的大部分废物和污染物流入了海洋。海洋环境的污染源 80％来自地面。海洋污染的主要来源和比例是：城市污水和农业径流排放 44％、空气污染 33％、船舶 12％、倾倒垃圾 10％、海上油气生产 1％。海洋污染会引起沿海生态环境改变，海洋生物的栖息和繁殖地也会遭到破坏，因而海洋里没有氧气的死亡地带数量持续不断增长。

（二）世界水产品贸易概况

近年来，随着世界水产品产量的上升、消费者收入的增长、运输成本的下降以及农产品贸易协定的签订，世界水产品贸易不断发展，水产品已成为世界贸易的大宗商品。据联合国统计司数据库统计，1992 年世界水产品贸易额为 343.61 亿美元，1997 年为 471.03 亿美元，2002 年为 520.38 亿美元，2008 年为 894.7 亿美元。2002 年以后，世界水产品贸易额以年平均 9.5% 的速度高速递增。除了将水产品作为食物和生活来源外，许多国家将渔业作为重要的出口创汇来源。2001 年全球水产品贸易进口额为 598.5 亿美元，世界水产品出口总额为 559.5 亿美元。

世界水产品的出口主要集中在发展中国家，发展中国家的水产品出口量占到世界总出口量的 50% 以上。水产品贸易是发展中国家赚取外汇的重要来源，发展中国家从水产品中获得的净外汇从 1980 年的 37 亿美元增加到 2000 年的 180 亿美元，比其他农业产品例如大米、咖啡和茶要高。中国是世界上最大的水产品出口国，2008 年出口额 101.1 亿美元，其次是挪威（2008 年 66.3 亿美元），泰国居第三（2008 年 65 亿美元），之后为丹麦、美国、加拿大、越南、西班牙、智利等。目前，中国、泰国、印度尼西亚、印度、厄瓜多尔等国控制了全球虾类出口；泰国、科特迪瓦、菲律宾等国控制了金枪鱼的出口；摩洛哥、泰国、毛里塔尼亚、越南等国控制了海洋软体动物的出口；秘鲁、智利等国的鱼粉出口居世界垄断地位。

世界水产品的进口主要集中在发达国家和地区，发达国家的水产品进口额占世界水产品进口的绝大部分。据联合国统计司统计，2008 年超过 70% 的水产品贸易进口集中在美国、日本和欧洲三个地区。日本是世界上最大的水产品进口国，进口量占全球总量的 26%，2008 年日本水产品进口额为 140.5 亿美元；其次是美国（140 亿美元）；第三是西班牙（68.5 亿美元）；后面是法国、意大利、德国、中国和韩国。

（三）世界水产品生产概况

随着世界人口不断增长和耕地面积日趋减少，发展渔业对满足人类日益增长的食物需要具有重要意义。随着海上捕捞与水产品生产、加工技术的进步，世界水产品的产量不断上升。表 1-1 显示，1990 年世界水产品总产量为 0.990 亿 t，1999 年为 1.266 亿 t，2002 年为 1.330 亿 t，2006 年为 1.440 亿 t（不包括水生植物，水生植物约为 0.15 亿 t）。从 20 世纪 90 年代以来，世界水产品总产量按年平均 4% 左右的速度增加。

表 1-1 世界水产品产量

年份	世界水产品总产量（亿 t）	内陆产量（亿 t）	海洋产量（亿 t）	养殖产量（亿 t）	捕捞产量（亿 t）
1961	0.392	0.049	0.343	—	—
1970	0.654	0.068	0.586	—	—
1975	0.659	0.074	0.585	—	—
1980	0.724	0.082	0.642	—	—

（续）

年份	世界水产品总产量 （亿 t）	内陆产量 （亿 t）	海洋产量 （亿 t）	养殖产量 （亿 t）	捕捞产量 （亿 t）
1985	0.871	0.116	0.755	——	——
1990	0.990	0.148	0.843	0.131	0.859
1995	1.173	0.212	0.960	0.243	0.930
1999	1.266	0.286	0.980	0.334	0.932
2000	1.304	0.302	1.002	0.356	0.948
2001	1.299	0.312	0.976	0.375	0.913
2002	1.330	0.326	1.004	0.398	0.932
2006	1.440	——	——	0.510	0.930

注：资料来自联合国粮农组织数据库世界海洋捕捞渔业的产量及分布。

1999 年世界水产品总产量为 1.266 亿 t，其中捕捞产量为 0.932 亿 t，养殖产量为 0.334 亿 t，分别占世界水产品总产量的 73.6%、26.4%；2006 年世界水产品总产量约为 1.44 亿 t，其中捕捞产量约为 0.93 亿 t，养殖产量约为 0.51 亿 t（不包括水生植物），分别占世界水产品总产量的 65%、35%。从总体上看，世界水产品总产量中捕捞产量的比重大于养殖产量的比重，但是养殖产量比重处于上升趋势，捕捞产量比重处于下降趋势。目前，全球海洋捕捞渔业的潜力已经被挖掘，而水产养殖的全球产量持续增长。水产品产量居世界首位的中国，养殖产量的比重为 65%。

2002 年世界主要海洋捕捞区域产量为，西北太平洋（0.214 亿 t）、东南太平洋（0.138 亿 t）、东北大西洋（0.11 亿 t）、中西部太平洋（0.105 亿 t）、东印度洋（0.01 亿 t）、西印度洋（0.042 亿 t）、中东部大西洋（0.034 亿 t）、东北太平洋（0.027 亿 t）、西北大西洋（0.022 亿 t）、中东部太平洋（0.02 亿 t）。海洋捕捞水产品的主要品种为秘鲁鳀、狭鳕、鲣、毛鳞鱼、大西洋鲱、日本鳀、智利竹筴鱼、蓝鳕、日本鲭、大西洋带鱼等。

世界内陆捕捞渔业的产量及分布。2002 年，世界内陆捕捞渔业产量为 870 万 t，各大洲内陆捕捞渔业的产量比重分别为：亚洲（65.5%）、非洲（24.0%）、南美洲（4.3%）、欧洲（4.1%）、北美洲（2.0%）、大洋洲（0.2%）。内陆捕捞水产品的主要品种为鲑鱼、鳟、胡瓜鱼、西鲱、鲤、鲃、淡水软体动物、罗非鱼、淡水甲壳类等。

世界水产养殖以亚洲一些国家最为发达，主要有中国、日本、印度及东南亚诸国。亚洲各国养殖产量占世界养殖总产量的 85%。东南亚地区以泰国、菲律宾和印度尼西亚的水产养殖业最为发达，主要养殖当地的热带和亚热带鱼类，如爪哇须鲃、胡子鲶、线鳢、蓝子鱼、长丝鲈、攀鲈和遮目鱼等，以及对虾、罗氏沼虾和贝类等。南亚的印度水产养殖发展最快，以池塘混养印度产的四种鲤科鱼类为主。东亚的中国和日本水产养殖发达。日本的水产养殖采用封闭循环温流水高密度养殖系统，在湖泊和近海以网箱和围栏大面积精养鱼类，并在贝类养殖方面采用浮筏式垂挂养殖法等先进技术，主要养殖对象有鲷、鳗、鲤、虹鳟、对虾、牡蛎、紫菜等，以及珍珠、扇贝、鲍等海珍品，日本的海水珍珠产量占世界首位。美洲养鱼主要供游钓业用，其次为生产性养鱼。美国以养殖花点叉尾鲶、鲑、鳟、鲤等为主,其他主要养殖种类有牡蛎和蛤仔,虾类养殖也在发展。欧洲以养鲤为主,其次是鲑、鳟,主要供游钓业用。俄罗斯是欧洲主要的水产养殖国,以养鲟著称,产量占世界的90%以上,同时鲑、鳟和鲤的养殖也较发达。东欧以养鲤为主,北欧的丹麦和挪威是养鳟中心,西欧普遍养鳟、鳗、牡蛎、贻贝和蛤仔。英国与荷兰还开始养殖鲆、鲽。

在世界水产品生产国中,中国、日本、美国、秘鲁、印度、印度尼西亚、泰国、孟加拉国、挪威、智利、越南等国家的水产品产量居世界前列。2002年海洋和内陆捕捞渔业居前十位的生产国分别是中国(1 660万t)、秘鲁(880万t)、美国(490万t)、印度尼西亚(450万t)、日本(440万t)、智利(430万t)、印度(380万t)、俄罗斯(320万t)、泰国(290万t)、挪威(270万t);2002年水产养殖产量前十位的生产国分别是中国(2 776.7万t)、印度(219.17万t)、印度尼西亚(91.41万t)、日本(82.84万t)、孟加拉国(78.66万t)、泰国(64.49万t)、挪威(55.39万t)、智利(54.57万t)、越南(51.85万t)、美国(49.73万t)。自1990年以来,中国水产品总产量居全球第一,印度水产品总产量居全球第二,印度尼西亚和越南分别位于第三和第四位。

(四)世界水产养殖产量

表1-2显示,2016年全球水产养殖产量(包括水生植物)总计8 003万t,总产量中包括5 409万t的食用鱼类,94万t水生生物。

表1-2 2016年各大洲主要食用鱼类组的养殖产量

单位:万t(鲜重)

类别	非洲	美洲	亚洲	欧洲	大洋洲	世界
内陆养殖						
鱼类	195.4	107.2	4 398.3	50.2	0.5	4 751.6
甲壳类	0	6.8	296.5	0	0	303.3
软体动物			28.6			28.6
其他水生生物		0.1	53.1			53.2
小计	195.4	114.1	4 776.5	50.2	0.5	5 136.7
海洋及近海养殖						
鱼类	1.7	90.6	373.9	183	8.2	657.4
甲壳类	0.5	72.7	409.1	0	0.6	482.9
软体动物	0.6	57.4	1 555	61.3	11.2	1 685.5
其他水生生物	0		40.2	0	0.5	40.7
小计	2.8	220.7	2 378.2	244.3	20.5	2 866.5
所有水产养殖						
鱼类	197.1	197.8	4 772.2	233.2	8.7	5 409.1
甲壳类	0.5	79.5	705.6	0	0.6	786.2
软体动物	0.6	57.4	1 583.6	61.3	11.2	1 714.0
其他水生生物	0	0.1	93.3	0	0.5	93.9
合计	198.2	334.8	7 154.7	294.5	21.0	8 003.2

自 2000 年起，全球水产养殖已不再保持 20 世纪 80 年代和 90 年代的高速增长（年均增速分别为 10.8％和 9.5％）。尽管如此，水产养殖的增速仍然快于其他主要的食品生产部门。2001—2016 年，年均增速下滑至 5.8％，但少数国家仍保持两位数增长，2006—2010 年非洲表现尤为抢眼。水产养殖对全球捕捞和养殖总产量的贡献逐步提升，从 2000 年的 25.7％增至 2016 年的 46.8％。若不包括中国，水产养殖占比则由 2000 年的 12.7％上升至 2016 年的 29.6％。

2016 年，内陆水产养殖提供了 4 752 万 t 食用鱼类，对全球养殖鱼类食品总产量的贡献率为 59.38％，2000 年贡献率为 57.9％。鱼类养殖仍为内陆水产养殖的主要品种，占到内陆水产养殖总产量的 92.5％，较 2000 年 97.2％的水平略有下滑；此种变化反映出其他养殖品种的强劲增长，特别是亚洲内陆水产养殖中的甲壳类，包括对虾、鳌虾和螃蟹。内陆水产养殖中包括了适应后可在淡水或内陆盐碱水中养殖的部分海洋虾类，如白脚虾。

在区域层面上，水产养殖占鱼类总产量的比重在非洲、美洲和欧洲为 17％～18％不等，大洋洲为 12.8％。在亚洲（不包括中国），水产养殖在鱼类总产量中的比重由 2000 年的 19.3％上升至 2016 年的 40.6％。联合国粮农组织对未提交产量报告的国家所做的预算产量合计占全球总产量的 15.1％（1 210 万 t）。

尽管养殖品种十分丰富，但从产量上看，国家、区域和全球层面上的水产养殖仍被少数大宗品种或品系把持。表 1-3 显示，有鳍鱼养殖是品种最为丰富的种：2016 年，超过 90％的有鳍鱼产量集中于 27 个品种及品系，而 20 个产量最高的种类项目对总产量的贡献率高达 84.2％。与有鳍鱼相比，甲壳类、软体类和其他水生动物的养殖品种较少。

表 1-3　世界水产养殖业生产的主要品种

品种	2010 年（万 t）	2012 年（万 t）	2014 年（万 t）	2016 年（万 t）	占 2016 年总量百分比（％）
鱼类					
草鱼	436.2	501.8	553.9	606.8	11.2
鲢	410.0	419.3	496.8	530.1	9.8
鲤	342.1	375.3	416.1	455.7	8.4
尼罗罗非鱼	253.7	326.0	367.7	420.0	7.8
鳙	258.7	290.1	325.5	352.7	6.5
鲫	221.6	245.1	276.9	300.6	5.6
卡特拉鲃	297.7	276.1	277.0	296.1	5.5
淡水鱼类	137.8	194.2	206.3	236.2	4.4
大西洋鲑	143.7	207.4	234.8	224.8	4.2
南亚野鲮	113.3	156.6	167.0	184.3	3.4
鲶	130.7	157.5	161.6	174.1	3.2
遮目鱼	80.9	94.3	104.1	118.8	2.2
罗非鱼	62.8	87.6	116.3	117.7	2.2

（续）

品种	2010 年（万 t）	2012 年（万 t）	2014 年（万 t）	2016 年（万 t）	占 2016 年总量百分比（％）
胡子鲇类	35.3	55.4	80.9	97.9	1.8
海水鱼类	47.7	58.5	68.4	84.4	1.6
团头鲂	65.2	70.6	78.3	82.6	1.5
虹鳟	75.2	88.3	79.6	81.4	1.5
鲤科鱼类	71.9	62.0	724	67.0	1.2
青鱼	42.4	49.5	55.7	63.2	1.2
乌鳢	37.7	48.1	51.1	51.8	1.0
其他鱼类	584.9	681.5	777.4	862.9	16.0
鱼类总量	3 849.4	4 445.3	4 967.9	5 409.1	100.0
甲壳类					
南美白对虾	268.8	323.8	369.7	415.6	52.9
克氏原螯虾	61.6	59.8	72.1	92.0	11.7
中华绒螯蟹	59.3	71.4	79.7	81.2	10.3
斑节对虾	56.5	67.2	70.5	70.1	8.9
日本沼虾	22.6	23.7	25.8	27.3	3.5
罗氏沼虾	19.8	21.1	21.6	23.4	3.0
其他甲壳类	70.0	60.6	65.4	76.7	9.8
甲壳类总产量	558.6	627.7	704.7	786.2	100.0
软体类					
巨牡蛎类	367.8	397.2	437.4	486.4	28.4
菲律宾蛤仔	360.5	377.5	401.4	422.9	24.7
扇贝类	140.8	142.0	165.0	186.1	10.9
海洋软体动物	63.0	109.1	113.5	115.4	6.7
贻贝类	89.2	96.9	102.9	110.0	6.4
缢蛏	71.4	72.0	78.7	82.3	4.8
太平洋牡蛎	64.1	60.9	62.4	57.4	3.3
血蚶	46.6	39.0	45.0	43.9	2.6
智利贻贝	22.2	24.4	23.8	30.1	1.8
其他软体类	180.8	168.3	174.8	179.5	10.5
软体类总产量	1 406.4	1 487.4	1 604.7	1 713.9	100.0
其他水生动物					
中华鳖	27.0	33.6	34.5	34.8	37.1
仿刺参	13.0	17.1	20.2	20.5	21.8
水生无脊椎动物	22.3	12.8	11.1	9.7	10.3

（续）

品种	2010 年 （万 t）	2012 年 （万 t）	2014 年 （万 t）	2016 年 （万 t）	占 2016 年总量 百分比（%）
蛙类	8.2	8.6	9.7	9.6	10.2
其他	11.2	11.8	13.9	19.3	20.6
其他水生动物总产量	81.8	83.9	89.4	93.9	100.0

（五）世界渔业发展的趋势

20 世纪 50 年代以来，人们逐渐认识到水生生物资源不是取之不尽、用之不竭的。由于滥捕滥捞、水质污染和不良气候的影响，目前全世界 19 个重点海洋渔业的海区中已有 13 个处于资源枯竭或产量急剧下降的状态，养殖生态系统功能也日趋退化。世界渔业发展面临天然渔业资源的恢复、保护和持续利用问题以及养殖业的可持续发展问题等。综合起来看，世界渔业发展主要呈现以下发展趋势。

1. 世界水产品供应呈现短缺趋势

未来 20 年中，世界渔业产量的年平均增长速度约 1.5%，渔业产量的增长跟不上世界人口增长的步伐。加上全球绝大多数渔业资源遭到破坏或过度捕捞导致水产品供应短缺进一步加剧。

2. 水产养殖业在世界渔业生产中的比重不断增加

由于过度捕捞，野生鱼的产量已接近其再生能力，捕捞渔业的产量停滞不前。与此相反，水产养殖业不仅在产量上，而且在为人类直接消费的世界供应量的相对贡献方面持续增长。水产养殖业成为弥补世界水产品供求巨大缺口的主导力量。国际市场对淡水产品需求不断增加。

目前，世界水产品产量的 70% 以上来自海洋捕捞和海水养殖。海水养殖经近 20 年的迅猛发展，已达到水体能够承受的高峰区段，世界大型沿海渔场捕捞量已达到饱和或超过天然生产能力，需要一个休养生息的阶段；同时，随着国际社会通过国际合作，强化了对环境和渔业资源，特别是公海渔业资源的保护，海洋捕捞和海水养殖的产量不可能大幅增长。国际市场需求的增长与世界海洋水产品生产能力有限之间的矛盾，将为淡水渔业发展提供广阔的空间。

3. 休闲渔业迅猛发展

渔业发展的空间不断拓展，休闲渔业崛起并带来丰厚的社会、生态和经济效益。世界休闲渔业 20 世纪 60 年代在一些经济较发达的国家迅速崛起，逐步实现了渔业与休闲、娱乐、健身、旅游、观光和餐饮的有机结合，为渔民、渔业创造了更大的经济价值。

4. 渔业生产力的提高依靠科技进步

渔业生产力的提高和可持续发展主要通过科技进步来实现。计算机、遥感技术、信息化、自动化、新原料、增氧技术、水处理技术以及生物技术等科学技术在世界渔业领域得到应用，极大地提高了渔业生产力。例如，英国开发的一种工厂化养鱼装置，可以在 20～30 周内使 5 cm 的幼鱼长到 907.18 g，相当于在自然环境中 2 年的成长量。因此，世界各国逐步加强渔业科学研究和创新渔业生产技术，从而提高应对渔业发展变化的能力。

5. 海洋渔业将进入全面科学管理时代

1982 年《联合国海洋法公约》颁布后，大多数沿海国家实施了 200 n mile 专属经济区制度，自由捕捞和作业的海域范围大大缩小，公海渔业资源也受到区域性国际渔业组织的管理。世界海洋渔业管理不仅对海洋生物资源进行管理，而且对捕鱼活动的全过程进行科学管理。为实现水生生物资源可持续利用的目标，以联合国粮农组织为主体的一些国际性渔业组织，研究和制定了如《21 世纪议程》《联合国海洋法公约》中《有关养护和管理跨界鱼类种群与高度洄游鱼类种群的规定的协定》《负责任渔业行为守则》《国际渔业行动计划》等渔业资源保护和管理的有关指导性文件和技术措施。有些地区要求各捕鱼国对其从事公海生产的渔船实施授权和许可制度，要求遵守渔船建造、设施等标准；要求渔船船员按国际标准进行培训，颁发国际统一的证书；要求各捕鱼国向有关国际组织申报其公海渔船基本数据等。

6. 渔业水域生态环境的保护得到高度重视

随着人类对水生生物资源和水域开发利用的增强，水域生态环境受到严重的威胁和破坏。1992 年联合国环境与发展大会通过《21 世纪议程》后，国际上将各大洋和各海域包括封闭和半封闭海域以及沿海地区的保护、海洋生物资源的保护、合理利用和开发等列为重要议题。我国 1995 年颁布的《中国海洋 21 世纪议程》也将海洋环境和生物资源的保护列为重要内容。为了减少水体污染，发达国家不仅严格控制工业和生活废水的排放，而且通过法律法规限制水产养殖业的发展，例如水产养殖业废水排放标准、渔用药物使用规定、特种水产品流通以及水生野生动植物保护等方面都有一系列法律体系进行规定，这些国家在渔场生态环境保护、养殖场设置和养殖废水、污泥处理等方面都取得了显著的成效。美国、加拿大和日本等国先后开展了退化生态系环境修复技术的研究，利用微生物降解技术修复被石油污染的海岸、池塘和湖泊的沉积环境，或通过底栖生物吞食有机碎屑修复养殖场环境。日本学者根据网箱养殖场所处海域的地形和海流特征将其划分为封闭型水域、开放型水域等不同类型，研究污染物的迁移和归宿，提出利用温跃层、内部潮汐、改造地形等措施加速污染物扩散从而减少污染物的积累。

7. 现代渔业成为世界渔业的发展方向和主流

现代渔业以资源节约、环境友好、可持续发展为原则，以完备的法律法规体系和有效管理为保障，以现代科学技术和设施装备为支撑，运用先进生产方式、经营管理手段经营渔业，形成农工商、产加销一体化产业体系，实现经济、社会、生态效益共赢和谐发展的产业形态。分析归纳日本、俄罗斯、美国等渔业先进国家的渔业发展，现代渔业具有四个基本特征：一是能够科学地合理开发利用和保护渔业资源；二是有先进的生产技术和装备等现代化的生产手段；三是依靠科技进步不断提高生产力水平；四是用科学的方法对渔业实施有效管理。例如日本作为一个渔业强国，注重保护好本国渔业资源，提出渔业必须从早期的"采捕型"转变到"资源管理型"，对渔业资源实施科学的总可捕量（TAC），开展增殖资源的"栽培渔业"，依靠科技进步，注重技术储备。

8. 国际渔业贸易壁垒不断叠加的趋势

20 世纪 90 年代以来，60% 以上的出口水产品来自发展中国家，发展中国家增长的产量几乎全部输往他国。对许多发展中国家而言，水产品贸易是重要的外汇来源，也是人民的所得来源、就业及粮食来源。因此，渔业生产对国际贸易的依赖越来越强。在未来的国际贸易中，发达国家的非关税贸易壁垒将不断加强。水产品非关税贸易壁垒的形式多样，如反倾销贸易壁垒、技术贸易壁垒、绿色贸易壁垒、动植物卫生检疫措施壁垒、反补贴壁垒等。英国海洋管理委员会率先在英国联合几大国内超市实施所谓的生态标签制度，目的是昭示消费者更多地关心海洋生态环境，不要购买有损于环境的水产品。生态标签将成为新的非关税壁垒。

二、中国水产养殖业发展概况

（一）中国水产养殖业发展概况

我国水产养殖业历史悠久，是世界上最早的国家。春秋战国时期范蠡所著的《养鱼经》是世界上最早的一部养鱼著作。同时，中国也是世界上内陆淡水总面积最大的国家之一，全国内陆水域总面积约 1 838 万 hm^2。其中：江河面积 765 万 hm^2，湖泊 714 万 hm^2，水库 211 万 hm^2，池塘 148 万 hm^2。

在人类历史上，渔先于农，在人类未有文字记载的历史以前，渔、猎并存，构成了人类维持生命延续的主要活动。在人类利用鱼类为食物的初期，人类只能通过捕捞自然界中生长的鱼类，这就是现代水产捕捞的前身；随着生产力的发展，人类将野生的鱼类逐渐驯化而进行人工养殖，这就是现代水产养殖的前身，水产捕捞和水产养殖构成了水产业的两大支柱。

在渔业产业发展的进程中，捕捞业先于养殖业，而淡水养殖又早于海水养殖。原始人类于 7 000 年前（河姆渡文化时期）就开始在江河和海洋中捕捞鱼类、贝类等水生经济动物，称渔猎。最早的养殖业是在池塘中养殖鲤，始于 3 100 年前的殷末周初，公元前 460 年（春秋战国时期）范蠡编著的《养鱼经》详细描述了养鲤的池塘条件和人工繁殖方法等，经过数百年养殖历程，至今 2 200 多年（汉代）养鲤更加盛行。2 000 多年前（东汉）开始进行稻田养鲤。618—907 年（唐代），养鲤业受到极大的摧残，因为帝王姓李、李与鲤同音，认为"鲤"是皇室的象征，故严禁养鲤。另外，受生产力发展的驱动，劳动人民寻找到生长速度更快的青鱼、草鱼、鲢、鳙，养殖方法由单养逐步发展为多品种混养。1276 年（宋代）开始饲养观赏鱼。1536 年（明代）开始进行河道养鱼。海水养殖始于 2 000 年前的西汉时期，最早养殖的种类是牡蛎。滩涂养殖贝类，经过漫长历程，养殖对象逐年增多，于 1289 年（元朝）开始养殖蛏等优良种类。

我国水产养殖虽然历史悠久，资源丰富，但因长期以来受封建主义压迫剥削、帝国主义侵略、官僚资本主义统治及养殖技术落后等因素的影响，水产养殖业没有得到应有的发展。1949 年，全国海水养殖产量仅 1 万 t 左右，淡水养殖产量仅 10 万 t 左右。

中华人民共和国成立以来，我国水产养殖业呈现出突飞猛进的发展势态。水产养殖业的发展大体经历了四个阶段：1950—1957 年，前三年恢复和后四年发展时期；1958—1965 年，渔业发展方针上的争论时期；1966—1976 年，徘徊时期；1977 年以后是我国水产养殖的高速发展时期。自 1958 年我国"四大家鱼"人工繁殖技术突破以来，淡水池塘养殖发展迅速，养殖规模逐年扩大，养殖品种不断增加，养殖技术也不断提高。尤其是1978 年以后，我国农村逐步落实各项经济政策，调整生产关系和农业产业结构布局，改革渔业发展方针，坚持"以养为主"的发展方针，即："以养为主，养殖、捕捞、加工并举，因地制宜，各有侧重"，从而推动了我国池塘养殖的高速发展，中国开始进入渔业发展的黄金时期。值得关注的是，1985年，中央在农产品中率先放开水产品的价格。受益于市场经济规律的促进，养鱼的经济效益比农业中的农作物种植的经济效益好得多。因此，当时各行各业、各个部门，国内、国外资本大量投入，新技术、新品种、新设备引入，养鱼饲料工业迅速崛起与发展。同时，调整产业结构，保护水产资源，降低捕捞强度，减少船网渔具，严格执行禁渔期禁渔区，捕捞指标从零增长到负增长，采取增殖放流苗种，大力发展海水、淡水养殖、增殖。这大大地促进了海水、淡水养殖的飞跃发展（表1-4）。从1988年开始，人工海水、淡水养殖的产量也历史性地首次超过了天然捕捞的产量，经过10年的发展，1988年中国水产养殖产量达到532万t。这是中国渔业实行产业结构调整实现养殖产量超过天然捕捞产量的历史性大转变。1989年中国水产品产量达到1152万t，跃居世界第一位，成为世界主要渔业国家，成功走出了具有中国特色的"以养为主"的渔业发展道路。自1991年以来我国水产品总产量一直稳居世界第一位，2016年中国水产品总产量达到6901.25万t（表1-5）。如今，中国已成为世界第一渔业生产大国、水产品贸易大国和主要远洋渔业国家。我国水产养殖产量实现占国内水产品总产量和世界水产养殖总产量的两个70%。到2016年，我国水产品产量已经连续26年世界第一，占全球水产品产量的1/3以上，全世界养殖的每四条（只）鱼（虾）中有三条（只）以上来自中国。

表1-4　中国2007—2016年淡水养殖统计信息（按水域分）

单位：hm²

年份	池塘	湖泊	水库	河沟	其他	稻田养成鱼
2007	1 840 626	1 040 123	1 299 349	123 786	109 728	1 550 296
2008	2 144 715	961 335	1 549 612	202 183	113 178	1 477 501
2009	2 331 900	998 232	1 726 407	249 674	117 612	1 339 714
2010	2 377 001	1 007 103	1 795 579	264 126	120 534	1 326 113
2011	2 449 911	1 023 009	1 851 877	272 684	131 087	1 207 914
2012	2 566 859	1 024 785	1911 468	274 817	129 547	1 294 919
2013	2 623 176	1 022 692	1957 966	275 809	126 487	1 520 685
2014	2 661 901	1 015 327	1 994 819	274 965	133 876	1 489 501
2015	2 701 222	1 022 350	2012 411	277 102	134 156	1 501 629
2016	2 762 604	990 816	2 010 928	267 694	147 577	1 516 093

表1-5　我国水产养殖近10年发展情况

年份	全国渔业经济总产值（亿元）	全国渔业人均纯收入（元）	全国水产品总产量（万t）	全国水产养殖产量（万t）	全国海水养殖产量（万t）	全国淡水养殖产量（万t）	全国水产养殖面积（万hm²）	全国渔业人口（万人）	全国渔业从业人员（万人）
2007	9 539.13	6 937.00	4 747.52	3 278.33	1 307.34	1 970.99	574.51	2 111.54	1 316.86
2008	10 397.50	7 575.00	4 895.60	3 412.82	1 340.32	2 072.50	654.99	2 096.13	1 454.37
2009	11 445.13	8 165.66	5 116.41	3 621.68	1 405.22	2 216.46	728.31	2 084.56	1 384.73

（续）

年份	全国渔业经济总产值（亿元）	全国渔业人均纯收入（元）	全国水产品总产量（万 t）	全国水产养殖产量（万 t）	全国海水养殖产量（万 t）	全国淡水养殖产量（万 t）	全国水产养殖面积（万 hm²）	全国渔业人口（万人）	全国渔业从业人员（万人）
2010	12 929.48	8 962.81	5 373.30	3 828.83	1 482.30	2 346.53	764.52	2 081.03	1 399.21
2011	15 005.01	10 011.65	5 603.21	4 023.25	1 551.33	2 471.93	783.49	2 060.69	1 458.50
2012	17 321.88	11 256.08	5 907.67	4 288.35	1 643.81	2 644.54	808.84	2 073.81	1 444.05
2013	19 351.89	13 038.77	6 172.01	4 559.68	1 739.25	2 820.43	832.17	2 065.94	1 443.06
2014	20 858.95	14 426.26	6 461.52	4 748.41	1 812.65	2 935.76	838.64	2 035.04	1 429.02
2015	22 019.94	15 594.83	6 699.65	4 937.90	1 875.63	3 062.27	846.50	2016.96	1 414.85
2016	23 662.29	16 904.20	6 901.25	5 142.39	1 963.13	3 179.26	834.63	1 973.41	1 381.69

（二）中国池塘养殖发展概况

1. 中国池塘养殖概况

淡水鱼类养殖是一门综合性的自然科学，是动物饲养科学中一门独立的科学。它包括池塘养殖和天然水域增殖、养殖。通过合理的经营管理和采取强化措施，从而不断提高鱼产量。池塘养殖是淡水鱼类养殖的主要组成部分。利用面积在 10 hm² 以内的水面进行鱼类养殖，水面较小，容易人工控制，便于进行精养，故具有投资少、见效快、收益大的特点，而且能消除生物污染，适合我国的国情。我国的池塘养殖历史悠久、经验丰富，现在无论是养殖面积或产量都居世界第一位。

发展池塘养殖对提高整个淡水渔业生产有重要意义，不仅能提供大量鲜活的富含动物蛋白质的鱼产品，改善人民的营养和健康水平，还有利于调整农业结构，提高农民的生活水平，并可增加外汇收入。鱼类是变温动物，基础代谢较低，因此，饲料的转化率高于畜禽。养鱼的饲料转化率（养殖产品干重/消耗饲料干重）为 15%～28%，而饲养肉鸡为 12%～16%，鸡蛋为 10%～12%；蛋白质的转化率鲤为 30%～40%，肉牛约为 6%，猪约为 12%，鸡约为 20%，鸡蛋约为 18%。故发展池塘养殖更为经济，是广大农村能较快致富的副业生产。同时，鱼产品的出口换汇率也较高，一般工农业产品需人民币 2.4 元创汇 1 美元，而鱼产品只需 0.70～0.80 元的人民币就可创汇 1 美元。出口 1 t 活黑鱼就可换回钢材 40 t 或小麦 57 t，1 t 冻鱼片可换回钢材 8.25 t，鳗、鱼籽酱等出口价值更高。

2. 中国池塘养鱼的简史与今后发展

我国池塘养鱼历史悠久，始于殷而盛于周，距今已有 3 200 多年。公元前五世纪，越国大夫范蠡总结了群众养鲤的经验，写出了著名的《养鱼经》，是我国最古老的养鱼书籍，也是世界上最早的养鱼文献之一。我国已用 5 种文字印刷向世界发行。

到秦汉时代，除池塘养鱼外，同时开始了稻田养鱼和大水面养鱼。618—907 年的唐代，因鲤与李同音有违李姓尊严，而用法律禁止饲养和捕捞鲤鱼，改名赤鲽也不许。故开始饲养草鱼、青鱼、鲢、鳙，由单养转到多种鱼混养。

宋代和明代，我国池塘养鱼技术有了全面发展，黄省曾的《养鱼经》和徐光启的《农政全书》，对养鱼全过程，包括鱼池构造、放养密度、混养、轮养、投饵与施肥、鱼病防治等，都有较详细的记载。池塘养鱼由粗养进步到精养。

清朝在屈大均的《广东新语》中，对鱼苗的生产、分类以及运输，都做了详细记述，并发展了池塘养鱼和种桑养蚕结合的综合经营模式。

1949 年以前池塘养鱼没有得到应有的发展，出现了大滑坡，全国水产年产量由 1936 年的 150 万 t 降低到 1949 年的 45 万 t。中华人民共和国成立后，池塘养鱼很快得到恢复和发展，到 1957 年全国水产总产量达 312 万 t，淡水鱼产量占 117 万 t，而其中养鱼产量占 56 万 t，1959 年超过 500 万 t，1988 年超过 1 000 万 t，1989 年为 1 125 万 t，淡水鱼产量达 625 万 t，其中淡水养殖产量占 407 万 t。

1958 年根据历史上丰富的养鱼实践经验，概括上升到理论，总结出"水、种、饵、密、混、轮、防、管"八字养鱼法，大大提高了单位面积鱼产量。另外，利用生态、生理相结合的方法解决了池塘人工繁殖草鱼、鲢、鳙的难题，并很快普及全国。1975 年又首次人工合成了高效鱼类催情剂促黄体素释放激素类似物（LRH－A），并用于鱼类催情成功。经过长期对我国常见鱼病防治的研究，已基本控制了常见鱼病的发生，大幅度提高了养殖鱼类的成活率。近几年又在全国范围内推广了配合颗粒饲料养鱼，加速鱼类生长，提高了饲料的利用率和产量。池塘养鱼的机械化程度有了很大提高。我国发展渔业生产的方针调整为"以养为主，养殖、捕捞、加工并举，因地制宜，各有侧重"，推动水产生产向前发展。

然而，我国池塘养鱼还面临着许多不足之处，还有不少困难需要克服。如饲料不足，优良养殖新品种的选育，养鱼的机械化与现代化技术水平的提高，对病毒性鱼病的防治，养鱼生产的科学管理方法，以及鱼类生理生态学与高产理论的探讨都有待进一步研究和加强。在广大水产工作者的共同努力下，我国池塘养鱼将会更加迅速地全面发展，为世界渔业作出新的贡献。

第三节　中国渔业的机遇与挑战

我国经济发展进入新常态以来，虽然水产品供给总量充足，但结构不合理，发展方式粗放，不平衡、不协调、不可持续问题非常突出，渔业发展的深层次矛盾集中显现。"十二五"期间，渔业已成为我国的国家战略产业。农业部在 2016 年 12 月 31 日印发的《全国渔业发展第十三个五年规划》强调，"十三五"是大力推进渔业供给侧结构性改革、加快渔业转方式调结构、促进渔业转型升级的关键时期。《全国渔业发展第十三个五年规划》提到，资源环境约束趋紧，传统渔业水域不断减少，渔业发展空间受限。水域环境污染依然严重，过度捕捞长期存在，涉水工程建设不断增加，主要鱼类产卵场退化，渔业资源日趋衰退，珍稀水生野生动物濒危程度加剧，实现渔业绿色发展和可持续发展的难度加大。此外，水产品结构性过剩的问题凸现，不适应居民消费结构升级的步伐，渔民持续增收难度加大。大宗品种供给基本饱和，优质产品供给仍有不足，供给和需求不对称矛盾加剧。水产品质量安全风险增多，违规用药依然存在，水环境污染对水产品质量安全带来的影响不容小觑等。

当前，渔业发展的积极因素不断积累。《全国渔业发展第十三个五年规划》显示，渔业定位为国家战略产业。大力推进供给侧结构性改革，转方式、调结构，为渔业发展提供新动能。海洋强国、"一带一路"、京津冀协同发展和长江经济带等战略深入实施，为渔业发展提供新机遇。除此以外，经过改革开放40多年的发展，我国已成为世界第一渔业生产大国、水产品贸易大国和主要远洋渔业国家。养殖业、捕捞业、加工流通业三大传统产业不断壮大，增殖渔业、休闲渔业两大新兴产业快速发展，为渔业转型升级提供坚实基础。在发展空间方面，稻渔综合种养、多营养层级复合生态循环养殖、工厂化循环水养殖、深水大网箱养殖、盐碱水养殖等技术开发与完善，开拓了渔业发展新空间。创新驱动方面"互联网＋"和物联网技术广泛应用，众创、众筹等新型产业孵化模式层出不穷，为渔业创新发展提供有力支撑。

根据统计年鉴的数据显示，从2013—2015年，我国居民人均水产品消费量从10.4 kg增长到11.2 kg。从长期趋势来看，我国居民对水产品消费将继续保持稳定增长态势，这与粮食消费明显不同。2015年在中央首次提出供给侧结构性改革的背景下，面对居民消费升级的关键时期，中国农业发展主要矛盾和任务已经发生转变，由数量不足向质量安全保障性不足转变、由主要保障农产品供给向多重功效转变、由提高国内农业生产能力向抗御国际市场冲击转变。具体到渔业，其改革的着力点有三个方面，即更加有效地调整水产品供给结构、更加有效地保护渔业资源和水体生态环境、更加有效地促进水产养殖方式转变。

第四节　淡水池塘养殖面临的生态环境问题及对策

一、淡水池塘养殖面临的生态环境问题

（一）外源污染问题

1. 工业废水污染

全世界每年约有42 000亿t污水排入江、河、湖、海，使全球1/3的淡水水域和沿海受到污染。在20世纪60—70年代，美国曾两次对全国的河流、湖泊进行了镉、锌、铜、铬、铅、汞等有毒微量金属含量的调查，发现有1/3的水体汞含量较高；7个州的河流湖泊中鱼体内汞含量超过卫生标准而禁止捕食。在我国，长期以来天然水域被视为无主或公共的环境资源，谁都可以无偿使用，虽然环保法已颁布多年，但在排污问题上似乎形同虚设，至今仍有80％以上的工业废水不经处理直接排入江河湖泊，不仅使渔业生产面临巨大危机，也破坏了极其宝贵的淡水资源。

工业废水对渔业水体的污染几乎是毁灭性的。例如，造纸厂废水中的硫化物，可使所有鱼类致死；农药厂的产品和原料，都是鱼类的克星；冶金矿山废物中的重金属，会毒死一切水生动植物；皮革厂、肉类加工厂废水排入水体可使水色加深、浊度加重，减少了太阳辐射，限制了鱼类正常的活动与摄食。工业废水排放还有可能引起水温骤升，引发水生生物种群的变化与更迭，破坏水生生态平衡；同时工业废水的恶劣气味可导致水生生物死亡，并使水产品附着异味而失去食用价值。例如，过量的铜会使鱼类的鳃部受到广泛的破坏，出现黏液、肥大和增生，使鱼窒息，还可造成鱼体消化道受到损害；过量的铅可导致红细胞溶血、肝脏损害，雄性性腺、神经系统和血管损害；镉是高毒

和高蓄积性物质，可产生致畸、致癌、致突变作用；锌能降低鱼类的繁殖力；砷有较强的致癌作用；汞易在生物体中富集，对鱼卵有毒害作用；铬尤其是六价铬是一种致癌、致畸、致变物质。

2. 生活污水污染

随着城乡人口的不断膨胀以及人民生活水平的大幅度提高，生活污水的排放量和有机物的含量日益增加。大量的生活污水直接排入水体中，其中的氮、磷等营养物质可加速水体的富营养化进程。有研究表明，我国的水体富营养化涉及面之广、富营养程度之深是世界罕见的。进入 20 世纪 90 年代后，呈富营养化或有富营养化趋势的湖泊水体越来越多，水体富营养化程度越来越严重。我国五大淡水湖水体的营养盐均大大超过富营养化发生浓度，尤其是总氮浓度超过富营养化临界值 10 倍以上；中型湖泊也大部分进入富营养化状态，部分水体已达严重富营养化水平，如滇池、洱海等；城市小型湖泊不论地处什么地理位置富营养化都较为严重。同时，生活污水中的铁和锰等氢氧化物悬浮物能引起水体的混浊度增加，生活污水产生的恶臭可导致水生生物产生回避、死亡等生物效应。

工业废水和生活污水排放量的大幅度上升，加之农业化肥、农药的大量使用通过地表径流作用而被带入水体所造成的面源污染的加重，使得一些湖泊特别是近郊湖泊受到污染，某些污染较为严重的水域甚至不能用于渔业生产。而且江河水域也受到了不同程度的破坏，使得池塘养殖面临几将无优质外源水可供利用的不利局面。

3. 农业面源污染

我国农业面源污染比较严重。第一次全国污染源普查公报显示，2007 年通过农业面源污染排放的总氮为 270.46 万 t，总磷为 28.47 万 t，分别占同期全国排放的 57.19% 和 67.27%。调查表明，农业面源污染即将成为我国流域污染的主要因素。同时，在农业集约化程度高、氮肥用量大的地区，面临着严重的地下水硝酸盐污染问题。城乡接合地区是产生面源污染的主要区域，而农村畜禽养殖业污染是面源污染的主要来源。

化肥污染是在农业生产中因施用大量化学肥料而引起土壤、水体和大气的污染。研究表明，氮肥的利用率为 30%～40%，磷肥的利用率仅 10%～15%，钾肥的利用率为 40%～60%。化肥的大量使用，特别是氮肥用量过高，使部分化肥随降雨、灌溉和地表径流进入河、湖、库、塘，污染了水体，造成了水体的富营养化。

我国农药年产量 50 万 t，位居世界第二。我国施用农药中杀虫杀螨剂占 62%，杀菌剂占 21%，除草剂占 17%。当前，农药施用品种较多、乱、杂，约有 30 个品种。由于农药的利用率低于 30%，70% 以上的农药散失于环境之中，严重影响农业生态环境。土壤中农药被灌溉水、雨水冲刷到江河湖海中，污染了水源。

当前，畜禽粪便污染问题成为农业面源污染的主要污染源之一。根据国家环境保护总局 2000 年全国规模化畜禽养殖业污染调查工作报告，1999 年全国畜禽粪便排放量为 19.0 亿 t，为同年工业固体废物排放量的 2.4 倍，而且畜禽粪便化学需氧量（COD）排放量已达 7 118 万 t，大大超过工业废水和生活污水的 COD 排放量之和。畜禽粪便不经任何无害化处理就直接排放，这些畜禽粪便携带大量的大肠杆菌、寄生虫卵等病原微生物和大量的氮、磷等进入江河湖泊，不仅污染养殖场周围的环境，而且导致水体和大气的污染，更是我国江河湖泊富营养化的主要污染源。

此外，农业废弃物污染也相当严重，我国每年有 6.5 亿 t 秸秆，约有 2/3 被无谓焚烧或变成有机污染物。2000 年，我国农业源排放甲烷占全国排放总量的 80%，氧化亚氮占 90%以上。大部分秸秆采取焚烧的方式，既浪费资源又影响大气环境。农作物秸秆量大面广，焚烧和废弃率高，大量的秸秆被焚烧或者抛弃于河沟渠或道路两侧，污染大气和水体，影响农村的环境卫生。

（二）内源污染问题

1. 传统高密度养殖模式导致池塘内源污染问题

目前，随着渔业生产水平的不断提高以及渔业机械和驯化养鱼技术在池塘养殖中的大量投入和使用，在很大程度上提高了池塘的鱼载力，单位面积的鱼产量也实现了较大突破，由原来的每亩* 200 kg 提高到现在的每亩 500~1 000 kg。但由于鱼种密度的增加，大量的饲料、粪肥投入和鱼类的代谢物积累而造成的有机污染也越来越严重，从而导致了池塘水质的富营养化。富营养化是水体衰老的一种现象，由于氮、磷以及其他有机物的大量积累，水体浮游植物过量繁殖，从而形成富营养型"水华"，不仅增加了池塘的生物负载压力，而且某些分泌物以及由机体腐烂产生的有害物质，如藻毒素等，还会对鱼类的生长发育产生不良影响和毒害作用。池塘养殖环境的恶化引起鱼类疾病频繁发生，从而进一步导致鱼药以及抗生素的施用量大大增加。所有的鱼药在防病治病的同时都会对养殖生物产生一定的毒副作用，而且如果使用不当，既不能达到预期效果，还会产生很大的毒害作用。另外，有些药物可以在环境和鱼体中产生积累，不仅使水质状况更加恶化，而且也易导致水产品质量下降。池塘水质的迅速恶化直接导致换水量和换水频率加大。Phillips 等（1991）报道，在台湾养殖尼罗罗非鱼，每生产 1 kg 鱼消耗水量 0.3 万~2.1 万 L；在美国养殖斑点叉尾鮰和虹鳟，每生产 1 kg 鱼消耗水量分别为 2.9 万 L 和 2.1 万 L；鲍苗种培育和成鲍室内越冬养殖（养殖水温为 20 ℃左右），流水量为饲育水体的 6~8 倍。池塘养殖本身废水排放量的大大增加，不仅浪费了宝贵的水资源和能源，而且这种废水的排放还加剧了近海、湖泊等水域的富营养化进程，使水中细菌数量进一步增加、溶氧量下降、水体恶臭，甚至改变底栖动物区系以及使水生生物产生毒性等危害。水质的恶化使整个养殖生态环境遭到严重破坏，爆发性病害频繁发生，给整个水产养殖业造成了巨大的经济损失。

2. 池塘养殖面临的氮磷失衡问题

虽然养殖水体中总磷和总氮的含量已超过富营养化标准，但池塘中参与初级生产力活动的有效磷的含量相对是缺乏的，因为它在 pH 为 7.5~8.5 的池塘水体中溶解度较低，极易被淤泥吸附或被重金属络合。我国池塘养殖多数大量施用氮含量远高于磷含量的有机肥，同时天然饵料或者商品饲料中有机氮含量更高，因此氮失衡也是养殖池塘面临的重要环境问题之一。池塘养殖产生的污染主要来源于残饵和鱼体排泄物，根据池塘养殖水体的氮循环过程可以看出，硝化细菌硝化速度很低，使亚硝酸盐、氨氮浓度过高；同时，浮游生物生长所需要的硝酸盐含量也是很少的，因此养殖中后期池塘水质状况相对于前期更

---

* 亩为非法定计量单位，1 亩=1/15 hm²。

差。氮失衡对池塘养殖造成内部污染和外部污染的影响也是不同的。池塘水体内部污染问题主要集中在氨氮和亚硝酸盐氮，一般在9、10月时浓度达到一个养殖周期的最高值。水体中高浓度的氨对鱼虾体内酶的催化作用和细胞膜的稳定性产生严重影响，并破坏排泄系统和渗透平衡，导致鱼类发现极度活跃或抽搐，失去身体平衡，无生气或昏迷等现象。而过高浓度的亚硝酸盐会促使鱼虾血液中的亚铁血红蛋白被氧化成高铁血红蛋白，而后者不能运载氧气，从而抑制血液的载氧能力，造成组织缺氧，导致鱼类摄食能力降低甚至死亡。

在可控的生态风险范围内，池塘养殖对外界环境造成的污染主要受到总氮、总磷等富营养化物质排放的影响。据第一次全国污染源普查公报的数据显示，水产养殖业总氮和总磷的排放量分别为8.21万t和1.56万t，分别占总污染源中主要污染排放总量的1.74%和3.69%，占农业污染源中主要水污染排放量的3.04%和5.48%。因此，池塘养殖的环境问题已经成为制约我国淡水养殖发展的重要因素之一，池塘养殖环境生态修复技术的研究和推广应用日益受到重视。

（三）池塘养殖的产品质量安全问题

池塘养殖内、外源污染的加重直接导致了养殖环境的恶化，这已经成为制约我国水产养殖业健康持续发展的关键因素。水体的严重污染不仅降低了水产品的经济价值，而且还对人类健康产生了不良影响，使我国池塘养殖面临着巨大挑战，特别是中国加入世界贸易组织（WTO）以后，国际市场对我国水产品质量的要求标准更加苛刻，"绿色壁垒"高抬，更使传统池塘养殖濒临危机。由于养殖水域受到污染和养殖环境的恶化，致使我国的水产品种类及质量下降，有害物质残留量偏高，部分地区的产品甚至已不符合卫生标准，严重影响了我国水产品的出口贸易。2002年4月，欧盟提出全面禁止中国水产品对其出口贸易，原因之一就是因为中国水产品中违规药物的残留量严重超标。因此，要想既保证池塘养殖的可持续发展，同时又能迎合市场，特别是国际市场的需求，使水产品适销对路，生产绿色无污染水产品是当今水产养殖发展的一个主要方向，而绿色水产品的首要条件就是良好的水质以及少使用或不使用渔药。传统的粗放性经营、资源依赖型水产生产方式所带来的生态失衡、环境恶化、资源萎缩、水产品质量下降等状况已十分明显，因此，高效、节水、绿色、不污染环境的池塘生态养殖模式日益引起人们的广泛关注。同时，与池塘生态养殖模式相配套的池塘生态环境修复技术也得到了前所未有的重视。

二、淡水池塘环境问题对策

近年来，党中央、国务院高度重视生态文明建设，实行最严格的生态环境保护制度，坚持绿色生产方式，坚定走生产发展、生活富裕、生态良好的文明发展道路。当前，渔业正处在转型升级的关键时期，渔业发展的主要矛盾已经转化为人民对优质安全水产品、优美水域生态环境的需求与水产品供给侧结构性矛盾突出、渔业资源环境过度利用之间的矛盾。

在新的发展阶段，需要开展高效、安全、节约、环保型渔业生产技术研究，针对我国池塘养殖普遍存在的生态环境恶化、养殖废水任意排放、病害流行、水产品质量安全等重大问题，结合我国主产区池塘养殖特点和环境条件，从我国国情及市场需求出发，围绕池塘水质和底质修复、养殖投入品减量化技术、养殖污染沉积归趋和高效健康养殖的核心技术，重点开展池塘养殖高效利用饵料与精细投喂技术、池塘养殖环境的原位修复与异位修复、池塘养殖水质设施化净化和修复关键技术以及典型池塘养殖模式的水质净化和修复综合效益评估的研究。在此基础上，构建适合区域特征和养殖品种特点的池塘养殖水质净化和修复模式以及池塘养殖环境控制和质量安全技术体系，提升池塘养殖技术，有效提高池塘养殖环境容量，保障养殖产品质量，实现养殖水体的净化与循环利用，建立池塘养殖业与环境协调发展的生态养殖生产模式，制定池塘养殖水质净化和修复技术标准或规程。通过原始创新和集成创新，不断探索产出高效、产品安全、资源节约、环境友好型渔业生产技术和模式，有效破解水产养殖与环境污染之间的矛盾、养殖规模扩展和养殖效益下降之间的矛盾、养殖病害频发和产品质量安全之间的矛盾，从而实现提质增效、减量增收、绿色发展、富裕渔民的渔业发展目标。

（一）推广养殖池塘生态修复技术

目前，池塘养殖环境生态修复技术主要分为两类，一类是原位修复技术，也可称为立体修复。其原理主要是通过在养殖池塘水体上层通过生物浮床栽种水生蔬菜或其他超积累植物，在水体中层投放生物刷为能够进行硝化作用的有益微生物提供固着场所，促其大量繁殖，从而进一步增强养殖水体的氮循环，在水体下层投放螺丝、贝类等水生动物，促进池塘营养物质的多级利用等。这些方法的主要目的是为池塘水体中多余的营养物质提供新的归趋，使池塘水质得以稳定，并进一步降低养殖的产排污系数。另一类是异位修复技术，亦可称为平面修复。其原理主要是把养殖废水排出养殖池塘，引入净化单元对其进行净化处理，处理后的水也可被循环用来养鱼。

就我国目前的池塘养殖生态修复技术的研究进展来看，原位修复技术主要以"鱼—菜共生"养殖模式为代表，该模式利用人工构建的生态浮床在养殖水体上层栽培蔬菜，达到水体净化目的的同时，也额外增加经济效益。异位修复技术主要以循环水养殖模式为代表，该模式将养殖废水排入人工构建的湿地，通过湿地净化的水体可进一步供养殖池塘使用。这两种养殖模式的共同原理是为池塘水体的氮循环找到了一个新的归趋。

这两种模式各自的优缺点也是非常明显的（表1-6）。实际上，作为一项实用技术的研究，还需要考虑其可应用性。对于循环水养殖模式，在土地面积、水域面积匮乏的现状下，很难有大面积的净化配置。需要对效益进行分析，要从最终经济效益能否达到对生态效益的补偿，是否有现实意义和经济可操作性，否则再好再生态的配置，也不具有现实操作性。而对于"鱼—菜共生"模式，养殖与种植的结合虽然增加了额外的经济效益，也在蔬菜生物量增加的过程中实现了生态收入，但该模式也很难实现养殖池塘产排污系数的绝对为零，也就无法实现单个养殖池塘废水的零污染排放。生态支出是不可避免地要产生的，这又为前一种模式提供了反证，虽然循环水养殖模式无法避免产生额外的经济成本和土地资源，但在局部区域内，特别是富营养化严重的区域，如环太湖流域，其零排放的特点使其推广应用有一定的可行性，因为在这些区域生态效益是远高于经济效益的。

表 1-6　原位与异位修复模式特点的比较

养殖模式	生态/经济价值	优　　点	缺　　点
"鱼—菜共生"养殖模式	生态价值	通过根滤作用净化水体，降低池塘的产排污系数	无法实现养殖废水的零污染排放
	经济价值	实现立体修复，减少土地资源损耗	无法彻底解决淡水资源的持续性损耗
循环水养殖模式	生态价值	额外的经济收入	额外的土地资源损耗
	经济价值	实现了养殖废水的零排放，实现了淡水资源的循环使用	额外的经济投入

（二）创新池塘养殖管理模式

开展淡水池塘生态合作养殖模式。养殖池塘水体上层种菜，养殖废水排入人工湿地，将原位修复与异位修复技术结合起来，建立淡水池塘生态合作养殖模式，是我国池塘养殖所面临环境问题的有效解决途径之一。该模式有效地实现了前两种模式优缺点的互补。从生态意义上考虑，水面种菜可降低池塘的产排污系数，减轻人工构建湿地的净化负担，进一步减少湿地的面积。而从经济意义上也有望实现整个模式内部的收支平衡，因为种菜收入毕竟可以抵消一部分建立人工湿地的经济支出，甚至可以有一部分富余。

淡水池塘生态合作养殖模式的建立并不是原位修复与异位修复的简单组合，因为这种模式提倡的是合作社养鱼。合作社养鱼在我国已发展多年，其初期形式注重苗种采购的安全、经济和成鱼出售的方便、优价，是"好买好卖"的合作，亦可称为"经济合作"。当今，养鱼合作的方式已然不仅关注"买和卖"，更多的是利用专家系统进行统一的养殖品种的推介、养殖技术的培训以及病害防治的集中式处理，此阶段可称为"信息合作"。在保障养殖经济效益的同时，解决养殖对环境造成的污染问题，是我国水产养殖发展面临的瓶颈之一。将"经济合作"与"信息合作"发展到淡水池塘养殖的"生态合作"，不仅可以作为现代水产科技集中体现的平台，更是符合国家水产业发展的大趋势，通过生态合作突破淡水池塘养殖的环境瓶颈，正是该模式提出与建立的最大优势。

（三）推动池塘养殖绿色发展

坚持质量兴渔。紧紧围绕高质量发展，将绿色发展理念贯穿于水产养殖生产全过程，推行生态健康养殖制度，发挥水产养殖业在山水林田湖草系统治理中的生态服务功能，大力发展优质、特色、绿色、生态的水产品。随着国家对环境保护的不断重视，特别是生态文明建设提出后，渔业绿色发展逐步得到社会各界的广泛关注，并投入了大量的人力物力。多年来，通过科技攻关，突破了一些制约渔业绿色发展的关键技术瓶颈，形成了一批与渔业绿色发展相关的研究成果。如在池塘养殖系统中生源要素的转归机制研究方面，开展了池塘养殖系统氮、磷收支研究；在池塘养殖生态净化技术研究方面，开展了基于空心菜、中草药浮床和高效净水微生物的原位净化技术以及基于人工湿地和生态沟渠的异位净化技术研究；在池塘标准化改造技术研究方面，开展了基于多净化区、多过滤坝等多级净化技术的池塘改造技术研究；在绿色饲料开发和精准投喂技术研究方面，开展了基于新型蛋白原开发的绿色饲料研制技术研究等。这些成果的取得为推动池塘养殖绿色发展提供技术积累和坚实基础。

三、实施池塘环境修复的必要性分析

（一）与国家重大战略部署、政策导向结合紧密

2012 年中央 1 号文件《关于加快推进农业科技创新持续增强农产品供给保障能力的若干意见》中指出，我国耕地和淡水资源短缺的压力加大，农业发展面临的风险和不确定性明显上升，巩固和发展农业农村好形势的任务更加艰巨；实现农业持续稳定发展、长期确保农产品有效供给，根本出路在科技；提出了高产、优质、高效、生态、安全的农业科技创新发展方向；在农田资源高效利用、农林生态修复、有害生物控制、生物安全和农产品安全等方面突破一批重大基础理论和方法；同时，明确指出了要开展水产养殖生态环境修复试点。

2009 年中央 1 号文件《关于二○○九年促进农业稳定发展农民持续增收的若干意见》中明确提出加快发展畜牧水产规模化、标准化健康养殖；扩大水产健康养殖示范区（场）建设，继续实行休渔、禁渔制度，强化增殖放流等水生生物资源养护措施；加快农业标准化示范区建设，推动龙头企业、农民专业合作社、专业大户等率先实行标准化生产，支持建设绿色和有机农产品生产基地。

2007 年 12 月国家环境保护总局颁布的《全国农村环境污染防治规划纲要（2007—2020 年）》中明确指出，畜禽和水产养殖污染防治是我国农村环境保护的重点领域和主要任务，需要加强水产养殖业生态环境保护；重点开展水产养殖污染状况调查，根据水体承载能力，确定水产养殖方式，控制水库、湖泊网箱养殖规模，加强水产养殖污染的监管；进一步加强水产养殖污染治理技术的研究，积极推广生态水产养殖技术。

饲料安全是养殖产品和食品安全的基础。2001 年 12 月农业部根据《国民经济与社会发展第十个五年计划》《全国农业和农村经济发展第十个五年计划》《畜牧业"十五"计划和 2015 年远景目标规划》和《全国渔业第十个五年计划》，编制了《饲料工业"十五"计划和 2015 年远景目标规划》，明确提出了要大力开发饲料资源，加快饲料工业的结构调整，加强饲料安全监管。同时，也强调了建设饲料工业科学技术研究和成果转化基地，提升饲料工业的科技水平，提高饲料工业的国际竞争力。另外饲料的高效利用，在提高经济效益的同时也必须降低环境污染。

2011 年 3 月发布的《中华人民共和国国民经济和社会发展第十二个五年规划纲要》，针对水产行业提出要促进水产健康养殖。在五年经济社会发展的主要目标中提到：化学需氧量、二氧化硫排放分别减少 8%，氨氮、氮氧化物排放分别减少 10%。

2019 年，经国务院批准，农业农村部联合生态环境部、自然资源部、国家发展和改革委员会、财政部、科学技术部、工业和信息化部、商务部、国家市场监督管理总局、中国银行保险监督管理委员会等 10 部委共同发布了《关于加快推进水产养殖业绿色发展的若干意见》，更是将水产养殖业绿色发展和池塘生态修复提高到特别重要的位置。

由此可见，开展池塘生态修复与国家在水产健康养殖、水资源高效利用、农村水环境保护、优质高效饲料开发、食品安全等方面的重大战略布局、政策导向、规划纲要结合十

分紧密，充分体现了满足国家需求的要求。

（二）池塘养殖产业发展自身需求

当前，池塘养殖面临着内外源污染都十分严峻的局面。内源污染方面，随着渔业生产水平的不断进步，池塘单位水体的鱼载力大大提高，投饲量也随之大幅度增加。研究表明，在池塘养殖投喂的饲料中，有 5%～10% 未被鱼类食用；而被鱼类食用消化的饲料中又有 25%～30% 以粪便的形式排出。高密度放养、大量施肥投饵的养殖模式，导致池塘内部生态环境恶化、病害暴发、药物滥用、产品质量下降、出口贸易受挫等一系列严峻问题。池塘养殖生态环境的恶化已经严重影响到我国池塘养殖业本身的健康可持续发展。

同时，外源污染方面，许多流域富营养化问题突出，太湖、洪泽湖为重度污染，洞庭湖、巢湖为中度污染，总体上呈现"北方地区养殖水资源不足，南方地区水质性缺水"的格局，养殖主产区真正符合渔业水质要求的水源也十分稀少。加之，池塘养殖本身废水排放量的大大增加，不仅浪费了宝贵的水资源和其他能源，而且这种废水的排放还加剧了近海、湖泊等水域的富营养化进程。池塘内外源污染的加重，使养殖生态环境遭到极大破坏，暴发性病害频繁发生，给整个水产养殖业造成巨大经济损失。研究池塘水体污染修复技术能够为渔业清洁生产提供技术支持，推动渔业生态环境改善，保障食品安全，促进渔业增产增收、减投增效和池塘养殖业良性发展。

（三）社会对资源有效利用的需求

水产养殖业在我国有着悠久的历史，在世界水产养殖业中占举足轻重的地位。但是，现阶段的我国池塘养殖仍是以牺牲资源和环境为代价的开放型养殖模式。池塘养殖饲料中的 13% 蛋白质、8% 的脂肪、40% 的碳水化合物、17% 的有机质、50% 灰分和 23% 的干物质被鱼类作为代谢物排出，最终积累在养殖水体中，把养殖水体变成了富营养废水。为了满足池塘养殖鱼类对水质和生态的要求，必须不断更换、排放养殖废水。研究资料表明，池塘养殖尼罗罗非鱼和斑点叉尾鮰，每生产 1 kg 鱼分别消耗 21 t 和 3～5 t 水；采用传统的注排水养殖方式，每生产 1 kg 对虾消耗水量为 20 t。现有池塘养殖生产模式下，造成大量水资源和物质能量的浪费。

随着渔业资源的衰退和市场对水产品需求的持续增长，池塘养殖规模逐年扩大，使池塘养殖产生与资源利用间的矛盾日渐突出。因此，坚持节能、降耗、可持续发展的理念，通过水质净化和修复技术的创新，降低池塘养殖对内外环境的污染，是我国淡水养殖发展的方向。项目的指导思想是以自然资源的合理利用为前提，充分利用多种技术手段，最大限度地利用资源和降低养殖对内外环境的污染负荷，建立资源节约型和环境友好型的池塘养殖生产方式。这不仅可提高资源利用的合理性，而且还将强化对环境的保护力度，同时使产品质量得到有效保障。在保证生态效益的前提下，尽可能地提高水产养殖的经济效益。

（四）人类保护生态环境的需求

近二十年来，我国的池塘养殖业经历了从粗放到精养的变化，一些传统、低效的养殖模式被淘汰，其中也包括一些生态、绿色但低产的养殖方式，这在很大程度上是市场竞争的结果。历史上，我国一些传统、生态的养鱼方式，如桑基鱼塘、草基鱼塘等一些养殖方式，是我国渔民劳动智慧的结晶，有很强的科学性。一些传统的生态养殖方式是有利于资源与环境保护且可以被循环利用的。池塘水质净化和修复要研究的是，如何把一些传统的生态养殖原理和现代生产方式相结合，形成在市场经济条件下，既环保生态、又有经济效益的养殖方式。目前水质污染日趋严重，造成了水域富营养化，也直接导致养殖对象病害暴发流行。而防治病害的过程中，大量使用化学药剂、抗生素，进一步加剧了对水环境和水产品质量安全的影响，给人类健康带来严重威胁。这些严峻现实要求今后在发展池塘养殖时不仅需要在宏观上对养殖区域和规模进行合理规划，而且还需要建立环境友好的水产养殖技术规程，控制养殖污染，实现清洁生产。联合国粮食及农业组织（FAO）1995 年制定的《渔业负责任行为准则》，是全世界渔业发展的一个纲领性文件。中国作为世界上第一水产养殖大国，理应控制池塘养殖内外环境的污染，成为遵守准则的典范。

第二章　淡水池塘生态环境特征及其修复技术概况

第一节　淡水养殖池塘生态环境特征

一、淡水池塘生态系统基本概念

池塘生态系统是指生活在同一池塘中的所有生物和非生物环境的总和，是水生生物群落与水环境相互作用、相互制约，并通过物质循环和能量流动共同构成的具有一定结构和功能的动态平衡系统（图2-1）。池塘生态系统是淡水生态系统的一种。淡水生态系统是在淡水中由生物群落及其环境相互作用所构成的自然系统，分为静水生态系统和流水生态系统两种类型。池塘属于静水生态系统，与浅海、湖泊、水库、江河等相比，

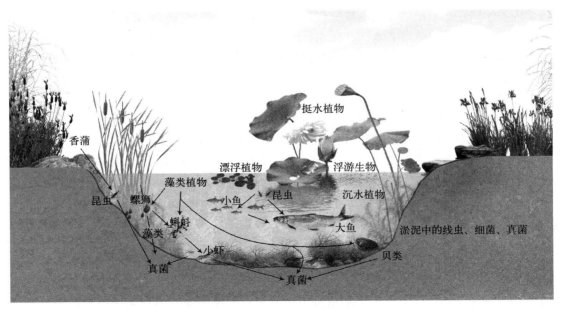

图2-1　淡水池塘生态系统

池塘面积一般是数亩到十余亩，大的有几十亩甚至几百上千亩，池塘生态系统的人工调控和人工调节程度相对较高，环境变化较易控制。池塘和池水是养殖鱼类栖息、生长、繁殖的环境，许多增产措施都是通过池塘水环境影响鱼类，故池塘和池水环境条件直接关系到单位面积池塘鱼产量的高低。饲养食用鱼的池塘条件包括池塘位置、水源水质、水深、面积、土质以及池塘形状与周围环境等，故应尽可能采取各种措施，创造最适宜的环境条件。

池塘生态系统的生物成分依其生态功能分为生产者（浮游植物、水生高等植物）、消费者（浮游动物、底栖动物、鱼类）和分解者（细菌、真菌）；依其环境和生活方式可分为浮游生物、游泳生物、底栖生物、周丛生物和漂浮生物等5大生态类群。池塘生态系统的非生物成分包括阳光、大气、无机物（碳、氮、磷、水等）和有机物（蛋白质、碳水化合物、脂类、腐殖质等），为生物提供能量、营养物质和生活空间。对池塘生态系统影响最重要的是养殖水产动物、饲料、水生植物、底栖动物、浮游生物、水体微生物等。

池塘生态系统有一定的自净功能，生态系统中各种物质比例相对稳定，生态功能各异，共同完成水体生态系统的正常循环。如果投入池塘生态系统的物质适中，循环途径畅顺，池塘生态系统就能保持正常运转。但池塘生态系统的自净功能是有限的，如果片面、过多地投入某些物质（如饲料或渔药），生态循环途径受阻，平衡被破坏，就会造池塘中有害物质堆积，从而造成养殖水体污染。因此，物质的投入种类、数量和质量对池塘生态系统有至关重要的影响。

二、淡水池塘生态系统的组成和功能

（一）非生物成分

淡水池塘生态系统的非生物成分包括生物生活的介质——水体和水底。它规定生物生活于其中的水温、溶解氧、水深、光照、透明度、悬浮物质等物理因素，参加物质循环的无机物（碳、氮、磷等）以及联系生物和非生物的有机化合物（如蛋白质、碳水化合物、脂类、腐殖质等）化学因素。

1. 水温

水温的变化主要受气温影响，水温与当日以及前1~3 d的平均气温、最高气温和最低气温关系较为密切。淡水养殖鱼类是变温动物，水温直接影响鱼类的体温，而体温直接影响着动物体细胞的活动及体内参与代谢的酶活力。不同水生生物对水温具有不同的适应性，水温不仅影响养殖生物的生长，也会影响养殖生物的繁殖。在适宜范围内，水温越高，养殖对象的摄食量越大，生长速度越快，饵料系数越小。鱼体内消化、代谢等功能酶的活性受到水温的影响，饲料的消化、吸收及转化在不同温度下的效率不同。水温对养殖对象的生长、繁殖、越冬、疾病等都有重要影响。

任何水产动物都有极限耐受温度范围和最适生长温度范围，如果要获得最佳生产效益就要求养殖水温控制在最适生长温度范围内。以罗非鱼为例，其可广泛生存在温度为12~40 ℃的自然水体中，但它对低温的耐受力较差。在上述温度区间范围内，其低温临界点为12 ℃，14 ℃以上罗非鱼开始进食，16~36 ℃为罗非鱼的适宜生长温度区间范围，在这个区间范围内，罗非鱼能正常摄食生长，但其中又可分为 22～34 ℃的正常适宜生长范围以及 28～32 ℃的最适生长温度区间范围。在 22～34 ℃范围内，随着水温上升，鱼类摄食量增加，生长速度加快。因此，在我国长江流域一带，罗非鱼生长季节为 5—10 月，并以 7—9 月为最佳生长期。而在我国南方的台湾、福建、广东、广西一带，则养殖期为 4—11 月。海南南部地区罗非鱼几乎可以全年生长而自然越冬。当水温上升到 34 ℃以上时，罗非鱼生长开始受到制约，36 ℃达到生长的高限阈值。如水温继续上升到 38～40 ℃，罗非鱼开始进入高温致死临界区间，超过 40 ℃罗非鱼不能长期生存。因此，在高温季节要提高养殖水位，增加养殖水体容量，池塘水位应保持在 2～3 m，并随时加注新水，以防水位下降。一般要求每周换水 1～2 次，每次换水量为池水的 20％～30％，使养殖水质保持良好。如果发现水质变坏，如水色变浓、变黑甚至发臭，应及时换水，可先将塘水排掉 1/3～1/2，再放进新水，直到水质变好为止。鱼体大小不同对温度的耐受程度也不同，以罗非鱼为例，在相同降温速度情况下，0.6～1.5 g/尾体重的夏花鱼种对温度的忍受力最差，体重 50～150 g/尾的商品鱼次之，而体重 5～25 g/尾的鱼种对温度的忍受力最强。此外，同样规格的罗非鱼，在海水或半咸水中要比在淡水中对低温的忍受力强。

水温对鱼类繁殖力有很大影响，因此对于亲本培育池塘要尽量保持最佳繁殖水温。而一般水温在适宜温度范围内，高水温会加速胚胎发育，但也会增加畸形率和影响后代成活率。

水温对越冬有重要影响，在热带鱼高密度冬储养殖中发现，为确保越冬安全，可以通过降温来降低代谢水平。特别是对肝、胰脏、肾脏有病变，抗应激力差的鱼，适当降温有利延长鱼的存活期。以罗非鱼为例，越冬期间，水温是关系到罗非鱼能否生存的重要因素。罗非鱼的越冬水温一般可控制在 16～18 ℃。在这个温度环境内，罗非鱼摄食量减少，鱼体活动减弱，耗氧量降低，能量代谢维持在低水平上，并能安全越冬。若水温偏高，鱼体活动增加，摄食增多，耗氧量增大，代谢旺盛，排泄物增多，引起水质变坏；若水温偏低（低于 15 ℃），罗非鱼食欲大减，体表易冻伤，鱼体易消瘦，极易感染疾病，甚至造成死亡。

水温对药物与毒物作用有明显影响，许多药物作用受水温影响，一些重金属盐类渔药，如高锰酸钾、硫酸铜会随着水温上升而药效增强。许多微生态活菌制剂的功效受温度影响很大，如光合细菌在水温 20 ℃以下，它降低氨氮的能力就会大大减弱。

此外，鱼类疾病对水温的变化也是很敏感的。例如，水霉病在水温低于 4 ℃或高于 25 ℃时就会受到抑制。传染性造血组织坏死病在水温高于 15 ℃时，自然发病消失；草鱼种在夏日最炎热的时段，用加深井水降温、多补充青绿饵料等综合措施，可以提高成活率；发病的鱼苗可通过大量换深井水降温、减少饲料等休克疗法减少死亡。

2. 溶解氧

溶解于水中的分子态氧称为溶解氧，通常记作 DO，用每升水里氧气的毫克数表示。水中溶解氧的多少是衡量水体自净能力的一个指标。水中溶解氧的含量与空气中氧的分压、水的温度都有密切关系。在自然情况下，空气中的含氧量变动不大，故水温是主要的因素，水温越低，水中饱和溶解氧的含量越高（表 2-1）。

表 2-1 水中饱和溶解氧和温度的关系

T (℃)	C_s (mg/L)	T (℃)	C_s (mg/L)	T (℃)	C_s (mg/L)	T (℃)	C_s (mg/L)
0	14.64	10	11.26	20	9.08	30	7.56
1	14.22	11	11.01	21	8.90	31	7.43
2	13.82	12	10.77	22	8.73	32	7.30
3	13.44	13	10.53	23	8.57	33	7.18
4	13.09	14	10.30	24	8.41	34	7.07
5	12.74	15	10.08	25	8.25	35	6.95
6	12.42	16	9.86	26	8.11	36	6.84
7	12.11	17	9.66	27	7.96	37	6.73
8	11.81	18	9.46	28	7.82	38	6.63
9	11.53	19	9.27	29	7.69	39	6.53

溶解氧跟空气中氧的分压、大气压、水温和水质有密切的关系，在 20 ℃、100 kPa 下，纯水里溶解氧约为 9 mg/L。有些有机化合物在好氧菌作用下发生生物降解，消耗水中溶解氧。如果有机物以碳来计算，根据 $C+O_2 \Longrightarrow CO_2$ 可知，每 12 g 碳要消耗 32 g 氧气。当水中的溶解氧值降到 5 mg/L 时，一些鱼类的呼吸就发生困难。《渔业水质标准》（GB 11607—89）规定，连续 24 h 中，16 h 以上溶解氧必须大于 5 mg/L，其余任何时候不得低于 3 mg/L，对于鲑科鱼类栖息水域冰封期其余任何时侯不得低于 4 mg/L。

溶解氧通常有两个来源：一个来源是水中溶解氧未饱和时，大气中的氧气向水体渗入；另一个来源是水中植物通过光合作用释放出的氧。因此，水中的溶解氧会由于空气里氧气的溶入及绿色水生植物的光合作用而得到不断补充。在池塘养殖中，光合作用是池塘氧供应的主要来源：

$$CO_2 + H_2O \longrightarrow CH_2O + O_2$$

而呼吸作用是氧消耗的主要因素：

$$CH_2O + O_2 \longrightarrow CO_2 + H_2O$$

当水体受到有机物污染，耗氧严重，溶解氧得不到及时补充，水体中的厌氧菌就会很快繁殖，有机物因腐败而使水体变黑、发臭。溶解氧是研究水自净能力的一种依据。水里的溶解氧被消耗，要恢复到初始状态，所需时间短，说明该水体的自净能力强，或者说水体污染不严重，否则说明水体污染严重，自净能力弱，甚至失去自净能力。

养殖池塘中溶解氧昼夜变化规律基本相同，白天藻类光合作用的增强，溶解氧逐渐上升，夜间藻类光合作用停止，各类生物呼吸作用依然进行，因此水体溶解氧下降。一般而言，池塘水体溶解氧的最低值和最高值分别在 8:00—9:00 和 16:00—17:00。溶解氧拐点不在日出后和日落前的时间点，而是分别推迟和提前 2~3 h。主要原因是日出后的 3 h 内，阳光直射角度低，光照强度小，浮游藻类光合作用效率低，池塘水体中呼吸作用大于光合作用，因此在此期间溶解氧持续下降。同样的日落之前 2~3 h 由于阳光直射角度由高逐渐变低，藻类光合作用慢慢减弱，水体光合作用与呼吸作用效率相同时溶解氧达到最大值。池塘昼夜溶解氧变化的拐点时间受光照、水温、藻类丰度、耗氧生物量等因素的影响。

3. 水深

深水池塘在一定的范围内可以增加单位面积的水体容量，若溶解氧有保障、水温分层能有效避免，是可以提高产量或载鱼量的。从透明度的角度来讲，若无增氧或搅水机械等设施配套，1.5～2 m 以下的水体基本就已经达到了溶解氧补偿深度的限值，即在此深度以下的光合作用基本就没有了，此深度以下的水体基本上处于低氧状态，更深处甚至是无氧情形。冬天水深是有好处的，深水的底层水域在冬天能起到保温作用，夏天时深水的底层水域也能起到降温作用。但是，大水面（水库、河道）的溶解氧补偿深度会比池塘大很多，这点要注意区分。

相对于深水来说，浅水的弊端大于深水，水浅的池塘最明显的是产量不高或载鱼量不大，水体的平衡系统容易被破坏，在夏天天热时，因光线强度大，水温会急剧升高甚至引起鱼类不适。然而，苗种池适宜于（一定适度的）浅水。另外，除了在热天和冷天以外，在春天和秋末时，还应把水的深度适当地降一下，利用"浅水升温"原理来人为地提升水温，以利于鱼类在春天早开食、多吃食，在冬天来临之前的秋末时段，让鱼儿多吃料，强健体质，迎接寒冬的到来。

当池塘水深超过 3 m 时，一般情况下因光照不足或无光，产氧功能不足或缺失，底层多为溶解氧不足，当溶解氧处于低限极值时，鱼一般不会在底层活动。当水深达 4 m 及以上时，基本上水体浪费很大，表层和底层水温相差也巨大，底层缺氧甚至无氧，底层少有鱼类活动，似冰火两重天，故而过度深水塘的鱼产量不一定比适度水深（2～3 m）塘的鱼产量高。养鱼池塘的水深以 2～3 m 为最佳，至少 1.5 m。但是，当水深 2～2.5 m 时，因水深 1 m 处和 2 m 处溶解氧大多相差一半，须增氧机混合水体达到均衡溶解氧的状态才有宜于鱼类生长。水深 1 m 时，原则上需要微流水养殖，否则产量会降低。

在一个整体的水体中，整个水域的密度是不一致的。据测定，在水温 4 ℃时水的密度最大。在冬天，水面的温度大多低于底层的水温，再向下层水体时水的温度会逐渐增加，然后一般会稳定到 4 ℃左右。因为水温在 4 ℃时水的密度最大，上层水的密度一般都很小，密度大的就会沉在下面。与此相反，在夏天，水面的温度肯定高于底层的水温，越向下层水体时水的温度会逐渐降低，水温越低的水其密度越大也才会下沉。因此，根据水在 4 ℃时水的密度最大的特性，鱼类在夏天避暑（上暖下凉）和冬天防寒（上冷下暖）时将水体尽量加深水位是有益的。

4. 光照

光照条件是池塘水环境的另一项重要因素。它对鱼类生长发育和繁殖的影响主要表现在如下几个方面：第一，光照对鱼类性腺成熟有重要影响。热带地区的鱼全年均可繁殖，而温带地区的鱼则只有在相应的季节才产卵，这在很大程度上同日照强度有关。对鲤科鱼类的光周期试验证明，正常的昼夜交替是鱼类产卵的必要条件，而且产卵都是在无光照的夜间发生。也有试验证明，缺光会使鱼发生维生素缺乏症，最终丧失生殖能力。第二，光照是水体中能量的主要来源。水体中的绿色植物靠它进行光合作用补充水中的氧气，同时源源不断地提供鱼类的天然饵料，形成初级生产力。因此，水中光照条件的好坏必然对鱼的产量起到相当大的作用。第三，鱼类摄食与避敌需要视觉，光线的存在是一般鱼类视觉必不可少的条件。

5. 透明度

养殖水体透明度表示光线透入池塘水体深浅的程度。池塘养殖水体透明度的调控对于提高鱼虾塘的亩产量具有重要意义。在池塘养鱼中，对池塘养殖水体透明度的测量是一项必不可少的工作，也是池塘水质管理的重要内容。透明度是池塘池水质量优劣的重要标志，与养殖鱼虾类产量的高低密切相关，且直接影响浮游生物的数量。从某种意义上讲，透明度的大小通常由池水中浮游生物的多少决定，可以大致表示池水的肥度。

透明度随季节气温、水体条件的变化而变化，影响透明度的主要因素是水体的混浊度。混浊度是指泥沙、有机碎屑和浮游生物所形成的混浊程度。进入春季，当水温逐渐升高时，随着鱼虾饲料量投喂的增加，鱼虾的排泄物相应增多，底部蛋白积累，浮游生物大量繁衍，水体混浊度增大，养殖水体的透明度降低；夏季，由暴雨造成的洪水将泥沙带入池水，使池水混浊度加大，透明度降低；晚秋，天气转凉，浮游生物繁殖速度变慢，池水中的浮游生物减少，混浊度降低，透明度增大。另外，当池塘中的淤泥较多，池塘混养鲤和罗非鱼等底层鱼类时，这些鱼类会在池底掘土觅食，也会使池水混浊度升高，透明度降低。即使是在同一池塘中，施肥与不施肥时，池水的透明度也有较大变化，施肥后水体中的浮游生物大量繁衍，透明度降低。

透明度与池塘水质的优劣有密切的联系。在池塘养殖中，池水透明度的适宜范围一般在 $20 \sim 35$ cm，透明度大于 35 cm，一般认为是瘦水；小于 20 cm，则是过肥水。过瘦或过肥的水都不利于鱼虾的生长，必须通过适当的补菌、追肥来调节。当水质过瘦时，要多施肥，以增加水体中的营养元素，培育浮游生物，使水体透明度达到适宜范围，以利鱼虾类生长。当水质过肥时，则要少施或不施肥，或者添加微生物制剂，使水质达到肥、活、嫩、爽的养殖要求。

6. pH

pH 表示氢离子浓度指数（hydrogen ion concentration），是指溶液中氢离子的总数和总物质的量的比，是水体中氢离子活度的度量。天然水中的 pH 是各种溶解的化合物所达到的酸碱平衡值。pH 是反映水体水质状况的一个综合指标，是影响鱼类活动的一个重要综合因素。pH 过高或过低，都会直接危害鱼类，导致生理功能紊乱，影响其生长或引发其他疾病，甚至死亡。因此，在水产养殖过程中，pH 的调控非常重要。淡水的 pH 接近7.0，而池塘 pH 变化较大，多在 $7.5 \sim 9.0$。pH 是影响池塘水质化学状态及生物生理活动的一个极为重要的水质因子，是反映养殖水域生态环境状况的一个重要参数。

池塘中 pH 及其变化幅度主要取决于池塘水体的缓冲能力，而池塘水体的缓冲能力与水中二氧化碳平衡系统有着密切关系。该平衡系统涉及气体溶解与逸散、沉淀生成与溶解以及不同形式酸碱之间的反应转化，是多方面因素相互影响的结果（图 2-2）。

其中，$CO_2 - HCO_3^- - CO_3^{2-}$ 及 $Ca^{2+} - CaCO_3$ 是两个重要的缓冲系统，对养殖水体 pH 与稳定性有决定性的影响。这两个缓冲系统与养殖水体中植物的光合作用和动物的呼吸作用有着密切的关系。水体中的浮游植物光合作用迅速消耗水中 CO_2 时，则下述平衡向右移动：

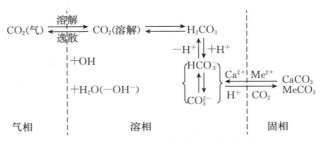

图 2-2　天然水体中二氧化碳平衡体系图解

$$HCO_3^- \rightleftharpoons CO_3^{2-} + H_2O + CO_2$$
$$HCO_3^- \rightleftharpoons OH^- + CO_2$$

　　结果使水中积累 CO_3^{2-} 甚至 OH^-，导致水的 pH 升高；反之，在浮游动物、水生动物呼吸及有机体分解过程中，有 CO_2 的生成和积累，水的 pH 降低。因此，池塘中，由于浮游植物密度大，白天表层光合作用强，pH 迅速上升，夜间由于浮游动物、水生动物呼吸作用而导致 pH 迅速下降，形成较大的昼夜差。

　　由于养殖水体是由浮游生物、细菌、有机物质、无机物质、养殖对象等组成的整体，水质指标随时在变化。养殖用水在一般情况下，日出时随着光合作用的加强，pH 开始逐渐上升，到下午 16:30—17:30 达最大值；太阳落山后，光合作用减弱，呼吸作用加强，pH 开始下降，直至翌日日出前达到最小值，如此循环往复，pH 的每日正常变化幅度为 0.3～0.5，若超出此范围，则水体有异常情况。我国部分省市淡水养殖池塘 pH 监测结果如下：湖南省为 7.20～8.24，武汉市为 7.27～8.14，上海市为 7.18～9.44，江苏省为 6.70～8.80，珠江三角洲为 7.12～9.07，北京市为 7.20～8.30，辽宁省辽阳市为 7.85～9.00，吉林省为 7.30～8.70。

　　生产过程中，未受外界酸性物质污染的水体若 pH 偏低，一般与水体缺氧、有机物质偏多、水质过肥有关，因此水体 pH 偏低是水质不良的表现。当 pH<5 时，水体呈酸性，会造成鱼类的酸中毒，令蛋白质变性使组织器官失去功能而导致鱼类死亡，酸性对鱼有较强的刺激性，因此鱼的鳃部黏液增加，过多的黏液和沉淀的蛋白质覆盖于鱼鳃使鱼窒息死亡，而有些难离解的弱酸可透过鱼体组织，影响血液的 pH 以及红细胞与二氧化碳结合的能力，降低整个机体的呼吸代谢机能。中毒后的鱼表现为极度不安、狂游、呼吸急促，游泳乏力，鳃部充血，体表及鳃部黏液增多，最后窒息死亡。pH 偏低的调控方法如下：用生石灰全池泼洒提高 pH，一般用 20 mg/L 的生石灰可使 pH 提高 0.5 左右，生石灰还可补充水中 Ca^{2+}，提高水的缓冲力，起到杀菌防病作用；使用藻类生长素，加速培育浮游植物，消耗水体过多 CO_2，提高池水的 pH；施用微生态制剂和水质改良剂改善水质；用 NaOH 充分稀释后全池泼洒。

　　当 pH 过高时，特别是当 pH>9 时，水体呈碱性，对鱼有强烈的腐蚀性，使鱼体及鱼鳃损伤严重，同时，由于刺激性使鳃部黏液大量分泌并凝结于鳃部，使鱼呼吸困难甚至窒息，鱼体表面黏膜被溶解，使鱼失去控制水分渗透压的能力而死。碱中毒后鱼狂游，乱窜，体表有大量黏液，甚至可拉成丝，鳃盖腐蚀损伤等。应采用以下几种方法进行调节：

鱼池水 pH 过高时清塘不能用生石灰而应改用漂白粉；可每亩用乙酸 500 mL 或用盐酸 400 mL 充分稀释后全池泼洒。可适当排出底部老水（一般 15～20 cm），然后再向池塘注入新水至原来的水位，在 2～3 d 后使用微生态制剂调节水质。泼洒沸石粉、滑石粉或其他化学制剂如氯化钙、磷酸二氢钠等以降低 pH。养殖水体中浮游生物过多时，每亩可用明矾 0.5～1 kg 或灭藻灵或硫酸铜等来控制浮游生物大量繁殖以减少光合作用强烈时引起的 pH 升高，但在高温季度应慎用硫酸铜，在使用上述化学制剂后应使用增氧机增氧。总之，养殖水体 pH 应尽量保持在 7.5～8.5 的微碱性才有利于生物的正常生长发育，有利于提高饲料利用率，减少养殖动物排泄量，降低对水质的污染，节省生产成本，提高生产性能。

7. 悬浮物质

悬浮物质是指悬浮于水中、不能通过 0.45 μm 的滤膜且易沉降的细小有机或无机颗料物质。水域悬浮物质对光的散射与阻挡作用影响水色和透明度，从而降低浮游植物的光合作用，影响水生生物的呼吸和代谢，严重时会造成鱼、虾、蟹窒息死亡。淡水养殖经过一个养殖周期后，由于饲料的投入，养殖生物的活动（游动、摄食、排泄等），气象条件（刮风、下雨等）等各种因素的作用，养殖水体中的悬浮物质会有所增加，因此必须对此要有一定的控制，如果含大量悬浮物质的养殖水导入水体，势必对受纳水体的水质环境产生危害。美国沿岸水产养殖发展环境管理意见中指出，养殖废水要求进行处理，沉淀法对悬浮物质的迁移是有效的，在沉淀池或养殖池中累积的淤泥可挖出堆放在陆地上或其他地方，另外养殖池中悬浮物质可以通过在沉淀池中放养滤食性生物来达到降解的目的。

8. 磷

磷包括有机磷和无机磷，合称为总磷。它们存在于溶液、腐殖质粒子或水生生物体中，各种形式的磷在一定的条件下可以相互转化。磷酸盐是水域中浮游植物的营养盐之一，其主要作用是活性磷酸盐，浮游植物在合适的氮磷比范围内或过量提供的条件下生长旺盛，某些藻类的个体数量还会突发增殖，更有甚者藻类的种类会减至二三种，破坏了生态结构，造成缺氧环境。然而，由于影响藻类生长的物理、化学、生物因素极其复杂多变，很难预测藻类生长的趋势，也难以定出导致突发增殖产生水华（赤潮）的指标。淡水养殖尾水中的总磷主要来源于饲料中的添加剂、饲料分解物及养殖生物的排泄产物，合理控制淡水养殖的投入量，适当使用水质调节剂是十分重要的，因此，在拟制定的淡水养殖尾水排放标准中考虑总磷的因素是必要的。我国部分省市淡水养殖池塘总磷的监测结果：湖南省为 0.02～0.84 mg/L，武汉市为 0.23～0.47 mg/L，上海市为 0.02～1.17 mg/L，江苏省为 0.036～0.39 mg/L，辽宁省辽阳市为 0.028～0.158 mg/L，吉林省为 0.13～2.57 mg/L。

9. 氮

氮是指水体中有机氮和无机氮（氨氮、亚硝酸盐氮和硝酸盐氮）的总和，合称为总氮。各种形式的氮在一定条件下可以相互转化。无机氮是浮游植物的主要营养盐之一，是浮游植物生长繁殖不可缺少的要素，是细胞原生质重要组成部分。浮游植物按一定比例从环境中摄取氮和磷，当任何一个要素的含量低于或高于一定比例时，都会抑制生物的生长繁殖，甚至中毒死亡。水域中氮主要来源是陆源输入，其次是大气降雨和水生生物的排泄以及尸体腐解，因此有明显的季节性和区域性的变化。当水体中的氮过高时，会对环境产生不利影响，导致水体富营养化，产生水华（赤潮），破坏水体中原有的生态平衡。淡水养殖水中氮主要来源于饲料的投入、蛋白质分解和水生生物的排泄。我国部分省市淡水养殖池塘总氮的监测结果：湖南省为 0.32～3.65 mg/L，武汉市为 2.20～3.84 mg/L，上海市为 0.24～4.96 mg/L，北京市为 0.11～3.66 mg/L，江苏省为 0.38～3.95 mg/L，辽宁省辽阳市为 1.031～2.789 mg/L，吉林省为 0.023～2.66 mg/L。

其中，氨氮和亚硝态氮对鱼类有一定的毒性，在养殖过程中需要引起重视。氨氮来自鱼类排泄物、残饵等的氨化产物。氨离子可为浮游植物利用，是藻类生长的营养素。亚硝酸盐是一种不稳定的无机盐，在氧气充足状态下很快转化为对鱼的生长无害的硝酸盐，亚硝酸盐在缺氧情况具有极强的毒性。鱼类对氨氮和亚硝态氮耐受范围因鱼而异，就罗非鱼而言，其对水质的要求不高，一般池塘水体中的氨氮含量在 0.75 mg/L 以下为宜，最高不宜超过 2.8 mg/L；亚硝酸盐浓度应控制 0.1 mg/L 以下，如超过 0.1 mg/L 就会引发罗非鱼"褐色病"。当水体中的氨氮、亚硝态氮含量过高时，可采用如下两种方法降低氨氮、亚硝态氮的含量：一是采用换水的方法，这也是降低水质中其他有毒有害物质含量的有效方法。二是加入有益微生物制剂调节水质，可选用主要成分为枯草芽孢杆菌等微生物的微生态制剂进行调水。使用时要注意技巧，先将粉剂用水浸泡，加入红糖或豆浆，阳光下发酵 2～3 h，让有益细菌迅速繁殖，然后全池均匀泼洒，如此使用效果更佳。

10. 硫化氢

硫化氢是由硫酸盐和厌氧细菌氧化其他硫化物而产生的。硫化氢对罗非鱼有强毒性，一旦水体处于缺氧状态，蛋白质无氧分解以及硫酸根离子还原等都会产生硫化氢，其含量超过 2 μg/L 时，就会造成慢性危害，正常要求检测不出。

11. 化学需氧量

化学需氧量是判断水域中有机物含量的重要指标，水体中有机物含量的高低，直接影响生物的生长。影响水体中化学需氧量的主要原因在于水中含有大量还原性无机物和可被氧化的有机物，所以化学需氧量是水体污染程度的综合指标之一。淡水池塘养殖水中这些污染物主要来自养殖过程中未被养殖生物利用的饲料及其分解物、养殖生物的排泄物以及各种微生物分解所产生的无机物和有机物。淡水水域中一般采用高锰酸盐指数反映化学需氧量。

（二）生物成分

池塘作为一个人工生态系统，除了养殖生物外，还有天然底栖生物、浮游生物、微生物等。生物的种类组成因地域、底质、肥度而有很大不同。一般细菌总数每毫升水中为数十万至数百万个不等，随水中有机物的增多而增大；单位重量底泥中的细菌量通常比水中高 1～2 个数量级。中国传统的淡水池塘的总生物量在 10～20 mg/L 范围，浮游动物与浮游植物平均生物量的比值为 1：（3～4），底栖动物的生物量只有浮游动物的 1/5～1/3。在养殖过程中，常常根据不同的养殖对象，适当清除池塘水体中有害生物。池塘中的有些天然生物是养殖对象的饵料生物，而有些天然生物则是养殖对象的营养竞争者和有害生物，可通过人工方式进行培养、控制或清除。

淡水池塘生态系统的生物成分，依其环境和生活方式可分为浮游生物、游泳生物、底栖生物、周丛生物和漂浮生物等 5 大生态类群。①浮游生物。借助水的浮力浮游生活，包括浮游植物和浮游动物两大类，前者如硅藻、绿藻和蓝藻等。后者有原生动物、轮虫、枝角类、桡足类等。②游泳生物。能够自由活动的生物，如鱼类、两栖类、游泳昆虫等。③底栖生物。生长或生活在水底沉积物中，包括底栖植物和底栖动物，前者有水生高等植物和着生藻类，后者有环节动物、节肢动物、软体动物等。④周丛生物。生长在水中各种基质（石头、木桩、沉水植物等）表面的生物群，如着生藻类、原生动物和轮虫。⑤漂浮生物。生活在水体表面的生物，如浮萍、凤眼莲和水生昆虫。水中的微生物包括细菌、真菌、病毒和放线菌等，分属于上列不同的类群。这类生物数量多、分布广、繁殖快，在水生态系统的物质循环中起着很重要的作用。

淡水池塘生态系统的生物成分，依其生态机能可分为生产者、消费者、分解者。①生产者。即自养生物，主要指具有叶绿素等光合色素、能进行光合作用形成初级生产力的各类水生生物，包括浮游植物、底栖藻类和水生种子植物。其次是一些能利用光能和化学能的光合细菌和自养细菌。②消费者。即异养生物，指以其他生物或有机碎屑为食的水生动物。因所处营养级次的位置不同而可划分为初级消费者、次级消费者。初级消费者主要指以浮游植物为食的小型浮游动物及少数以底栖藻类为食的动物，一般体型较小。它们与生产者共同杂居在上层海水中，二者之间的转换效率很高，二者的生物量往往属于同一数量级。这是与陆地生态系很不相同的一个特点。次级消费者指水生肉食性动物，包含多层的营养级次。较低级次者多为大型浮游生物，如一些较大型甲壳动物等，其中许多种类往往有昼夜垂直移动性，分布不限于水体上层。较高级次者（如鱼类）具有很强游泳能力，分布于水域各个层次。此外还包括一些杂食性浮游动物（兼食浮游植物和小型浮游动物），它们对初级生产者和初级消费者的数量变动具有某种调节作用。③分解者。主要指细菌和真菌。它们把已死生物的各种复杂物质，分解为可供生产者和消费者吸收利用的有机物和无机物，因而在水体有机无机营养再生产过程中起着重要作用。同时，它们本身也是许多动物的直接食物。在水域生态系统中，除了以初级生产者为起点的植食食物链外，还存在以细菌为基础的腐殖食物链和以有机碎屑为起点的碎屑食物链。

三、淡水池塘生态系统中的物质循环和能量流动

（一）池塘中的物质能量流

1. 池塘中的物质能量输入

池塘中的物质能量输入为养殖生物的生长提供富足能量的同时也给池塘的生态环境带来了不同程度的危害。养殖池塘中的物质能量输入主要有以下几个方面：第一是养殖动物的饵料投入及养殖过程中的施肥。在鱼类养殖中，大约有 70%～80% 的投喂饲料以溶解和颗粒物的形式排入环境中（Hall et al.，1992）。有研究表明，虾池中人工投饵输入的氮占总输入氮的 90% 左右，其中仅 19% 转化为虾体内的氮，其余大部分（62%～68%）积累于虾池底部淤泥中，此外尚有 8%～12% 以悬浮颗粒氮、溶解有机氮、溶解无机氮等形式存在于水体中（杨逸萍等，1999）。施肥过程中则直接向水中投入了大量的氮、磷等营养元素，这些物质在促进鱼类适口饵料生物生长的同时，也造成了那些不能为鱼类食用，甚至有害的淡水藻类的大量繁殖，从而加速了水体富营养化的进程。第二是进水。进水主要包括人为进水、降雨以及由此而导致的地表径流等。在养殖过程中的人为进水主要

是换水，因为在换水过程中有机物的排出量总是大于进入量的，一般不会造成水体污染。地表径流水中则往往含有大量的氮、磷等营养元素，会加重池塘的污染。第三是养殖生物的放入。第四是生物固氮和固碳。在养殖池塘中存在着大量藻类及水生植物能够通过光合作用固定水和空气中的二氧化碳而形成有机碳，同时，在养殖池塘中还存在着一些固氮微生物，他们能够将氮气转化为有机态氮素，这些有机碳和有机氮素一方面可能会通过食物链进入养殖动物体内，另一方面也可能在养殖池塘中沉积而形成污染物。

2. 池塘中的物质能量输出

首先是换水。在养殖过程中由于养殖池塘中的污染物过多，水质变坏，严重影响了养殖动物的生长，可以将这些含有过多污染物的水换出，取而代之的则是一些水质较好的水，这样能够改善养殖池塘的水环境状况。其次是收获养殖生物。收获养殖生物是水产养殖的目的，同时，从养殖池塘物质能量流的角度来看，这也是池塘物质输出的重要方式。最后是生物脱氮作用及生物的呼吸作用。微生物能够在厌氧条件下将水体中的氮素还原为氮气，从而能够使得氮素从养殖池塘中离开，但在养殖池塘中为了保持水体中具有较高的溶解氧供给养殖动物呼吸作用，通常在养殖过程中都要对养殖池塘的水体进行充氧，所以在养殖池塘中的厌氧环境比较少，只在较深的底泥中存在。养殖动物及养殖池塘中的其他动植物通过呼吸作用能够将碳氧化为二氧化碳，气态的二氧化碳能够从养殖池塘的生态环境中排出。

（二）池塘中的氮循环

氮是池塘生态系统中最重要的组成成分，也是一种重要的生态影响因子，是许多生物代谢过程的基本元素，它存在于所有组成蛋白质的氨基酸中，是构成诸如 DNA（脱氧核糖核酸）等各种核酸的四种基本元素之一，是植物赖以生长的基础性营养元素，大量的氮被用于制造可进行光合作用以供植物生长的叶绿素分子。养殖池塘中氮的主要来源有饲料、肥料、径流输入、大气沉降和生物固氮。在池塘养殖水体生态系统中，氮的存在形式有无机态氮和有机态氮两大类。无机态氮有溶解氮气、铵态氮、硝酸盐氮和亚硝酸盐氮等，而有机态氮主要包括氨基酸、蛋白质和腐殖酸等（图 2-3）。

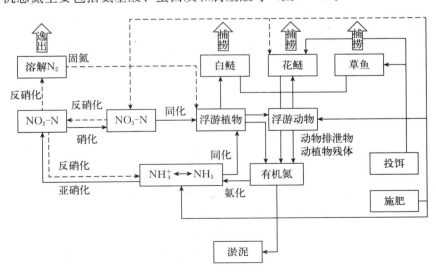

图 2-3　投饵施肥养殖水体氮循环图

氮循环（nitrogen cycle）是指氮在自然界中的循环转化过程，是描述自然界中氮单质和含氮化合物之间相互转换过程的生态系统的物质循环。氮循环是全球生物地球化学循环的重要组成部分，但是人类活动新增的"活性"氮导致了全球氮循环严重失衡，并引起水体的富营养化、水体酸化、温室气体排放等一系列环境问题。池塘中的氮循环大多数都是生物化学变化，而且在每一个步骤一般都伴随着氮的化合价的改变，从氨氮的－3价到硝酸盐氮的＋5价。池塘中氮的循环主要受生物学活性的调节，其主要通过微生物或藻类的固氮作用、氨化菌的氨化作用、亚硝化菌的亚硝化作用、硝化菌的硝化作用、反硝化菌的反硝化作用来完成（图2－4）。

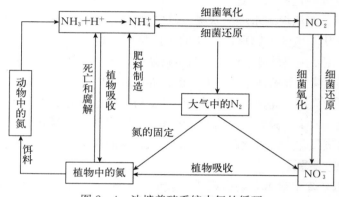

图2－4　池塘养殖系统中氮的循环

1. 固氮作用

固氮作用（nitrogen fixation）是分子态氮被还原成氨和其他含氮化合物的过程。自然界氮（N）的固定有两种方式：一种是非生物固氮，即通过闪电、高温放电等固氮，这样形成的氮化物很少；二是生物固氮，即分子态氮在生物体内还原为氨的过程。

生物固氮是固氮微生物的一种特殊的生理功能，已知具固氮作用的微生物约50个属，包括细菌、放线菌和蓝细菌（即蓝藻），它们的生活方式、固氮作用类型有较大区别，但细胞内都具有固氮酶。不同固氮微生物的固氮酶均由钼铁蛋白和铁蛋白组成。固氮酶必须在厌氧条件下，即在低的氧化还原条件下才能催化反应。固氮作用过程十分复杂，目前还不完全清楚。根据固氮微生物与高等植物的关系，可分为自生固氮菌、共生固氮菌以及联合固氮菌，其所进行的固氮作用分别称为自生固氮、共生固氮和联合固氮。

自生固氮菌是自由生活在土壤或水域中，能独立进行固氮作用的某些细菌。以分子态氮为氮素营养，将其还原为 NH_3，再合成氨基酸、蛋白质。包括好氧性细菌，如固氮菌属、固氮螺菌属以及少数自养菌；兼性厌氧菌，如克雷伯氏菌属；厌氧菌，如梭状芽孢杆菌属的一些种；还有光合细菌如红螺菌属、绿菌属以及蓝细菌（蓝藻），如鱼腥藻属、念珠藻属等。

共生固氮菌在与植物共生的情况下才能固氮或才能有效地固氮，固氮产物氨可直接为共生体提供氮源。共生固氮效率比自生固氮体系高数十倍。主要有根瘤菌属（*Rhizobium*）的细菌与豆科植物共生形成的根瘤共生体，弗氏菌属（*Frankia*）与非豆科植物共生形成的根瘤共生体；某些蓝细菌与植物共生形成的共生体，如念珠藻或鱼腥藻与裸子植物苏铁共生形成苏铁共生体，红萍与鱼腥藻形成的红萍共生体等。在实验条件下培养自生固氮菌，培养基中只需加入碳源（如蔗糖、葡萄糖）和少量无机盐，不需加入氮源，固氮菌可直接利用空气中的氮（N_2）作为氮素营养；如培养根瘤菌，则需加入氮素营养，因为根瘤菌等共生固氮菌，只有与相应的植物共生时，才能利用分子态氮（N_2）进行固氮作用。

联合固氮是近年在上述两个类型之间又提出的一个中间类型，即有的固氮菌生活在某些植物根的黏质鞘套内或皮层细胞间，不形成根瘤，但有较强的专一性，如雀稗固氮菌与点状雀稗联合，生活在雀稗根的黏质鞘套内，每年的固氮量可达 $15\sim93\ kg/hm^2$。其他如生活在水稻、甘蔗及许多热带牧草的根际的微生物，由于与这些植物根系联合，因而都有很强的固氮作用。

2. 氨化作用

氨化作用（ammonification）又叫脱氨作用，是指微生物分解有机氮化物产生氨的过程。产生的氨一部分供微生物或植物同化，一部分被转变成硝酸盐。很多细菌、真菌和放线菌都能分泌蛋白酶，在细胞外将蛋白质分解为多肽、氨基酸和氨。其中分解能力强并释放出 NH_3 的微生物称为氨化微生物。氨化微生物广泛分布于自然界，在有氧或无氧条件下均由不同的微生物分解蛋白质和各种含氮有机物，分解作用较强的主要是细菌，如某些芽孢杆菌、梭状芽孢杆菌和假单孢菌等。

池塘生态系统中的有机含氮化合物主要为蛋白质、多肽、核酸、肽聚糖、几丁质等，也有少量水溶性有机含氮化合物，如氨基酸、氨基糖和尿素等。除可溶性氨基酸外，这些物质都不能被植物直接吸收，必须经过氨化微生物分解，将氨释放出来，才能供植物利用。氨化微生物包含细菌、真菌和放线菌。细菌中氨化作用较强的有假单胞菌属、芽孢杆菌属、梭菌属、沙雷氏菌属及微球菌属中的一些种。真菌中分解有机含氮化合物能力强的有毛霉属、根霉属、曲霉属、青霉属及交链孢霉等属中的许多种。此外，还有些放线菌能参与较难分解的有机含氮化合物的分解。

微生物分解有机含氮化合物是由分泌在体外的水解酶将大分子水解成小分子。例如蛋白质被分解时，先由分泌至胞外的蛋白酶将蛋白质水解成氨基酸。核酸被分解时，由核酸水解酶降解为氨基酸、磷酸、尿素和氨，尿素再由脲酶分解为氨和二氧化碳。氨基酸可进入微生物细胞，作为微生物的氮源及碳源。它在微生物体内或体外被分解时，以脱氨基的方式产生氨。在脱氨的同时，产生有机酸、醇或碳氢化合物以及二氧化碳等。具体途径和产物随作用的底物、微生物种类以及环境条件而异。通气良好时，主要由好氧微生物作用，最终产物为氨；在通气不良的条件下，由厌氧微生物作用，最终产物为氨和胺。

3. 硝化作用

硝化作用（nitrification）是指氨基酸脱下的氨，在有氧条件下经亚硝化细菌和硝化细菌的作用转化为硝酸的过程。氨转化为硝酸的氧化作用必须有氧气参与，通常发生在通气良好的环境中。

19 世纪以前，人们认为环境中的硝酸根（NO_3^-）主要是化学作用的产物，即空气中的氧和氨经催化形成，没有意识到微生物活动对 NO_3^- 形成的重要性。1862 年 L. 巴斯德

首先指出 NO_3^- 的形成可能主要是微生物硝化作用的结果。1877 年，德国化学家 T. 施勒辛和 A. 明茨用消毒土壤的办法，证实了铵根（NH_4^+）被氧化为硝酸根（NO_3^-）的确主要是生物学过程。某些特殊的条件下，化学硝化作用也可以发生，只不过因其要求的条件苛刻与微生物的硝化作用相比生成的硝酸根量很少。1891 年，C. H. 维诺格拉茨基用无机盐培养基成功地获得了硝化细菌的纯培养，最终证实了硝化作用是由两群化能自养细菌进行的。其作用过程分为两个阶段，第一阶段为亚硝化，即铵根（NH_4^+）氧化为亚硝酸根（NO_2^-）的阶段。参与这个阶段活动的亚硝酸细菌主要有 5 个属：亚硝化毛杆菌属（*Nitrosomonas*）、亚硝化囊杆菌属（*Nitrosocystis*）、亚硝化球菌属（*Nitrosococcus*）、亚硝化螺菌属（*Nitrosospira*）和亚硝化肢杆菌属（*Nitrosogloea*）。其中，以亚硝化毛杆菌属的作用居主导地位，常见的有欧洲亚硝化毛杆菌（*Nitrosomonas europaea*）等。第二阶段为硝化，即亚硝酸根（NO_2^-）氧化为硝酸根（NO_3^-）的阶段。参与这个阶段活动的硝酸细菌主要有 3 个属：硝酸细菌属（*Nitrobacter*）、硝酸刺菌属（*Nitrospina*）和硝酸球菌属（*Nitrococcus*）。其中以硝酸细菌属为主，常见的有维氏硝酸细菌（*Nitrobacter winogradskyi*）和活跃硝酸细菌（*N. agilis*）等。

硝化细菌从铵或亚硝酸的氧化过程中获得能量用以固定二氧化碳，但它们利用能量的效率很低，亚硝酸菌只利用自由能的 5%～14%；硝酸细菌也只利用自由能的 5%～10%。因此，它们在同化二氧化碳时，需要氧化大量的无机氮化合物。自然界中，除自养硝化细菌外，还有些异养细菌、真菌和放线菌能将铵盐氧化成亚硝酸和硝酸，异养微生物对铵的氧化效率远不如自养细菌高，但其耐酸，并对不良环境的抵抗能力较强，所以在自然界的硝化作用过程中，也起着一定的作用。

池塘水体生态系统中硝化作用受很多因素的影响，主要因素可分为环境因素、生态因素和人为因素三个方面：环境因素包括底物和产物、pH、水分和氧气含量及温度等；生态因素包括拮抗物质、生物对 NH_4^+ 的竞争等；人为因素包括重金属毒害、残留农药和特定抑制剂等。

4. 反硝化作用

反硝化作用（denitrification）是指在缺氧条件下反硝化菌将硝酸盐（NO_3^-）中的氮（N）通过一系列中间产物（NO_2^-、NO、N_2O）还原为氮气（N_2）的生物化学过程。在反硝化作用过程中反硝化菌将硝酸盐（NO_3^-）作为电子受体完成呼吸作用以获得能量。参与这一过程的细菌统称为反硝化菌。

微生物吸收利用硝酸盐有两种完全不同的用途，一是利用其中的氮作为氮源，称为同化性硝酸还原作用：$NO_3^- \longrightarrow NH_4^+ \longrightarrow$ 有机态氮。许多细菌、放线菌和霉菌能利用硝酸盐作为氮素营养。另一用途是利用 NO_2^- 和 NO_3^- 为呼吸作用的最终电子受体，把硝酸还原成氮（N_2），称为反硝化作用或脱氮作用：$NO_3^- \longrightarrow NO_2^- \longrightarrow N_2 \uparrow$。能进行反硝化作用的只有少数细菌，这种细菌称为反硝化菌。大部分反硝化细菌是异养菌，例如脱氮小球菌、反硝化假单胞菌等，它们以有机物为氮源和能源，进行无氧呼吸，其生化过程可用下式表示：

$$C_6H_{12}O_6 + 12NO_3^- \longrightarrow 6H_2O + 6CO_2 + 12NO_2^- + 能量$$

$$CH_3COOH + 8NO_3^- \longrightarrow 6H_2O + 10CO_2 + 4N_2 + 8OH^- + 能量$$

少数反硝化细菌为自养菌，如脱氮硫杆菌，它们氧化硫或硝酸盐获得能量，同化二氧化碳，以硝酸盐为呼吸作用的最终电子受体。可进行以下反应：

$$5S+6KNO_3+2H_2O \longrightarrow 3N_2+K_2SO_4+4KHSO_4$$

反硝化作用使硝酸盐还原成氮气，从而降低了水体中氮的含量。反硝化作用是氮素循环中不可缺少的环节，可使水体中的氮素含量减少，消除因硝酸积累对生物的毒害作用以及因氮素积累而导致的水体富营养化。

影响反硝化作用的因素包括碳源、pH、溶解氧、温度等。在污水生化处理过程中能为反硝化细菌利用的碳源主要有污水中的碳源以及外加碳源；如果能够利用污水中的有机碳作为碳源是比较经济的，这要求污水中的生物需氧量/总氮（BOD_5/TN）值大于3，如果不满足要求则需外加碳源，常用的外加碳源为甲醇，因为甲醇被分解后主要生成二氧化碳和水，不残留任何难降解的物质，而且反硝化速率高。pH是反硝化过程的重要影响因素，反硝化细菌最适的pH范围为6.5～7.5，此时的反硝化速率最高。当pH不在此范围内时，反硝化速率明显下降。反硝化细菌是异养兼性菌，只有在无分子氧的条件下反硝化菌才能利用硝酸盐或亚硝酸盐中的氧进行呼吸，使氮原子得到还原。如果反应器中的溶解氧浓度过高，分子态氧成为供氧物质，将使硝酸氮的还原过程受到抑制。反硝化细菌的最适生长温度为20～40℃，低于15℃时，反硝化速率明显降低，因此，在冬季低温季节，为了保持一定的反硝化速率，需要提高污泥停留时间，同时降低负荷，提高污水的停留时间。

反硝化反应在自然界具有重要意义，是氮循环的关键一环，可使土壤中因淋溶而流入河流、海洋中的NO_3^-减少，消除因硝酸积累对生物的毒害作用。它和厌氧铵氧化一起，组成自然界被固定的氮元素重新回到大气中的途径。

农业生产方面，反硝化作用使硝酸盐还原成氮气，从而降低了土壤中氮素营养的含量，对农业生产不利。反硝化作用能造成氮肥的巨大损失，从全球估计，反硝化作用所损失的氮大约相当于生物和工业所固定的氮量。施用硝化抑制剂可收到良好的效果；农业上常进行中耕松土，以防止反硝化作用。

在环境保护方面，反硝化反应和硝化反应一起可以构成不同工艺流程，是生物除氮的主要方法，在全球范围内的污水处理厂中被广泛应用。利用硝化作用和反硝化作用去除有机废水和高含量硝酸盐废水中的氮，来减少排入河流的氮污染和富营养化问题，已是环境学家的共识。利用各种反应器处理城市的或其他废水时，有机废水中的碳源可支持反硝化作用，进行有效的生物脱氮。污水处理中所利用的反硝化菌为异养菌，其生长速度很快，但是需要外部的有机碳源，在实际运行中，有时会添加少量甲醇等有机物以保证反硝化过程顺利进行。

（三）池塘中的磷循环

磷循环是指磷元素在池塘生态系统和环境中运动、转化和往复的过程。在自然环境中磷灰石构成了磷的巨大储备库，含磷灰石岩石的风化，将大量磷酸盐转交给了陆地上的生态系统。并且与水循环同时发生的是大量磷酸盐被淋洗而带入水体。磷是植物生长所必需的主要营养元素之一，对植物生长和繁殖起关键作用，常被认为是第一位限制性营养元素。磷也是化工矿产原料中最主要的元素。由于磷在人类及生物成长发育中的重要作用，使之成为各类肥料（化肥及农家肥）和饲料中必不可少的成分。而在其参与环境（包括岩石、土壤和水）—生物—人体循环的过程中，它同时又成为造成环境污染的一种主要成分。

磷元素循环主要依赖地质运动、矿物风化、水流输运、磷矿开采和水产品的捕捞等过程，磷循环中几乎不存在气体状态。自然界的磷循环的基本过程是：岩石和土壤中的磷酸盐由于风化和淋溶作用进入河流，然后输入海洋并沉积于海底，直到地质活动使它们暴露于水面，再次参加循环，这一循环需若干万年才能完成。在水生生态系统中，磷首先被藻类和水生植物吸收，然后通过食物链逐级传递。水生动、植物死亡后，残体分散，磷又进入循环。进入水体中的磷，有一部分可能直接沉积于深水底泥，从此不参加这一生态循环。另外，人类渔捞和鸟类捕食水生生物，使磷回到陆地生态系统的循环中。

人类活动对自然生态系统中的磷循环产生了强烈的干预。人类种植的农作物和牧草，吸收土壤中的磷。在自然经济的农村中，一方面从土地上收获农作物，另一方面把废物和排泄物送回土壤，维持着磷的平衡。但商品经济发展后，不断地把农作物和农牧产品运入城市，城市垃圾和人畜排泄物往往不能返回农田，而是排入河道，输往海洋。这样农田中的磷含量便逐渐减少。为补偿磷的损失，必须向农田施加磷肥。在大量使用含磷洗涤剂后，城市生活污水含有较多的磷，某些工业废水也含有丰富的磷，这些废水排入河流、湖泊或海湾，使水中含磷量增高。这是湖泊发生富营养化和海湾出现赤潮的主要原因。

自然界存在的含磷化合物通常都是 +5 价，以溶解或悬浮的正磷酸盐形式存在，也可以溶解或悬浮的有机磷化合物形式存在。虽然磷在水体中可形成一些难溶的盐类，沉入沉积物中，部分退出生物循环，但是在生命活动的参与下，池塘养殖水体中各种形态的磷之间同样可以构成相互转化、迁移的动态循环系统。池塘养殖系统中磷的循环受到多种因素的影响，如生物有机残体的分解矿化、水生生物的分泌与排泄以及水生植物的吸收利用等。当磷肥施到池塘后，同氮营养盐相同，所出现的高浓度溶解的正磷酸几天之后就会降到施肥前的浓度。据 Boyd 报道，施肥后正磷酸的浓度从 $5 \sim 18\ \mu g/L$ 上升到 $70 \sim 90\ \mu g/L$，然后在 $5 \sim 10\ d$ 内又降到原来的浓度。耗氧的池塘底泥也强烈地吸收磷酸，底泥是大多数添加到水产养殖池塘中磷的最终接纳者。同时，有研究认为，底泥可以作为系统的"内释磷源"，但其释磷过程十分复杂，受到底泥中的磷特性、底泥间隙水磷浓度以及上覆水磷状况等因素的影响。池塘养殖系统中的磷循环见图 2-5。

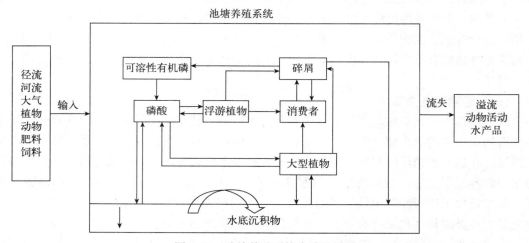

图 2-5 池塘养殖系统中磷的循环

（四）池塘中的碳循环

碳循环是指碳元素在地球上的生物圈、岩石圈、水圈及大气圈中交换，并随地球的运动循环不止的现象。碳是生命物质中的主要元素之一，是有机质的重要组成部分。概括起来，地球上主要有四大碳库，即大气碳库，海洋碳库、陆地生态系统碳库和岩石圈碳库。碳元素在大气、陆地和海洋等各大碳库之间不断地循环变化。大气中的碳主要以二氧化碳和甲烷等气体形式存在，在水中主要为碳酸根离子。在岩石圈中是碳酸盐岩石和沉积物的主要成分，在陆地生态系统中则以各种有机物或无机物的形式存在于植被和土壤中。

生物圈中的碳循环主要表现在绿色植物从大气中吸收二氧化碳，在水的参与下经光合作用转化为葡萄糖并释放出氧气，有机体再利用葡萄糖合成其他有机化合物。有机化合物经食物链传递，又成为动物和细菌等其他生物体的一部分。生物体内的碳水化合物一部分作为有机体代谢的能源经呼吸作用被氧化为二氧化碳和水，并释放出其中储存的能量。大气中的二氧化碳大约 20 年可完全更新一次。自然界中绝大多数的碳储存于地壳岩石中，岩石中的碳因自然和人为的各种化学作用分解后进入大气和海洋，同时死亡生物体以及其他各种含碳物质又不停地以沉积物的形式返回地壳中，由此构成了全球碳循环的一部分。碳的地球生物化学循环控制了碳在地表或近地表的沉积物和大气、生物圈及海洋之间的迁移。自然界碳循环的基本过程如下：大气中的二氧化碳被陆地和海洋中的植物吸收，然后通过生物或地质过程以及人类活动，又以二氧化碳的形式返回大气中。

1. 生物和大气之间的循环

绿色植物从空气中获得二氧化碳，经过光合作用转化为葡萄糖，再综合成为植物体的碳化合物，经过食物链的传递，成为动物体的碳化合物。植物和动物的呼吸作用把摄入体内的一部分碳转化为二氧化碳排入大气，另一部分则构成生物的机体或在机体内贮存。动、植物死后，残体中的碳，通过微生物的分解作用也成为二氧化碳而最终排入大气。大气中的二氧化碳这样循环一次约需 20 年。一部分（约 0.1%）动、植物残体在被分解之前即被沉积物所掩埋而成为有机沉积物。这些沉积物经过悠长的年代，在热能和压力作用下转变成矿物燃料——煤、石油和天然气等。当它们在风化过程中或作为燃料燃烧时，其中的碳氧化成为二氧化碳排入大气。人类消耗大量矿物燃料对碳循环发生重大影响。

一方面沉积岩中的碳因自然和人为的各种化学作用分解后进入大气和海洋；另一方面生物体死亡以及其他各种含碳物质又不停地以沉积物的形式返回地壳中，由此构成了全球碳循环的一部分。碳的生物循环虽然对地球的环境有着很大的影响，但是从以百万年计的地质时间上来看，缓慢变化的碳的地球化学大循环才是地球环境最主要的控制因素。

2. 大气和海洋之间的交换

二氧化碳可由大气进入海水，也可由海水进入大气。这种交换发生在气和水的界面处，由于风和波浪的作用而加强。这两个方向流动的二氧化碳量大致相等，大气中二氧化碳量增多或减少，海洋吸收的二氧化碳量也随之增多或减少。

海洋具有贮存和吸收大气中二氧化碳的能力，其可溶性无机碳（DIC）含量约为 37 400 Gt，是大气中含碳量的 50 多倍，在全球碳循环中的作用十分重要。从千年足度上看，海洋决定着大气中的二氧化碳浓度。大气中的二氧化碳不断与海洋表层进行着交换，从而使得大气与海洋表层之间迅速达到平衡。由于人类活动导致的碳排放中约 30%～

50%将被海洋吸收，但海洋缓冲大气中二氧化碳浓度变化的能力不是无限的，这种能力的大小取决于岩石侵蚀所能形成的阳离子数量。由于人类活动导致的碳排放的速率比阳离子的提供速率大几个数量级，因此，在千年尺度上，随着大气中二氧化碳浓度的不断上升，海洋吸收二氧化碳的能力将不可避免地会逐渐降低。

3. 含碳盐的形成和分解

大气中的二氧化碳溶解在雨水和地下水中成为碳酸，碳酸能把石灰岩变为可溶态的重碳酸盐，并被河流输送到海洋中，海水中接纳的碳酸盐和重碳酸盐含量是饱和的。新输入多少碳酸盐，便有等量的碳酸盐沉积下来。通过不同的成岩过程，又形成为石灰岩、白云石和碳质页岩。在化学和物理作用（风化）下，这些岩石被破坏，所含的碳又以二氧化碳的形式释放入大气中。火山爆发也可使一部分有机碳和碳酸盐中的碳再次加入碳的循环。碳质岩石的破坏，在短时期内对循环的影响虽不大，但对几百万年中碳量的平衡却是重要的。

4. 人类活动

人类燃烧矿物燃料以获得能量时，产生大量的二氧化碳。1949—1969年，由于燃烧矿物燃料以及其他工业活动，二氧化碳的生成量估计每年增加4.8%。其结果是大气中二氧化碳浓度升高，这样就破坏了自然界原有的平衡，可能导致气候异常。矿物燃料燃烧生成并排入大气的二氧化碳有一小部分可被海水溶解，但海水中溶解态二氧化碳的增加又会引起海水中酸碱平衡和碳酸盐溶解平衡的变化。矿物燃料的不完全燃烧会产生少量的一氧化碳，自然过程也会产生一氧化碳。一氧化碳在大气中存留时间很短，主要是被土壤中的微生物所吸收，也可通过一系列化学或光化学反应转化为二氧化碳。

5. 池塘中的碳循环过程

在养殖水体中碳的需求量是磷的数十倍。碳循环的平衡是生态系统健康的重要标志。碳的缺乏是水体中平衡失调的一个重要因素，当缺乏碳元素时，水体中的碳酸盐缓冲对被破坏，水体pH变化过大，水生动植物生命活动受到影响。例如在虾蟹养殖池塘中，由于种植大量水草，并且水位相对较浅，因此水体中的碳循环过程非常迅速，特别是在生物活动频繁的夏季，水体中往往会出现碳循环受阻的现象，比如pH过高，植物挂脏，水体中藻相变化过快，容易倒藻等。因此在小龙虾和螃蟹的养殖过程中要经常补充碳肥，以利于水体环境的稳定。

池塘生态系统中碳的主要存在形式为有机碳、无机碳，二者在水体、空气和生物体内相互转化。池塘水体中的有机碳来源有两种途径：一为外来，二为自生。其中外来的有机碳主要为人为投入的饵料和地表径流带入的有机碳，其中地表径流带入的有机碳包括：①陆生植物的碎屑以及其在陆地上降解形成的腐殖酸等溶解性有机物；②陆生植物碎屑由风作用从水面的输入；③人类活动产生的含有机碳的废水；④池塘沉积物的再悬浮和沉积物释放。自生有机碳途径主要为池塘水体浮游植物、高等水生植物光合作用及细菌的光化学反应。无机碳的来源途径也分为外来和自生两种。外来途径包括：①陆生植物碎屑矿化形成的溶解和颗粒态无机碳随地表径流输入；②陆地碳酸盐风蚀、水解随地表径流输入；③大气中CO_2通过水-气界面向池塘水体的扩散；④池塘沉积物的再悬浮和沉积物释放；⑤人为投入的肥料。自生主要包括池塘有机碳在浮游动物、鱼类及微生物作用下的矿化分解及底泥中有机碳在底栖动物、微生物作用下的矿化。池塘水体有机碳的输出主要为随池塘尾水排放的输出、有机质在池塘内矿化与降解、人类捕捞造成的输出。无机碳输出途径为随池塘尾水排放的输出、通过水气界面以气态 CO_2 的输出以及向深层土壤的渗漏。

第二节　淡水池塘养殖过程产生的污染及特点

在水产养殖过程中，池塘环境会受到外源污染和内源污染两方面的影响。通常，外源污染物通过河流或通过大气沉降进入浅海、湖泊、水库、江河等水体，并通过养殖取水而进入池塘。外源污染物主要来自工业、农业、生活、交通运输和事故性排污，对养殖环境影响较大的污染物主要有石油类、重金属、农药类、抗生素、有机污染物、有害微生物等。池塘的内源污染主要是养殖过程中的自身污染，包括水产养殖过程中产生的残饵、养殖生物排泄物、死亡生物尸体、渔药、渔用肥料和渔用环境调节剂等。水产养殖环境的污染，会对养殖生物产生不良影响，甚至造成养殖生物死亡，需要通过养殖环境调控和修复等方式提供良好的养殖环境条件。

一、淡水池塘污染来源

（一）池塘老化

池塘经多年养殖未彻底清塘，池底淤泥较厚，淤泥中各种病原体滋生，导致养殖对象容易生病，另外高温季节淤泥中的各种有机物分解发酵会产生亚硝酸盐、氨、氮等有毒有害的物质，特别容易影响水质，同时有机物分解发酵时会消耗水体中的溶解氧，极易导致养殖对象缺氧浮头。

（二）残饵粪便

养殖池塘既是鱼类及其他水生物生长的地方，也是养殖物的排泄物和饵料残渣积聚的地方。随着渔业生产水平的不断进步，池塘单位水体的鱼载力大大提高，投饲量也随之大幅度增加。研究表明，在池塘养殖投喂的饲料中，有 5%～10%未被鱼类食用，而被鱼类食用消化的饲料中又有 25%～30%以粪便的形式排出。这样一来，残余的饲料、塘内生物的排泄物、动物尸体等均无法排出塘外而沉积在塘底，在塘底形成黑色的淤泥。如果池塘长时间未进行换水，池底的淤泥会使水质发生更进一步的恶化，淤泥中的有机物质会发酵并分解出许多对鱼类生长造成不利影响的物质，例如硫化氢、有机酸、甲烷等，这些物质不仅会使水塘的水质恶化，影响到塘内生物的正常生长与繁衍，甚至会成为鱼类疾病的介导环境，造成鱼类的死亡。这无疑会影响养殖的周期效益，会对养殖者造成极大的损失。

（三）药物污染

伴随着池塘水质的恶化与生态的失衡，鱼类的发病率与死亡率也随之增加，养殖户面对这些情况时不得不使用药物采取补救措施，情况越严重使用的药量就越大，在药物使用后，情况会有所好转，但是水内药物的残留与药物的毒副作用仍会对塘内生物造成不利影响。鱼类长期生活在残质的水中，其自身抵抗力也会下降，自然其患病率与死亡率也会增加。如此，极易造成恶性循环，鱼类生病后又继续使用药物治疗，这样鱼类长期生存在恶化的环境中，根本上制约了养殖业产量与质量的提高。另外，相关报道指出，部分养殖者因贪图眼前利益，在养殖过程中将激素与抗生素添加至饲料中加速鱼类的生长与繁殖，如此一来，激素与抗生素就会杀死部分对鱼类生长有利的细菌，不仅破坏了池塘内部的生态平衡，而且使那些致病菌得到存活与扩散，增加了鱼类感染细菌性疾病的几率。

二、淡水池塘污染特点

目前，我国淡水养殖基本已经从粗放式养殖转移到精养和半精养式。养殖从业人员为了达到经济效益最大化，多数采用高密度、高投入、高产出的养殖方式。由于各地经济发展程度不同，投喂的饵料质量和饲料利用率存在一定的差异，相对落后的地方淡水池塘从业者投喂的饵料相对粗糙，饲料利用率低，对环境造成的影响相对较大。为了促进生长，养殖者还会使用一些添加剂，这些对环境也会产生影响，除此之外，在养殖过程中，养殖生物的病害防治还要使用各种消毒剂、抗生素等药物，这些也会对环境产生影响。与工业污染不同的是，池塘养殖过程中产生的污染主要是养殖过程中投喂饵料而造成的养殖水体中有机物含量升高，氮磷总量增加，并引起水体富营养化等池塘环境问题以及由此而产生的渔药使用等导致的水产品质量安全问题。同时，有机物含量过高的养殖尾水排入到外环境中也必将对河流、湖泊等外环境产生不利影响。总体而言，池塘养殖环境中需要控制的污染物主要是氮、磷等有机污染物，调控的具体参数包括悬浮物质、pH、溶解氧、总氮、总磷、高锰酸盐指数、氨氮、硫化氢等。

三、淡水池塘的污染力与净化力

池塘养殖过程中输入的饲料、肥料、渔药等投入品，除了转化成养殖产品或可输出的非养殖产品输出池塘生态系统外，还有相当多的物质和能量残留在池塘生态系统之中。池塘生态系统中的生物链能否成功地利用和转化这些物质与能量主要取决于以下两个方面：一是水体稳定和自净能力；二是输入的残留物质和能量是否超出水体负荷。对于池塘生态系统而言，水体自身的稳定和自净能力相对较弱，特别是追求高产的高密度养殖更是如此。由于残饵和粪便等有机物的大量存在和积累，往往会造成水体缺氧和富营养化，这除了可能导致养殖动物直接死亡外，还可能使呈指数增长的浮游植物在短期内暴发性增长，形成激烈的生态竞争，间接导致养殖生物严重缺氧而大批死亡。

此外，渔药和添加剂的大量使用造成了水体污染和养殖动物中毒，也是经常出现的污染现象，上述现象往往可以人为避免，但水体富营养化和药物等污染问题一旦形成协同效应，将产生更为严重的水域污染。通过水产动物的生长和饲料系数可大体估算出残饵量，而且鱼类的排粪量可通过研究饲料的消化率来计算。鱼类的消化率随食物种类不同差别很大。Winberg 认为，杂食性鱼类的消化率一般为 80%，植食性和腐食性鱼类的消化率一般低于 80%，肉食性鱼类的消化率通常高于 90%，未被食用的饲料（残饵）连同动物的粪便一起沉积在养殖系统中。Michele 等（2001）报道，虾摄食的饲料中 85% 的氮（N）被虾同化吸收，15% 通过粪便排放，但粪便中只有 5% 的氮以氨态氮形式直接排放，其他的有 8% 为可溶性初级胺，26% 为尿素，61% 为其他可溶性有机氮。以上残留饵料及粪便可被水中微生物等分解者利用，最终转化成无机物被水生植物等通过光合作用固定。如果再有过多的残余，在没有人为清除的情况下，则会在池塘中累积而形成污染。

池塘作为一个半封闭生态系统，其稳定性取决于污染与净化之间的平衡。因此，池塘生产过程中需要了解池塘的污染力与净化力。

（一）池塘的氮污染率和氧需要量

池塘的氮污染和对氧（O_2）的需要量都来自饲料。因此，低污染饲料的研究、开发与应用是提高池塘终极目标（产量）并保持生态平衡的关键手段。投放到池塘中的每千克饲料氮排放量和 O_2 需要量取决于饲料蛋白和碳同化率。要精准控制池塘的碳氮氧平衡，有必要了解饲料的氮排放量和 O_2 需要量。

$$饲料的氮排放量＝（饲料蛋白含量－鱼体蛋白含量/饲料系数）/6.25$$
$$饲料碳的 O_2 需要量＝（饲料碳含量－鱼体碳含量/饲料系数）×32/12$$
$$氨硝化的 O_2 需要量＝氮排放量×2×32/14$$

例如，某品牌罗非鱼饲料蛋白含量为 32%，碳含量为 50%，饲料系数为 1.5，罗非鱼鱼量为 18%，碳含量为 15%，则每千克投放到池塘的饲料释放出的氮和碳的 O_2 需要量分别为：

$$N/kg＝（320－180/1.5）/6.25＝32 （g/kg）$$
$$O_2/kg_C＝（500－150/1.5）×32/12＝1\,066.67 （g/kg）$$
$$O_2/kg_N＝32×2×32/14＝146.29 （g/kg）$$
$$O_2 总需要量＝1\,066.67＋146.29＝1\,212.96 （g/kg）$$

如果池塘每亩的载鱼量为 2\,000 kg，饲料投喂率为每天鱼体重的 2%，则每天池塘氮排放量为 $32×2\,000×2\%＝1\,280$ g，饲料碳的 O_2 需要量为 $1.066\,67×2\,000×2\%＝42.67$ kg，氨硝化的 O_2 需要量为 $1.28×2×32/14＝5.85$ kg，O_2 总需要量为 48.52 kg。

（二）池塘天然净化力和载鱼量

鱼虾通过异化一部分饲料的营养素获得能量去同化另一部分饲料的营养素，异化所产生废物必须由池塘的天然净化力去处理。因此，池塘的天然 O_2 供应能力与氮同化能力（即池塘初级生产力）就决定了池塘对污染的承受能力。

1. 池塘的供氧能力

在池塘养殖中，光合作用是池塘氧供应的主要来源：
$$CO_2＋H_2O \longrightarrow CH_2O＋O_2$$

而呼吸作用是氧消耗的主要因素：
$$CH_2O＋O_2 \longrightarrow CO_2＋H_2O$$

池塘的饲料承载能力取决于池塘的光合作用和水体呼吸作用之差，即净初级生产力。

2. 池塘的氮同化能力（净化力）

浮游植物对氮的同化：
$$92CH_2O＋16NH_4^+＋HPO_4^{2-}＋14HCO_3^- \longrightarrow C_{106}H_{263}O_{110}N_{16}P＋106O_2$$

微生物对氮的同化：
$$NH_4^+＋7.08CH_2O＋HCO_3^-＋2.06O_2 \longrightarrow C_5H_7O_2N＋3.07CO_2＋6.06H_2O$$

由于微生物对 N 的同化需要 CH_2O，而 CH_2O 是由浮游植物光合作用产生的，因此，在天然净化力计算时，一般只考虑浮游植物的净化能力。

3. 池塘的载鱼量

（1）无增氧装置的最大载鱼量。由于池塘对 O_2 的净需要来自饲料，因此，投入池塘饲料耗氧量不能超过池塘净初级生产力的产氧量。即：

$$最大载鱼量 \times 饲料投喂率 \times 饲料耗氧量 < 净初级生产力$$

因此，有：

$$最大载鱼量 < 净初级生产力/（饲料投喂率 \times 饲料耗氧量）$$

结合表 2-2 可见，池塘的载鱼能力取决于池塘的净初级生产力和饲料耗氧量。因此，提高净初级生产力和使用优质饲料是池塘水质管理和病害防控的重要手段。

表 2-2 无增氧装置池塘每亩最大载鱼量（投喂量为鱼体重的 2%）

亩净初级生产力 (kg/d)	不同饲料耗氧量下的每亩最大载鱼量（kg）						
	1.5 kg/kg	1.4 kg/kg	1.3 kg/kg	1.2 kg/kg	1.1 kg/kg	1.0 kg/kg	0.9 kg/kg
5.0	166.7	178.6	192.3	208.3	227.3	250.0	277.8
7.5	250.0	267.9	288.5	312.5	340.9	375.0	416.7
10.0	333.3	357.1	384.6	416.7	454.5	500.0	555.6
12.5	416.7	446.4	480.8	520.8	568.2	625.0	694.4
15.0	500.0	535.7	576.9	625.0	681.8	750.0	833.3

（2）有增氧装置的最大载鱼量。在氧不受到限制（人工增氧）的条件下，池塘的载鱼能力取决于池塘生态系统氮同化力和饲料氮排放量。

$$最大载鱼量 < 浮游植物氮同化力/（饲料投喂率 \times 饲料氮排放量）$$

根据表 2-3，在氧不受限的条件下，池塘的载鱼能力取决于池塘的净初级生产力和饲料氮排放量。因此，高品质、低蛋白饲料是水产养殖水质管理的重要手段，从源头上降低污染是生态养殖的根本出路。其次，在池塘养殖的水质管理中，氧的管理比氮的管理更为重要。

表 2-3 有增氧装置池塘每亩最大载鱼量（投喂量为鱼体重的 2%）

每亩浮游植物氮同化力 (kg/d)	不同饲料氮排放量下的每亩最大载鱼量（kg）						
	36 g/kg	34 g/kg	32 g/kg	30 g/kg	28 g/kg	26 g/kg	24 g/kg
0.330	458.6	485.6	515.9	550.3	589.6	635.0	697.9
0.495	687.9	728.4	773.9	825.5	884.4	952.5	1 031.8
0.660	917.2	971.1	1 031.8	1 100.6	1 179.2	1 270.0	1 375.8
0.825	1 146.5	1 213.9	1 289.8	1 375.8	1 474.1	1 587.4	1 719.7
0.991	1 375.8	1 456.7	1 547.8	1 650.8	1 768.9	1 904.9	2 063.7

第三节 淡水池塘环境修复技术概况

一、渔业环境修复技术

池塘环境修复是利用物理的、化学的、生物的和生态的方法，使池塘中的污染物质浓度减少、毒性降低或完全无害化,实现被污染的池塘环境部分或完全恢复到原始状态的过程。这些污染物既包括外源性的,如石油类、农药类、重金属、微塑料、热、有机物等,也包括内源性的,如耗氧有机质浓度、氨氮、亚硝酸盐、硫化氢、藻毒素等对养殖生物有害的化学物质浓度、有毒藻类和有害微生物等。天然的渔业环境污染物质主要是外源性的,具体包括工业源、生活源和农业源。第一次全国污染源普查公报显示,2007年度全国各主要源污染物的排放情况是:化学需氧量(农业源1 324.09万t、生活源1 108.05万t、工业源564.36万t)、总氮(农业源270.46万t、生活源202.43万t)、总磷(农业源27.45万t、生活源13.8万t)、氨氮(生活源148.93万t、工业源20.76万t)、石油类(生活源72.62万t、工业源5.54万t)。这些污染物最终排放到几乎所有的天然渔业环境当中,造成了很多区域性渔业环境污染物浓度过高,使得这些渔业环境需要被修复。而水产养殖环境的污染源主要是内源性的。其污染源最初的来源是养殖过程中物质和能量的输入(饲料、肥料、药物等)。除了污染源不同外,由于水产养殖是一种以营利为目的的生产活动,较高的养殖密度使得人为的物质和能量的持续输入成为必须,这就造成了在养殖过程中渔业环境污染源只能控制,但不能显著降低。而天然渔业环境的修复中,通过构建工程系统可以显著降低污染物进入系统的量。高产量水产养殖对水体净初级生产力的需求,也使得在养殖过程中污染的环境和健康的环境界定与天然渔业环境有所不同。在养殖过程中的渔业环境修复操作的目标是使其既满足渔业生产的需要,又满足无害化、达标排放的需要,而天然渔业环境修复的目标就是使其恢复到原始状态。

对渔业环境修复进行定义还需要对渔业环境修复和渔业环境净化进行界定。渔业环境本身具有一定的自净能力。对于养殖环境来说,养殖初始阶段,物质和能量的输入并不会造成渔业环境污染,而只有各种形态物质和能量的输入的载荷量超过了渔业环境净化容量时才导致污染。这是因为渔业环境中本身存在着各种各样的净化机制,如稀释、扩散、沉降、挥发等物理机制;氧化还原、中和、分解、化合、吸附解吸、离子交换等化学(含物理化学)机制;有机生命体新陈代谢等生物学机制。这些机制共同作用于渔业环境,致使污染物的数量和性质向有利于环境安全的方向发生改变。渔业环境修复和渔业环境净化之间既有相同的一面,也有不同的一面。相同点是两者的目标都是使进入环境的污染因子总量减少。不同点是渔业环境净化强调的是渔业环境中内源因子对污染物质或能量的清除过程,是一种自然的、被动的过程,而渔业环境修复则是强调人类有意识的外源活动对污染物质和能量的清除过程,是一种人为的、主动的过程。

渔业环境是水生生物赖以生存和繁衍的最基本条件,是渔业发展的命脉。因此,渔业环境的好坏不但直接影响着水生生物资源和水产养殖业,而且在很大程度上影响着我国人民的生存质量和社会发展。然而,一段时间以来,由于自然条件的变化和人为的影响,我国渔业水域生态环境不断恶化,渔业水域生态系统的结构与功能正在受到不同程度的影响和破坏。采用物理的、化学的、生物的以及综合修复技术对渔业环境进行修复,可以通过将污染物移出渔业环境、改变污染物的存在形态,甚至可以将污染物转化为可以再次利用的资源等方式使得渔业环境的综合状况得到改善,从而达到保护水产养殖产业、水生生物资源,乃至人民赖以生存的自然环境的目的。

二、淡水池塘环境物理修复技术

池塘环境物理修复是根据物理学原理，采用一定的工程技术，使池塘环境中的污染物部分或彻底去除或转化为无害形式的一种池塘环境污染修复治理过程。物理修复的主要目的是去除池塘环境中的悬浮物、有害气体、有害离子、固体颗粒等，其修复方式主要有过滤、重力沉降、泡沫分离、曝气、吸附、紫外线杀菌消毒等。

过滤是在推动力或者其他外力作用下悬浮液中的液体透过介质，固体颗粒及其他物质被过滤介质截留，从而使固体与液体分离的操作。过滤时截留下的颗粒层称为滤饼，过滤的清液称为滤液。过滤介质是使流体通过而颗粒被截留的多孔介质。无论采用何种过滤方式，过滤介质总是必需的，因此过滤介质是过滤操作的要素之一。多过滤介质的共性要求是多孔、理化性质稳定、耐用和可反复利用等。可用作过滤介质的材料很多，主要可以分为：织物介质、多孔材料、固体颗粒床层、多孔膜等。常用的过滤分离设备主要有机械过滤器、砂滤器、压力过滤器等，而在池塘环境修复过程中应用较多的是机械过滤。机械过滤是利用池塘环境中颗粒物粒径大小不同的特点，以一定孔径的筛网截留颗粒物，达到去除水体中较大粒径悬浮固体颗粒的目的。机械过滤通常可去除粒径为 $60\sim200~\mu m$ 的颗粒物。常用的机械过滤设备有固定筛、旋转筛、振动筛、砂滤器、生物滤器等，目前生物滤器在悬浮物去除中所起的作用正逐步受到重视，其中双层浮球生物滤器对循环水中悬浮物的最大去除效率可达 90%，悬浮物最大残留颗粒粒径为 $19\sim30~\mu m$。

重力沉降是一种使悬浮在水体中的固体颗粒下沉而与水体分离的过程，它是依靠地球引力场的作用，利用颗粒与水体的密度差异，使之发生相对运动而沉降。沉淀池是用于水质净化处理的常用重力分离设备，根据沉淀池中水流运动方向可将其分为平流式、竖流式、辐流式、斜板式或斜管式沉淀池。沉降处理工艺可以是整个水质修复过程中的一个工序，亦可以作为唯一的水质修复方法。在水产养殖业中，因循环水养殖系统中悬浮颗粒物的平均相对密度为 1.19，略大于水的相对密度，故而可采用重力沉降技术进行养殖废水处理。常用的重力沉降技术有自然沉淀法和水力旋转沉淀法等。

泡沫分离是根据吸附原理，向含表面活性物质的液体中鼓泡，使液体内的表面活性物质聚集在气液界面（气泡的表面）上，在液体主体上方形成泡沫层，将泡沫层和液相主体分开，就可以达到浓缩表面活性物质（在泡沫层）和净化液相主体的目的。被浓缩的物质可以是表面活性物质，也可以是能与表面活性物质相络合的物质，但它们必须具备和某一类型的表面活性物质能够络合或螯合的能力。人们通常把利用气体在溶液中鼓泡，以达到分离目的的这类方法总称为泡沫吸附分离技术，简称泡沫分离技术。该技术在池塘环境领域主要用于循环水养殖系统中的尾水处理，能够除去粒径小于 $50~\mu m$ 的小颗粒固体废物和溶解性有机物，如溶解蛋白质、有机酸等。

曝气是向水体中强制充气，使水和空气充分接触以增加水中氧气、交换气态物质和去除水中挥发性物质的水处理方法。曝气能使有害气体或挥发性物质从水中逸出，例如去除水的臭味或硫化氢等有害气体；能使氧气溶入水中，以提高溶解氧浓度，达到除铁、除锰或促进需氧微生物降解有机物的目的。在水环境修复过程中，使用一定的方法和设备，向水体中强制通入空气，使水体与空气接触充氧，并搅动液体，加速空气中的氧气向水体中的转移，防止水体中的悬浮物下沉，加强水体中有机物与微生物及溶解氧的接触，对水体中有机物进行氧化分解。

吸附是指当水体与多孔固体接触时，水体中某一组分或多个组分在固体表面处产生积蓄的现象。利用某些多孔固体有选择地吸附水体中的一个或几个组分，从而使混合物分离的方法称为吸附操作。在水质修复过程中经常使用的多孔性固相物质有活性炭、硅胶、浮石粉等，可吸附水中的氨、重金属离子、悬浮颗粒物等，从而达到修复净化水体的目的。

紫外线杀菌消毒是利用适当波长的紫外线破坏微生物机体细胞中的 DNA（脱氧核糖核酸）或 RNA（核糖核酸）的分子结构，造成生长性细胞死亡和（或）再生性细胞死亡，达到杀菌消毒的效果。紫外线消毒技术是基于现代防疫学、医学和光动力学的基础上，利用特殊设计的高效率、高强度和长寿命的 UVC 波段紫外光照射流水，将水中各种细菌、病毒、寄生虫、水藻以及其他病原体直接杀死。通常紫外线消毒可用于氯气和次氯酸盐供应困难的地区和水处理后对氯的消毒副产物有严格限制的场合。一般认为当水温较低时用紫外线消毒比较经济。紫外线消毒有如下优点：不在水中引进杂质，水的物化性质基本不变；水的化学组成和温度变化一般不会影响消毒效果；不另增加水中的嗅味，不产生诸如三卤甲烷等类的消毒副产物；杀菌范围广而迅速，处理时间短，在一定的辐射强度下一般病原微生物仅需十几秒即可杀灭，能杀灭一些氯消毒法无法灭活的病菌，还能在一定程度上控制一些较高等的水生生物数量，如藻类和红虫等；过度处理一般不会产生水质问题；一体化的设备构造简单，容易安装，小巧轻便，水头损失很小，占地少；容易操作和管理，容易实现自动化，设计良好的系统其设备运行维护工作量很少；运行管理比较安全，基本没有使用、运输和储存其他化学品可能带来的剧毒、易燃、爆炸和腐蚀性的安全隐患；消毒系统除了必须运行的水泵以外，没有其他噪声源。但其也有缺点，如孢子、孢囊和病毒比自养型细菌耐受性高，很难杀灭；水必须进行前处理，因为紫外线会被水中的许多物质吸收，如酚类、芳香化合物等有机物、某些生物、无机物和浊度；没有持续消毒能力，并且可能存在微生物的光复活问题，最好用在处理水能立即使用的场合、管路没有二次污染和原水生生物稳定性较好的情况（一般要求有机物含量低于 10 μg/L）；不易做到在整个处理空间内辐射均匀，有照射的阴影区；没有容易检测残余的性质，处理效果不易迅速确定，难以监测处理强度；较短波长的紫外线（低于 200 nm）照射可能会使硝酸盐转变成亚硝酸盐，为了避免该问题应采用特殊的灯管材料吸收上述范围的波长。

三、淡水池塘环境化学修复技术

池塘环境化学修复是基于污染物化学行为改变的改良措施，如添加改良剂、抑制剂等化学物质降低池塘环境中污染物的水溶性、扩散性和生物有效性，从而使污染物从池塘环境中分离、降解、转化或稳定成低毒、无毒、无害等形式或形成沉淀除去。池塘环境化学修复主要是通过化学絮凝、化学氧化、离子交换、化学固定等方法将污染物的迁移性、有效性及毒性降低。相对于其他池塘环境污染修复来讲，化学修复发展较早，技术也相对成熟，既是一种传统的修复方法，同时由于新材料、新试剂的发展，也是一种仍在不断发展的修复技术。目前常用的池塘环境化学修复方法有化学絮凝、化学氧化、离子交换、化学固定。

四、淡水池塘环境生物修复技术

池塘环境的生物修复技术通常是指利用各种生物（包括微生物、植物和动物）的特性，吸收、降解、转化环境中的污染物，使受污染的环境得到改善的治理技术，一般分为微生物修复、植物修复、动物修复3种类型。

（1）微生物修复技术。微生物修复技术的基本指导思想是要解决自然条件下微生物净化速度缓慢的三个客观原因，即溶解氧不足、营养盐缺乏和高效菌生长缓慢。因此，在微生物修复过程中通常要供氧、接种并驯化高效菌和调节合适的氮磷等营养盐浓度。而具体的基本技术措施包括：接种微生物、添加营养物、提供电子受体、提供共代谢底物以诱导共代谢酶产生、添加表面活性剂等。而最终微生物修复在池塘环境净化中的作用主要表现在对环境中有机物的降解和转化、对环境中重金属的转化与固定。对于通常的渔业环境修复来讲，前者是最主要的作用。

（2）植物修复技术。植物修复技术是指利用水生植物来清除渔业环境中的污染物，使其降解或消失。植物修复作用的对象包括无机氮、磷酸盐、有机污染物、重金属等。具体的修复原理包括植物吸收、植物固定、植物挥发、根系降解、植物化感等。植物吸收主要包括对池塘环境中氮磷的吸收和重金属的吸收，其中对重金属的吸收要考虑水生植物对特定重金属的耐受性。植物固定主要是利用植物和其他一些添加物使环境中的金属流动性降低，生物可利用性下降，从而降低金属对生物的毒性。该法只是暂时将金属固定，并没有彻底去除环境中的金属。植物挥发主要是植物将池塘环境中的污染物吸收到体内后又将其转化为气态物质，释放到大气中，该方法只适用于挥发性污染物。根系降解，植物中超过20%的营养成分如糖分、氨基酸、有机酸等都聚集在根部，因此会生长很多微生物，尤其在根表面外1～3 mm的地方，这些微生物是没有种植过植物的土壤的3～4倍。一些微生物可以同植物相结合促进重金属的降解，也可以矿化某些有机物如多环芳烃、多氯联苯等。植物化感主要是指水生植物可以分泌化感物质抑制池塘环境中藻类的生长。对于通常的池塘环境来讲，植物修复的作用主要是植物吸收、根系降解和植物化感。

（3）动物修复技术。池塘环境修复中动物修复主要的技术手段是投放凶猛性鱼类、杂食性底栖动物或鱼类、以浮游植物为主要食物的滤食性鱼类和贝类等。投放凶猛性鱼类主要是应用在天然渔业环境中，依据生物操纵原理，通过凶猛性鱼类降低食浮游动物的鱼类数量，从而增加浮游动物对藻类的摄食，进而达到减少藻类生物量的目的；投放杂食性底栖动物或鱼类是通过底栖动物或鱼类对有机碎屑的摄食，从而降低池塘环境中有机物的量；通过投放以浮游植物为主要食物的滤食性鱼类和贝类是利用滤食性鱼类和贝类对藻类的滤食作用，减少藻类的生物量。

五、淡水池塘环境综合修复技术

对于一些污染程度较高的池塘环境，其污染状况并不是一个简单的水污染问题，而是水生生态系统结构失衡后出现的一种生态问题，仅靠单一的修复技术往往不能达到预期的效果，这时就需要运用包含物理、生物、生态甚至化学等综合的治理方法，因地制宜地同时采用多种修复技术，形成标本兼治的综合治理效果。例如构建包括底泥疏浚、曝气、微生物强化、垂直空间多种水生植物配置的植被恢复系统，包含凶猛性鱼类、杂食性底栖鱼类及底栖动物、主要摄食浮游植物的滤食性鱼类的投放等多种修复技术集成的综合修复系统，达到对污染程度较高的池塘环境的综合修复效果。

在池塘养殖系统中综合利用物理、化学和生物学的方法对废水进行净化处理正日益受到人们的重视，并成为养殖废水处理技术的主要发展方向。人工湿地是目前比较典型的养殖废水综合处理体系。在湿地生态环境中所发生的物理、化学和生物学作用的综合效应包括沉淀、吸附、过滤、固定、分解、离子交换、硝化和反硝化作用、营养元素的摄取、生命代谢活动的转化和细菌、真菌的异化作用。湿地中水生植物的光合作用为水体净化提供了能量来源，植物根系不仅能够吸收水体中的营养物质、吸附和富积重金属元素，同时也为不同类型微生物的生长繁殖提供了多样性环境。Lin 等（2003）研究了人工湿地在循环水养殖对虾水质净化中的作用，认为湿地系统能有效降低总氨氮、亚硝态氮、硝态氮、悬浮固体以及叶绿素 a 的含量；而且发现循环水体系中对虾的体重和成活率与对照组相比显著增加，表明人工湿地能够提高循环水养殖体系中水的质量，为养殖生物提供一个良好的生活环境。Zachritz 等（1993）应用人工湿地净化循环水养殖体系，在水力负荷率为 7.9 m/d 的情况下使养殖水的循环率达到 90%。Panella 等（1999）的研究发现湿地-塘净化系统在水力滞留时间为 2.8～3 d 时，循环水体系中 BOD_5、悬浮有机固体、总氨氮、硝态氮和正磷酸盐的平均去除率分别为 33%、14%、41%、27% 和 58%。Tilley 等（2002）构筑的湿地可使对虾养殖废水中的总磷（TP）、总悬浮颗粒物（TSS）和无机悬浮固体（ISS）分别降低 31%、65% 和 76%，该试验结果表明，池塘表面积与湿地表面积之比为 1：2 时，才能满足废水处理要求。

应用人工湿地进行水质净化具有投资少、能耗低、维护费用小，处理效果好等优点，但目前关于人工湿地净化循环水养殖体系的报道仍然较少，有待进一步研究发展。Menasveta 等和 Millamena 等曾用循环水来育苗和养殖幼虾，并取得了很好的效果。祁真等（2004）建立了一个包括斜板沉淀池、筛网过滤、泡沫浮选装置、生物滤池、臭氧发生器、石英砂过滤和水温调节池的循环水养殖系统对南美白对虾进行了为期 3 个月的养殖实验，测得氨态氮的最大去除率达 85%，并且该系统对水温、溶解氧和 pH 都能进行很好的控制，认为工厂化封闭循环水养殖系统可以成功地用于南美白对虾的养殖，长期用循环水没有对对虾生长产生什么不利影响。梁友等（2002）将新功能滤料、高效混合净水菌团、水质自动监测和控制 3 项关键技术及配套设备用于封闭式循环水养殖牙鲆，结果表明，封闭循环组成活率可达到 90.0%～95.1%，平均产量为 32.2 kg/m^2，较对照组养殖密度增加 75.6%～102.7%，成活率提高 14%～17%，平均产量增加 145.0%～187.5%，认为该系统能够充分利用有限的水体，避免海水二次污染，利于环境保护。刘鹰等（2005）研究了封闭式循环系统中凡纳滨对虾的合理放养密度，在养殖期间各项水质指标均可控制在要求范围内，水温的平均值为（28.4±1.3）℃、pH 为 7.90±0.14、溶解氧为（7.27±1.36）mg/L、铵态氮为（0.356±0.180）mg/L、COD 为（6.57±0.39）mg/L，水质稳定；在 86 d 的养殖时间内，对虾体重从 0.3 g 增加到（10.4±2.04）g，平均产量达到 5.85 kg/m^3，是池塘养殖产量的 6～11 倍。张明等（2003）采用在养殖水体内接种挂膜光合细菌、硝化细菌和放线菌等环境有益微生物，并与微藻、光合细菌等活饵料应用技术相结合的池水净化循环处理技术，通过基础试验和生产性试验进行了研究考察，结果表明该方法可使育苗池水循环利用，降低生产成本，减少对周边水环境的污染；试验池水质、蟹苗成活率、产量和质量均明显优于对照池。战培荣等（2011）对循环水系统培育鲟鱼进行了研究，实验期间氨氮和亚硝态氮均在国家颁布的水质标准范围内，水质稳定，鱼类的摄食和生长都在正常范围内，认为循环水养鱼系统受外界环境影响小，是一种较好的生产经营方式。姜国华（1994）进行了全封闭循环流水式高密度养殖罗非鱼的研究，认为该养殖方式能够取得很好的经济效益。

第三章 淡水池塘生态环境的物理修复技术

物理修复措施是指利用物理作用采用各种机械设备或材料对养殖水体的环境进行物理影响，从而改善水体生态环境的方法。其处理过程中不改变污染物的化学性质，主要包括物理沉淀技术、物理增氧技术、物理过滤技术、物理吸附技术和气浮分离技术等。物理修复包括多种措施，如调水冲污、人工曝气、截污、疏浚。既可以单独使用，也可作为生态修复的前置措施。通过对水体进行人工曝气，能够显著提高水体自净能力，使得水体的污染程度降低。国外的物理曝气技术在水体中应用已经相当成熟，有移动式充氧平台和固定式充氧站 2 种，以达到减少水体污染负荷、消除黑臭、促进河流生态系统恢复的目的。此外，疏浚及调水冲污等方式实现污染物转移，不会引发更大面积的污染。物理修复方式的主要缺陷在于不能在修复水体的同时完善水生生态系统结构，从而不能实现提高水体自净能力的目的。

我国水产养殖发展在追求数量、追求增长速度的过程中，占用、消耗了大量资源，因此而导致的生态失衡和环境恶化等问题已日益突显。同时，细菌、病毒等大量滋生和有害物质的日益积累，也给水产养殖业带来了极大的风险和困难，威胁了水产养殖业的生产和发展。传统渔业采用频繁换水的方法来改善池塘水生态环境，在造成水资源巨大浪费的同时，也造成了河流、湖泊区域性的富营养化，严重破坏生态环境。池塘净化主要依据过滤、沉淀、吸附、氧化、降解等的技术原理，在措施落实上有沙滤、网滤、曝气、水生植物处理、水生动物处理等。

封闭式循环水养殖是指从养殖池塘排出的全部或 90% 以上尾水、污水，经净化处理后，循环至养殖池塘再利用。与传统养殖模式相比，循环水养殖既能满足高密度、集约化的养殖需求，又能大大减轻对环境的污染，减少对能量、土地以及水资源的消耗。20 世纪 70 年代，美国、澳大利亚、加拿大、丹麦、法国等发达国家就已经开始研究相对封闭环境下的高密度养殖尾水处理技术，以达到减少用水量和减少病害的目的。养殖尾水的处理及循环利用模式正逐步成为这些国家水产养殖产业的主导形式。我国于 20 世纪 70 年代后期开始在淡水鱼类和虾、蟹类养殖领域开展循环水养殖尾水的处理研究，但因成果缺乏专业性、实用性和系统性未获推广，后从德国、丹麦等国家引进了多套养殖尾水处理设备，运行效果不佳。从 20 世纪 90 年代中期开始，我国在养殖尾水处理的生产实践和理论研究方面取得了一定的成果。但是和发达国家相比，还存在一定的差距。水产养殖尾水如得不到及时有效处理，不仅恶化养殖水域环境，而且会导致鱼类、虾类、贝类等的暴发性疾病，甚至大面积死亡，养殖产品质量和产量都会下降。

太湖流域湖泊及水产养殖产生的污染物排放是太湖富营养化的重要原因之一。在众多的水产养殖模式中，池塘养殖仍是最主要的形式之一。池塘养殖的水体既是养殖对象的生活场所，也是粪便、残饵等的分解场所和浮游生物的培育池。在池塘高密度养殖模式下，养殖对象产生的代谢物不能被及时分离和降解，会造成水质恶化。在淡水池塘养殖过程中，饲料中仅 30% 左右的氮被水生动物同化利用，大多数氮残留在养殖水体和沉积物中。这些有机氮首先在异养微生物的作用下形成 NH_3-N，高浓度的 NH_3-N 会影响水生动物生长，降低其免疫能力。微生物通过硝化—反硝化作用，可以将 NH_3-N 转化成 N_2 释放到大气中，降低水体 NH_3-N 浓度。池塘养殖 1 kg 鲤（*Cyprinus carpio*）每天要耗尽500 L 水中的溶解氧，排出 300 mg 氨以及 7 000 mg 的 BOD_5，产生 100 kg 含有大量氮肥的污水。再如，每生产 1 t 虾池塘水体中增加了 0.2 t 的氮元素和 0.05 t 的磷元素。以南美白对虾（*Penaeus vannamei*）为例，在养殖中后期 2 个月，每亩虾塘平均每天的排放水量约为 100 m³。水产养殖尾水中的主要污染物有 NH_3-N、NO_2^--N、有机物、磷及污损生物。

第一节　物理沉淀技术

物理沉淀技术主要包括沉淀池、絮凝沉淀法、沙滤法、筛网过滤法、珠滤法、硅藻土过滤法、离心分离法（如水力旋流器）等。养殖生物或培育苗种代谢颗粒物的分解和残余饵料都会消耗大量的溶解氧，并产生氨氮等有毒有害物质。污水中固体废物一般可分为 3 类：可沉淀固体颗粒废物（settleable solids）、悬浮固体颗粒废物（suspended solids）以及微细或可溶解态颗粒废物（fine or dissolved solids）。可沉淀固体颗粒废物是三类中最易被去除的，为防止其分解产生溶解性有害物质，应尽早从系统中去除掉。在圆形养殖池中，通过进排水方式的设计可在养殖池内部形成旋流，使可沉淀固体颗粒沉积在养殖池底部中心处，通过双管排污设计从而得到去除。

从工程角度来看，悬浮固体颗粒和可沉淀固体颗粒的这种差别对实际水处理工艺的选择影响很大，悬浮固体颗粒不能只通过简单的沉淀过程得到去除。现在常通过各种形式的机械过滤的方法来去除悬浮固体颗粒。最典型的两种机械过滤的方法是筛网过滤和膨胀床颗粒填料过滤。筛网过滤使用各种形式的微细网孔材料（如不锈钢，聚酯材料等），从流经筛网的水流中截流悬浮颗粒物，留在筛网表面的固体颗粒可通过反冲洗的方法去除。

根据结构的不同，筛网过滤装置可分为 3 个种类，盘式筛网过滤装置、鼓式筛网过滤装置以及斜带式筛网过滤装置。在旋转盘式过滤装置中，待处理废水从一端进入，依次经过各垂直放置的圆盘。它的缺点是过滤表面积太小，容易堵塞。转鼓式筛网过滤器是最常用的筛网过滤装置，待处理废水从鼓式结构的开口端进入，流过附着在鼓式结构表面的筛网，在筛网上方有反冲洗水流，冲洗筛网表面截留的颗粒物到内部的排污管中，保持筛网的清洁并去除掉截留的颗粒物。另外，斜带式筛网过滤装置也是常用的一种筛网过滤方式。

筛网过滤器与沉淀池和旋流分离器相比最大的优点是去除固体颗粒的粒径更小，损失水量减小。而其主要缺点则是筛网过滤器一般售价较高，特别是去除小粒径固体颗粒的筛网过滤器。膨胀床颗粒填料过滤器则是利用颗粒填料床的截留作用，去除流经废水中的固体污染物。沙粒或可漂浮的塑料珠颗粒是常用的填料。废水中的固体物质被附着在填料表面或截留在填料颗粒的缝隙中。运行一段时间后，滤床被截留的固体颗粒堵塞，需要进行反冲。反冲时，填料床产生膨胀，释放出截留的颗粒物质，得到清洗。利用可漂浮塑料珠颗粒作为填料，是以去除悬浮颗粒物为目的的滤床过滤器。在滤床上部安置一个螺旋搅拌器，间歇式转动。在过滤期间，废水流经滤床，固体颗粒废物截留在填料床中。在填料膨胀期间，搅拌器转动，使填料颗粒膨胀，释放截留的颗粒废物到过滤器底部，通过底部阀门的定时开关，排放积聚在底部的固体废物。循环水养殖系统中形成的微细悬浮颗粒物或溶解性有机化合物通过传统的过滤装置很难去除。

沉淀砂滤处理系统在水产养殖处理工程中的实际应用较多。虾苗育苗厂区沉淀池、蓄水池的总容积较大，除采用一般机械过滤去除较大悬浮物外，还通常采用弧型筛或微滤机等去除小颗粒悬浮物。常用的弧形筛筛缝间隙为 0.25 mm，可有效去除约 80% 的粒径大于 70 μm 的固体颗粒物质。微滤机的过滤精度达 0.45 μm，可以有效去除 99% 的水中悬浮物。

絮凝剂也常被用于水体悬浮物的去除。天然水体中胶状离子大多带负电荷，加入正电荷的铝盐、铁盐、氢氧化钙、聚丙烯酰胺等絮凝剂使离子凝聚下沉，从而达到去除目的。Mook 等（2012）详细综述了使用电化学技术去除水产养殖尾水中的 NH_3 - N、NO_2^- - N、TOC 情况，具有高效、操作条件适宜、设备较小、产生泥浆少、启动快速等特点。

传统池塘养殖中常用的过滤池都是快滤池类型，效果与所用的过滤填料有关，多种组合填料比单一填料的过滤效果要好。过滤法最大的缺点是由于水产养殖水中悬浮物相当多，在短时间内会形成阻塞现象，因此，需配合定期清洗或更换填料，浪费人力、物力。存在于水产养殖尾水中溶解或不溶解的杂质，粒径大都在 1～200 nm 范围，属胶态体系，不能借重力作用沉淀，也不能以过滤方法去除，只能靠药剂破坏其稳定性，使胶体颗粒增大才能予以去除。一般情况下从 $1～1\times10^5$ nm 的颗粒领域均可用凝聚处理，所以利用设施作凝聚处理在分离技术中既重要又应用广泛。同时在水产养殖过程中可利用活性炭特殊的吸附作用，去除水中的有机碎屑、蛋白质、农药、游离氨等物质。但由于吸附介质易被悬浮物堵塞，且处理水量小，处理成本相对较高，在水产养殖场中应用较少。

第二节　物理增氧技术

物理增氧技术主要有开动增氧机物理增氧；挖除过多淤泥、搅动底泥主动改变底质环境，或在污染底泥上放置覆盖物；通过换水、曝气、泼洒沸石粉和麦饭石粉吸附水环境中的有毒有害污染物质等。采用物理增氧技术并合理使用增氧机、增氧泵等设备，能起到搅水、增氧、曝气的作用，同时促进并扩大生物增氧功能，是池塘精养高产必不可少的安全保障措施。在水产养殖业中，较常用的曝气复氧技术包括微孔曝气、叶轮吸气推流式曝气、水下射流曝气和纯氧曝气等。我国常用改善池塘水质的增氧机主要有叶轮式增氧机、水车式增氧机、射流式增氧机、充气式增氧机、喷水式增氧机、聚氧活化曝气增氧机等。但它们普遍存在增氧不均匀、底层增氧差、噪声大、增氧能力有限等缺陷。微孔曝气增氧机能够高效均匀混合空气与水体，充分曝气，增强水体的自我净化能力，实现全池高效立体增氧，主要用于虾、蟹、名贵鱼类等优质水产品的养殖中。

从增氧能力和增氧动力效益来看，叶轮式增氧机雄居榜首，其增氧动力效率可达 $2\ kg/(kW \cdot h)$ 以上，其应用范围也较为广泛。就增氧原理而言，这些增氧机都是建立在气体转移理论的基础上，依靠水跃、液面更新、负压进气这 3 个方面的作用，达到增氧的目的。从池塘内部综合生态平衡的角度来看，殷肇君等研制的水质改良机，通过翻喷池塘底泥，搅动池塘水体，使整个池塘水体得到充分溶氧，大大改善了池塘养殖水质。在循环水养殖系统中，为保证养殖生物的最佳生长状态需要控制溶解氧浓度（DO）和二氧化碳（CO_2）浓度。以鱼类为例，一般要求 DO 在 $6\ mg/L$ 以上，而 CO_2 浓度则需控制在 $25\ mg/L$ 以下。DO 和 CO_2 浓度的控制一般是通过曝气和充氧来实现的。

曝气是指通过特定的方式把空气中的氧气溶入水中，而充氧则是把纯氧气转移到水中。常用的曝气方式有气石曝气和填料床曝气。常用的充氧方式则有下流式气水接触充氧装置、U 形管氧气扩散装置以及多阶段低压充氧装置。常用的生物过滤装置主要包括如下几种：旋转式生物接触反应器（the rotating biological contactor）、滴滤池（the trickling filters）、膨胀床填料过滤器（the expandable media filters）、流化床过滤器（the fluidized bed filters）以及混合床反应器（the mixed bed reactors）。

（1）旋转式生物接触反应器。生物滤池填料介质安置于带有可转动中心轴的鼓式结构的表面，基质填料部分（约 40%）浸没在水中，硝化细菌在介质填料表面附着生长，并随着中心轴的转动，间歇接触含氮废水和空气，从而可释放出二氧化碳并吸收氧气。它的主要优点是易于操作，可方便排出二氧化碳和吸收氧气并具备自净功能，缺点是造价较高和机械不稳定性。

（2）滴滤池。它主要由上部的布水系统和充满介质的反应器组成。填料介质的比表面积较小，一般低于 $330\ m^2/m^3$，这样在填料介质中间就产生较大的空隙。滤池是非淹没式的结构设计，这样就在一个反应器中实现了硝化、充氧以及排除二氧化碳功能。它的主要缺点是：一般体积较大，易于堵塞，而且生物滤池介质填料价格也比较昂贵。

（3）膨胀床填料过滤器。膨胀床过滤器在很多养殖废水的处理应用中也可被用作生物滤池。它一般以上升流的方式运转，漂浮的塑料珠填料比表面积较大，硝化细菌可在其表面附着生长。它的主要优点是：可同时实现悬浮固体颗粒的去除和硝化过程，缺点是：底部沉积的固体物质如不能及时排除则易被分解，影响水质。

（4）流化床过滤器。流化床实际上是在膨胀状态（即反冲洗状态）下连续运行的沙滤池。上升的水流速度足够大，使沙粒处于运动状态，从而使沙床膨胀，产生流化。流化床中的沙粒粒径较小，小于用于固体去除的滤床中的沙粒粒径。另外，密度稍大于水的塑料珠也可用作流化床填料。流化床过滤器为硝化细菌的生长提供了优良的环境。一方面，流化的填料使细菌可附着的表面积增大，几乎整个滤池中所有填料的表面积都可被附着；另一方面，扰动的环境可使细菌从填料表面脱离，实现自净。它的主要优点是结构紧凑、硝化能力较强且填料价格低廉。

（5）混合床反应器。它是利用处于连续运动状态的塑料介质作为填料，介于上升流塑料珠滤器和流化床反应器之间的一种新型反应器。塑料介质填料的粒径一般要远大于流化床中的沙粒粒径，从而比表面积较小。介质颗粒密度与水相当或稍大于水，一般通过机械或水力方式实现混合。混合床反应器是通过在反应器中设计一个竖管实现介质颗粒的混合。混合床反应器根据需要可被设计为上流式或下流式。由于以上生物方法具有生物量高、优势菌种明显、处理效率高、装置占地少等优点，因而被广泛应用于工厂化水产养殖系统，以维持养殖水质的稳定和养殖废水的处理。

在对池塘水质进行净化的同时可对水源水质量进行处理。在池塘周边水质处理中，常采用曝气复氧技术向水体连续或间接地通入空气或纯氧，加速水体的复氧过程，提高溶解氧含量，增强好氧微生物的活性，从而达到改善水质的目的。该技术对消除黑臭有较为显著的效果，具有操作简便、成本低和见效快等优势，发展前景广阔。熊万永等（2004）对福州白马支河进行曝气治理研究，基本上消除了黑臭现象；英国泰晤士河、澳大利亚斯旺河、中国北京的清河和中国上海上澳塘采用曝气技术治理污染河段均取得了较好效果。污染严重的水体由于耗氧量大于水体的自然复氧量，溶解氧很低，甚至处于缺氧（或厌氧）状态。向处于缺氧（或厌氧）状态的水体进行人工充氧（此过程称为曝气复氧）可以增强自净能力，改善水质、改善或恢复的生态环境。曝气复氧对消除水体黑臭具有良好效果，原理是水体中的溶解氧与黑臭物质（如硫化氢、硫化亚铁等还原性物质）发生了氧化还原反应，且具有反应速率快的特点。同时，实验中还发现充氧可以使处于厌氧状态的较松散的表层底泥转变为好氧状态的较密实的表层底泥，可减缓深层底泥中污染物向上层水体的扩散。因此，向处于缺氧（或厌氧）状态的水体进行曝气复氧可以补充过量消耗的溶解氧、增强水体的自净能力，有助于黑臭状态的水体加快恢复到正常的水质生态系统。曝气技术一般应用在以下两种情况：第一种是在污水截留管道或其他污水处理设施建成之前，为解决水体的严重有机污染和黑臭问题而进行人工充氧；第二种是在经过治理的水体中设立人工曝气装置作为对付突发性污染（如暴雨溢流、企业突发事故排放等）的应急措施。此外，夏季水温较高，有机物降解速率和耗氧速率加快，通过人工复氧恢复生态环境和增强自净能力。曝气技术存在消耗较大的缺点，因此在治理时应根据水体的污染实际情况与财力状况选择合理的处理技术。

臭氧可以有效地氧化水产养殖淡水中积累的 NH_3-N、NO_2^--N，降低总有机碳含量（TOC）、COD 浓度，去除水产养殖尾水中多种还原性污染物，起到净化水质、优化水产养殖环境的作用。曝气生物法利用微生物的新陈代谢氧化分解功能将尾水中的氮、磷、无机物、有机物等分解。曝气生物滤池是将给水过滤与生物接触氧化法相结合的一种生物膜法污水处理工艺，在滤池中填装一定量的滤料，生物膜在滤料表面及空隙中生长，依靠滤料上微生物的代谢作用形成的食物链对污染物分解去除，附着水层紧邻生物膜，通过该水层，溶解氧和各种营养物质进入生物膜，向膜内输送物质和能量，充分发挥食物链分级捕食、过滤、生物吸附絮凝与生物氧化作用以净化废水；此外，粒径较小的滤料可截留污水中大量悬浮物，滤料可对污染物进行吸附。生物膜内形成的缺氧、厌氧、好氧微环境，可发生反硝化、硝化作用，因此可以集有机物去除和脱氮于一体，无需污泥处理。微絮凝过滤是一种新型的接触絮凝工艺，在滤池前投加混凝剂，无须设置沉淀池和污泥收集装置且占地面积小，可以很好地弥补生物滤池可能出现 TP 去除效果不好的情况。缺点是当固体悬浮物浓度（SS）过高时，反应器容易堵塞，需增加反冲洗次数，会使运行费用升高，操作复杂，生物膜容易脱落，污泥稳定性不好。泡沫分离技术常用于封闭和循环海水养殖系统中（易产生泡沫），而在淡水养殖系统中仅在有机物浓度较高的情况下才使用该技术。膜分离技术中膜的性质比生物滤池的流程安排更能影响生物滤池的效率，且装有十字交叉和多孔生物膜的生物滤池对水产养殖废水的处理效果良好。

微孔增氧通过微孔管向池塘底部水体充气增氧，增氧范围较广，可提高各层养殖水体动物的活动能力。微孔曝气增氧设备主要由电机、罗茨风机、主供气管、PVC 支管及微孔曝气管构成供气系统。其工作原理是：用电动机带动罗茨鼓风机，将空气压送至输气主管道。输气主管道将空气沿 PVC 管道输入池塘底部的微孔曝气管。微孔曝气管将空气以微气泡形式分散到水体中，形成的微气泡由池底逐渐上浮。气泡在气体高氧分压作用下，将氧气充分溶入水体中。气泡上升形成水流旋转和上下流动，将上层溶解氧高的水带入下层水体，水流旋转加快微孔管周围高溶解氧水向外扩散速度，实现养殖水体的高效均匀增氧。

微孔曝气增氧的主要优点：

① 全池溶氧均匀，实现高效立体增氧。空气直接输入下层水体，通过微孔曝气管产生小气泡，形成气幕。气泡上升缓慢，氧气在水中滞留时间较长，气液接触有效时间增加，使充入水体的空气更容易融入水体；气泡上升时气液间的摩擦阻力带动底层水体向上层逐渐流动，把含氧量低的下层水推向上层，使上、下层溶氧均匀，保证水体溶解氧量稳定，特别是高密度养殖水体和极端天气，微孔增氧能防止养殖对象缺氧浮头。

② 有效改善养殖水体生态。微孔增氧曝气盘产生大量的微气泡，增加水体的上下流动和旋转，上下水层均衡充足的溶解氧可以使菌相、藻相达到上下水层的平衡，改善水体的生态。构建均衡的有益菌和浮游生物种群，可降低养殖对象的病害发生，提高存活率。而传统的增氧方式养殖水体表面和中上层的氧气对流不充分，对中下层生态相改善作用较小。

③ 改善养殖水环境。一般情况下，养殖水体自表层至底层，溶氧量逐渐降低。大部分剩饵、排泄物、腐烂动植物的尸体等均沉积在底层，这些有机物的氧化分解需消耗大量氧气，产生较多的有毒有害物质，所以中下层和底层水体极不稳定。传统的增氧设备多为表层增氧，无法解决底部缺氧问题。微孔增氧产生的水流和上下流动促使底层在缺氧条件下产生的有害气体在气泡的作用下溢出水面，达到曝气的目的。水体的流动和旋转加快了池塘底部有机物、氨氮、亚硝酸盐、硫化氢等有害物质的氧化分解，提高水体的净化能力，改善水体底部环境，有利于鱼类的健康、安全养殖。

④ 能耗低，噪声小，安全性能高。微孔增氧可使单位水体溶氧量迅速达到较高水平，实现养殖水体的快速增氧，而能耗却比叶轮式和水车式增氧机等设备低许多，可以降低生产成本。微孔增氧设备的动力系统安装在池塘岸边，在水中只有微孔曝气管，基本没有声音，机器产生的噪声不直接传入水体，减少机械噪声对养殖动物的应激作用，也不会漏油

污染养殖水体。此设备操作简单，便于维护，安全性能好，而传统增氧设备安全性能较差，对养殖动物存在潜在危害。

叶轮式增氧机有增氧、搅水、曝气 3 个作用，增氧机叶轮转动，搅动养殖水体产生水跃，增加水和空气的接触面积，达到增加水体溶解氧的目的。叶轮旋转搅动水体打破跃温层，促进上下水体间的对流，提高中下层水体的溶解氧量。叶轮式增氧机一般适用于中上层水体增氧，对底层水体的增氧效果差。微孔曝气增氧机增氧效果好，但搅拌能力差，叶轮式增氧机可有效弥补这一缺陷。晴天下午开启叶轮式增氧机，能打破水体分层，使上下层水体对流，将表层溶解氧过饱和水体送至下层，使下层水体溶解氧量升高。两者配套使用能够充分发挥两者的优势：在不减少总溶氧量的前提下减少叶轮式增氧机的运作时间，降低能耗，节约成本，提高单产；有效增加池塘溶解氧量，使上下水体保持均匀高溶解氧状态，降低水体中的有毒有害物质，改善水质。该结论与杨军等（2014）报道的黄颡鱼（*Pelteobagrus fulvidraco*）和鳖（*Amyda sinensis*）的混养、李燕等（2012）报道的南美白对虾（*Penaeus vannamei* Boone）养殖、孔令杰等（2011）报道的主养鲤（*Cyprinus carpio*）成鱼试验的结果一致。在湖北省进行的微孔曝气增氧技术应用研究试验中也表明微孔曝气增氧机和叶轮式增氧机配套使用效果更佳。

水车式增氧机通过桨叶高速拍击水面翻水，使水体在水平方向流动形成定向水流，把空气搅入水中，对较浅水体有增氧能力和搅拌功能，但对超过 1 m 的底部水体几乎起不到增氧作用。水车式增氧机结构简单、造价低，适用于水体较浅的养殖池塘。微孔曝气增氧机从底部增氧，对于深度超过 1 m 的池塘，两者配套使用使池塘整体溶解氧提高快，分布均匀，可以弥补后者对池塘底部增氧能力弱的缺陷，形成互补的立体高效增氧模式，适用于喜欢定向水流的养殖对象。在张拓等（2011）对鳗鲡（*Anguilla japonica*）的研究中表明，水车式增氧机的主要作用为提高表层水体溶解氧，而微孔曝气增氧机对底层溶解氧效果作用显著，两者配套使用才能达到最佳增氧效果。喷水式增氧机由浮水电泵和附有浮体的喷头组成，水泵抽提下层缺氧水体由喷头的环形出口喷向空中，分散为水点落下，增加水-气接触面，以达到增加溶解氧的目的。水泵的抽送作用将下层缺氧水体运至上层，上下层产生对流，主要适用于面积较小的养殖池塘。喷水式增氧机机身搬运方便、造价低，用于垂钓观赏居多。根据养殖池塘具体溶解氧变化，喷水式增氧机下午开机 3～4 h，后半夜开机至天亮，微孔曝气增氧机全天开机，注意适时冷却机器，能够有效提高池塘增氧效果。

第三节　物理过滤技术

物理过滤技术过滤是指当池塘养殖废水流经充满滤料的滤床时，水中悬浮和胶体杂质被滤料表面所吸附或在空隙中被截留而去除的过程。由于养殖废水中的剩余残饵和养殖生物排泄物等大部分以悬浮态大颗粒的形式存在，因此采用物理过滤技术去除是最为快捷、经济的方法。常用的过滤分离设备主要有机械过滤器、砂滤器、压力过滤器等。在实际处理工程中，机械过滤器（微滤机）是应用较多、过滤效果较好的方式。沸石过滤器兼有过滤与吸附功能，不仅可以去除悬浮物，同时又可以通过吸附作用有效去除重金属、氨氮等溶解态污染物。何洁等（2003）研究表明沸石作为载体，附着其上生物膜的氨化作用和亚硝化作用好于活性炭和沙子。同时进一步指出，沸石的经济成本低，以沸石为载体对养殖废水有足够的处理能力，适宜我国众多的大水面集约化养殖生产，所以在养殖废水处理中具有广泛的应用前景。用斜发沸石作为载体，发挥光合细菌和沸石二者的优点，经过特殊加工制成高效水质净化剂，应用于池塘河蟹养殖。研究表明，三态氮和有机耗氧量明显下降，溶解氧和水体透明度明显上升；在微生物指标中，水体中的致病菌大幅度下降。

连续式过滤器外形一般为圆柱形罐，由滤层、进水管、出水管、洗砂水排放管、放空管、布水器、洗砂器等组成，其水处理过程一般可分为过滤和洗砂两部分。①过滤过程。原水通过进水管进入连续式砂滤器，并经布水器均匀布水后向上逆流通过滤料层。原水通过滤层时被过滤，水中的污染物被滤料拦截而含量降低，滤后清水从出水口排出。②洗砂过程。密度小的压缩空气通入提砂管时，砂滤器底部形成负压，通过气提作用带动过滤器底部的脏砂一同上升至过滤装置顶部的洗砂器。污砂在提砂管的提升过程中经过不断摩擦和撞击，与污物得到很好的分离，再经过逆流而上的过滤水的冲刷而变得清洁，反冲洗后的滤砂利用自重返回砂床，洗砂水从冲洗水出口排出。与传统过滤装置相比，连续式砂滤器具有以下优势：结构简单、紧凑，占地面积小，操作简单；能耗低，运行成本低；无需停机反冲洗，处理规模大，效率高；可承受负荷高，处理效果好。滤料粒径、滤层高度、运行时的滤速、砂循环速率等参数是决定连续式砂滤器能否取得良好处理效果的关键，工作参数选取不当将会使处理效果变差，严重时甚至影响砂滤器的连续运行。

滤料粒径对连续式砂滤器的处理效果有重要影响，连续式砂滤器一般采用单一粒径的石英砂滤料。如果粒径过小，则滤池提砂管中砂量过大，洗砂管易堵塞，水位差不能起到逆水分离悬浮物的作用，造成脱落的悬浮物和砂粒一起从洗砂器中落下，滤后水和反冲洗水混合，出水水质恶化；如果石英砂粒径过大，则提砂困难，滤料清洗不彻底，出水水质也会变差。陈轶波等（2006）认为原水的种类及性质不同则过滤器所需的砂粒也有所不同，处理含油废水及含有易黏结物质的原水时，通常使用有效直径为 1.2 mm、均质系数为 1.4 的均质石英砂；若处理出水水质需达到《城镇污水处理厂污染物排放标准》（GB 18918—2002）的二级排放标准，应选择有效粒径为 0.9 mm、均质系数为 1.4 的均质石英砂。陈志强等（2002）采用连续流砂过滤器处理投加过混凝剂的原水，选用 0.70～1.00 mm 的细砂、1.00～1.25 mm 的中砂和 1.25～1.50 mm 的粗砂进行对比试验，结果表明：采用粒径为 0.70～1.00 mm 的细砂时，过滤出水水质较好。大量试验研究证明，为保证良好的处理效果及设备的连续运行，连续式砂滤器中的石英砂粒径应选择为 0.7～1.2 mm。

滤床高度是保证连续式砂滤器具有良好处理效果的重要参数，砂层过低会导致一些微絮体及与滤料结合力较弱的物质不能被砂层截留，随出水流出；砂层过高易形成砂锥，堵住洗砂器的出砂口，反应器内的砂冲洗不完全，后期出水 SS 浓度偏高。为达到有效的过滤高度，滤床厚度可取 0.8～1.4 m。陈志强等（2002）提出内循环连续式砂滤器的工作区域主要在滤层的下部。低温水微絮体深入滤层较深，过滤工作层约为 40 cm。由于连续式砂滤器不存在过滤吸附层上移的问题，滤层保持稳定的状态，故可采用浅层滤层，其厚度略大于过滤工作层即可。

滤速大则上升水流对底层滤料的冲击力就较大，水砂比亦较大，滤料间孔隙率提高则不利于接触絮凝，一些颗粒较易穿透而导致过滤效果下降。滤速过大会造成过滤工作层延伸，砂层得不到有效清洗而不能形成清洁滤层，造成出水水质恶化。众多试验研究表明，滤速应取 10 m/h 以下。秦树林等（2009）采用微絮凝连续过滤技术深度处理矿区生活污水，结果表明：采用滤速为 6～8 m/h 时除污效果最佳，对 SS 的去除率达到 97.51%；当滤速提高到 8～10 m/h 时，对 SS 的去除率稍有下降，再提高滤速则对 SS 的去除率下降较大。

砂循环速率是指石英砂滤料在过滤器内单位时间的下移距离，这对于滤层的清洁及稳定工作至关重要。当砂循环速率小于过滤吸附层的上移速度时，含污滤层得不到有效清洗，滤层水头损失不断变大，稳定的连续过滤过程遭到破坏；砂循环速率过高时，脏砂拥挤于洗砂器内，滤料的反洗效果较差。同时，由于脏砂的拥挤造成阻力增大，阻止冲洗水及时排出，使滤后水和冲洗水混合，降低过滤效率。张玉杰（2009）的研究表明砂循环速率对过滤出水的浊度影响很大，砂循环速率为 7～9 mm/min 时过滤效果最好，过滤出水浊度最低；当砂循环速率 ＜7 mm/min 时，出水浊度变大；当砂循环速率 ＞9 mm/min 时，滤砂在洗砂器中得不到完全清洗，一部分污染物随砂落入过滤器内，使过滤出水浊度变大。焦辉平（2010）将生物活性砂过滤器用于城镇污水处理厂的提标改造中，指出砂循环速率为 6～8 mm/min 时过滤效果较好；当砂循环速率 ＜6 mm/min 时，出水浊度较大；当砂循环速率 ＞9 mm/min 时，出水浊度值升高。

为了取得较好的处理效果，一般情况下连续式砂滤器通常需要投加絮凝剂，常用的絮凝剂有聚合氯化铝（PAC）、复合聚碱式氯化铝铁（PBACF）、聚合氯化铝铁（PAFC）、聚合氯化铁（PFC）等。李善仁等（2003）采用流砂过滤处理炼油厂生化出水，结果表明：PAC 投量为 15 mg/L 时微絮凝过滤工艺明显好于未投加 PAC 的。前者对浊度和 COD 的去除率达到 88.2% 和 31.5%，而后者仅有 64.2% 和 10.3%。李善仁等（2009）将高效流砂过滤器用于大庆石化循环水过滤系统中，试结果表明：与投加 PAC 的系统相比，投加 PBACF 后系统出水浊度波动较大，且出水色度明显增大。此外，投加 PBACF 的费用也比 PAC 的要高。王东等（2006）采用 DynaSand 活性砂过滤器处理城市污水处理厂的二沉池出水，考察了不同絮凝剂 PAC 和 PFC（投量均为 30 mg/L）对 SS 的去除效果。结果表明：投加 PAC 时系统对 SS 的平均去除率为 45.97%，投加 PFC 时系统对 SS 的平均去除率为 75.15%，可见聚合氯化铁对 SS 的去除效果要好于聚合氯化铝。杨燕等（2008）采用流砂微絮凝过滤工艺处理上海某污水厂的二级处理出水时，以聚合氯化铝铁作为絮凝剂，研究了絮凝剂投量对除污效果的影响。结果表明：对 TP 和浊度的去除效率随着絮凝剂投量的增加而提高，对氨氮与 COD 的去除效率受絮凝剂投加量变化的影响较小。

连续式砂滤器对浊度和 TP 的去除效果较明显，对 COD 和氨氮的去除主要依靠砂滤器内微生物层的生物降解作用，去除效果有限。将连续式砂滤工艺与其他水处理工艺联合使用，可以提高对 COD 和氨氮的去除率，取得比单独使用时更好的处理效果。陈志强等（2004）采用高锰酸钾—粉末活性炭—连续过滤联合工艺处理受污染原水，在进水浊度为 30 NTU、COD_{Mn} 为 4.5 mg/L 时，出水浊度为 2.11 NTU、COD_{Mn} 为 3.02 mg/L，处理结果均优于单独的活性炭吸附或单纯的高锰酸钾氧化的情况。李善仁等（2009）采用混凝沉淀/流砂过滤、流砂微絮凝过滤和流砂直接过滤三种工艺处理上海石化污水处理厂的二级处理出水。结果表明：混凝沉淀/流砂过滤工艺对 COD 和浊度的去除效果最好，COD、浊度由进水的 50.4 mg/L、4.2 NTU 分别降低到 42.3 mg/L、0.6 NTU。ChangSix 等（2010）采用内循环砂滤和生物膜法 SBR（BSBR）工艺联合处理养猪废水。结果表明，与未设砂滤的工艺相比，BSBR 工艺对氮和磷的去除率分别提高了 18％和 33％。在循环速率为 170 L/(h·m³)、持续时间为 22 h 的工况下，对 TOC、氨氮、总溶解无机氮的去除率分别达到了 73.0％、97.8％、85.6％。陈志强等（2002）采用连续过滤—臭氧后氧化工艺处理制药厂的二级出水。结果表明：当 PAC 投药量为 15 mg/L 时，连续过滤系统对浊度、COD 的去除率分别达到 85％、15％；同时投加 5 mg/L 的 PAM，对色度的去除率达到 40％，出水色度均在 20 倍以下。

第四节　气浮分离技术

气浮分离技术是固液分离或液液分离的一种新技术，它是通过某种方式产生大量微气泡，并以微泡作为载体，黏附水中的杂质颗粒或液体污染物微粒，形成相对密度比水轻的气浮体，在水浮力的作用下浮到水面形成浮渣，进而被分离出去的一种水处理方法。采用气浮法可以去除溶解性固体（VS）、总氮（TN）和总悬浮固体（TSS）。特别是在养殖水中供给气泡，则养殖水中的黏性物质和悬浮物就会结合在气—液界面而浮起，从而在水面上形成高黏性的泡沫，除去这些泡沫即可除去养殖水中体表黏性物质等悬浮物。利用气浮分离技术可浓缩挥发性污染物质，从而很好地降低养殖水体中的悬浮物和总氮；Rubin 等（1967）采用气浮法去除养殖水体中的酸性物质，结果表明养殖水体处理前 pH 为 7.13，处理后平均 pH 升至 7.18，而泡沫的 pH 为 7.11，由此可见气浮分离还具有稳定水体 pH 的作用；同时气浮分离法也有较好的除菌作用。Dwivedy 和杜守恩等（1995）均证实养殖水体经泡沫净化后，细菌密度迅速降低，其中细菌密度由原来的 22 100 个/mL 减少到 220 个/mL，而浓缩的泡沫中细菌数达 111 158 万个/mL。

在对微细小有机颗粒物等的去除方面，泡沫分离技术占据突出的优势。泡沫分离技术对微小 SS 和溶解有机物有很好的去除效果，泡沫上聚集的微小颗粒物粒径小于 30 nm。泡沫分离器的有效性就在于扩大气体和液体之间的表面区域及其特定的表面张力，使气泡表面自然吸附更多的纤维素、蛋白质和食物残渣，最大程度能清除水产养殖尾水中 80％的有机新陈代谢产物。泡沫分离装置（或称蛋白质分离器）是常用的能有效去除和控制这些物质的水处理设备。蛋白质除泡器中，底部通过文丘里管、气石或微孔曝气盘等产生上升气泡。气泡上升过程中，可吸附溶解性有机化合物等具有双极性的分子以及微细悬浮颗粒物，聚集在装置上部。聚集的泡沫可进行收集以去除。气泡的大小和气泡与水流接触时间的长短是影响蛋白质分离器去除效果的主要因素。逆流设计（气泡上升而水流向下）因增大了气泡与水流的接触时间可提高其去除效果。

在水处理等领域，关于气浮的理论研究认为颗粒物泡沫分离过程包括气泡颗粒之间碰撞、黏附，气泡颗粒絮体在气液界面产生泡沫（起泡），另外还需确保气泡颗粒絮体在水体和泡沫层的稳定性，气泡颗粒絮体在水体中可能会发生脱附过程。碰撞过程是气泡与颗粒在气浮区内相互靠近并发生碰撞接触的过程；碰撞效率受颗粒粒径、气泡尺寸、远程水力学条件等因素影响。黏附过程是气泡颗粒碰撞接触后，气泡颗粒间的分离距离在表面力作用的范围内，此时颗粒在气泡表面滑动，气泡颗粒间的液膜在表面力作用下变薄，当达到临界厚度时液膜破裂，随后气泡、颗粒和水体溶液形成三相接触线，三相接触线不断扩大至气泡颗粒表面稳定润湿周边的形成；黏附效率主要受气泡颗粒的表面化学特性、液体溶液的化学特性、表面张力的影响。脱附过程是指颗粒物在外力作用下离开气泡表面回到水体溶液中的过程；脱附过程中主要作用力包括由气泡颗粒液膜产生的毛细力、颗粒重力和湍流加速度引起的离心力，对于细微颗粒物而言，脱附力较小，因此，实际细微颗粒物泡沫分离的脱附效率较低。起泡受水体溶液的表面张力、表面黏度和表面活性剂的影响，泡沫稳定性影响因素有泡沫大小、毛细力，以及由重力、不同泡沫间传质引起的泡沫变大或泡沫合并等。

　　水中通入空气或经减压释放水中溶入的过饱和空气，都会产生气泡。所形成的气泡大小和强度取决于释放空气时的各种条件和水的表面张力的大小。气浮法是在水中通入空气，产生细小气泡，废水中事先加入混凝剂，使水中细小悬浮物形成的矾花黏附在空气泡上，随气泡一起上浮到水面上，形成浮渣，从而回收水中的悬浮物质，同时改善了水质。在一定条件下，气泡在水中的分散度是影响气浮效率的重要因素。传统的重力沉淀法对水中大的悬浮物颗粒有明显的去除效果，但是，当分离水中的油类、纤维和藻类等轻质物质时，这种方法很难达到满意的净水目的，就需要采用气浮的分离方法。

　　目前，气浮分离工艺在水处理方面得到了广泛的应用。在给水方面，气浮法适用于处理腐殖质含量较高或天然色度较高、富营养化、藻含量较高、浊度较低甚至是低温低浊原水。在尾水处理领域，气浮法的应用更广。由于在处理轻质污染物上存在很大优势，气浮法被广泛地应用于炼油厂含油废水的处理。在处理造纸废水的处理上，与其他工艺相比气浮工艺具有处理时间短、去除率高、对废水中纤维物质特别有效、工艺流程和设备构造简单、对大多数纸类都很适用的优点。气浮法处理染色废水中的合成洗涤剂和比重较小难于沉淀的絮凝物效果较好。处理水量在 1 000 m³/d 以上时采用部分加压溶气气浮法较多，水量小于 1 000 m³/d 时，为操作管理方便，多采用全部进水加压溶气气浮法。另外，气浮法也用于处理电镀废水、含重金属离子废水、洗毛废水处理、制革废水、城市生活污水以及富营养化前驱物，在生活污水的二级处理和深度处理方面，气浮工艺也同样得到应用。长期以来，在尾水处理中，基本都采取沉淀法用于固液分离。但对于比重接近于水的物质，沉淀法就难以去除。20 世纪 70 年代以来开发的气浮技术，较好地解决了这一问题。气浮法就是利用高度分散的微小气泡作为载体去黏附废水中的悬浮物，使其密度小于水而上浮到水面以实现固液分离，其中包括吸附、絮凝及水动力学等复杂过程。它可以用于水中固体与固体、固体与液体、液体与液体乃至溶质中离子的分离。

　　臭氧（O_3）有很高的氧化性，并且不会产生三卤甲烷等有毒的副产物。臭氧的消毒与氧化效果都比液氯要高，还能够将难以生物降解的有机物分解为可降解的类型，进而降低水中有机物的含量。现在已将臭氧应用到饮用水消毒过程中，以控制三卤甲烷以及其他有毒副产物的生成。但是臭氧在水中很容易分解为氧气，很不稳定，只能现场制备，从而限制了臭氧的使用范围。将臭氧氧化与高效气浮有机结合起来，能在一个操作单元内同时完成破乳或絮凝，固液分离，除色、嗅、味，消毒等多个过程。臭氧氧化的主要作用就是对水中的有机物和细菌等物质进行氧化从而使工艺具有良好的除色、嗅、味，消毒等效果，气浮分离的作用则是对污染物作用，使其脱稳、絮凝，最终完成固液分离。臭氧能够用于改变水中悬浮物的性质，将悬浮物颗粒粒径变大，使处于溶解状态的有机物变成可絮凝的胶体颗粒等方面。臭氧与水的混合效果又对工艺的处理效果有非常重要的影响，溶气泵良好的混合效果能够使臭氧与水充分、均匀的混合，有利于臭氧各种作用的发挥。气浮所需的空气量和浮渣的去除也对气浮过程有较大的影响。气浮所需的空气量随选择的溶气压力或回流比而变化。因此不同尺寸的释放器要求不同的流量与压力的组合，从而提供同量的空气。不同的水质经过气浮处理后形成的浮渣具有不同的特性，对于某一特定水质，为了使浮渣去除对出水的影响到最小化，对浮渣的去除方式、刮渣方向、去除频率、刮渣速度和气浮池水位必须进行优化。

在臭氧-气浮工艺中，使用臭氧化空气或臭氧化氧气代替空气在特殊构造的气浮池中进行气浮处理，臭氧的氧化是非常重要的环节，其优点在于把臭氧氧化的化学现象和气浮净水技术的物理现象有机地结合在一起，充分发挥臭氧的强氧化剂和有力的消毒剂作用。在经过生物处理以后，原水中还存在大量的难生物降解的有机物，用常规的工艺很难对其进行处理，而臭氧的强氧化性可使有机物的结构发生显著变化，非饱和构造的有机物转化为饱和构造有机物，大分子有机物转化为小分子有机物。由于采用臭氧化空气作为气浮工艺的气源，虽然只是低浓度臭氧，但也具有了在脱色、除臭和有机物去除方面的优势。对于回用水工艺来说，消毒是非常关键的部分，臭氧在本工艺中也发挥了较强的消毒作用，出水的细菌和大肠杆菌指标均达到回用水水质指标。

第五节　物理吸附技术

吸附法在工业废水处理中应用广泛，理想的吸附剂应具有以下特征：对重金属离子具有强亲和力；比表面积大；有大量活性位点；易于回收且再循环成本低等。常见吸附材料有沸石、纤维素、磁性纳米吸附剂、壳聚糖基吸附剂、给水污泥、生物炭复合材料、污泥、金属有机骨架材料、生物质炭、羟基磷灰石复合吸附剂、膨润土等，它们具有孔隙结构发达、吸附能力高和成本低廉等优点。但同时存在吸附再生性差、固液分离困难等缺陷，在实际应用中受到很大限制。

其中，磁铁矿纳米粒子（MNPs）因具有优异的超顺磁性、良好的相容性、较小的毒性和较大的物理化学稳定性而被重点关注。常见的铁系磁性材料有赤铁矿（α-Fe_2O_3）、磁赤铁矿（γ-Fe_2O_3）、磁铁矿（Fe_3O_4）、铁酸盐（MFe_2O_4）（M＝Mn，Zn，Co，Ni，Cu 等）等。壳聚糖，聚［（1，4）-β-2 氨基-2-脱氧-D-葡萄糖］（聚葡萄糖胺），是甲壳素的 N-脱乙酰形式，具有氨基和甲壳素结构聚葡萄糖胺，并且是可生物降解的聚合物，尽管这种 N-脱乙酰化几乎从未完成。具有丰富的氨基和羟基，对许多污染物具有良好的吸附能力，壳聚糖可以通过物理或化学方法轻松改性，以实现更多样化的应用，壳聚糖作为一种可生物降解的聚合物，无毒，环保。变性淀粉在吸附剂中应用最多的是化学方法修饰淀粉，通过化学方法可以得到酸变性淀粉、交联变性淀粉、酯化淀粉、醚化淀粉和接枝淀粉。给水污泥大多是铝、铁污泥，Al^{3+}、Fe^{3+} 具有较强的吸附性能，具有较大的比表面积（SSA）和良好的孔隙率。生物炭是生物质材料（如废弃木材、植物秸秆等）在完全或部分缺氧的条件下热解得到的高含碳量固体产物，具有较高的碳含量和芳香性的结构、较大的比表面积、丰富的孔隙结构和表面活性基团，对各类污染物均具有很强的吸附能力，其内部孔隙结构丰富、理化性质稳定，且来源广泛、环境友好，被作为一种性能优良的吸附剂应用于各类工业废水的处理。初沉污泥多含有脂肪、油脂、纤维素等物质，而剩余污泥主要为微生物菌胶团等生物质，故蛋白质、氮、磷等成分的比例更高。碳化制备的污泥吸附剂在孔结构特征、表面化学组成和化学特性方面有别于普通活性炭。相比于普通活性炭，污泥吸附剂的碳相对含量偏少、孔结构不发达，灰分含量较高。污泥吸附剂表面含有种类丰富的含氧官能团，如羧基、羟基、羰基、内酯基等，经过强酸（H_2SO_4）活化后酸性的含氧官能团会增多。污泥吸附剂表面碳化程度高、疏水性强，有利于对部分疏水性和极性有机物的物理吸附去除。生物质炭是一种稳定的炭主导材料，对生物质炭进行改性，可以改善孔结构，增加比表面积及表面官能团数量。改性后的生物质炭可以用作吸附剂，有效去除水溶液中的污染物，通常通过蒸汽活化、化学改性、浸渍法和热处理等方法增加生物质炭表面的官能团数量。膨润土是以蒙脱石为主要矿物成分的黏土岩，膨润土可分为钙基膨润土和钠基膨润土等类型，膨润土由于具有良好的吸附性、阳离子交换性、分散悬浮性、可塑性和膨胀性等性能，可用作吸附剂、悬浮剂、絮凝剂、催化剂、净化脱色剂和澄清剂等，可利用膨润土天然的吸附活性，将其用于吸附污水中的无机污染物。

胡文华等（2011）利用聚合氯化铝给水污泥（PACS）对水中的磷进行吸附，吸附反应发生 1 h，磷吸附量可达到平衡吸附量的 75%～90%，48 h 可达平衡吸附量。王信等（2016）以负载铁合物的给水污泥（water supply sludge loaded iron compounds，WSS-LICS）为吸附剂，单因素条件下，当磷溶液浓度为 10 mg/L，投加量为 2.0 g/L 时，去磷效果明显，且酸性条件下对磷的吸附效果更加显著。爱尔兰的都柏林大学首先提出将给水污泥（以铝污泥为例）作为人工湿地填料的设想，研究铝污泥装填形式、装填比例、构造形式及处理效果等。Hu 等（2002）人在实验室条件下，将给水污泥作为人工湿地基质填料（AIS—IACW）来处理污水，在氮负荷（NLR）为 46.7 g/（m^2・d）时，280 d 后，TN 去除率达到 90%，说明给水污泥用作人工湿地填料基质，对污水中的氮具有良好的去除效果。刘超等（2013）研究了给水污泥作为人工湿地填料对重金属铬的吸附，结果表明，随着吸附的进行，溶液的 pH 随之升高，SO_4^{2-}、Cl^- 的浓度均增大，说明吸附的机理为配位体交换，即污泥表面的羟基（—OH）、SO_4^{2-}、Cl^- 等官能团发生了交换。操家顺等（2015）比较了沙子和给水厂污泥作为人工湿地滤料对磷的去除效果，结果显示，给水污泥对磷的去除效果远好于沙子，给水污泥的饱和吸磷量达 1.273 mg/g，而沙子仅为 0.054 mg/g。进一步的动态试验也显示，以给水污泥为填料的吸附柱，去磷率可达 93.1%，而以沙子为填料的吸附柱，去磷率仅为 23.0%。给水污泥吸磷后，磷以铁铝结合态磷存在；沙子吸磷后，磷主要以残余磷和钙结合态磷存在。当沙子与给水污泥组合使用时，沙子中则以铁铝结合态磷为主。谷鹏飞（2017）将给水污泥陶粒作为潜流式人工湿地基质填料，应用于"无动力水池—潜流式人工湿地—氧化塘"组合技术工程实例中，以给水污泥陶粒为基础的组合技术对农村生活污水进行处理，对总氮、总磷、氨氮和COD的去除率分别为91.23%，93.25%，96.12%和70.54%。Wang等（2016）用La改性橡木生物炭制得La-BC，用于吸附去除模拟废水中磷酸盐。研究表明，原始生物炭CK-BC对磷酸盐基本没有吸附能力，而La-BC对磷酸盐保持较高的吸附能力，对其热力学过程进行分析，最大磷酸盐吸附量可达到46.37 mg/g。Zhang等（2018）利用污水处理中的污泥制备污泥生物炭CAS，用于吸附模拟废水中磷酸盐。研究表明，在30℃，45℃，55℃条件下，污泥生物炭的饱和吸附量分别为3.81 mg/g、4.23 mg/g、4.79 mg/g。处理浓度为35 mg/L含磷废水时，污泥生物炭CAS、酸洗一次生物炭CSA-D-1和酸洗两次生物炭CSA-D-2吸附量分别为2.99 mg/g、1.48 mg/g和1.05 mg/g。Wang等（2016）利用共沉淀法制备Fe_3O_4-BC磁性生物炭和Ce/Fe_3O_4-BC、La/Fe_3O_4-BC稀土元素改性生物炭，并将其用于吸附磷的应用研究。研究结果表明，在pH=6.5时，Fe_3O_4-BC、Ce/Fe_3O_4-BC和La/Fe_3O_4-BC对磷酸盐的吸附量分别为7.0 mg/g、12.5 mg/g和20.5 mg/g。水体中SO_4^{2-}，Cl^-，NO_3^-的存在会略微降低Ce/Fe_3O_4-BC、La/Fe_3O_4-BC对磷酸盐的吸附，但HCO_3^-由于其强大的活性吸附位点竞争力使吸附剂吸附磷能力显著下降。袁野（2018）分析了多种二合水滑石对磷的吸附效果，研究发现Zn-Al类水滑石吸附磷酸根效果最好，当初始磷浓度为20 mg/L时磷吸附容量可以达到60 mg/g，用NaOH溶液对Zn-Al水滑石进行"解吸—焙烧—再生吸附"，发现二次再生吸附剂最大吸附量为29 mg/g，三次再生吸附剂吸附量为19 mg/g。Yan等（2015）研究Fe_3O_4@LDHs复合材料吸附磷酸盐的动力学、热力学时，发现Fe_3O_4@Mg-Al-LDH、Fe_3O_4@Ni-Al-LDH和Fe_3O_4@Zn-Al-LDH三种吸附材料中，Fe_3O_4@Zn-Al-LDH吸附磷能力最好，吸附容量为36.9 mg/g。酸性条件更适于磷酸盐的吸附，在pH为3~7的范围内，磷去除率超过80%。王卫东（2017）研究了Mg-Al水滑石对磷酸盐的吸附去除。研究发现，金属摩尔比Mg:Al为2:1的水滑石在450℃温度下焙烧2h后吸附除磷效果最佳，Langmuir热力学模型显示饱和吸附量为176.94 mg/g。Lai等（2016）研究发现Fe_3O_4@SiO_2核/壳磁性纳米颗粒吸附剂对磷酸盐有较高的吸附能力，磷去除效率一般高于95%，Langmuir模型显示饱和吸附量为27.8 mg/g。研究还发现当面对竞争性阴离子时，吸附剂具有良好的选择性，并且NaOH溶液可以解析Fe_3O_4@SiO_2上的磷酸盐。Du等（2017）按Fe/Mn摩尔比为5:1制备氧化物吸附剂（FMO）吸附水中磷酸盐。曹春艳等（2013）以羟基铁柱撑膨润土吸附质量浓度为20 mg/L的含磷废水，磷的吸附率达93.9%，理论吸附量为18.45 mg/g。改性膨润土对质量浓度为50 mg/L含磷废水的去除率可达97.3%。刘子森等（2017）首次研究了多种方法改性的膨润土对富营养化浅水湖泊沉积物磷的吸附效果，发现最佳的改性方法为10%碳酸钠改性＋450℃高温焙烧复合改性，改性后的膨润土对沉积物总磷的去除率为29.75%，吸附效果优于膨润土原土，吸附机理主要为阴离子配位交换吸附。

第六节　底泥物理修复技术

底泥的物理处理技术主要包括异位疏浚和原位掩蔽。

（1）异位疏浚。大型水体多采用异位疏浚技术，利用疏浚船定点绞吸底泥，而多采用围堰导流之后再进行清挖。待底泥清除之后，再将水生植物种植于池塘周边沟渠，辅之以添加微生物，帮助恢复或者重建适宜的生态系统。经疏浚船绞吸或清挖出的底泥由于含有有毒有害物质，还需要进一步的处置，多采用脱水后安全填埋，实现减量化，或者改良处理后实现资源再利用，也可以对其进行焚烧减量处置。异位疏浚法投入资金较大，且在疏浚过程中容易造成二次污染，且疏浚后的污泥还需要进一步处理。且污泥中的污染物成分复杂、含水率较高，后期的处理难度较大。异位疏浚对于经济欠发达地区推广难度较大。

（2）原位掩蔽法。即在底泥上覆盖未污染的砾石、沙子、钙质膨润土，或者其他人工合成材料，将受污染的底泥与水体进行物理隔离，防止底泥中的污染物向水体迁移。总之，原位隐蔽法对于一些持久性有毒有害污染物污染的底泥选择掩蔽法修复效果更佳，修复成本较低。但原位隐蔽法也会增加底泥量，减小断流面，加速流速，一些掩蔽材料会被迁移，造成底泥污染物重新暴露。

在具体实施中，建设水工建筑物，对过水构筑物进行优化和改良，并选用不同形状构筑物等措施来进行水利工程。充分合理地利用水流到过水构筑物时所出现的翻腾搅动等一系列水流现象，而这种现象的出现能有效地增加空气在水中的溶解量，提升自净和复氧能力，以此来达到修复和改善水质的目的。

尾水治理中的物理修复技术主要包括以下几种：

（1）污染拦截技术。该项技术通过截留水中的污染物达到降低水体污染的目的，同时对于截流集中污染物进行充分的处理，在满足相应的标准后进行排放。污染源的有效控制和截流是进行黑臭水体治理的前提基础。

（2）活水补充技术。该方式应用于尾水治理主要原理是降低污染物浓度，将清洁的再生水注入尾水中，降低单位水体中污染物处理载荷，在此基础上通过水体的自修复达到水体改善的目的。

（3）清淤疏浚。尾水体经常淤积大量的淤泥，这些污泥对于下阶段尾水的治理产生了重要的影响，将水体底部的淤泥取出达到了控制污染源的目的。该方法通常用于水体污染较为严重的尾水中。

底泥疏浚。城市的底泥由于历年排放的污染物大量聚集，称为内污染源。在污染控制达到一定程度后，底泥的污染将会突显出来，成为与水质变化密切相关的问题。底泥中的污染成分较复杂，主要污染物为重金属和有机污染物等。底泥中的硫和氮含量较高，是黑臭的主要原因之一。疏浚污染底泥意味着将污染物从系统中清除出去，可以较大程度地削减底泥对上层水体的污染贡献率，尤其能显著降低内源磷负荷，从而改善水质。与遭受污染的类型、时间和程度不同，污染底泥的厚度、密度、污染物浓度的垂直分布差别很大，因此在挖除底泥前，应当合理确定挖泥量和挖泥深度。此外底泥中通常还生活着一些水生动植物，底泥疏浚对生态系统有一定影响。一般不宜将底泥全部挖除或挖得过深，否则可能破坏水生态系统。底泥疏浚通常使用挖泥船，底泥疏浚是目前国内水环境整治中最常用的治理措施之一，疏浚底泥虽然可以改善水体水质、水动力条件和环境景观，但是，就特定的水体而言，是否需要对底泥做彻底的疏浚，或者底泥究竟疏浚到什么程度才不至于将深层底泥中富集的重金属等污染物质暴露出来而二次污染上层水体，需要进行细致、周密的研究。而且，大规模的底泥疏浚需要充足的资金来支持。另外，被清除的污染底泥的最终处理也是一个棘手的问题，是安全填埋，还是合理利用，需要进行充分的研究论证。当底泥中污染物的浓度高出本底值2～3倍，即认为其对人类及水生生态系统有潜在的危害，则要考虑进行疏浚。疏浚分为环境（生态）疏浚和工程疏浚。环境（生态）疏浚旨在清除池塘、河流、湖泊库水体中的污染底泥，并为水生生态系统的恢复创造条件，同时还需要与其他整治方案相协调；工程疏浚主要为某种工程的需要如疏通航道，增容等而进行。

彭旭更等（2009）提出该技术疏浚精度要求高，还需控制和避免疏浚时底泥悬浮引起的二次污染。底泥疏浚技术广泛应用于底泥淤积严重和底泥污染严重的水体。优点是增加水体容量，治理污染见效快且彻底，有利于疏通沟渠，恢复生态环境。缺点是工程量大，投资大；对水体环境造成干扰；疏浚过浅会使上覆水体的污染加重，疏浚过深将会破坏原有的底栖生态系统；疏浚底泥的处理也是一大难题。

好氧堆肥化是一种具有很大发展潜力的处理可生物降解固体废物的方法。由于底泥中富含钾、氮、磷、有机质等营养成分，因此污染严重的疏浚底泥适宜进行好氧堆肥化处理，这有利于稳定化、无害化、资源化利用疏浚底泥。研究表明好氧堆肥化处理疏浚底泥，可降解底泥中的污染物，实现资源化利用底泥。朱兆华等（2018）提出底泥好氧堆肥化处理可以变废为宝。底泥的好氧堆肥化处理可使其中的有机物发生矿质化、腐殖化和重金属发生稳定化，主要是利用好氧微生物自身的生命活动和彼此之间的协同作用，以实现对污染底泥的修复。最终的堆肥产品中富含有利于提高土壤肥力的氮、磷和腐殖质等，可作为有机肥料用于农林业。底泥好氧堆肥化尽管处理时间长，但具有操作简单，成本低、资源化利用价值高等优点。底泥颗粒细小、含水率高、碳/氮（C/N）比低、其中大部分土著微生物属于厌氧菌。与其他堆肥化有机物料相比，卢珏等（2017）指出存在如下问题：含水量高，水分不易蒸发，易黏结成块，通气性差；碳元素含量较低，易造成氮的损失；堆肥过程中温度的上升速率较慢；堆肥化进程缓慢。因此，底泥堆肥过程中，为了保证堆体系统具有适宜的水分、孔隙、C/N等，更好地满足好氧微生物对作用环境的要求，需要加入合适种类且适量的调理剂，如膨胀剂（刨花、稻壳、麦秆、花生壳、锯末、干草等），适量的膨胀剂不仅能调节底泥堆肥过程中的水分，还能增加整个堆体的通气性，从而减少恶臭气体的产生；C/N调理剂（稻草、木屑、玉米秸秆等），合适的C/N有利于底泥堆体中微生物的繁殖与生命活动的进行。同时，为了快速启动底泥堆肥过程和加快堆肥化进程，添加适量的易于被微生物利用的起爆剂（葡萄糖、蛋白质、含Fe、Mg等微量元素等），可使底泥堆肥初期微生物的活性大幅提高，有利于底泥堆肥过程的进行。接种合适的微生物菌剂，能加速堆体升温并且延长高温期，可有效杀灭底泥中的致病菌；另外，添加的微生物菌剂与底泥中的有益土著微生物之间的协同作用，可加速堆体中有机物的降解与转化和钝化底泥中的重金属污染物，有利于提高堆肥质量。由于底泥中含有重金属污染物，这限制着底泥的土地利用，堆肥过程中可考虑加入适量的重金属钝化剂（石灰、粉煤灰、沸石、生物质炭等），使重金属的形态向氧化态和残渣态转变，以降低重金属的迁移性和生物有效性。

底泥是污染物迁移转化的载体和储存库，在外源污染物得到控制后，沉积物成为主要污染源。底泥中的有机物在微生物的作用下分解，产生 H_2S 气体，使水体变黑臭。底泥疏浚可将沉积物转移外运，减少底泥中污染物向水体释放。底泥疏浚在工程上有较多案例，如 1999 年对太湖流域 1 406 km 河道进行了清淤引水，草海 I 期工程的疏浚工程量达 400 万 m^2，共去除总氮 39 600 t 和总磷 7 900 t。目前较为先进的大型设备是绞吸式挖泥船，配以自动控制和监视系统，以管道抽吸的方式清除底泥，有很高的精确度。同时，底泥疏浚存在工程量大、费用高和极易破坏原有生态系统等弊端。

底泥的物理性状与沉水植物根系的生长以及扎根深度有着密切的关联，底泥质地疏松的湖泊由于易受外界扰动发生再悬浮，且单位体积营养含量低导致根系无法正常生长分布并向植物组织输送营养物质，所以不利于水生植物的生长。国外也有试验表明，篦齿眼子菜在不同质地的底泥条件下其总生物量、地下茎长度和根冠比也有明显的不同；荷兰的 Breukeleveen 湖和杭州西湖在恢复水生植物群落的过程中，都遇到过由于底质过于松软（炉灰土质）水生植物难以存活的现象。

目前污染底泥的控制技术主要有 2 种：

① 原位处理技术，即采取措施将无污染的清洁材料铺到底泥上阻止底泥污染物进入水体。研究表明，原位覆盖能有效防止底泥中 PCBs、PAH 及重金属进入水体，对水质有明显的改善作用。但采用原位覆盖技术也应考虑该水域外源污染物是否得到了有效控制，防止覆盖物上形成新的污染底泥、底泥污染物毒性和迁移性高低、水体是否受到水力、风力等扰动等因素的影响。

② 异位处理技术，即对污染底泥进行挖掘、疏浚后在别处进行后续处理。西湖底泥疏浚工程的研究表明，疏浚工程明显降低了表层 10 cm 沉积物中有机质、总氮（TN）和有机磷的含量，主要富营养化相关指标均得到了改善，且浮游植物密度、生物量均有不同程度下降，浮游动物群落种类有所增加。

中国科学院南京地理与湖泊研究所的研究结果表明，底泥疏浚改善水质的效果与疏浚方法有关。适当的疏浚虽能在短期内改善水质，但如果不能有效控制外源性输入，优化水生生态系统结构，从月以及季以上时段来看，仅仅疏浚底泥来控制湖泊富营养化所能起到的作用是有限的。另外，疏浚过深使湖泊水位上升，水深处的有效光照减弱，对部分沉水植物的生长有不利影响，对底栖生物也有一定的危害，同时使微生物胞外酶活性降低，影响沉积物代谢功能。因而，选择合理的疏浚方式、疏浚深度与疏浚时期是展开疏浚工程时应着重考虑的问题。

第七节　综合调水技术

综合调水是污染治理的重要辅助措施，通过调水对河网水流进行科学调度，尽量提高水体流动能力，是改善水的一项有效工程措施。河网水流调度主要解决平原河网地区的水质污染和汛期排涝问题，调水的目的是通过水利设施（如闸门、泵站）的调控引入污染上游或附近的清洁水源改善下游污染水质。调水增大了污染水量，加速河水流动，促进污水的稀释。使河水的停留时间缩短，污染河水不易滞留而导致黑臭。同时，调水时水动力条件的改善使水体复氧量增加，有利于自净能力的提高。

20 世纪 80 年代中期，上海市采取了引清调度方法在确保防汛安全的情况下将苏州河黑臭稀释，达到防汛和调水的最佳效果。实现区域河网水流调度必须具备 3 个先决条件：一是比较完善的泵闸系统，通过泵闸的开启与关闭，完成水流调度；二是比较丰富的水量资源，满足水流内、外循环的要求；三是上、下游能人工控制到一定的水位差。总的说来，相对于污染上游或附近具有充足的清洁水源、水利设施较完善的河网地区，利用调水改善水质是一种投资少、成本低、见效快的治理方法。调水对水体的影响主要是以下 4 点：一是将大量污染物在较短时间内输送到下游，增大了下游河水污染负荷，减小了上游污染浓度；二是使水体从缺氧状态变为好氧状态，提高自净能力；三是使死水区、非主流区的重污染水得到置换；四是加大水流流速，可能冲起一部分沉积物，使已经沉淀的污染物重新进入水体。

综合调水是物理方法，污染物只是转移而非降解，会对流域的下游造成污染，所以在实施调水前应进行理论计算预测，确保冲污效果和承纳污染的流域下游水体有足够大的环境容量。物理修复技术主要是利用物理工程的手段，改变水体生态系统的物理环境条件，进而达到修复水体生态系统的目的。物理修复是借助物理工程技术措施，清除底泥污染的一种方法，主要有疏浚、填沙、营养盐钝化、底层曝气、稀释冲刷、调节湖水氮磷比、覆盖底部沉积物及絮凝沉降等一系列措施。其中疏浚是最常见的方法。物理修复最大的优点是见效比较快。但这些技术只能治标而不治本。对流域水质的控制是控制湖泊富营养化的前提，在流域外源性污染物控制方面，主要集中在流域的生态系统工程治理和建设上，主要有网格技术、前置库技术、流域河网水体生态修复工程、多级生态塘植物修复技术等多种工程措施，此类方法主要是通过多级"过滤"加强拦截和沉淀，增加流域无动力供养，同时配合适当的植物对流域的水域进行生态修复。建筑大坝、引水冲污是国际上常用的一种方法。如东京的隅田川、俄罗斯的莫斯科河、德国的鲁尔河的污染治理等均采用此法，并且取得很好的治理效果。由于建坝会改变流量和动力条件，影响内河航运，同时需要巨额投入、工程量大、建设周期长，对于筑坝的时序和地址安排应统筹考虑。此方法通常与疏浚技术相结合使用。

第八节　物理掩蔽技术

掩蔽是在污染的底泥上放置一层或多层覆盖物，使污染底泥与水体隔离，防止底泥污染物向水体迁移。采用的覆盖物主要有未污染的底泥、沙、砾石或一些复杂的人造地基材料等。原位覆盖是将一种或多种清洁覆盖物（活性炭、黏土、卵石、沙、煤渣、沸石、陶粒等）以适当的比例分层或混掺在一起，且以合适的厚度覆盖到污染的底泥上，充分利用覆盖物隔离污染底泥和上覆水体，有效阻止底泥污染物向水体迁移、释放的修复方式。优点是效果好。缺点是需要大量覆盖物，成本高，会降低水深，减小水体库容。原位覆盖技术所选择材料必须满足安全，粒径小，孔隙率小，密度适中，抗扰动性强等要求。

电动力学修复是通过向污染底泥施加直流电场，使污染物在电场作用下发生电迁移、电渗析和电泳等，从而被带到电极两端，达到最终污染物迁移出处理区的效果。优点是不必添加其他物质，且快速高效，对于重金属污染物还可以回收利用。缺点是会造成一定的酸碱污染，影响原有生态，难以将底泥中各类污染物全部去除。为了提高对污染物的去除率，对影响电动修复效果的因素（电极材料、电压大小、pH、处理时间等）需要继续探索，以研究出最高去除率的工作条件。

何光俊等对物理修复的分类将原位物理修复技术主要分为原位覆盖、电动力学修复和引水等。

（1）作为物理修复的重点研究领域，原位覆盖技术是将一种或多种清洁覆盖物以适当的比例分层或混合掺杂在一起，并以适当的厚度平铺于污染的底质沉积物上，充分利用覆盖物的水力阻滞、吸附、降解作用来减少底泥中重金属的释放，使底泥中的重金属与上覆水体隔离，防止底泥重金属向水体迁移的修复方式。不同覆盖材料对不同重金属的修复效果不同，2 cm 厚度的细颗粒片麻岩对 Fe、Mn 的覆盖抑制效果分别达到 99% 和 92%，相反细颗粒的片麻岩对底泥中 Ca、Mn、Co、Ni、Cd 以及 Cu 有着促进释放的作用。根据水体本身所能承载覆盖物的能力，可将原位覆盖技术分为水上覆盖和水下覆盖。水上覆盖操作简单，但对水体的扰动性较大，覆盖不均匀；水下覆盖在节省覆盖材料用量的同时，减轻了水体的剧烈扰动，水下的覆盖效果更均匀、平整。目前对不同材料覆盖效果的研究仍在进一步试验中，然而原位覆盖技术对水深要求严格，污染区域的可实施性受到较大限制。

（2）电动力学修复作为新兴原位修复技术，修复快速、高效。不同于改变河湖容积及底泥体积的覆盖技术，电动力学修复是通过在底泥中加载电流形成电场，在电场作用下由于底泥孔隙溶液的电荷性而发生电子迁移，进而承载着污染物迁移出处理区。袁华山等（2007）通过电动力修复技术处理重金属 Cd、Zn 污染的污泥，经过一段时间的修复达到安全农田土质的处理标准。电动力学修复对实验底泥的去除效率较高，其中 Cu 和 Pb 的去除率更是分别达到 82% 和 87%。电动力学在酸质溶液条件下对 Cu、Pb 的去除率能达到 60.1%、75.1%。关于电动力修复的影响因素：底质中埋藏的地基、碎石、大块金属氧化物、大石块等会降低电动修复效率；金属电极电解过程中也会因溶解产生腐蚀性物质；同时当目标污染物的浓度相对于背景值较低时，处理效率也会降低。

（3）引水建筑大坝、引水冲污方法在国外已得到大量应用，其原理是将未经污染的水大量引入污染河段，稀释高浓度污染物进而加快自然水体的自我修复过程。郭海峰等通过模拟综合分析法得出引水工程可将大运河镇江段水质普遍提升一个等级。

第九节　案例分析

一、微孔增氧对养殖池塘水质及溶解氧的影响

鱼种为黑龙江水产研究所于 2014 年提供的水花，在养殖池塘中培育成规格为 150 g/尾的鱼苗。增氧设备为新型罗茨式增氧曝气风机（2.2 kW，江阴江达机械装备有限公司），喷水式增氧机（1.5 kW，无锡渔愉鱼科技有限公司）。鱼饲料为贵阳金满船饲料有限公司生产的鲤配合饲料，其主要营养成分含量：粗蛋白质≥32%，粗脂肪≥2%，粗灰分≤16%，粗纤维≤5%，钙≤5%，食盐≤4%，总磷≥0.8%，水分≤13.5%，赖氨酸≥1.9%。选择水质清新，无污染，相同水源的池塘 3 口，面积分别为 867 m²、1 000 m² 和

1 334 m²，池塘平均水深为 1.2 m，池底淤泥深度为 15～25 cm。增氧机于 2015 年 5 月中旬按要求安装。微孔曝气增氧盘按 2/667 m² 设计安装，喷水式增氧为常规。每口池塘均安装自动投饵机 1 台。设置 1 个处理（1 号池塘，微孔增氧，面积 867 m²）和 2 个对照（喷水式增氧，2～3 号池塘，面积分别为 1 334 m² 和 1 000 m²），于 2015 年 3 月 28 日分别将体格健硕、无病无伤、规格均匀的松浦镜鲤 300 kg、450 kg 和 300 kg 分别投放入 1 号、2 号和 3 号池塘中，镜鲤平均规格为 150 g/尾。坚持"四定"和"四看"原则，每天早晚最少各巡塘 1 次，特殊天气应加强巡塘次数。投喂贵阳金满船饲料有限公司生产的鲤配合饲料。每天投喂 3 次，时间为 8：10、13：10 和 16：10，投饵量根据鱼的摄食情况和天气情况灵活掌握（约占鱼体重的 1%～4%）。养殖期间鱼病防治坚持以防为主，每半月用二氧化氯消毒 1 次。坚持记录池塘养殖日志，详细记录每天的水温、天气、投料量、用药和鱼吃食情况及死亡情况等。根据水温、天气、池塘溶解氧的变化合理使用增氧机。喷水式增氧机开机时间一般控制在每天 22：00 至次日 6：00，微孔增氧机开机时间一般控制在每天 23：00 至次日 6：00、9：00—15：00 和 18：00—22：00。分别于 7 月、9 月和 10 月监测溶解氧，每个池塘选择 3 个点，连续监测 24 h，并采集水样及底泥进行相关指标测定。

结果表明 1 号池塘的总氮、氨氮、亚硝酸盐含量、COD 和硫化氢均低于对照。随着时间的延长，水体中亚硝酸盐含量逐渐升高，但 1 号塘上升量缓慢，且变化较小；COD 在养殖过程中呈下降趋势，1 号池塘一直处在 3 个池塘中的最低水平。硫化氢含量以 2 号塘最高，且数值变化较小，1 号和其他两个池塘硫化氢含量相比均较低。7—9 月溶解氧呈升高、降低再升高的趋势，10 月呈先升高后降低的趋势。

氧含量低的条件下，养殖水体中氨氮的释放速度也会加快。微孔增氧机利于有毒有害物质的分解，起到净化水质的作用。微孔增氧处理的池塘氨氮、亚硝酸盐、硫化氢、化学耗氧量均低于对照（2 号和 3 号池塘）。微孔增氧对改善池塘底部水质的效果比其他机械增氧突出，对底泥 COD 的释放和池底无机元素的分解具有更有效的作用，微孔增氧有助于池塘养殖水质的净化。微孔增氧可解决养殖水体池底溶解氧不足问题，在提高水体下层溶解氧方面优于其他机械式增氧，可实现高效溶氧。

二、泡沫分离器和耕水机在对虾养殖中的应用效果研究

试验于 2010 年 3—7 月选取海南省海口市海南中联生物科技有限公司临高对虾养殖基地的 6 口凡纳滨对虾高位池作为研究对象，通过对养殖水体水质指标的测定和分析，研究泡沫分离器和耕水机在对虾养殖中的应用效果。其中，1 号和 2 号虾池使用泡沫分离器；3 号和 4 号虾池使用耕水机；5 号和 6 号虾池作为对照塘。

水质测定结果表明，耕水机可以改善池塘底层水体的溶解氧状况。没有使用耕水机的 6 号虾池昼夜间水体溶解氧均匀度的变化范围为 69.51%～86.63%，虾池中央底层水体夜间（0：00—04：00）溶解氧的变化范围为 1.78～1.74 mg/L；使用耕水机的 4 号虾池水体溶解氧的均匀度范围提高到 85.71%～95.72%，相同时间段内中央底层水体溶解氧的变化范围为 2.46～2.43 mg/L。

水质测定结果表明，泡沫分离器能显著减少池塘水体中的有机物和总氨氮含量。使用泡沫分离器的 1 号和 2 号虾池水体的平均 COD 水平显著低于其余 4 口虾池（$P < 0.05$）。

1号和2号虾池水体的平均总氨氮水平也显著低于其余4口虾池（$P<0.05$），1号和2号虾池水体总氨氮最大值为0.263 7 mg/L，3号和4号虾池最大值为0.495 1 mg/L，5号和6号虾池最大值为0.870 8 mg/L。对泡沫分离器排污效果的测定结果表明，泡沫液的COD水平为泡沫分离器处理前池塘水体的26倍。

耕水机和泡沫分离器能有效维持养殖水体藻类生长的稳定，显著降低池塘水体的弧菌密度，降低养殖水体中弧菌和可培养细菌的比值，显著提高养殖水体中浮游动物的密度。4口试验塘水体的弧菌密度显著低于对照塘（$P<0.05$）。4口试验塘整个养殖周期内水体的弧菌密度均低于10^4 cfu/mL，2口对照塘水体弧菌密度的最大值均超过10^4 cfu/mL。养殖水体弧菌和可培养细菌比值的波动范围为0.011 7%～8.370 4%，1号和2号虾池、3号和4号虾池、5号和6号虾池水体中弧菌和可培养细菌的最高比值分别为3.699 5%、5.206 3%、8.370 4%，试验塘低于对照塘。4口试验塘养殖水体中原生动物的密度均高于对照塘，桡足类的密度显著高于对照塘（$P<0.05$），1号和2号虾池、3号和4号虾池水体桡足类的平均密度分别是对照塘的2.48倍和2.59倍。

耕水机通过对水体的混合对流作用提高了池塘中央底层水体的溶解氧水平，显著降低了池塘水体的弧菌密度，显著提高了池塘水体浮游生物的密度，改善了池塘水体多种环境因子。最终使试验塘的饵料系数平均降低了0.34，单位面积产量平均提高了9.85%，成活率平均提高了2.51%，生长速度平均提高了19.90%，取得了好于对照塘的养殖效益。

泡沫分离器显著降低了养殖水体中的有机物、总氨氮含量和弧菌密度，并且显著提高了池水桡足类的密度。在提高养殖水体pH、降低水体亚硝酸盐氮含量、保持藻类稳定生长方面有较明显的作用。泡沫分离器通过对水化因子的改善来调节养殖水体中的浮游生物和微生物群落，使其向有利于对虾生长的方向发展。最终试验塘的饵料系数平均降低了0.62，单位面积产量平均提高了28.54%，成活率平均提高了28.07%，生长速度平均提高了8.37%。

第四章 淡水池塘生态环境的化学修复技术

第一节 淡水池塘生态环境的化学修复概述

一、化学修复的概念

池塘环境化学修复（fishery environment chemical remediation）是利用化学分解或固定反应改变池塘环境中污染物的结构或降低污染物的迁移性和毒性的过程。化学修复主要是通过化学添加剂清除和降低环境中的污染物。它针对污染物的特点，选用合适的化学清除剂和合适的方法，利用化学清除剂的物理化学性质及对污染物的吸附、吸收、迁移、淋溶、挥发、扩散和降解，从而使污染物从池塘环境中分离、降解、转化或稳定成低毒、无毒、无害等形式或形成沉淀除去。通过化学修复改变污染物在环境中的残留累积，清除污染物或降低污染物的浓度至安全标准范围，且所施化学药剂不对环境系统造成二次污染。相对于其他污染修复技术来讲，化学修复技术发展较早，也相对成熟。它既是一种传统的修复方法，同时由于新材料、新试剂的发展，它也是一种仍在不断发展的修复技术。但是，由于化学修复引入的化学助剂可能对生态系统有负面影响，人们对它们在生态系统中的最终行为和环境效应还不完全了解，大规模的实地应用还十分有限。

二、化学修复的分类

化学修复技术类型可以按照不同的方法来进行分类。按照修复技术划分，化学修复主要包括化学淋洗修复、化学固定修复、化学氧化修复、化学还原修复、可渗透反应墙和溶剂浸提修复等方法，淡水池塘养殖过程中常用的化学修复方法主要是化学固定修复和化学氧化修复。按照修复位置划分，化学修复可以分为原位化学修复（in-site chemical remediation）和异位化学修复（ex-site chemical remediation）。原位化学修复是指在污染水体的现场加入化学修复剂与底泥或水中的污染物发生各种化学反应，从而使污染物得以降解或通过化学转化机制去除污染物的毒性以及对污染物进行化学固定，使其活性或生物有效性下降。通常，原位化学修复不需抽提含有污染物的底泥或水到污水处理装置或其他特定的处理场所进行再处理这样一个代价昂贵的环节。异位化学修复主要是把底泥或水中的污染物通过一系列化学过程，甚至通过富集途径把底泥转化为液体形式，然后把这些含有污染物的液状物质输送到专门的处理场所加以处理的方法。该方法通常依赖诸如化学反应器甚至化工厂来最终解决问题。有时，这些经过化学转化的含有污染物的液状物质会被堆置到安全的地方进行封存。

表4-1列举了污染池塘底泥化学修复的一些较为典型的方法。其中，底泥性能改良的作用在于减少、降低底泥环境中污染物的生物有效性和迁移性能，包括各种酸碱反应。氧化-还原反应应用于污染底泥的修复，主要是通过氧化剂或还原剂的使用产生电子的转移，从而使污染物的毒性或溶解度大大降低。通常，有效的氧化剂有氧气、臭氧、臭氧＋紫外线、过氧化氢、氯气以及各种氯化物，主要的还原剂包括铝、钠、锌等金属以及碱性聚乙烯甘醇和一些特定的含铁化合物。聚合作用也在污染底泥修复中得到了一些应用，尤其对那些具有潜在聚合作用的污染物来说，这一化学过程不仅容易进行，而且聚合作用的发生使其毒性或生物有效性大大降低。

表 4-1 污染池塘底泥化学修复典型的方法

方　　法	化学修复剂	适用性	过程描述
底泥性能改良（一般为原位修复）	石灰、厩肥或其他有机质、污泥活性炭、离子交换树脂等	主要是无机污染物，包括重金属（如锡、铜、镍、锌）、阳离子和非金属及腐蚀性物质	石灰以粉状或溶液的形式加入底泥，使底泥pH升高，可促使底泥颗粒对重金属的吸附量增加，使许多重金属的生物有效性降低；有机质的作用在于其对污染物有强烈的吸附、固定作用；对于酸性底泥来说，施石灰还可发生酸碱反应等，其过程为：$H^+ + OH^- \longrightarrow H_2O$
氧化作用过程	氧化剂	氰化物、有机污染物	失去电子的过程。这时原子、离子或分子的化合价增加；对于有机污染物来说，氧化过程通常是分子中加入氧，最终结果是产生二氧化碳和水
燃烧过程（高温氧化）		有机污染物	在高温作用下的有机污染物分子中加入氧，最终产生二氧化碳和水
催化氧化过程	催化剂	酸类、酰胺、氨基甲酸酯、磷酸酯和农药等	在催化剂的作用下失去电子的过程
还原作用过程	还原剂（如多硫碳酸钠、多硫代碳酸乙酯、硫酸铁和有机物质等）	六价铬、六价硒、含氯有机污染物、非饱和芳香烃、多氯联苯、卤化物和脂肪族有机污染物等	得到电子的过程。这时原子、离子或分子的化合价下降，如$Cr^{6+} \rightarrow Cr^{3+}$；对于有机污染物来说，这通常是分子中加入氢的过程
水解作用过程	水或盐溶液	有机污染物	有机污染物与水的反应使其有机分子功能团（X）被羟基（—OH）所取代：$RX + H_2O \longrightarrow ROH + HX$。环境pH、温度、表面化学以及催化物质的存在，对该过程发生影响
降解作用过程		易降解有机污染物	通过化学降解，污染物最终转化为二氧化碳和水

（续）

方　法	化学修复剂	适用性	过程描述
聚合作用过程	聚合剂	脂肪化合物、含氧有机物	几个小分子的结合形成更为复杂大分子的过程，即聚合作用；不同分子的联合，为共聚合作用
质子传递过程	质子供体	TCDD、酮类、PCBs 等	通过质子传递改变污染物的毒性或生物有效性
脱氯反应	碱金属氢氧化物（如氢氧化钾）等	PCBs、二噁英、呋喃、含氯有机污染物、挥发性/半挥发性有机污染物	主要涉及含氯有机污染物的还原，如 PCBs 被还原为甲烷和氯化氢，往往通过升高温度（有时达到 850 ℃ 以上）、使用特定化学修复剂、热还原过程实现
其他	挥发促进剂	专性有机污染物	促进有机污染物的挥发作用以达到修复的目的

第二节　化学固定修复

一、化学固定修复概念

化学固定修复是在污染环境中加入化学试剂或化学材料，并利用它们调节污染环境条件、控制反应条件，改变污染物的形态、水溶性、迁移性和生物有效性，使污染物钝化，形成不溶性、移动性差、毒性小的物质而降低其在污染环境中的生物有效性，减少其向其他环境系统的迁移。典型的固定剂可分为有机固定剂、无机固定剂和有机-无机复合固定剂 3 种类型：有机固定剂如树皮、锯末、甘蔗渣、谷壳等；无机固定剂如石灰、磷酸盐、粉煤灰、蒙脱石、斑脱土等；有机-无机复合固定剂如石灰化生物固体、活性土、泥炭等。外源性固定物质进入污染水体以后，与污染物发生离子交换、吸附、表面络合、沉淀等一系列反应。对于环境中重金属离子的固定，可以从以下 3 个普遍性的原理进行描述：①在高 pH 条件下产生固定，形成难溶性的复合物，使金属离子难以在水中溶解；②在固定过程中，金属离子被整合到黏性复合体的晶体结构中，很难被溶解和渗滤；③金属离子被截留在黏性复合体低渗透性的基质中。各种固定剂的效果除了取决于外源物质添加的量外，还在于外源物质的种类和添加的形式、污染物与固定剂本身的物理化学性质等。

污染物在环境中的移动性是决定其生物有效性的一个重要因素，而移动性取决于其在环境中的存在形态。例如，对于重金属污染的池塘环境，重金属的毒性与其在环境中存在的各种形态有密切的相关性。化学固定技术能在原位进行固化，从而大大降低修复成本。原位化学固定修复是污染环境治理过程中一种非常有效的方法，尤其对于由农业活动引起的程度较轻的面源污染具有明显的优势。表 4-2 比较了植物修复法、原位固定法、客土和淋洗法以及填埋法几种处理手段在成本、时间和环境风险中的优缺点。其中，植物修复成本最低，但其所用的时间最长，目前还没有大面积成功修复实例。而且，植物修复效率很大程度上取决于污染程度和植物类型，对于伴生性较多的复合污染，植物修复效率大大受到影响。对于大面积面源污染，植物修复无论从修复时间上还是生产目的上，都不能满足需求。客土和填埋也同样面临这样的问题，而且成本的高投入使这些修复手段在治理农业土壤面源污染上的应用受到限制。原位固定修复在成本和时间上能更好地满足要求，如果对固定物质进行合理筛选，将进一步降低修复的成本，达到更好的修复效果。

表 4-2 几种不同修复手段的比较

处理类型	成本（美元/m^3）	需要时间（月）	限制因素	安全问题
原位固定法	200～900	6～9	长期控制	释放
填埋法	100～400	6～9	长期控制	淋溶
客土和淋洗法	250～500	8～12	大面积修复限制	提取物处理
植物修复法	15～40	18～60	修复时间问题	提取物处理

但是，化学固定方法不是一个永久的措施。固定在环境中的污染物可能在环境条件发生改变时，仍然可以释放出来，变成生物有效形态。另外，化学试剂或化学材料的使用将在一定程度上改变环境条件，会对环境系统产生一定影响。

二、化学固定物质的种类

由于不同元素有着各自的特性和独特的移动性能，移动性常用来评估元素在环境中的归趋和生物学毒性。实际应用过程中，最典型的固定剂可分为有机、无机和有机-无机复合 3 种类型（表 4-3 至表 4-5）。外源性固定物质进入污染环境以后，与污染物发生离子交换、吸附、表面络合和沉淀等一系列反应。各种固定剂的效果除了取决于外源物质添加的量外，还在于外源物质的种类和添加的形式、污染物与固定剂本身的物理化学性质等。在实际修复过程中，由于低成本和高溶解性，常用 $Ca(H_2PO_4)_2$ 代替 $CaHPO_4$，以 $Ca(H_2PO_4)_2$ 和 $CaCO_3$ 进行混合，能明显降低金属元素可提取态的浓度，有效地把它们固定下来。由于易于溶解和反应，CaO 是一种非常有效的固定剂，尤其是固定重金属镉（Cr）元素，它的加入会使环境 pH 快速升高。石灰由于具有较高的水溶性，因此，较其他固定剂具有更大的影响范围。

表 4-3 有机固定剂的种类及其来源

材料	重金属	来源	固定效果
树皮、锯末	Cd、Pb、Hg、Cu	木材加工厂的副产品	黏合重金属离子
木质素	Zn、Pb、Hg	纸厂废水	络合后降低离子迁移性
壳聚糖	Cd、Cr、Hg	蟹肉罐头厂废弃产品	对金属离子产生吸附作用
甘蔗渣	Pb	甘蔗	提高对金属离子的固定效率
家禽有机肥	Cu、Zn、Pb、Cd	家禽	固定离子限制其活动性
牛粪有机肥	Cd	牧场和养殖场	提高有机结合态含量

（续）

材　料	重金属	来　源	固定效果
谷壳	Cd、Cr、Pb	谷物种植	增加对金属离子的吸附容量
活性污泥	Cd	人工驯化合成	降低被植物所吸收镉的含量
树叶	Cr、Cd	番泻树、红木树和松树	有效结合游离态金属离子
秸秆	Cd、Cr、Pb	棉花、小麦、玉米和水稻	降低金属离子的迁移性

表 4-4　无机固定剂的种类及其来源

材　料	重金属	来　源	固定效果
石灰或生石灰	Cd、Cu、Ni、Pb、Zn、Cr、Hg	石灰厂或碎石场	降低离子淋溶迁移性，减少生物毒物
磷酸盐	Pb、Zn、Cd、Cu	磷肥和磷矿	增加离子吸附和沉降，减少水溶态含量及生物毒物
羟磷灰石	Zn、Pb、Cu、Cd	磷矿加工	降低金属离子在植物中含量
磷矿石	Pb、Zn、cd	磷矿	把水溶态离子转变为残渣态
粉煤灰	Cd、Pb、Cu、Zn、Cr	热电厂	降低可提取离子的浓度
炉渣	Cd、Pb、Zn、Cr	热电厂	减少离子淋溶
蒙脱石	Zn、Pb	矿场	提高固定效果
棕闪粗面矾土	Zn、Cd、Cd、Pb	矾土矿	减少植物体内金属离子含量，提高微生物生物量
波特兰水泥	Cr³⁺、Cu、Zn、Pb	水泥厂	俘获金属离子，降低其移动性
斑脱土	Pb	火山灰	减少植物体内的铅含量
沙砾矿泥	Zn、Cu、Cd	矿石场	降低可提取离子浓度
铁锐石	Cd、Cu、Pb、Zn、Cr	矾土	化学俘获金属离子

表 4-5　有机-无机复合固定剂的种类及其来源

材　料	重金属	来　源	固定效果
城市固体废物	Cd、Pb、Zn、Cr	人类城市活动	降低金属离子移动性，废物利用
石灰化生物固体	Cd、Pb、Zn	石灰和有机物	降低金属离子生物有效性
污水污泥	Cd	人工合成	降低植物吸收
活性土	Cd	污泥	降低可交换态镉含量
泥炭泥煤苔	Ca、Cr、Hg、Pb	不同降解阶段富含有机质的土壤组分	络合和吸附金属离子
黄酸盐吸附剂	Cd、Hg、Cr	纤维、蛋白和二硫化碳等人工合成	增加对金属离子的吸附容量

三、化学固定修复机理

化学固定修复污染环境的目的是通过添加外源物质，减少和降低污染物在环境中的生物有效性和可迁移性，最终使其对环境中的微生物、植物、动物的毒性降到最低。目前，化学固定剂用于修复环境的主要机理包括以下几种。

（一）吸附作用

环境中的重金属元素能以水合离子、阴离子、阳离子和无电荷联合体的形式被吸附。金属元素在有机质和氧化物表面有很高的亲和性，对于碱性和碱土金属元素有很强的置换能力。固体表面周围一些自由金属离子的分布能够形成双层电子层，一层由吸附在固体表面的表面电荷形成，另一层由广泛分布在溶液中与固体相关的离子电荷形成。在溶液中，自然和人工形成的与沸石类似的硅酸盐和矿物栅格之间的渗透，能为吸附金属元素打开表面吸附架构，可交换二价重金属离子，如 Cd^{2+}、Ni^{2+}、Cu^{2+}、Pb^{2+} 和 Zn^{2+} 等，它们经过脱水后深入蒙脱石表面的六边形孔状物中，并进一步渗入八面型晶体层，从而降低黏土矿物的表面电荷。在这些孔隙中发生离子交换，随着孔隙中高水合性离子（如 Na^+）被低水合性离子（如 Ca^{2+}、Mg^{2+}）置换，或由于形成硅铝酸钙而产生黏连，使大量相关的孔隙稳定性提高。并随着大孔隙的消失，它们进一步与粒子和聚合体黏连，维持絮状粒子的分布并阻止其膨胀，能维持和加强吸附质和吸附剂之间的稳定性，污染环境中游离态的金属离子也被固定下来。渗透性能随着孔隙度大小及分布改变而发生变化，外源物质的量及压实程度使其有可能升高或降低。

（二）离子交换作用

离子交换修复是借助于离子交换剂中的交换离子同水中的离子进行交换而除去水中有害离子的过程。离子交换的过程包括：①被处理溶液中的某离子迁移到附着在离子交换剂颗粒表面的液膜中；②该离子通过液膜扩散（简称膜扩散）进入颗粒中，并在颗粒的孔道中扩散而到达离子交换剂的交换基团的部位上（简称颗粒内扩散）；③该离子同离子交换剂上的离子进行交换；④被交换下来的离子沿相反途径转移到被处理的溶液中。离子交换反应是瞬间完成的，而交换过程的速度主要取决于历时最长的膜扩散或颗粒内扩散。任何离子交换反应都有三个特征：①和其他化学反应一样服从当量定律，即以等当量进行交换；②是一种可逆反应，遵循质量作用定律；③交换剂具有选择性，交换剂上的交换离子先和交换势大的离子交换。在常温和低浓度时，阳离子价数越高，交换势就越大；同价离子则原子序数越大，交换势越大。

离子交换剂有无机质和有机质两类，无机质如天然物质海绿砂或合成沸石；有机质如磺化煤和树脂。交换剂由两部分组成，一是不参加交换过程的惰性物母体，如树脂的母体是由高分子物质交联而成的三维空间网络骨架；二是联结在母体上的活性基团（带电官能团）。母体本身是电中性的。活性基团包括可解为同母体紧密结合的惰性离子和带异号电荷的可交换离子。以离子交换树脂为例，可交换离子为阳离子（活性基团为酸性基）时，称阳离子交换树脂；可交换离子为阴离子（活性基团为碱性基）时，称阴离子交换树脂。阳、阴离子交换树脂又可根据它们的酸碱性反应基的强度分为强酸性和弱酸性、强碱性和弱碱性等。离子交换剂可以再生，其再生方式主要有顺流再生和逆流再生。顺流再生和交换过程中的流向相同；逆流再生和交换过程中的流向相反。例如，逆流再生由于再生时新鲜度高的再生剂首先同饱和度小的树脂接触，新鲜度低的再生剂同饱和度大的树脂接触，这样可充分利用再生剂，再生效果较好。

离子交换设备有固定床、移动床、流动床等型式。固定床是在离子交换一周期的四个过程（交换、反洗、再生、淋洗）中，树脂均固定在床内。移动床则是在交换过程中将部分饱和树脂移出床外再生，同时将再生的树脂送回床内使用。流动床则是树脂处于流动状态下完成上述四个过程。移动床称半连续装置，流动床则称全连续装置。床内只有一种阳树脂（或阴树脂）的称为阳床（或阴床），床内装有阳、阴两种树脂的称为混合床。如床内装有一种强型和一种弱型阳树脂或阴树脂的则称为双层床。混合床可同时去除废水中的阳、阴离子，相当于无数个阳床、阴床串联。采用双层床进行离子交换时废水先通过弱型树脂，后通过强型树脂，再生时则相反。

离子交换法处理废水具有广阔的前景，进展很快。当前研究的主要方向，一是合成适用于处理各种废水的树脂，以获得交换容量大、洗脱率高、洗脱峰集中、抗污染能力强的树脂；二是离子交换设备小型化、系列化，并向生产装置连续化、操作自动化发展，以降低投资，减少用地，简化管理。

（三）配合作用

根据表面配合模式，重金属离子在颗粒表面的吸附作用是一种表面配合反应，反应趋势随溶液 pH 或羟基基团的浓度增加而增加，因此表面配合反应主要受酸碱度影响。例如，磷灰石的表面常有大量 $P(OH)^{4-}$ 和 $Ca(OH)^{3-}$ 键，从而对 Pb、Zn、Cd、Hg 等重金属的离子同样有配合作用。

（四）共沉淀作用

固化剂可以通过自身溶解作用产生阴离子与污染元素产生共沉淀作用，从而达到修复环境的作用。自然界的磷灰石是一种分布广泛的固化剂，由于成分复杂性，影响其化学反应类型及矿物自身的稳定性，利用溶解的磷灰石可去除水体中的 Pb（达 100%）、Cd（达 37%～99%）、Zn（达 27%～99%）。

（五）絮凝修复作用

化学絮凝修复是通过添加絮凝剂使水体中悬浮微粒集聚变大，或形成絮团，从而加快颗粒的聚沉，达到固液分离的目的。微粒表面带有同种电荷，在一定条件下相互排斥而稳定。双电层的厚度越大，则相互排斥的作用力就越大，微粒就越稳定。在体系中加入一定量的某种电解质（絮凝剂），可以中和微粒表面的电荷，降低表面带电量及双电层的厚度，使微粒间的斥力下降，出现絮状聚集，但振摇后可重新分散均匀。

电解质的离子强度、离子价数、离子半径等都会对絮凝产生影响。一般离子价数越高，絮凝作用越强，如化合价为 2 价、3 价的离子，其絮凝作用分别为 1 价离子的 10 倍与 100 倍左右。絮凝效果依赖于颗粒的特性和流体混合条件。微小颗粒的絮凝速率与颗粒间的扩散速率有关，因此，对于小颗粒（粒径小于 0.1 μm），其聚集的主要机理是布朗运动或微观絮凝；小颗粒进行聚集时，形成更大的颗粒，很短时间（数秒）之后，就形成了 1～100 μm 的微絮体。对于粒径大于 1 μm 的颗粒，其絮凝的主要机制是水的慢速混合，常采用机械搅拌器，搅拌产生的速度梯度导致悬浮颗粒间的碰撞，被称为宏观絮凝。然而，在宏观絮凝的混合过程中，絮体颗粒会受到剪切力的作用，从而导致一些絮体聚集体的瓦解、破损或絮体的破碎。混合一段时间之后，形成稳定尺寸分布的絮体，絮体颗粒的形成和破碎几乎平衡，因此，可以通过控制水力条件及化学絮凝剂的使用来保证悬浮颗粒形成稳定分布的絮体。

常见絮凝剂主要分为两大类别，即铁制剂系列和铝制剂系列，当然也包括其丛生的高聚物系列。絮凝剂有不少品种，其共同特点是能够将溶液中的悬浮微粒聚集联结形成粗大的絮状团粒或团块。在水处理工程中较常见的絮凝剂有硫酸铝（明矾）、聚合硫酸铝、聚合硫酸铁等。

四、化学固定修复的局限

在实地修复过程中，化学固定面临一些实际问题。当外源固定物质加入以后，金属离子以生物可获取态向低迁移态形式转变，随着环境条件的改变低迁移态金属离子可能重新活化，使得金属离子在惰性态与生物活性态之间形成动态平衡。在污染环境中，石灰和水合离子氧化物之类的固定物质能降低金属离子水溶性和可交换性，但对植物吸收金属离子的影响并不明显。在一些污染环境中，Ca^{2+} 能置换出池塘底质固体表面的金属离子使其在水中的浓度上升，因此，加入含钙化合物（如石灰和石膏等）能提高金属离子的生物有效性。

五、化学固定除磷案例分析

富营养化水体中磷离子捕获移出技术。污水除磷的方法有化学沉淀法、电解法、微生物法、水生生物法、物理吸附法、膜技术处理法和土壤处理法等。在对磷的排放要求非常严格的美国五大湖地区的污水厂，一般均采用化学为主或生物为主、化学为辅的除磷措施；丹麦则是生物除磷辅以化学除磷；瑞典则以化学除磷为主，几乎没有污水厂采用生物除磷工艺；而据我国对一百多座污水处理厂的调查统计，大部分污水厂均采用生物法进行污水除磷。

（一）磷污染的危害

1. 对水体的直接危害

磷是水生植物生长必需的营养元素，在促进水生植物正常生长、维持水体生态平衡等方面发挥着不可替代的作用。但水体中磷过度积累，会使水体富营养化，藻类大量繁殖，水中含氧量下降，水质恶化混浊，鱼虾难以生存。富营养化是一种氮、磷等植物营养元素含量过多所引起的水质污染现象，国际上一般认为总磷（TP）浓度大于 0.02 mg/L、总氮（TN）浓度大于 0.2 mg/L 是湖泊富营养化的发生浓度。在自然条件下，随着河流夹带冲击物和水生生物残骸在湖底的不断沉降淤积，湖泊会从贫营养湖过渡为富营养湖，进而演变为沼泽和陆地，湖泊从贫营养湖→富营养湖→沼泽→陆地的自然演变是一个极为缓慢的过程。但由于人类的活动，将大量工业废水和生活污水以及农田径流中的植物营养元素氮、磷等排入湖泊、水库、河口、海湾等缓流水体后，水生生物特别是藻类将大量繁殖，使生物种群的种类、数量发生改变，破坏了水体生态平衡，从而加速了上述演变过程。

当前，我国大部分城市湖泊已处于富营养化或超富营养化状态，甚至某些水体因严重富营养化而丧失了其原有的饮用水源地功能。调查表明，在 28 个国控重点湖（库）中，满足Ⅱ类水质的 2 个、Ⅲ类的 6 个、Ⅳ类的 4 个、Ⅴ类的 5 个、劣Ⅴ类的 11 个，主要污染指标为总氮和总磷。开展水体降氮除磷技术研究、治理湖泊富营养化已迫在眉睫。

2. 对动物和人类的潜在风险

在湖水遭到严重的氮、磷污染，并遇上适宜的温度（气温在 18 ℃以上）时，蓝藻就可能爆发性生长。水华爆发时，水面上形成厚厚的蓝绿色湖靛，散发出难闻的气味，不仅影响了水体的景观价值，而且某些有毒蓝藻（微囊藻等）细胞破裂后向水体中释放藻毒素，对人和动物的饮用水安全构成了严重威胁。自 1878 年首次报道了动物由于饮用含蓝藻的水而死亡以来，国内外因藻毒素引起的水生动物、鸟类、畜类甚至人类死亡的事件频繁发生。藻毒素具有多器官毒性、遗传毒性和致癌性，肝脏是受损害最严重的器官，对人体健康的主要危害是导致急性肝衰竭、诱发肝炎，引发过敏反应、肠胃疾病等。天然水体富营养化已经给水生态系统、公共卫生安全带来严重威胁，成为我国乃至世界面临的重大环境污染问题之一。

（二）磷离子捕获剂

1. 磷离子捕获剂的除磷原理

根据目前环保工业催化剂的前沿技术理论创造性地提出"磷离子捕获移出技术"。磷离子捕获剂具有很好的氧化还原性能，$X^{3+} \Longleftrightarrow X^{4+}$ 的相互转化带来了催化作用的循环过程。可与水体中的磷酸盐作用，选择性地将磷有效地捕捉到催化剂上，催化剂再生后可重复使用。磷离子捕获剂的捕获原理：磷酸根、磷酸氢根、磷酸二氢根的结构分别为

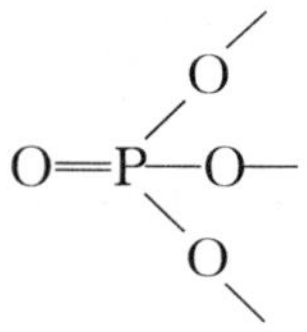

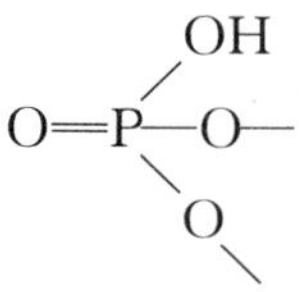

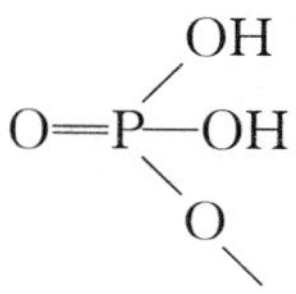

$$
\begin{array}{ccc}
\text{O} & \text{OH} & \text{OH} \\
\| & \| & \| \\
\text{O}=\text{P}-\text{O}- & \text{O}=\text{P}-\text{O}- & \text{O}=\text{P}-\text{OH} \\
| & | & | \\
\text{O} & \text{O} & \text{O}
\end{array}
$$
，其中的键均可与磷离子捕获剂有较强的

相互作用。吸附原理如图 4-1 所示：

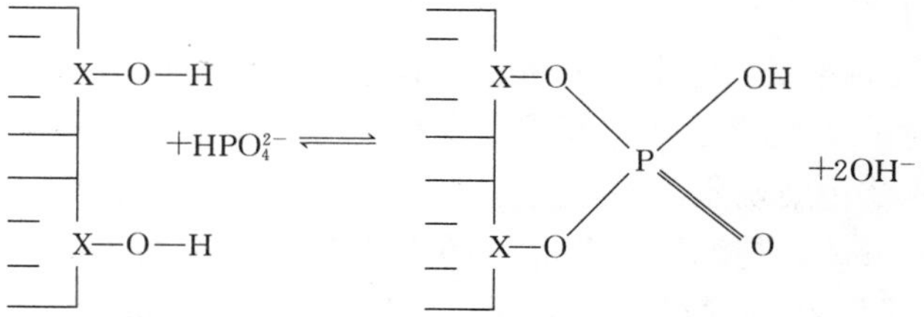

图 4-1　磷离子捕获催化剂磷酸氢根的捕获过程

磷离子捕获剂的释磷原理：磷离子捕获剂具有可塑成型、可活化再生和不散失等特点，催化剂在水中捕获磷后通过专业设计的专用设备，简单地化学试剂溶液浸泡脱磷（图 4-2）。这样捕获的磷可以直接回收成为磷酸盐或高品质磷肥。

$$LZA(HPO_4)_n + 2nOH^- \longrightarrow LZA(-OH)_{2n} + nHPO_4^{2-}$$

图 4-2　磷的释放过程

2. 磷离子捕获剂的研制

通过对不同成分和不同配比的磷离子捕获剂的除磷效果进行比较分析，最终认为以镧、铝、沸石等为主要成分并按照如下方式制成的磷离子捕获剂［或称之为"镧（铝）改性沸石"］具有最佳的除磷效果。

（1）配制金属离子溶液。取无水氯化镧固体 5～10 份，用蒸馏水配制成浓度为 0.1～1.5 mol/L 的氯化镧溶液；取氯化铝固体 5～10 份，用蒸馏水配制成浓度 0.1～1.5 mol/L 的氯化铝溶液；将上述配制好的氯化镧溶液和氯化铝溶液完全混合后得到混合溶液。

（2）配制沉淀剂溶液。取沉淀剂 10～20 份，用蒸馏水配制成浓度为 0.5～1.0 mol/L 的沉淀剂溶液。

（3）沉淀反应。在反应器中加入 60～80 份沸石，同时将步骤（1）配制的所述混合溶液和步骤（2）配制的所述沉淀剂溶液加入反应器，滴加时保持混合体系 pH 为 7～10，加热维持温度 60～80 ℃；滴加完毕后保持反应体系温度 60～80 ℃加热 2～6 h，使沉淀老化，得到固体状沉淀；将固体状沉淀抽滤、蒸馏水洗涤，100～120 ℃干燥。

（4）煅烧。将步骤（3）处理所得固体状沉淀在 300～600 ℃煅烧 2～8 h 后包装入库，得到产品磷离子捕获剂。

其中，沉淀剂为碳酸钠、碳酸钾、氢氧化钠、氢氧化钾、氢氧化铵、碳酸铵、碳酸氢铵或尿素中的一种或多种。上述沉淀剂可单独或混合使用，混合使用时其比例不限；所述沉淀剂在制作过程中起沉淀作用，可蒸馏水洗涤除去，不出现在制成的产品磷离子捕获剂中。

（三）磷离子捕获剂对富营养化水体中磷的去除效果

1. 试验用到的主要仪器设备

试验中用到的主要仪器设备包括：分光光度计（UV-759S 紫外可见分光光度计，上海精科）、蠕动泵（WT-600-2J，保定兰格恒流泵有限公司）、分析天平（AL104 分析天平，梅特勒-托利多仪器上海有限公司）、摇床（QHZ-98B 全温度光照振荡培养箱，太仓市华美生化仪器厂）。试验中所有试剂均为分析纯，购自国药集团化学试剂有限公司。将磷酸二氢钾（KH_2PO_4）1.098 5 g 加入 1 L 去离子水中，配制成磷质量浓度为 250 mg/L 的磷贮备液。

2. 除磷试验过程

（1）磷离子捕获剂除磷的时间效应。准备 250 mL 锥形瓶 45 个，分别取 20 mL 磷贮备液放入上述 45 个 250 mL 锥形瓶中，加入 230 mL 去离子水，配制成磷质量浓度为 20 mg/L 的人工废水。向锥形瓶中分别加入磷离子捕获剂 2.0 g，使磷离子捕获剂的用量为 8 g/L。将锥形瓶放入控温摇床中，在 30 ℃下以 150 r/min 振荡吸附除磷。分别在振荡吸附后的 3 h、6 h、9 h、12 h、15 h、18 h、21 h、24 h、27 h、30 h、33 h、36 h、39 h、42 h、45 h 取出一个锥形瓶，并经 0.45 μm 滤膜过滤后测磷。每个梯度做 3 个平行。

（2）对富营养化水体的除磷试验。由于磷离子捕获剂主要是以离子交换法去除富营养化水体中的磷，其他离子的存在可能会影响离子交换剂的除磷能力。而天然水体中离子成分复杂，因此试验进一步研究了磷离子捕获剂对富营养化湖泊水和池塘水中磷的去除效果。

（3）对以湖水为基础的加磷湖水的除磷试验。由于富营养化湖水或池塘水中的磷质量浓度较低，而本试验设计的过滤装置以放入 76 g 磷离子捕获剂为宜，为研究天然离子共存对磷离子捕获剂的磷饱和吸附量的影响程度，试验以太湖五里湖湖水为基础，通过加入磷酸二氢钾贮备液配制成磷初始质量浓度为 4.0 mg/L 的加磷湖水 200 L（以"湖水＋P"表示）。研究自然水体中的共存离子对磷离子捕获剂的磷饱和吸附量影响。

（4）过滤除磷装置。本试验所用除磷装置材料为有机玻璃，主体为圆筒形，长 30 cm，内径 2 cm。在装置中填充磷离子捕获剂 76 g（刚好填满）。用容积为 50 L 的塑料桶分别取上述各浓度的自制废水和池塘/湖泊废水、加磷湖水 50 L。含磷废水以 0.5 L/min 的速度流经填充了离子交换剂的过滤除磷装置，并用容积为 50 L 的塑料桶接纳过滤液，充分摇匀滤液后取水样 100 mL，用于测定磷离子浓度。之后将第一次过滤后的滤液再按上述方法经同一个填充了离子交换剂的除磷装置过滤，如此反复，直至滤液中磷浓度不再发生变化为止。每个浓度设置 3 个平行（图 4-3）。

图 4-3　过滤除磷装置

（5）分析方法。磷离子的测定采用钼锑抗分光光度法。方法最低检出限为 0.01 mg/L。去除率（E，%）和吸附量（q，mg/g）采用如下公式计算：

$$E=\frac{C_i-C_f}{C_i}\times100 \qquad (4-1)$$

$$q=\frac{(C_i-C_f)\times V}{m} \qquad (4-2)$$

式中：C_i 和 C_f 分别为试验开始和结束时溶液中的磷浓度，mg/L；V 为溶液体积，L，m 为镧改性沸石质量，g。

3. 除磷试验效果

（1）磷离子捕获剂对人工废水除磷的时间效应。从磷离子捕获剂对人工废水的除磷时间效果的研究结果看（图 4-4），在 30 ℃下，随着作用时间的延长，污水中的磷质量浓度逐渐降低，并在作用后的 36 h 达到吸附平衡，此时废水中的磷浓度、磷去除率和吸附量分别为 0.515 mg/L、97.43% 和 2.44 mg/g。同时，在作用的前 3 h 磷离子捕获剂对磷的去除效果显著，此时废水中的磷去除率达到 57.1%，镧改性沸石对磷的吸附量达到 1.43 mg/g，占饱和吸附量的 58.6%。

（2）对富营养化水体及加磷湖水的除磷效果。对富营养化水体及加磷湖水的除磷试验研究显示（图 4-5），随着作用时间的延长，湖水、池塘水以及加磷湖水中的磷质量浓度均逐渐降低。磷离子捕获剂对富营养化湖水和池塘水的除磷效果显著，通过 2 次过滤可使富营养化湖水中的磷浓度低于检出限（0.01 mg/L），通过 3 次过滤可使富营养化池塘水中的磷浓度低于检出限（0.01 mg/L），说明磷离子捕获剂对低磷浓度废水具有很好的除磷效果，能够使其中的磷去除率达到 100%。

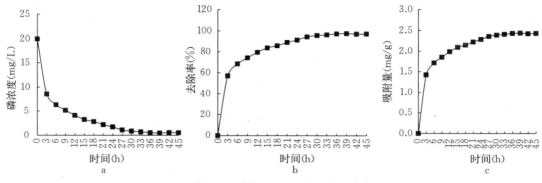

图4-4 磷离子捕获剂对人工废水除磷的时间效应

a. 磷浓度 b. 去除率 c. 吸附量

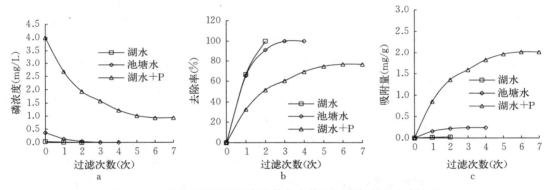

图4-5 磷离子捕获剂对富营养化水体及加磷湖水的除磷效果

a. 磷浓度 b. 去除率 c. 吸附量

由图4-5可见，经过6次过滤后，磷离子捕获剂对加磷湖水中磷的吸附达到平衡，此时加磷湖水中的磷质量浓度、去除率和吸附量分别为0.931 mg/L、76.7%和2.02 mg/g。吸附剂对磷的去除主要发生在前2次过滤过程中，其中第1次过滤后，加磷湖水中的磷质量浓度、去除率和吸附量分别为2.692 mg/L、32.7%和0.86 mg/g，磷去除率占去除平衡时的42.6%；第2次过滤后，加磷湖水中的磷质量浓度、去除率和吸附量分别为1.936 mg/L、51.6%和1.36 mg/g，磷去除率占去除平衡时的67.3%。通过比较磷离子捕获剂对人工废水以及加磷湖水吸附平衡时的磷吸附量可以看出，改性沸石对加磷湖水的平衡吸附量（2.02 mg/g）比对人工废水（2.44 mg/g）的低0.42 mg/g，降低率为17.2%。

4. 除磷试验分析与探讨

（1）常用除磷吸附剂种类。吸附剂是指能有效地从气体或液体中吸附其中某些成分的固体物质。吸附剂一般有大的比表面积、适宜的孔道结构及表面结构、对吸附质有强烈的吸附能力、不与吸附质和介质发生化学反应等特征。吸附剂可按孔径大小、颗粒形状、化学成分、表面极性等进行分类，如粗孔和细孔吸附剂，粉状、粒状、条状吸附剂，碳质和氧化物吸附剂，极性和非极性吸附剂等。吸附剂由于有较大的比表面积和较高的离子交换量，对水体中的磷有较强的吸附能力，因此被广泛应用于污水中磷的去除。目前，常用于废水除磷的吸附剂有氧化铝、氧化铁、铝盐、白云石、沸石、充气混凝土、介孔硅酸盐、膨润土、煤炭灰、高岭土等。

吸附剂的比表面积大，研究显示膨润土的比表面积可达 $600 \sim 800 \ m^2/g$，沸石的比表面积可达 $400 \sim 800 \ m^2/g$。巨大的表面积产生巨大的表面能，加之其层状结构以及结构中元素的类型与分布，共同决定了其具有强大的吸附能力。但是在天然状态下，吸附剂的孔道常常被杂质堵塞，孔道间相互连通的程度较差，这在很大程度上限制了天然吸附剂的吸附能力。因此，需要对天然吸附剂进行改性，以提高其除磷效率。

（2）磷离子捕获剂的除磷效果。目前，主要通过热处理、酸处理、盐处理以及直接氧化等方式对天然吸附剂进行改性。由于镧较其他稀土元素便宜，且氧化镧的零电荷点高于其他常用的吸附剂，目前其已被广泛应用于改良现有吸附剂，提高吸附剂的除磷效率。当前，有关利用镧改性吸附剂去除废水中磷的研究方兴未艾。Encai 等（2007）研究表明，当镧改性介孔 SiO_2 中的 Si/La 摩尔比大于 10 时，其用量为 $0.3 \ g/L$ 时即可在 $3 \ h$ 内使废水中的磷去除率接近 100%。聂凤等（2012）研究表明，当 pH 变化在 $6 \sim 9$ 时，镧改性火山石处理 $40 \ h$ 后，其对磷的吸附量达到 $1.32 \ mg/g$。毛成责等（2009）有关氯化镧对杭州西湖底泥磷缓释及磷固定作用的研究表明，氯化镧改性能提高底泥对磷的吸附作用，改性前，底泥释放磷，改性后，底泥对磷的作用表现为吸附，平均每克底泥能吸附磷 $18.4 \mu g$，吸附率达 13.25%，改性前后底泥样品的磷吸附量差异显著，说明氯化镧改性能够显著提高底泥对磷的吸附能力；而且高温处理对改性前后的底泥磷吸附量都有明显提高。袁宪正等（2007）用氯化镧对 14 种黏土进行改性，并研究了改性黏土的除磷固磷效果，结果表明，经过氯化镧改性后的黏土矿物比改性前具有更好的除磷固磷效果，磷吸附率由改性前的 6.75% $\sim$ 37.70%增加至改性后的 93.18% $\sim$ 99.44%，磷固定率由改性前的 3.78% $\sim$ 14.69%增加至改性后的 52.43% $\sim$ 95.78%。本试验结果显示，磷离子捕获剂的去磷效果显著，对自制废水和加磷湖水的平衡吸附量分别达 $2.44 \ mg/g$ 和 $2.02 \ mg/g$，高于镧改性火山石（$1.32 \ mg/g$）的除磷能力。同时，对富营养化水体和加磷湖水的研究显示，磷离子捕获剂可使富营养化湖水和池塘水中的磷浓度低于检出限（$0.01 \ mg/L$），显示出其对低磷浓度废水同样有很好的除磷效果。

同时，本研究显示，改性沸石对加磷湖水的平衡吸附量（$2.02 \ mg/g$）比对人工废水（$2.44 \ mg/g$）的低 $0.42 \ mg/g$，降低率达 17.2%。这可能是因为自然水体中其他离子的共存降低了磷离子捕获剂的除磷效率。有研究表明，离子强度对镧改性吸附剂的除磷效果有一定影响。由于废水中的磷酸根离子与镧改性吸附剂表面的活性羟基交换被认为是镧改性吸附剂除磷的作用机理之一，因此废水中其他竞争性离子的存在会降低镧改性吸附剂的除磷能力。一般而言，废水中的共存离子降低镧改性吸附剂除磷效果的途径主要表现为通过增加库伦排斥力与磷酸根离子竞争和通过与磷酸根离子竞争吸附剂表面的活性位点两个方面。有关氯离子对镧改性活性碳纤维除磷效果的研究显示，由于氯离子能够和磷酸根离子竞争吸附剂的活性位点，镧改性活性碳纤维对磷的去除率随氯离子浓度的增加而减少。然而，由于磷酸根离子同吸附剂活性位点具有更强的结合能力，因此，氯离子浓度从 $0.001 \ mol/L$ 增加到 $0.1 \ mol/L$ 时，磷的去除率仅从 98.8%降低到 90.7%。有关不同离子对镧改性吸附剂除磷效果影响的研究显示，0.5 mmol/L 的 SO_4^{2-}、NO_3^-、Cl^-、HCO_3^- 离子浓度可使镧改性高岭土对磷酸根的去除率从 96.45% 分别降低到 92.20%、92.20%、85.11% 和 70.92%，HCO_3^-、Cl^-、SO_4^{2-}、NO_3^- 对磷酸根离子的竞争强度表现为：$HCO_3^->Cl^->SO_4^{2-}\approx NO_3^-$。100 mg/L 的 NO_3^-、SO_4^{2-}、Cl^-、F^- 离子浓度可使镧改性颗粒陶瓷对磷酸根的去除率从 89% 分别降低到 75.5%、72.4%、67.3% 和 22.8%，NO_3^-、SO_4^{2-}、Cl^-、F^- 对磷酸根离子的竞争强度表现为：$F^->Cl^->SO_4^{2-}>NO_3^-$，这恰好与离子的电荷/离子比（z/r）呈显著的正相关关系，即 F^-（1/1.15）$>Cl^-$（1/1.20）$>SO_4^{2-}$（1/1.81）$>NO_3^-$（1/2.81）。

5. 结论

磷离子捕获剂对高磷和低磷（<0.5 mg/L）浓度废水的除磷效果显著。30 ℃时，磷离子捕获剂达到吸附平衡所需时间为 36 h，饱和吸附量为 2.44 mg/g。8 g/L 的磷离子捕获剂用量可使废水中的磷浓度从 20 mg/L 降低到 0.515 mg/L，去除率高达 97.43%。

磷离子捕获剂上的磷吸附量随作用时间的延长而增加，包括快速吸附期和慢速吸附期，其中快速吸附期主要发生在前 3 h，此时废水中的磷去除率达到 57.1%，磷吸附量达到 1.43 mg/g，占饱和吸附量的 58.6%。

磷离子捕获剂对加磷湖水的平衡吸附量（2.02 mg/g）比对人工废水（2.44 mg/g）的低 0.42 mg/g，降低率达 17.2%，表明自然水体中其他离子的共存能够降低磷离子捕获剂的除磷效率。

（四）磷释放技术和磷离子捕获剂的再生能力研究

磷离子捕获剂是一种化学除磷剂。一般而言，化学除磷的最大缺陷就是引入了新的化合物，化学法由于人为投加了化学物质，产生的污泥量较大，且污泥难于处理，如果填埋，则需要较大场地，如果焚烧，则费用很高，因此，这些污泥的处理又成了新的问题。目前，虽然有方法可以做到吸附剂中磷的回收利用，如在强碱条件下可对吸附饱和的吸附剂进行再生，生成的 $H_2PO_4^-$、PO_4^{3-} 等经回收可以用于生产磷酸盐，从而避免二次污染，但利用率偏低，技术也不成熟。因此，化学除磷的重点研究方向不仅仅是无污染、低成本的化学除磷剂的开发，更重要的是如何对处理后的化学污泥中的磷进行回收利用。

1. 材料与方法

（1）研究中用到的主要仪器设备。试验中用到的主要仪器设备包括：分光光度计（UV‑759S 紫外可见分光光度计，上海精科）、分析天平（AL104 分析天平，梅特勒‑托利多仪器上海有限公司）、摇床（QHZ‑98B 全温度光照振荡培养箱，太仓市华美生化仪器厂）。试验中所有试剂均为分析纯，购自国药集团化学试剂有限公司。将磷酸二氢钾（KH_2PO_4）1.098 5 g 加入 1 L 去离子水中，配制成磷质量浓度为 250 mg/L 的磷贮备液。

（2）磷离子捕获剂的磷捕获量测定。准备 250 mL 锥形瓶 36 个，分别取 20 mL 磷贮备液放入上述 36 个 250 mL 锥形瓶中，加入 230 mL 去离子水，配制成磷质量浓度为 20 mg/L、pH 为 6 的人工废水。向锥形瓶中分别加入磷离子捕获剂 2.0 g，使磷离子捕获剂的用量为 8 g/L。将锥形瓶放入控温摇床中，在 30 ℃下以 150 r/min 振荡处理 48 h 之后取出所有锥形瓶，并分别经 0.45 μm 滤膜过滤后测磷。通过处理前后磷浓度的变化来确定磷离子捕获剂中的磷捕获量。

（3）pH 对磷释放效果的影响。将上述磷吸收试验中处于吸附饱和状态的磷离子捕获剂分别放入 pH 为 2.0、3.0、4.0、5.0、6.0、7.0、8.0、9.0、10.0、11.0、12.0 的锥形瓶中进行磷释放试验，确定吸磷后的磷离子捕获剂的磷释放最佳环境。锥形瓶中的液体为 250 mL 去离子水，用 HCl 和 NaOH 调节溶液的 pH。将锥形瓶放入控温摇床中，在 20 ℃ 下以 150 r/min 振荡处理 48 h 之后取出所有锥形瓶，并分别经 0.45 μm 滤膜过滤后测磷。通过处理前后磷浓度的变化来确定磷离子捕获剂中的磷释放量。每个梯度设置 3 个平行。

（4）捕获剂再生后的除磷能力。根据磷捕获试验和磷释放试验研究结果，在最佳磷捕获和磷释放环境下，开展捕获剂再生次数及其再生后的除磷能力研究。其中磷捕获环境为：在 pH 为 6 和温度为 30 ℃ 下，以 150 r/min 振荡处理 48 h；释放环境为：在 pH 为 13 和温度为 20 ℃ 下，以 150 r/min 振荡处理 48 h。

（5）数据处理分析方法。磷离子的测定采用钼锑抗分光光度法。方法最低检出限为 0.01 mg/L。

去除率（E，%）和吸附量（q，mg/g）采用式（4-1）和式（4-2）计算。

磷释放量（R，mg/g）采用式（4-3）计算：

$$R = \frac{(C_f - C_i) \times V}{m} \tag{4-3}$$

式中，C_i 和 C_f 分别为释放试验开始和结束时溶液中的磷浓度（mg/L），V 为溶液体积（L），m 为镧改性沸石质量（g）。

磷再生能力采用式（4-4）计算：

$$Z_i = \frac{q_i}{q_0} \times 100\% \tag{4-5}$$

式中，Z_i、i、q_0 和 q_i 分别为再生能力（%）、再生次数、未再生捕获剂的磷捕获量（mg/g）和第 i 次再生后的磷捕获量（mg/g）。

2. 结果与分析

（1）磷离子捕获剂的磷吸收量测定。磷离子捕获试验中 36 份样品的磷捕获结果如表 4-6 所示。由表 4-6 可见，磷离子捕获剂对磷的捕获量变化在 2.294～2.517 mg/g，平均捕获量为（2.427±0.064）mg/g。

表 4-6　磷离子捕获剂的磷吸收量

编号	吸收量 (mg/g)	编号	吸收量 (mg/g)	编号	吸收量 (mg/g)	编号	吸收量 (mg/g)
1	2.355	10	2.444	19	2.319	28	2.456
2	2.402	11	2.362	20	2.423	29	2.384
3	2.304	12	2.446	21	2.402	30	2.509
4	2.372	13	2.424	22	2.409	31	2.451
5	2.488	14	2.466	23	2.501	32	2.377
6	2.511	15	2.492	24	2.392	33	2.435
7	2.360	16	2.460	25	2.504	34	2.515
8	2.510	17	2.306	26	2.374	35	2.327
9	2.435	18	2.427	27	2.517	36	2.498

（2）pH 对磷释放效果的影响。由 pH 对磷释放效果影响的研究结果可见（图 4-6），当 pH 变化在 3～13 时，磷释放量和释放百分比分别变化在 0.041～2.402 mg/g 和 1.7%～98.2%。在试验所设 pH 范围内，磷的释放量和释放百分比随 pH 的升高呈现出先降低后升高的变化趋势。其中，最小释放量出现在 pH 为 6 时，此时的磷释放量和释放百分比分别为 0.041 mg/g 和 1.7%；当 pH 在 2 和 12～13 时，磷释放量较高，释放率在 76% 以上；而 pH 在 3～11 时，磷释放量较低，释放率在 30% 以下。由 pH 对磷释放效果影响的研究结果可以认为，极酸或极碱环境有利于磷的释放。

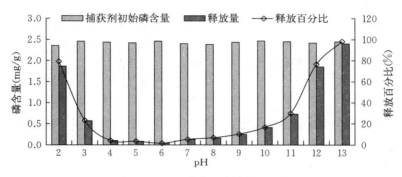

图 4-6　pH 对磷释放效果的影响

（3）捕获剂再生后的除磷能力。对磷离子捕获剂再生能力的研究显示（图 4-7），经过 4 次再生后的磷离子捕获剂的磷捕获量和再生能力分别为 2.367 mg/g、2.336 mg/g、2.312 mg/g、2.253 mg/g 和 96.7%、95.5%、94.5%、92.1%。虽然捕获剂的磷捕获能力随着再生次数的增加呈现出逐渐降低的趋势，但是经过 4 次再生后，其磷捕获能力仍保持在 92% 以上，充分显示出磷离子捕获剂具有较好的稳定性和再生能力。

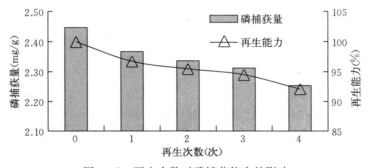

图 4-7　再生次数对磷捕获能力的影响

3. 讨论

溶液 pH 影响溶液中物质的存在状态和吸附剂表面所带电荷的特征，从而影响镧改性吸附剂对磷的吸附能力。研究显示，镧改性斑脱土在 pH 5～7 时的除磷效果最好，高 pH 会显著降低其除磷效果。镧改性膨润土在废水处于弱酸性条件下的除磷效果最好，当 pH 为 2 时，镧改性膨润土的除磷效果较差，而当 pH>4 时，除磷效果显著提高，去除率达到 84%，特别在 pH 4～6 时，去除率保持在 95% 以上，最高达 99%。镧改性粉煤灰合成沸石在废水处于弱酸偏中性条件下的除磷效果最好，去除率达90%以上，且在pH 5左右时达到最大，之后基本保持稳定，pH<3及pH>8时去除率均明显下降。镧改性高岭土在pH为5时的去磷效果最好，在pH 4~8范围内保持较高的吸附率，在pH<4和>8时的除磷率均大幅度下降。镧改性活性碳纤维的适宜除磷pH为4~8。一般认为，镧改性吸附剂在弱酸条件下的除磷效果最佳。

pH对镧改性吸附剂除磷效率影响的原因可能在于，pH<3时，酸性条件改变了吸附剂的孔隙结构，破坏了其已形成的晶体结构，溶液中大量增加的H^+改变了吸附剂的表面特性，导致镧的羟基化合物趋向于溶解、表面镧离子溶解脱附以及表面羟基黏结而不利于对磷酸根产生固定作用，导致磷吸附率下降。在弱酸性条件下，镧与水溶液中的羟基形成镧的多核羟基化合物，可与磷酸根发生络合反应，形成稳定的络合物，从而达到高效除磷的目的。当pH过高时，溶液偏碱性，溶液中的OH^-增加，即显负电的离子增加，而磷在溶液中以磷酸根的形式存在，此时的OH^-与磷酸根发生竞争吸附，导致其吸附容量降低。

磷离子捕获移出技术与生物法相比，具有及时有效、定时定量、操作便捷、不产生污泥等二次污染、回收的磷可做成相应高效磷肥、处理设备简单、处理效果稳定等优点，是治理富营养化湖泊的发展方向和研究热点。由于该技术在去磷的同时又能将去除的磷在一定条件下加工成磷肥，因此该水质净化技术具有去磷和产肥的双重功效。

4. 结论

当pH在2和12~13时，磷释放量较高，释放率在76%以上；而pH在3~11时，磷释放量较低，释放率在30%以下。研究认为，极酸或极碱环境有利于磷的释放。虽然捕获剂的磷捕获能力随着再生次数的增加呈现出逐渐降低的趋势，但是经过4次再生后，其磷捕获能力仍保持在92%以上，充分显示出磷离子捕获剂具有较好的稳定性和再生能力。

第三节　化学氧化修复

化学氧化修复主要是通过在水体中添加化学氧化剂，使之与污染物发生氧化反应，最终使污染物降解或转化为低毒、低移动性产物。化学氧化修复技术最常用的氧化剂有K_2MnO_4、H_2O_2、O_3等，几种氧化剂的氧化还原电位列于表4-7中。化学氧化修复技术主要用来修复被油类、有机溶剂、多环芳烃、农药等污染物污染的水体，通常这些污染物在污染水体中长期存在，很难被生物降解。而化学氧化修复技术不但可以对这些污染物起到降解脱毒的效果，而且反应产生的热量能够使水体中的一些污染物和反应产物挥发或变成气态溢出水体，但加入氧化剂后，可能会生成有毒副产物，使水体生物量减少或影响重金属存在形态。目前，在养殖水环境的化学修复过程中，由于氧化剂的应用大多是采用高浓度、长时间的作用方法，以达到迅速杀灭微生物、彻底氧化污染物等目的，因此经过处理的水中氧化剂残余量较高，对养殖生物和饵料生物有毒害作用，通常需要单独设置水处理装置，使处理水经过氧化剂处理且残余的总氧化剂衰减完毕或用活性炭等处理完毕后再循环利用。

表 4 - 7　几种氧化剂的氧化还原电位

氧化剂	氧化还原电位（氢标）（V）	相对氯气氧化能力
氟气	3.06	2.25
羟基自由基	2.80	2.05
原子氧	2.42	1.78
臭氧	2.07	1.52
双氧水	0.87	0.64
氧气	0.40	0.29

近年来，原位化学氧化技术受到青睐，原位化学氧化技术（in-situ chemical oxidation，ISCO）是指在处理污染水体或底泥时不需开挖、运输受污染的底泥和水，在原来的位置就可进行的氧化处理操作技术。它是一种简单易行的污染处理方式，由于不需要挖掘或排出受污染的底泥和水，操作相对比较简单。

在使用以上这些化学氧化技术的时候，其反应机理不完全相同，有的是氧化剂直接氧化有机污染物（如高锰酸钾氧化法），而有的是在反应过程中产生具有高度氧化性能的物质（如 Fenton 试剂氧化），其中优势更明显、更显示出良好应用前景的是深度氧化技术（advanced oxidation process，AOP）。所谓深度氧化技术，是相对于常规氧化技术而言的，指在体系中能产生具有高度反应活性的自由基（如羟基自由基，·OH），充分利用自由基的活性，快速彻底地氧化有机污染物的处理技术。羟基自由基具有如下重要性质：

① ·OH 是一种很强的氧化剂，其氧化还原电位为 2.80 V，在已知的氧化剂中仅次于氟。

② ·OH 的能量为 502 kJ/mol；而构成有机物的主要化学键的能量：C—C 为 347 kJ/mol、C—H 为 414 kJ/mol、C—N 为 305 kJ/mol、C—O 为 351 kJ/mol、O—H 为 464 kJ/mol、N—H 为 389 kJ/mol。因此从理论上讲，·OH 可以彻底氧化（矿化）所有的有机污染物。

③ ·OH 具有较高的电负性或电子亲和能（569.3 kJ），容易进攻高电子云密度点，同时，·OH 的进攻具有一定的选择性。

④ ·OH 还具有加成作用，当有碳碳双键存在时，除非被进攻的分子具有高度活泼的碳氢键，否则将在双键处发生加成反应。

⑤ ·OH 氧化有机污染物是一种物理-化学处理过程，很容易加以控制，以满足处理需要，甚至可以降解 10^{-9} 数量级的污染物。

⑥ 既可作为单独处理，又可与其他处理过程相匹配，如作为生化处理前的预处理，可降低处理成本。·OH 以一种近似于扩散的速率 $[K_{\cdot OH} > 10^9 \ mol/(L \cdot s)]$ 与污染物反应，反应彻底，不产生副产物。

因此，深度氧化技术为解决以前传统化学和生物氧化法难以处理的污染问题开辟了一条新途径。

一、高锰酸钾氧化法

（一）性质简介

高锰酸钾（$KMnO_4$）是一种常用的氧化剂，高锰酸钾在酸性溶液中具有很强的氧化性，反应式如下：

$$MnO_4^- + 8H^+ + 5e^- == Mn^{2+} + 4H_2O$$

其标准氧化还原电位为 1.51 V。

高锰酸钾在中性溶液中的氧化性要比在酸性溶液中低得多，反应式如下：

$$MnO_4^- + 2H_2O + 3e^- == MnO_2 + 4OH^-$$

其标准氧化还原电位为 0.588 V。

高锰酸钾在碱性溶液中的氧化性也较弱，其标准氧化还原电位为 0.564 V。

高锰酸钾在中性条件下的最大特点是反应生成二氧化锰，由于二氧化锰在水中的溶解度很低，便以水合二氧化锰胶体的形式由水中析出。正是由于水合二氧化锰胶体的作用，使高锰酸钾在中性条件下具有很高的去除水中微污染物的效能。使用高锰酸钾作为氧化剂的优势：①具有相对比较高的氧化还原电位；②具有很高的水溶性；③常温下高锰酸钾作为固体，它的运输和存储也较为方便；④由于高锰酸钾在比较宽的 pH 范围内氧化性都较强，能破坏碳碳双键，所以它不仅对三氯乙烯、四氯乙烯等含氯溶剂有很好的氧化效果，且对其他烯烃、酚类、硫化物和甲基叔丁基醚（MTBE）等污染物也很有效。

（二）氧化有机污染物的机理

高锰酸钾参加的氧化反应机理相当复杂，且反应种类繁多，影响反应的因素也较多。对同一个反应，介质不同，其反应机理也可能不同。如高锰酸根离子（MnO_4^-）与芳香醛的反应，在酸性介质中按氧原子转移机理，而在碱性介质中则按自由基机理进行；另外，对某一个反应有时也很难用单一的机理来说明，如锰酸根离子（MnO_4^{2-}）与烃的反应，反应过程中发生了氢原子的转移，但产物却生成了自由基，故反应过程中又包含有自由基反应。

在酸性条件下，高锰酸钾与其他氧化剂不同，它是通过提供氧原子而不是通过生成羟基自由基进行氧化反应的。因此，当处理的污染环境中含有大量碳酸根、碳酸氢根等羟基自由基的猝灭剂时，高锰酸钾的氧化作用也不会受到影响。高锰酸钾对微生物无毒，可与生物修复串联使用。当受处理环境中有较多铁离子、锰离子或有机质时，需要加大药剂用量。高锰酸钾氧化乙烯的反应机理如图 4-8 所示。

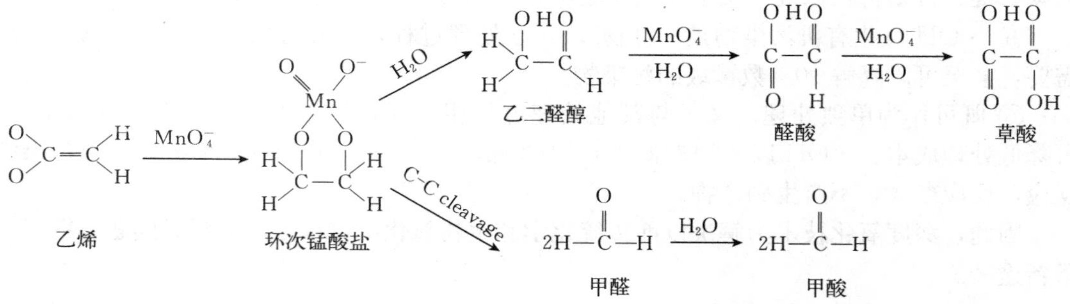

图 4-8 在酸性条件下高锰酸钾氧化乙烯的反应机理

从图中可以看出，在弱酸性的条件下，高锰酸钾和烯烃氧化形成环次锰酸盐酯，然后环酯在弱酸或中性条件下，锰氧键断裂，通过水解形成乙二醇醛。乙二醇醛能进一步发生氧化转变成醛酸和草酸。另一条可能的反应途径是烯烃和高锰酸钾反应形成环次锰酸盐酯，然后高锰酸钾打开环酯键，形成两个甲酸，在一定的条件下，所有的羧酸都可被进一步氧化成二氧化碳。

中性条件下，无论是对低相对分子质量、低沸点的有机污染物，还是对高相对分子质量、高沸点的有机污染物，高锰酸钾的氧化去除率均很高，明显优于酸性或碱性条件。大约50%以上的有机污染物在中性条件下经高锰酸钾氧化后去除，剩余的有机污染物浓度很低。在酸性和碱性条件下，高锰酸钾对低相对分子质量、低沸点的有机污染物有良好的去除效果，但对高相对分子质量、高沸点的有机污染物，去除效果很差。

在酸性条件下，高锰酸钾能够与农药艾氏剂和狄氏剂发生反应，把它们彻底氧化成二氧化碳和水，其与艾氏剂和狄氏剂反应方程式如下：

$$3C_{12}H_8Cl_6 + 50KMnO_4 + 32H^+ \longrightarrow 36CO_2 + 50MnO_2 + 18KCl + 32K^+ + 28H_2O$$
$$C_{12}H_8Cl_6 + 16KMnO_4 + 10H^+ \longrightarrow 12CO_2 + 16MnO_2 + 6KCl + 10K^+ + 9H_2O$$

从以上两个反应方程式可以看出，1 g艾氏剂需要7.2 g的高锰酸钾，而1 g狄氏剂需要6.6 g的高锰酸钾；但是实际处理污染场地时消耗高锰酸钾的量往往比这个数字要大很多。这是由于高锰酸钾的氧化反应没有选择性，环境中的天然有机质可以与高锰酸钾发生反应，消耗掉一部分高锰酸钾氧化剂。实际处理结果表明，当艾氏剂在处理环境中的含量为4.2 mg/kg时，用5 g/kg的高锰酸钾处理，艾氏剂几乎能被全部氧化去除，去除率可以达到98%以上。这是由于艾氏剂易于被氧化转变成其他化合物。而狄氏剂在处理环境中的含量为1.0 mg/kg时，用5 g/kg的高锰酸钾去处理，狄氏剂虽然也能被氧化一部分，但氧化去除率却比艾氏剂低很多，只有65%，这是由于狄氏剂不易被氧化的缘故。

二、臭氧氧化技术

（一）性质简介

臭氧（O_3）在常温常压下是一种不稳定、具有特殊刺激性气味的浅蓝色气体。臭氧具有极强的氧化性能，在酸性介质中氧化还原电位为2.07 V，在碱性介质中为1.27 V，其氧化能力仅次于氟，高于氯和高锰酸钾。臭氧由于具有强氧化性，且在水中可短时间内自行分解，没有二次污染，因此是理想的绿色氧化药剂。臭氧的水溶解度比氧气大12倍，使之很容易溶解在水体中，在环境体系中得到传输，这样就有利于与污染物充分接触，有利于反应的进行；臭氧可以现场生产，这样就避免了运输和储存过程所遇到的问题；另外，臭氧分解产生氧气，从而可以提高水体中氧气的浓度。

臭氧的氧化能力很强，但也并非完美无缺，其中臭氧应用于污水处理还存在着一些问题：如臭氧的发生成本高，而利用率偏低，使臭氧处理的费用高；臭氧与有机物的反应选择性较强，在低剂量和短时间内臭氧不可能完全矿化污染物，且分解生成的中间产物会阻止臭氧的进一步氧化。其他的一些问题还包括：

（1）由于臭氧在常温下呈气态，较难应用。

（2）由于经济方面等原因，臭氧的投加量不可能很大，将大分子有机物全部无机化，这将导致臭氧不可能将部分中间产物完全氧化，同时臭氧不能有效地去除氨氮，对水中有机氯化物无氧化效果。

（3）臭氧氧化会产生诸如饱和醛类、环氧化合物、次溴酸（当水中含有较多的溴离子时）等副产物，对生物有不良影响。

在臭氧修复中争议较大的是产物的毒性问题，这将影响臭氧修复的应用以及与生物修复的结合，因此，提高臭氧利用率和氧化能力就成为臭氧深度氧化技术的研究热点。

（二）臭氧氧化有机污染物的机理

臭氧的分子结构呈三角形，中心氧原子与其他两个氧原子间的距离相等，在分子中有一个离域 π 键，臭氧分子的特殊结构使得它可以作为偶极试剂、亲电试剂和亲核试剂。在直接氧化过程中，臭氧分子直接加成到反应物分子上，形成过渡型中间产物，然后再转化成最终产物，臭氧与烯烃类物质的反应就属于此类型。臭氧能与许多有机物或官能团发生反应，如 $C=C$、$C\equiv C$、芳香化合物、碳环化合物、$=N-N=S$、$C\equiv N$、$C-Si$、$-OH$、$-SH$、$-NH_2$、$-CHO$、$-N=N$、$\cdot OH$、SH、$-NH_2$、CHO、$N=N$ 等。臭氧与有机物的反应是选择性的，而且不能将有机物彻底分解为 CO_2 和 H_2O，臭氧化产物常常为羧酸类有机物，主要是一元酸、二元酸类有机小分子。臭氧与芳烃类化合物发生反应，生成不稳定的中间产物，这些不稳定的中间产物很快地分解形成儿茶酚、苯酚和羧酸衍生物。苯酚能被臭氧进一步氧化为有机酸和醛。

臭氧与有机物的直接反应机理可以分为三类：

（1）打开双键发生加成反应。臭氧由于具有一种偶极结构，因此可以同有机物的不饱和键发生 1，3-偶极环加成反应，形成臭氧化的中间产物，并进一步分解形成醛、酮等羰基化合物和水。例如：

$$R_1R_2C=CR_3R_4+O_3 \longrightarrow R_1COOR_2+R_3R_4C=O$$

式中，R 基团可以是烃基或氢。

（2）亲电反应。亲电反应发生在分子中电子云密度高的点。对于芳香族化合物，当取代基为给电子基团（$-OH$、$-NH_2$ 等）时，它与邻位或对位碳具有高的电子云密度，臭氧化反应发生在这些位置上；当取代基是吸电子基团时，臭氧化反应比较弱，反应发生在这类取代基的间位碳原子上，进一步与臭氧反应则形成醌，打开芳环，形成带有羰基的脂肪族化合物。

（3）亲核反应。亲核反应只发生在带有吸电子基团的碳原子上。分子臭氧的反应具有极强的选择性，仅限于同不饱和芳香族或脂肪族化合物或某些特殊基团发生反应。

自由基的反应：臭氧在碱性环境等因素作用下，产生活泼的自由基，主要是羟基自由基（$\cdot OH$），与污染物反应。臭氧在催化条件下易于分解形成 $\cdot OH$，环境中天然存在的金属氧化物 $\alpha\text{-}Fe_2O_3$ 等，通常可以作为这种催化反应的活性位点。因此，臭氧气体能直接或通过在环境中形成 $\cdot OH$ 迅速氧化水体或底泥中的许多有害污染物，使它们变得易于生物降解或者变成亲水性的无害化合物。进一步的研究发现，臭氧的氧化作用可以增大水体中的小分子酸的比例和有机质的亲水性，并通过改变悬浮颗粒的结构，促进有机污染物从颗粒中脱附，从而提高有机污染物被生物降解的可能性。然而，臭氧的作用也会由于以下因素而受到限制，例如水体中有机质的竞争反应和 pH 等。要提高臭氧的氧化速率和效率，必须采取其他措施促进臭氧的分解而产生活泼的 $\cdot OH$。

三、过氧化氢及 Fenton 氧化技术

(一) 性质简介

过氧化氢的分子式为 H_2O_2，它是弱酸性的无色透明液体，它的许多物理性质和水相似，可与水以任意比例混合，过氧化氢的水溶液也叫双氧水。当过氧化氢的质量分数达 86% 时，要进行适当的安全处理，防止爆炸。在处理污染物时，一般使用的是质量分数为 35% 的过氧化氢。过氧化氢分子中氧的价态是 -1，它可以转化成 -2 价，表现出氧化性，还可以转化成 0 价态，表现出还原性，因此，过氧化氢具有氧化还原性。过氧化氢的氧化还原性在不同的酸性、碱性和中性条件下会有所不同。使用过氧化氢溶液作为氧化剂，由于其分解产物为水和二氧化碳，不产生二次污染，因此，它也是一种绿色氧化剂。过氧化氢不论在酸性或碱性溶液中都是强氧化剂。只有遇到如高锰酸根等更强的氧化剂时，它才起还原作用。在酸性溶液中用过氧化氢进行的氧化反应往往很慢，而在碱性溶液中氧化反应是快速的。

溶液中微量存在的杂质，如金属离子（Fe^{3+}、Cu^{2+}）、非金属、金属氧化物等都能催化过氧化氢的均相和非均相分解。Fenton 试剂是指在天然或人为添加的亚铁离子（Fe^{2+}）时，与过氧化氢发生作用，能够产生高反应活性的羟基自由基（·OH）的试剂。过氧化氢还可以在其他催化剂（如 Fe、UV254 等）以及其他氧化剂（O_3）的作用下，产生氧化性极强的羟基自由基（·OH），使水中有机物得以氧化而降解。

Fenton 氧化修复技术具有以下特点：

（1）Fenton 试剂反应中能产生大量的羟基自由基，具有很强的氧化能力，和污染物反应时具有快速、无选择性的特点。

（2）Fenton 氧化是一种物理-化学处理过程，很容易加以控制，以满足处理需要，对操作设备要求不是太高。

（3）它既可作为单独处理单元，又可与其他处理过程相匹配，如作为生化处理的前处理。

（4）由于典型的 Fenton 氧化反应需要在酸性条件下才能顺利进行，这样会对环境带来一定的危害。

（5）实际处理污染水体时，由于 Fenton 氧化反应是放热反应，会产生大量的热，操作时要注意安全。

（6）Fenton 氧化对生物难降解的污染物具有极强的氧化能力，而对一些生物易降解的小分子反而不具备优势。

(二) 反应路径及影响因素

Fenton 反应体系中，过氧化氢产生 ·OH 的路径如下：

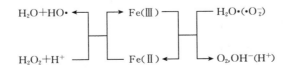

其总方程式为

$$Fe^{2+}+H_2O_2 \xrightarrow{H^+} Fe^{3+}+O_2+\cdot OH$$

在水溶液中的主要反应路径是生成具有高度氧化性和反应活性的·OH，但在过氧化氢过量情况下，还可生成 HO_2（O_2^-）等具有还原活性的自由基。另外，过氧化氢还可自行分解或直接发生氧化作用，哪种路径占主导取决于环境条件。Fenton 反应生成的·OH能快速地降解多种有机化合物。

$$RH+\cdot OH \longrightarrow H_2O+R$$
$$R+Fe^{3+} \longrightarrow Fe^{2+}+产物$$

这种氧化反应速率极快，遵循二级动力学，在酸性条件下效率最高，在中性到强碱性条件下效率较低。

Fenton 试剂反应需在酸性条件下才能进行，因此对环境条件的要求比较苛刻。下面是影响 Fenton 反应的主要条件。

1. pH 的影响

Fenton 试剂是在酸性条件下发生作用的，在中性和碱性的环境中，Fe^{2+} 不能催化 H_2O_2 产生·OH，因为 Fe^{2+} 在溶液中的存在形式受溶液 pH 的影响。按照经典的 Fenton 试剂反应理论，pH 升高不仅抑制了·OH 的产生，而且使溶液中的 Fe^{3+} 以氢氧化物的形式沉淀而失去催化能力。当 pH 低于 3 时，溶液中的 H^+ 浓度过高，Fe^{3+} 不能顺利地被还原为 Fe^{2+}，催化反应受阻。

2. H_2O_2 浓度的影响

随着 H_2O_2 用量的增加，COD 去除率首先增大，而后出现下降。这种现象被理解为在 H_2O_2 的浓度较低时，随着 H_2O_2 的浓度增加，产生的·OH 量增加；当 H_2O_2 的浓度过高时，过量的 H_2O_2 不但不能通过分解产生更多的自由基，反而在反应一开始就把 Fe^{2+} 迅速氧化为 Fe^{3+}，并且过量的 H_2O_2 自身会分解。

3. 催化剂（Fe^{2+}）浓度的影响

Fe^{2+} 是催化产生自由基的必要条件，在无 Fe^{2+} 条件下，H_2O_2 难以分解产生自由基，当 Fe^{2+} 的浓度过低时，自由基的产生量和产生速率都很小，降解过程受到抑制；当 Fe^{2+} 过量时，它还原 H_2O_2 且自身氧化为 Fe^{3+}，消耗药剂的同时增加出水色度。因此，当 Fe^{2+} 浓度过高时，随着 Fe^{2+} 的浓度增加，COD 去除率不再增加反而有减小的趋势。

4. 反应温度的影响

对于一般的化学反应随反应温度的升高，反应物分子平均动能增大，反应速率加快；对于一个复杂的反应体系，温度升高不仅加速主反应的进行，同时也加速副反应和相关逆反应的进行，但其量化研究非常困难。反应温度对 COD 降解率的影响由试验结果可知，当温度低于 80 ℃时，温度对降解 COD 有正效应；当温度超过 80 ℃以后，则不利于 COD 成分的降解。针对 Fenton 试剂反应体系，适当的温度激活了自由基，而过高温度就会出现 H_2O_2 分解为 O_2 和 H_2O。

四、化学氧化修复案例 1

（一）高铁酸钾的氧化态势及其稳定性的研究

高铁酸钾的水溶液起初为紫红色，随着时间的变化，颜色逐渐变淡，呈现浅紫黄色，然后逐渐变成黄色，最后颜色消失，溶液恢复澄清状态，这一颜色变化过程所需时间与高铁酸钾的加入剂量呈现明显的正相关。高铁酸钾水溶液的颜色随时间而变化，可能是由于在水溶液中高铁酸根的 4 个氧原子与水分子中的氧原子缓慢地进行交换，释放出氧气，发生自分解。

高铁酸钾的氧化还原电位与其浓度有一定的关系。高铁酸钾是铁的六价化合物，具有优良的氧化性，是水处理中氧化能力最强的氧化剂之一。在水溶液中，高铁酸钾发挥氧化性作用，其氧化还原电位（ORP）有逐渐降低的趋势。从图 4-9 可以看出，各种浓度的高铁酸钾经一段时间的氧化作用后，其氧化还原电位趋于平衡。浓度为 50 mg/L 时氧化还原电位随时间延长而降低，浓度为 100 mg/L、500 mg/L、1 000 mg/L 时氧化还原电位在很短的时间内升高到最大值然后也随时间延长而降低，在接下来的过程中，也数次出现氧化还原电位的突然升高，但其降低的大趋势并没有改变，这可能是因为高铁酸钾在水溶液中分解出 Fe^{6+} 发挥氧化作用，其过程中也伴随着还原反应，但由于六价铁的强氧化性，反应的最终趋势还是向着氧化的方向，并最终趋于平衡，且浓度越高，反应进行的时间也就越长。氧化还原电位在 40 h 后就不再随时间的延长而降低，基本保持不变，此时溶液也逐渐变得澄清。

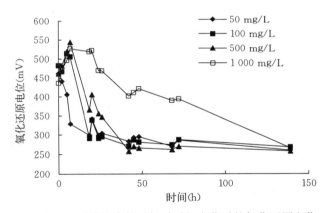

图 4-9　不同浓度高铁酸钾随时间变化时的氧化还原电位

试验接下来研究了高铁酸钾氧化还原电位变化与 pH 的关系。表 4-8 的数据显示了高铁酸钾氧化还原电位与 pH 的关系。pH 不仅显示了水质的酸碱性，也表明了该水质的氧化还原特性。当 pH<7 时，水质呈酸性，即此时水中氢离子浓度大于羟基离子浓度，否则氢离子浓度小于羟基离子浓度，这表明酸性水的氧化性强于碱性水。分析进一步表明，高铁酸钾在氧化酸性水时所需的氧化还原电位差小于在氧化碱性水时的氧化还原电位差，即 $\triangle ORP_{pH<7}<\triangle ORP_{pH=7}<\triangle ORP_{pH>7}$，从表 4-8 数据可以得出，当高铁酸钾浓度取 10 mg/L 时，$\triangle ORP_{pH<7}=100$，$\triangle ORP_{pH=7}=163$，$\triangle ORP_{pH>7}=233$，图 4-10 反映了此关系。图 4-11 反映了 pH=7 时高铁酸钾在不同时间时的氧化还原电位，从中可以看出，高浓度的高铁酸钾氧化还原电位差高于低浓度时的氧化还原电位差。正如图 4-11 所表明的，高浓度的高铁酸钾不仅在氧化初始阶段具有较高的氧化还原电位，而且在氧化与还原这对逆反应中，较之于低浓度的高铁酸钾，更能将反应往左进一步，所以在反应达到平衡时，高浓度的高铁酸钾氧化还原电位是低于低浓度的高铁酸钾氧化还原电位的。

表4-8　不同 pH 下高铁酸钾随浓度变化时的氧化还原电位

单位：mV

时间	pH=6		pH=7		pH=8	
	10 mg/L	100 mg/L	10 mg/L	100 mg/L	10 mg/L	100 mg/L
0	429	544	478	596	510	549
0.5 h	365	439	334	497	423	466
1 h	356	402	335	461	376	443
2 h	357	345	332	398	303	434
3 h	350	324	326	360	268	415
4 h	350	316	325	336	270	402
5 h	341	315	320	318	266	389
6 h	343	308	317	331	260	378
23 h	329	306	315	289	277	241

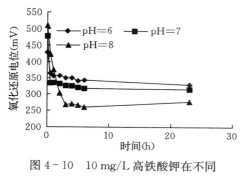

图 4-10　10 mg/L 高铁酸钾在不同
pH 时的氧化还原电位

图 4-11　pH=7 时高铁酸钾在不同
时间时的氧化还原电位

（二）高铁酸钾对养殖废水中溶解氧、pH、亚硝酸盐氮的影响

在水产养殖过程中，养殖用水的主要理化因子有溶解氧、pH、亚硝酸盐氮、氨氮、COD 等。此部分实验模拟了水产养殖过程，并用高铁酸钾作为净水剂对养殖废水进行处理，取得了一些成果。在实验室中，将罗非鱼在水族缸暂养两周，期间不换水。两周后，将鱼移走，测定养殖废水的基本水质参数，并用一定浓度的高铁酸钾对其进行净化，试验结果如表 4-9～表 4-11 所示。表 4-9 显示了不同浓度的高铁酸钾随时间变化对养殖废水溶解氧的影响。从中可以看出，较之于对照组，高铁酸钾的用量及作用时间均与溶解氧的量无明显关系，溶解氧量始终保持在 6 mg/L 以上，达到渔业水质标准。表 4-10 显示了不同浓度的高铁酸钾随时间变化对养殖废水 pH 的影响。从中可以看出，在养殖废水中，pH 基本稳定在偏碱性，最高值是 9.2，投入不同浓度的高铁酸钾，pH 变化较小，随时间变化不明显，但也能将水质 pH 保持在偏碱性，符合渔业水质标准。从表 4-11 可以看出，未净化前养殖废水中亚硝酸盐氮含量已达到 1.382 mg/L，当利用 50 mg/L 的高铁酸钾对其进行净化时，24 h 后亚硝酸盐氮含量降至 0.237 mg/L，降解率高达 82.85%。

在水族缸中模拟实际养殖过程，养殖废水的关键指标，如亚硝酸盐氮、氨氮等是明显高出养殖池塘的。

表 4 - 9　不同浓度的高铁酸钾随时间变化对养殖废水溶解氧的影响

单位：mg/L

时间	0	75 mg/L	100 mg/L	115 mg/L	135 mg/L	155 mg/L	180 mg/L
0	7.69	7.94	8.02	7.94	8.07	8.10	8.14
3.5 h	7.71	8.08	8.12	8.11	8.15	8.02	7.93
6 h	7.63	7.65	7.66	7.64	7.63	7.68	7.72
24 h	6.80	6.50	6.85	6.62	6.50	6.70	6.90
48 h	6.48	6.22	6.76	6.81	6.62	6.47	6.41
72 h	6.42	6.59	6.94	6.78	6.85	6.86	6.80
96 h	6.32	6.68	7.02	6.72	6.99	6.99	6.97

表 4 - 10　不同浓度的高铁酸钾随时间变化对养殖废水 pH 的影响

时间	0	56 mg/L	75 mg/L	100 mg/L	135 mg/L	180 mg/L	210 mg/L
0	7.8	8.4	8.6	8.9	9.0	9.1	9.2
5 h	7.8	8.4	8.5	8.8	8.9	9.1	9.3
24 h	7.9	7.7	7.7	7.7	7.7	8.4	8.8

表 4 - 11　加入 50 mg/L 的高铁酸钾 24 h 后对养殖废水亚硝酸盐氮的去除效果

指　　标	高铁酸钾浓度	
	0	50 mg/L
亚硝酸盐氮（mg/L）	1.382	0.237

（三）高铁酸钾去除水体中不同浓度氨氮的效果研究及机理分析

试验在实验室的水族缸中进行。试验分三组，分别研究了在低浓度氨氮（约为 4 mg/L）、中浓度氨氮（约为 7 mg/L）和高浓度氨氮（约为 11 mg/L）时不同浓度高铁酸钾对其去除效果，氨氮用氯化铵标准贮备液（1 000 mg/L）调节。试验分别测定了絮凝前氨氮的浓度与加入高铁酸钾并经过絮凝后的氨氮浓度，絮凝沉淀用 10 mL 10%硫酸锌和 1 mL 50%氢氧化钠，高铁酸钾本身起到絮凝和助凝作用。试验结果见表 4 - 12，从表中可以看出，氨氮的去除率在高铁酸钾浓度为 80 mg/L 时达到最高，为 40.58%。在去除氨氮的过程中，高铁酸盐的浓度起到决定的作用，而与氨氮本身浓度似乎关系不大。对低浓度组氨氮的水样，经 2～20 mg/L 高铁酸钾氧化并经絮凝沉降，取上清液经微孔滤膜过滤后测定水样中剩余氨氮及硝态氮的浓度，经分析，水样中硝态氮浓度随着氨氮去除率的升高而升高（数据未在表 4 - 12 中列出，原因是试验过程中对硝态氮的比色进行了目测，并未测出实际值）。试验进一步说明，高铁酸盐对氨氮有一定的去除效果，氨氮被转化为硝态氮可能是其通过氧化作用去除氨氮的机理。

表 4 - 12　高铁酸钾对氨氮的去除效果

	高铁酸钾 （mg/L）	絮凝前氨氮 （mg/L）	絮凝后氨氮 （mg/L）	氨氮去除率 （%）
	2	3.807	2.786	26.82
	4	4.355	2.906	33.27
组 1	10	3.825	2.751	28.08
	20	3.893	3.128	19.65
	未加	4.806	—	—
	5	7.289	5.354	26.55
	10	7.438	5.326	28.39
组 2	25	7.432	5.708	23.20
	50	7.523	5.754	23.51
	未加	7.980	—	—
	8	12.153	8.916	26.64
	16	11.902	9.430	20.77
组 3	40	15.098	9.030	40.19
	80	13.488	8.014	40.58
	未加	11.799	—	—

（四）高铁酸钾去除 COD 的效果及动力学研究

试验配制了 1 000 mg/L 的葡萄糖母液作为 COD 去除试验的模拟对象。试验首先进行了高铁酸钾去除 COD 的动力学研究，试验在配制的 200 mg/L 腐殖酸钠中加入 1 000 mg/L 高铁酸钾（浓度过量），在不同时间测定 COD，结果如图 4 - 12 所示。在 2 h 前，COD 并没有明显降低，其最低值为 83.5 mg/L，接近于初始值 93.9 mg/L。当在 2 h 后，在 130 min 时，COD 变为 65 mg/L，有了明显的降解。该实验说明，高铁酸钾降解 COD 的过程主要发生在 2 h 后，接下来试验在研究不同浓度高铁酸钾对 COD 的去除效果时，应将试验时间控制在 2 h 后。

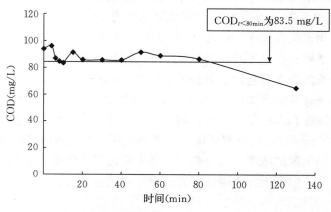

图 4 - 12　1 000 mg/L 高铁酸钾降解 COD（200 mg/L 腐殖酸钠）的动力学过程

表 4-13 的数据表明，高铁酸钾的浓度小于 100 mg/L 时并不能对 COD 产生明显的去除效果，而当高铁酸钾浓度达到 100 mg/L 时，COD 去除率有了极大地增大，去除率达到 32.21％（100 mg/L 腐殖酸钠）和 65.15％（200 mg/L 腐殖酸钠）。接下来试验进一步研究了不同浓度高铁酸钾对 COD 的去除效果，该试验根据前两次试验结果，将反应时间控制在 2 h 以上，并将试验浓度控制在 100 mg/L 以上，试验结果如表 4-14 所示。根据图 4-13 所示高铁酸钾加到腐殖酸钠溶液中 2 h 后的 COD 去除率，试验发现，高铁酸钾对 COD 的去除率不仅与高铁酸钾浓度呈明显的正相关，而且与腐殖酸钠浓度也呈现明显的正相关。图 4-14 显示了加入高铁酸钾浓度与 COD 的相关性，经检验，在 200 mg/L 和 300 mg/L 腐殖酸钠浓度时，加入高铁酸钾浓度与 COD 显著相关，相关系数分别达到 0.907 6 和 0.880 9。

表 4-13 不同浓度高铁酸钾加到腐殖酸钠溶液中 2 h 后的 COD

单位：mg/L

腐殖酸钠浓度	加入高铁酸钾浓度			
	0	10 mg/L	50 mg/L	100 mg/L
100	41.9	40.7	39.1	28.4
200	72.3	74.4	70.1	25.2

表 4-14 不同浓度高铁酸钾加到腐殖酸钠溶液中 2 h 后的 COD

单位：mg/L

腐殖酸钠浓度	加入高铁酸钾浓度			
	0	100 mg/L	200 mg/L	300 mg/L
200	86.1	60.2	45.0	40.7
300	113.0	69.0	48.8	42.6

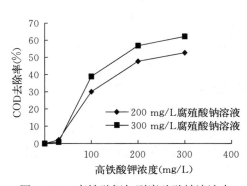

图 4-13 高铁酸钾加到腐殖酸钠溶液中
2 h 后的 COD 去除率

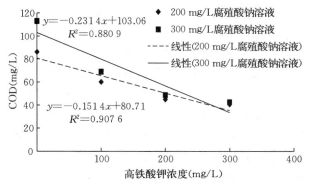

图 4-14 不同浓度高铁酸钾与 COD 的相关性

（五）高铁酸钾对试验鱼类的急性毒性及其与氧化态势的关系

1. 高铁酸钾对鲤鱼的急性毒性

将鲤鱼放入高铁酸钾溶液中，随着高铁酸钾浓度的增加，鲤鱼中毒现象严重。在高质量浓度组，鲤鱼 2 h 即开始出现死亡现象，死亡前游动缓慢、侧翻、仰游，呼吸深度加强，鳃盖张开幅度大；而在最低质量浓度组未出现中毒现象。高铁酸钾溶液试验开始时为紫色，几小时后变为黄色，最后溶液变为澄清，并且高铁酸钾溶液质量浓度越低，溶液变澄清的时间越短。

100 mg/L 和 115 mg/L 组用药后鲤鱼活动正常，96 h 内不死亡；135 mg/L 组用药后，35 h 后开始死亡，96 h 死亡率为 20%；155 mg/L 组用药后，7 h 后开始死亡，24 h 死亡率为 40%，96 h 死亡率为 60%；180 mg/L 组用药后，5 h 后开始死亡，24 h 达到最高死亡率为 70%；210 mg/L 组用药后，3 h 后开始死亡，24 h 100% 死亡；对照组 96 h 内不死亡。结果见表 4-15。

表 4-15 高铁酸钾对鲤鱼的急性毒性试验结果

组 别	药物浓度 (mg/L)	浓度对数	受试鱼死亡率（%）			
			24 h	48 h	72 h	96 h
Ⅰ	100	2.000	0	0	0	0
Ⅱ	115	2.061	0	0	0	0
Ⅲ	135	2.130	0	20	20	20
Ⅳ	155	2.190	40	60	60	60
Ⅴ	180	2.255	70	70	70	70
Ⅵ	210	2.322	100	100	100	100
对照	0		0	0	0	0
回归方程			$y=11.846x-21.193$	$y=10.7932x-18.6817$	$y=10.7932x-18.6817$	$y=10.7932x-18.6817$
LC_{50}（mg/L）			162.55	156.36	156.36	156.36
95% 置信区间			144.11~183.36	140.35~174.18	140.35~174.18	140.35~174.18
安全浓度			15.64 mg/L			

2. 高铁酸钾对罗非鱼的急性毒性

罗非鱼放入高铁酸钾溶液中，随着高铁酸钾浓度的增加，罗非鱼中毒现象严重。在高质量浓度组，罗非鱼 2 h 即开始出现死亡现象，死亡前游动缓慢、侧翻、仰游，呼吸深度加强，鳃盖张开幅度大；而在最低质量浓度组未出现中毒现象。高铁酸钾溶液试验开始时为紫色，几小时后变为黄色，最后溶液变为澄清，并且高铁酸钾溶液质量浓度越低，溶液变的澄清的时间越短。

100 mg/L 和 115 mg/L 组用药后罗非鱼活动正常，96 h 内不死亡；135 mg/L 组用药后，27 h 后开始死亡，96 h 死亡率为 30%；155 mg/L 组用药后，7 h 后开始死亡，24 h 死亡率为 50%，96 h 死亡率为 70%；180 mg/L 组用药后，5 h 后开始死亡，24 h 达到最高死亡率为 90%；210 mg/L 组用药后，2 h 后开始死亡，24 h 100% 死亡；对照组 96 h 内不死亡。结果见表 4-16。

表 4 - 16　高铁酸钾对罗非鱼的急性毒性试验结果

组　　别	药物浓度 （mg/L）	浓度对数	受试鱼死亡率（%）			
			24 h	48 h	72 h	96 h
Ⅰ	100	2.000	0	0	0	0
Ⅱ	115	2.061	0	0	0	0
Ⅲ	135	2.130	30	30	30	30
Ⅳ	155	2.190	50	70	70	70
Ⅴ	180	2.255	90	90	90	90
Ⅵ	210	2.322	100	100	100	100
对照	0		0	0	0	0
回归方程			$y=14.4797x-$ 26.4859	$y=14.3700x-$ 26.0721	$y=14.3700x-$ 26.0721	$y=14.3700x-$ 26.0721
LC_{50} （mg/L）			149.45	145.31	145.31	145.31
95%置信区间			137.88～ 161.96	134～ 157.58	134～ 157.58	134～ 157.58
安全浓度			14.53 mg/L			

3. 高铁酸钾对斑马鱼的急性毒性

斑马鱼放入高铁酸钾溶液中，随着高铁酸钾浓度的增加，斑马鱼中毒现象严重。在高质量浓度组，斑马鱼 2 h 即开始出现死亡现象，死亡前游动缓慢、侧翻、仰游，呼吸深度加强，鳃盖张开幅度大；而在最低质量浓度组未出现中毒现象。高铁酸钾溶液试验开始时为紫色，几小时后变为黄色，最后溶液变为澄清，并且高铁酸钾溶液质量浓度越低，溶液变澄清的时间越短。

56 mg/L 和 75 mg/L 组用药后斑马鱼活动正常，96 h 内不死亡；100 mg/L 组用药后，18 h 后开始死亡，24 h 死亡率为 10%，96 h 死亡率为 30%；135 mg/L 组用药后，9 h 后开始死亡，24 h 死亡率为 30%，96 h 死亡率为 50%；180 mg/L 组用药后，5 h 后开始死亡，24 h 达到最高死亡率为 90%；210 mg/L 组用药后，2.5 h 后开始死亡，24 h 100%死亡；对照组 96 h 内不死亡。结果见表 4 - 17。

表 4 - 17　高铁酸钾对斑马鱼的急性毒性试验结果

组　　别	药物浓度 （mg/L）	浓度对数	受试鱼死亡率（%）			
			24 h	48 h	72 h	96 h
Ⅰ	56	1.748	0	0	0	0
Ⅱ	75	1.875	0	0	0	0
Ⅲ	100	2.000	10	30	30	30
Ⅳ	135	2.130	30	50	50	50
Ⅴ	180	2.255	90	90	90	90
Ⅵ	210	2.322	100	100	100	100

（续）

组　别	药物浓度（mg/L）	浓度对数	受试鱼死亡率（%）			
			24 h	48 h	72 h	96 h
对照	0		0	0	0	0
回归方程			$y=9.9983x-16.4551$	$y=7.0293x-9.7087$	$y=7.0293x-9.7087$	$y=7.0293x-9.7087$
LC_{50}（mg/L）			139.93	123.74	123.74	123.74
95%置信区间			124.54~157.22	104.83~146.05	104.83~146.05	104.83~146.05
安全浓度			12.37 mg/L			

4. 高铁酸钾对鱼的安全浓度

在本试验中高铁酸钾对不同的鱼表现出不同的毒性作用，对鲤鱼、罗非鱼、斑马鱼的安全浓度分别为15.64 mg/L、14.53 mg/L、12.37 mg/L，这主要是由高铁酸钾对受体生物的耐受性不同造成的，这可能还与试验鱼的体长、大小以及高铁酸钾本身与受体生物之间内在的特殊关系、环境条件等有关。

5. 高铁酸钾的氧化性与急性毒性

高铁酸钾是一种强氧化剂，溶于水后产生新生态氧，迅速氧化有机物，从而起到杀菌、杀虫作用。本试验结果表明，随着染毒时间的延长，三种鱼对高铁酸钾敏感性逐渐增强，但染毒48 h后三种鱼不再出现中毒症状，从图4-15中也可以看出当染毒40 h后，高铁酸钾溶液的氧化还原电位不再变化，此时溶液中的高铁酸钾完全分解失去氧化性，鱼也不再发生中毒死亡现象。从而说明高铁酸钾对鱼的毒性是由于其强氧化性能，高铁酸钾溶液的氧化还原电位和急性毒性呈正相关。另外，试验结果还表明在最低浓度组鱼的死亡率为0，这说明鱼对高铁酸钾有一定的耐受性，当超过此耐受性时，才会出现死亡现象。因此，建议在水产养殖过程中使用高铁酸钾进行鱼病防治和水体消毒的过程中，可以采用低浓度多次用药的方法。

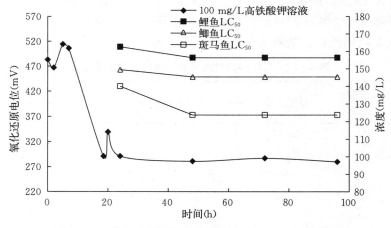

图4-15　高铁酸钾溶液氧化还原电位与LC_{50}间的关系

五、化学氧化修复案例 2

（一）氟乐灵在养殖水体环境中消解动态的模拟研究

氟乐灵自问世以来广泛应用于农田除草和水产养殖业中，在带来巨大经济效益的同时也带来了一些负面效应。氟乐灵因为会在农产品、水产品、养殖水体中残留已成为当前影响水产品质量安全并且会威胁人类健康的潜在风险，正日益受到国内外的关注。查阅文献可知，目前关于氟乐灵的研究主要是集中在探究其在土壤中的残留、动态变化过程及其在水产品中的残留含量的检测方法上，较少会涉及氟乐灵在养殖水体环境中的迁移转化和降解特征。本章在了解氟乐灵在养殖水体环境中的消解动态变化及其影响因素的基础上，最大限度地降低其在水体中的残留，为规范使用渔药并且保证水产品的质量安全提供一定的理论基础。

1. 材料与方法

（1）试验材料。

① 仪器。本试验的检测仪器为安捷伦 7890A 气相色谱仪，检测器使用 μ - ECD，色谱柱为 HP - 5MS 石英毛细柱（30 m×0.25 mm，0.25 μm），精密 pH 计，AL 204 电子分析天平，ZHJH - 1214 双面气流式无菌工作台，高纯氮气，SANYO MIR - 153 型高低温恒温培养箱，TOMY Autoclave SS - 325 型全自动高压灭菌器，全自动控温型养殖系统（内含 60 个规格为 100 cm×60 cm×50 cm 的玻璃水族箱），500 mL 分液漏斗等。

② 试剂。98.4% 氟乐灵的标准品是由国家标准物质中心提供的；48% 的氟乐灵乳油由镇江建苏农药化工有限公司提供；二氯甲烷为色谱纯（GC），盐酸、氢氧化钠等为分析纯（A.R），均由国药集团化学试剂公司提供。

（2）试验方法。

① 养殖水体中的氟乐灵含量分析方法的建立。水体中氟乐灵含量的测定采用气相色谱法。测定的色谱条件参考文献中的方法并加以修改。用纯度为色谱纯的二氯甲烷将氟乐灵的标准品（纯度为 98.4%）配制成浓度为 0、0.01 mg/L、0.05 mg/L、0.10 mg/L、0.25 mg/L、0.50 mg/L、1.00 mg/L、2.00 mg/L 和 2.50 mg/L 的氟乐灵标准品溶液。每个浓度用气相色谱仪测定 3 次后以氟乐灵的浓度作为横坐标、以出峰面积的平均值作为纵坐标绘制出标准工作曲线，并计算出回归方程。参照文献中的方法分析该测定方法的测定下限和检出限。

在全自动的养殖系统的每一个水族箱内放入 200 L 取自养殖池塘的养殖水（水质条件 TP 为 0.08 mg/L，TN 为 1.12 mg/L，$NO_3^- - N$ 为 0.12 mg/L，$NH_4^+ - N$ 为 0.52 mg/L，$NO_2^- - N$ 为 0.10 mg/L，高锰酸盐指数为 7.75 mg/L，以下同），水质 pH 为 7.0，水温控制在（22±1）℃。根据氟乐灵在养殖生产中的使用浓度及其 10 倍的浓度加入适量的 48% 氟乐灵乳油并混合均匀，使水族箱的水体中氟乐灵的最终浓度分别为 0.05 mg/L 和 0.50 mg/L。取 100 mL 的水样于 500 mL 的分液漏斗中，再加入 10 mL 二氯甲烷，连续摇振萃取 5 min 后取出有机溶剂层，氮吹浓缩至 1 mL，再使用气相色谱仪进行分析，并进行加标回收实验，探究该测量方法的准确度和精密度。

② 不同的 pH 下养殖水体中的氟乐灵动态变化的模拟。为了了解养殖水体的 pH 对氟

乐灵在水体中的消解动态的影响，在实验室全自动的养殖系统的水族箱中进行模拟试验（以下同）。在各个水族箱里放入 200 L 基础条件一致的养殖水（该水不投放养殖生物也不充氧，以下同），控制水温在（22±1）℃，光照度为 2 500 lx，光暗比为 12 h：12 h，水质的 pH 分别设置为 6.5、7.0 和 8.5，并按照最终浓度 0.05 mg/L 和 0.50 mg/L 加入 48% 的氟乐灵乳油，混合均匀。在试验后的第 0 天、第 10 天、第 20 天和第 30 天分析养殖水体中的氟乐灵含量，探究不同的 pH 条件下养殖水体中的氟乐灵的动态变化。两个浓度下的每个因子试验设置 3 个平行，水样中氟乐灵的提取方法同①（以下同）。

③ 不同的水温下养殖水体中的氟乐灵动态变化的模拟。在各个水族箱里放入 200 L 基础条件一致的养殖水，水质的 pH 控制在 7.0，光照度为 2 500 lx，光暗比为 12 h：12 h，水温分别设置在（15±1）℃、（22±1）℃和（30±1）℃，按照最终浓度 0.05 mg/L 和 0.50 mg/L 加入 48% 的氟乐灵乳油并混合均匀。在试验后的第 0 天、第 10 天、第 20 天和第 30 天分析养殖水体中的氟乐灵含量，了解在不同的水温条件下养殖水体中的氟乐灵的动态变化。

④ 不同的光暗比条件下养殖水体中的氟乐灵动态变化的模拟。在各个水族箱中放入 200 L 基础条件一致的养殖水，将 pH 控制在 7.0，水温控制在（22±1）℃，光暗比分别设置成 20 h：4 h、12 h：12 h 和 4 h：20 h，光照度设置在 2 500 lx，按最终浓度为 0.05 mg/L 和 0.50 mg/L 加入 48% 的氟乐灵乳油并混合均匀。在试验后的第 0 天、第 10 天、第 20 天和第 30 天分析养殖水体中的氟乐灵含量，探究在不同的光暗比条件下养殖水体中的氟乐灵的动态变化。

⑤ 封闭型的养殖水体中的氟乐灵动态变化的模拟。为了了解氟乐灵的挥发对其在养殖水体中的动态变化的影响，在各个水族箱中放入 200 L 基础条件一致的养殖水，将水质的 pH 控制在 7.0，水温控制在（22±1）℃，光照强度设置为 2 500 lx，光暗比 12 h：12 h。按使最终浓度为 0.05 mg/L 和 0.50 mg/L 加入 48% 的氟乐灵的乳油并混合均匀。试验分为两组，一组水族箱敞开，一组封闭。在试验后的第 0 天、第 10 天、第 20 天和第 30 天分析养殖水体中的氟乐灵浓度，了解挥发对养殖水体中氟乐灵的消解动态的影响。

⑥ 数据统计与分析。试验所得数据使用软件 SPSS 19.0 进行差异显著性分析和因子分析，$P < 0.01$ 表明差异极显著，$P < 0.05$ 则表明差异显著。养殖水体中的氟乐灵消解的半衰期 $t_{0.5}$ 可由如下的公式得出：

$$t_{0.5} = \ln2/k = 0.693\ 1/k \tag{4-5}$$

式中，k 为消解速率常数（k 通过 $C_t = C_0 e^{-kt}$ 求出），C_t 为 t 时的氟乐灵浓度，C_0 为氟乐灵初始浓度，t 为时间。

2. 结果与分析

（1）养殖水体中的氟乐灵的分析方法。养殖水体中的氟乐灵的测定采用气相色谱法，具体的条件为：色谱柱 HP-5MS 石英毛细柱（30 m×0.25 mm，0.25 μm）；升温程序：70 ℃保持 1 min，以 30 ℃/min 升至 185 ℃，保持 2.5 min，以 25 ℃/min 升至 280 ℃，保持 5 min。载气：高纯氮气，流速为 1.2 mL/min；进样量 1 μL，不分流进样。进样口温度：230 ℃。检测器：μ-ECD，检测器的温度 300 ℃。该条件下氟乐灵的保留时间在 8.73 min 左右。氟乐灵的标准品的气相色谱图见图 4-16。

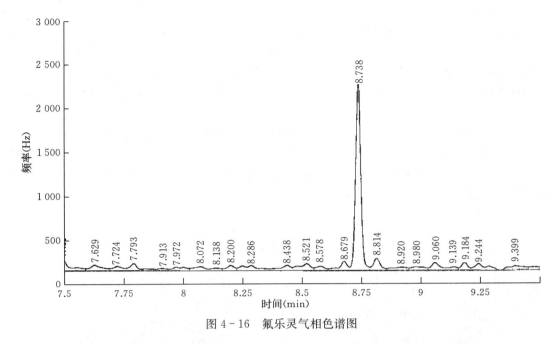

图 4-16　氟乐灵气相色谱图

将 98.4% 的氟乐灵标准品用色谱纯的二氯甲烷配成浓度为 0、0.01 mg/L、0.05 mg/L、0.10 mg/L、0.25 mg/L、0.50 mg/L、1.00 mg/L、2.00 mg/L、2.50 mg/L 的标准溶液，每个浓度用气相色谱测定 3 次，以氟乐灵浓度为横坐标，峰面积的平均值为纵坐标，绘制标准工作曲线，并计算回归方程。结果见图 4-17。

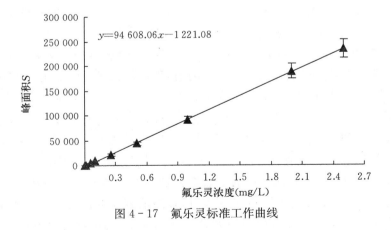

图 4-17　氟乐灵标准工作曲线

由文献的方法得到检出限和测定下限。该方法的检出限为 0.105 $\mu g/L$，而测定的下限则为 0.42 $\mu g/L$。

为了验证该方法的精密度，分别配制了 0.25 mg/L（低）、1.25 mg/L（中）和 2.5 mg/L（高）3 个浓度的氟乐灵标准溶液，各取 1.0 μL 连续进样 6 次，再分别计算出各个浓度所得测定值的相对标准偏差（RSD,%）。试验和计算的结果显示 0.25 mg/L、1.25 mg/L 和 2.5 mg/L 这 3 个浓度的测定值的 RSD 分别为 5.154 5%、0.988 1% 和 0.570 3%，都小于 10%，符合要求。

为了验证该方法的准确度，本文以 0.5 mg/L 和 0.05 mg/L 的氟乐灵为本底浓度和加标浓度的参考浓度基点（C），分别配制了高（4C）、中（2C）、低（0.5C）3 个不同浓度的加标溶液进行了加标回收实验。各浓度组分别平行测定 6 次样品本底和样品加标，计算得到的加标回收率在 82.88%～108.19%。

试验的结果表明，采用上述条件下的气相色谱法能够较为准确地分析出氟乐灵在养殖水体中的动态变化。

（2）不同的 pH 下养殖水体中的氟乐灵动态变化的模拟。不同的 pH 条件下养殖水体中的氟乐灵消解的动态变化结果见图 4-18。

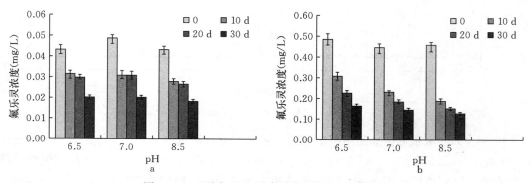

图 4-18　不同 pH 下水体中氟乐灵的动态变化
a. 初始浓度为 0.05 mg/L　　b. 初始浓度为 0.5 mg/L

由图 4-18a 可以看出，当初始浓度为 0.05 mg/L 时，第 10 天时水体中的氟乐灵消解率分别达 28.07%（pH 为 6.5 时）、35.35%（pH 为 7.0 时）和 34.97%（pH 为 8.5 时）。pH 为 6.5 的养殖水体中的氟乐灵的消解率略低于其他两组，但无显著性差异（$P>0.05$）。第 20 天时三组的消解率与第 10 天相接接近，但无显著性变化（$P>0.05$）。第 30 天时三组的消解率分别为：53.59%（pH 为 6.5 时）、58.42%（pH 为 7.0 时）和 57.58%（pH 为 8.5 时），值均大于 50%。虽然从数值上来看处于弱酸性（pH 为 6.5）水质中的氟乐灵的消解率要低于中性（pH 为 7.0）和偏碱性（pH 为 8.5）的水质，但并无显著差异。根据上述的结果，由公式 $t_{0.5}=\ln 2/k$ 可以计算出：当水质 pH 在 6.5、7.0、8.5 时，养殖水体中低浓度的氟乐灵的半衰期分别为 29.62 d、26.16 d 和 26.36 d，都小于 30 d，无显著差异。在这期间，氟乐灵前 10 d 的消解速度比较快，这可能与氟乐灵自身的挥发和光降解有关。根据文献可以知道，氟乐灵本身具有一定的挥发性。而后 20 d 的消解可能是由微生物降解和化学降解完成，所以氟乐灵的消解速度相对较慢一些。具体的关于氟乐灵在养殖水体中的挥发将会在 2.5 中进行探讨。

由图 4-18b 可见，当初始浓度为 0.5 mg/L 时，第 10 天时养殖水体中氟乐灵的消解率分别达 36.20%（pH 为 6.5 时）、48.55%（pH 为 7.0 时）和 58.19%（pH 为 8.5

时），可以看出，当水体的 pH 逐步升高时氟乐灵的消解率也显著升高（$P < 0.05$）。第 20 天时三组的消解率均继续上升，分别达 53.28%（pH 为 6.5 时）、57.82%（pH 为 7.0 时）和 66.15%（pH 为 8.5 时），与第 10 天时差异显著（$P < 0.05$）。第 20 天时氟乐灵的消解率已超过 50%。第 30 天时三组的消解率分别为 66.46%（pH 为 6.5 时）、67.57%（pH 为 7.0 时）和 71.46%（pH 为 8.5 时），第 30 天时三组的消解率均已超过 65%。此时，虽然从数值上来看处于弱酸性（pH 为 6.5）水质中的氟乐灵的消解率要低于中性（pH 为 7.0）和偏碱性（pH 为 8.5）的水质，但已无显著差异。按照此结果，不同的 pH 下较高浓度的氟乐灵的消解半衰期分别是 19.31 d、19.36 d 和 17.46 d。这与郑麟等（1993）探究的氟乐灵在土壤里的降解的试验结果近似。郑麟等在实验室条件下，利用放射性同位素示踪技术探究 ^{14}C-氟乐灵在土壤里的迁移和降解规律。研究结果发现，氟乐灵在厌氧条件的土壤中降解较快，30 d 时在土壤提取态中有 60.2%～64.2% 的降解率，60 d 有 90.0%～94.7% 的降解，主要降解产物 R_f 值等于 0.06、0.15 和 0.42 的化合物。由此可以看出，一定浓度的氟乐灵在水体和土壤介质中的消解或降解的时间和效率较为接近。之所以会出现在低浓度时 pH 对氟乐灵的消解无影响，但在较高浓度时对氟乐灵消解的前期有影响的情况，可能是由于 pH 影响了氟乐灵在水体中的溶解度。pH 升高时，氟乐灵在水体中的溶解度降低。所以当氟乐灵的浓度较低时，pH 的影响几乎不存在，而当氟乐灵浓度升高时则显现出来。pH 较低时，氟乐灵的溶解度高，其消解率则相对低一些。尤其是在试验的前期，因为消解可能主要受到挥发等一些因素的影响，所以 pH-溶解度的关联对水体中氟乐灵消解率的影响可能更大些。但是具体的机理还有待进一步的研究探索。

（3）不同的水温下养殖水体中的氟乐灵动态变化的模拟。不同的水温条件下养殖水体中的氟乐灵的消解动态结果见图 4-19。由图 4-19a 可知，当初始的浓度为 0.05 mg/L 时，第 10 天时水体中的氟乐灵的消解率分别达 15.66%（温度为 15 ℃时）、35.55%（温度为 22 ℃时）和 50.14%（温度为 30 ℃时），呈显著差异（$P < 0.05$）；第 20 天时三组的消解率分别达 27.17%（温度为 15 ℃时）、37.63%（温度为 22 ℃时）和 63.88%（温度为 30 ℃时），差异显著（$P < 0.05$）；第 30 天时三组的消解率分别为 47.07%（温度为 15 ℃时）、58.42%（温度为 22 ℃时）和 69.79%（温度为 30 ℃时），差异显著（$P < 0.05$）。研究结果表明，水温对氟乐灵消解的影响很大。当水温在 22 ℃以上时，低浓度的氟乐灵的消解半衰期为 26.1 d（温度为 22 ℃时）和 17.73 d（温度为 30 ℃时），低于 30 d；水温为 15 ℃时，半衰期则高于 30 d，为 33.65 d。出现这种情况是因为当水温太低时，水体中的生物代谢较弱，氟乐灵的挥发速率及生物降解的能力就弱，所以氟乐灵在环境中停留的时间较长。

由图 4-19b 可以看出，当初始的浓度为 0.5 mg/L 时，第 10 天时养殖水体中的氟乐灵的消解率分别为 32.82%（温度为 15 ℃时）、48.53%（温度为 22 ℃时）和 56.97%（温度为 30 ℃时），差异显著（$P < 0.05$）；第 20 天时三组的消解率分别为 50.19%（温度为 15 ℃时）、57.82%（温度为 22 ℃时）和 81.41%（温度为 30 ℃时），前两组之间的差异不显著（$P > 0.05$），但与第三组差异显著（$P < 0.05$）；第 30 天时三组的消解率分别为 66.99%（温度为 15 ℃时）、67.57%（温度为 22 ℃时）和 94.34%（温度为 30 ℃时），前

两组之间差异不显著（$P>0.05$），但与第三组之间差异显著（$P<0.05$）。研究结果表明，当氟乐灵浓度较大时，若水温在 15～30℃时，氟乐灵消解的半衰期接近 20 d，具体分别为 19.15 d（温度为 15℃时）和 19.36 d（温度为 30℃时）。当水温达到 30℃时，10 d就有 50%以上的消解率，到 30 d 时消解率更高达 94.34%，消解的半衰期为 7.33 d。但须注意的是，因氟乐灵的初始浓度较高，虽有 90%以上的消解率，但在水体中仍然存在浓度为 0.028 mg/L 的氟乐灵，与图 2-5a 中 60%左右的消解率时在水体中的残留水平相近。目前，在水产养殖的实际生产中，氟乐灵使用的温度区间主要集中在 22～30℃，用于防治虾蟹类病害和青苔，使用的浓度一般为 0.05 mg/L。因此，需要了解氟乐灵在水体中的存留，注意用药的间隔，防止药物在水体中的残留叠加而引起的毒性风险。

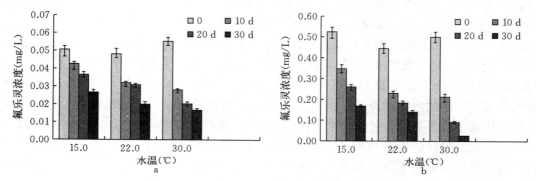

图 4-19 不同水温下水体中氟乐灵的动态变化

a. 初始浓度为 0.05 mg/L b. 初始浓度为 0.5 mg/L

（4）不同的光暗比条件下养殖水体中的氟乐灵动态变化的模拟。不同的光暗比条件下养殖水体中的氟乐灵的消解动态变化结果见图 4-20。

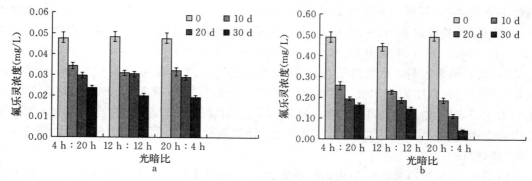

图 4-20 不同光暗比下水体中氟乐灵的动态变化

a. 初始浓度为 0.05 mg/L b. 初始浓度为 0.5 mg/L

由图 4-20a 可以看出，当初始的浓度为 0.05 mg/L 时，第 10 天时养殖水体中的氟乐灵的消解率分别为 28.72%（光暗比为 4 h：20 h 时）、35.56%（光暗比为 12 h：12 h 时）和 32.98%（光暗比为 20 h：4 h 时），光暗比为 4 h：20 h 的这一组氟乐灵的消解率略低于其他两组，差异不显著（$P>0.05$）；第 20 天时三组的消解率分别为 39.41%（光暗比为 4 h：20 h 时）、36.59%（光暗比为 12 h：12 h 时）和 39.50%（光暗比为 20 h：4 h 时），组间无显著性差异（$P>0.05$）；第 30 天时三组的消解率分别为 50.52%（光暗比为 4 h：20 h 时）、58.42%（光暗比为 12 h：12 h 时）和 60.08%（光暗比为 20 h：4 h 时），降解率均大于 50%，但低光暗比组（光暗比为 4 h：20 h）和高光暗比组（光暗比为 20 h：4 h）之间的差异显著（$P<0.05$）。试验结果表明，当每天的光照时间大于 4 h 时，低浓度的氟乐灵的消解半衰期为 24.24~30.81 d，故光照对水体中氟乐灵的消解有一定影响。

由图 4-20b 可以看出，当氟乐灵的初始浓度为 0.5 mg/L 时，第 10 天时水体中的氟乐灵的消解率分别是 47.53%（光暗比为 4 h：20 h 时）、48.53%（光暗比为 12 h：12 h 时）和 62.87%（光暗比为 20 h：4 h 时），光暗比为 20 h：4 h 的这一组氟乐灵消解率显著高于其他两组（$P<0.05$）；第 20 天时三组的消解率继续升高，分别 59.91%（光暗比为 4 h：20 h 时）、57.82%（光暗比为 12 h：12 h 时）和 77.80%（光暗比为 20 h：4 h 时），与第 10 天时差异显著（$P<0.05$），第 20 天时已超过 50%；第 30 天时三组的消解率分别达 66.63%（光暗比为 4 h：20 h 时）、67.57%（光暗比为 12 h：12 h 时）和 92.02%（光暗比为 20 h：4 h 时）。同样从数值上来看，光暗比为 20 h：4 h 的这一组水体中的氟乐灵的消解率显著高于其他两组（$P<0.05$）。试验结果表明，当每天的光照时间大于 4 h 时，水体中较高浓度的氟乐灵的消解半衰期为 19.47 d、19.36 d 和 8.56 d，第 30 天时三组的消解率均已超过 65%，其中光暗比为 20 h：4 h 的这一组甚至超过了 90%。多方面的研究都显示光降解是氟乐灵消解的一种途径。岳永德等（2005）在研究氟乐灵与各种混合农药的光化学互相作用的研究中，以高压汞灯作为光源。研究结果表明，氟乐灵在玻片表面的光解速度很快，光解的半衰期为 23.78 min，1 h 以后氟乐灵的浓度降到了 25% 以下。由此可见，氟乐灵在光照条件下不稳定、可降解。

农药的光化学降解是一类非常重要的非生物降解方式。光化学降解是指化合物的分子接受光辐射能量以后，将光能转化到化合物的分子键上使键断裂从而使分子内部产生反应的过程。一般根据农药分子对光吸收途径的不同，可将农药的光化学反应分为直接光解和间接光解两种基本类型。直接光解反应是指农药分子直接吸收光能而造成自身裂解的方式，这是农药在饱和烃或纯水中存在的唯一的光化学转化机制；间接光解反应则是指农药分子自身不能吸收光辐射产生的能量，而是借助其他的物质作载体吸收光能，然后再通过载体能量的转移，致使农药分子变为激发态并发生裂解的过程。氟乐灵的光解包括脱烷基化、氧化、环化作用以及硝基还原。在这里需要指出的是光降解与光照的时间和光照的强度密切相关。本文中之所以没有选择光照的强度作变量来进行研究，主要是因为考虑到在实际生产中，氟乐灵在水体中的大量使用主要是集中在初春季节的某一个时间段。但是在以后的研究中会进一步地关注这一点。至于氟乐灵在水体中光降解的具体机制还有待进一步的深入研究。

（5）封闭型的养殖水体中氟乐灵动态变化的模拟。为了了解氟乐灵的挥发对其在养殖水体中的消解动态的影响，本试验分别设置开放水体和封闭水体研究其氟乐灵的动态变化，试验结果见表 4-18。

表 4 - 18　封闭和开放水体中氟乐灵的动态变化

指　标	封闭水体				开放水体			
	0	10 d	20 d	30 d	0	10 d	20 d	30 d
氟乐灵 (mg/L)	0.050± 0.001 0	0.046± 0.000 6	0.044± 0.000 5	0.036± 0.000 3	0.050± 0.001 5	0.033± 0.000 8	0.032± 0.000 5	0.021± 0.000 7
消解率 (%)	0	7.90± 1.5	12.20± 1.8	28.60± 1.1	0	34.00± 2.2	36.00± 1.4	58.00± 1.8
氟乐灵 (mg/L)	0.50± 0.08	0.44± 0.02	0.38± 0.01	0.34± 0.04	0.50± 0.06	0.28± 0.03	0.23± 0.09	0.17± 0.03
消解率 (%)	0	11.40± 2.3	23.60± 2.5	32.40± 3.1	0	44.00± 3.6	54.00± 2.5	66.00± 5.3

　　由表 4 - 18 可见，当氟乐灵的初始浓度为 0.05 mg/L 时，封闭水体 10～30 d 的消解率达 7.9%～28.6%。而在开放的水体中，10～30 d 的消解率为 34%～58%，二者之间的差异极显著（$P < 0.01$）；当氟乐灵的初始浓度为 0.50 mg/L 时，封闭的水体中 10～30 d 的消解率为 11.4%～32.4%，但在开放的水体中，10～30 d 的消解率为 44%～66%，二者之间差异亦极显著（$P < 0.01$）。说明氟乐灵在 30 d 的消解过程中，挥发作用占较大比重，且氟乐灵初始浓度高的水体的挥发能力要高于初始浓度较低的水体。

　　试验的研究结果表明，氟乐灵之所以在开放水体中前 10 d 的消解率较高，这与氟乐灵的挥发有一定关系。氟乐灵在二硝基苯胺类除草剂中是挥发性最强的一个品种。资料显示，氟乐灵的蒸气压是 1.99×10^{-4} mgHg（129.5 ℃ 时），在 20～40 ℃ 的范围内，温度每升高 10 ℃，氟乐灵的蒸气压大约会提高 5 倍。这也就解释了氟乐灵在水温为 30 ℃ 的开放水体中前 10 d 具有较高消解率的现象。

　　（6）养殖水体中影响氟乐灵动态变化的主要因素分析。氟乐灵在环境中的消解受到多种因素的影响。曾经有研究显示，氟乐灵在土壤中的降解与土壤的温度、水分以及微生物的活性密切相关。本文的研究结果表明，养殖水体中的氟乐灵的初始浓度、水体的温度和 pH、外界光照的时间、持续的时间以及水体的敞开程度等因素都与水体中氟乐灵的消解有一定程度的关联。为了能够在诸多影响因素中找出影响水体中氟乐灵消解的主要因素，本文采用了因子分析方法进行分析。因子分析方法是将众多的原变量组成少数的独立新变量，然后用较少的具有代表性的因子概括多维变量所包含的信息，该方法在水环境的研究中已经得到较好的应用。

　　本文研究了氟乐灵的初始浓度、水体温度、pH、外界光照的时间、持续的时间以及水体的敞开程度等 6 个影响因素对水体中氟乐灵消解的影响。经过计算后提取了两个主成分，这两个主成分的特征值都大于 1，贡献率分别是 61.4% 和 28.1%，累积贡献率达到了 89.5%，这说明这两个因子基本上包括了上述的六个因素的所有信息。通过因子载荷矩阵分析因子载荷的大小，第一个主成分的因子载荷达到 52.7%。与第一个主成分密切相关的因素是水体中氟乐灵的初始浓度以及水体的温度。因为水体中氟乐灵的初始浓度决定了其在养殖水体中的实际残留量，在一定范围内呈现正相关性，所以水体中氟乐灵的初始浓度与其消解之间是密切关联的。而水体温度则影响了水体中的多种反应。据研究，氟乐灵的消解途径包括光降解、挥发、化学降解以及生物降解。在这些消解途径中，温度对养殖水体中的可挥发性物质的挥发能力、气体的溶解度、化学反应的速率以及微生物的活跃性等都有影响。所以水温可能是通过影响氟乐灵的挥发、生物降解和化学降解来决定其在水体中最终的消解效果，相关的具体的途径还有待深入研究。第二个主成分的因子载荷达到 36.8%，与第二个主成分密切相关的因素是外界光照的时间。外界光照时间的长短决定了水体接受光能辐射的效能，从而可能会影响到氟乐灵的光降解。李伟格等（1980）的研究显示，土壤中的氟乐灵的消解与光照的时间关系密切，这一结论与本文的研究较为一致。从累积贡献率可以看出，第一主成分的贡献率大于第二主成分，所以氟乐灵的初始浓度和水体温度是影响水体中氟乐灵消解的主要因素，其次是光照的时间。

3. 小结

氟乐灵在养殖水体环境中存在一定的残留效应，其消解的半衰期在 35 d 之内。水体中氟乐灵的初始浓度、水体温度是影响氟乐灵在水体中的消解的主要因素。水产养殖的实际生产中，氟乐灵的适宜使用浓度应控制在 0.05 mg/L，并且应当在使用后安排 1 050 ℃·d（由 30 ℃×35 d 所得）的休药期。这样既能达到杀虫除青苔的目的，又不会引起因为氟乐灵在养殖水环境中的残留而出现影响水产品质量安全的风险。

（二）化学氧化剂-微生物协同降解转化氟乐灵的研究

环境中农药残留的降解方法主要有物理方法、化学方法和生物方法。化学方法主要是利用一些氧化剂和自由基的强氧化性来破坏农药的内部结构，生成低残留的无害物质，从而降低农药的毒性以达到降解农药的目的。化学方法降解农药具有降解速度快、目的性强、降解效率高等特点。自从 20 世纪 90 年代以来，化学氧化修复的方法就广泛应用于石油、有机溶剂等有机污染的修复中。目前常用的化学氧化降解剂有高铁酸盐、过硫酸盐、过氧化氢、过碳酸盐、Fenton 试剂等。过碳酸钠俗称固体双氧水，溶于水中可分解出活性氧，具有很强的氧化、漂白能力，其用途十分广泛，可用作果蔬保鲜剂、消毒剂、漂白剂、清洁剂和除垢剂等。过硫酸氢钾是过硫酸氢钾复合盐的活性物质，具有极强的非氯氧化能力，并且在使用和处理的过程中符合安全和环保的要求，所以现在已经被广泛地应用在消费领域和工业生产中，可作氧化剂、消毒剂、催化剂、漂白剂、蚀刻剂等。此两类化学氧化剂因具有增氧、安全等特点正在水产养殖业上作为增氧剂和水处理剂大量使用，是目前水产养殖业上应用最广泛的化学氧化剂。

1. 材料与方法

（1）试验材料。

① 仪器。试验的器材为安捷伦 7890A 气相色谱仪，高纯氮气，检测器为 μ-ECD、色谱柱为 HP-5MS 石英毛细柱（30 m×0.25 mm，0.25 μm），SIGMA（2-16K）低温冷冻离心机，QHZ-98B 全温度光照振荡培养箱，PGX-150B 智能光照培养箱，TOMY Autoclave SS-325 型全自动高压灭菌器，SHR-080 恒温生化培养箱，ZHJH-1214 双面气流式无菌工作台，TH-100BY 单槽超声波清洗机，全自动控温型养殖系统（内含 60 个 100 cm×60 cm×50 cm 的玻璃水族箱），BCD-18WSL 电冰箱，以及烧杯、玻璃杯、三角瓶、培养皿、酒精灯、移液枪、移液管、接种环、比色皿、离心管等。

② 试剂。48% 的氟乐灵乳油由镇江建苏农药化工有限公司提供；98.4% 的氟乐灵标

准品由国家标准物质中心提供；过碳酸钠（A.R）由天津市凯信化学工业有限公司提供；过硫酸氢钾由 Aladdin 试剂（上海）有限公司提供；其他试剂均为分析纯，由国药集团化学试剂公司提供。

③ 试验用水。试验用水取自淡水渔业研究中心的养殖池塘，所取水样经静置后放入全自动控温型养殖系统的水族箱中，每个水族箱中放入 200 L。试验用水样的水质指标为：TP 为 0.06 mg/L，TN 为 1.19 mg/L，$NH_4^+ - N$ 为 0.54 mg/L，$NO_3^- - N$ 为 0.06 mg/L，$NO_2^- - N$ 为 0.05 mg/L，高锰酸盐指数为 7.75 mg/L，菌落数为 4.7×10^3 CFU/mL。

（2）试验方法。

① 化学氧化剂对氟乐灵的降解。为了了解化学氧化剂对养殖水体中的氟乐灵的降解效果，在实验室条件下的全自动养殖系统水族箱中进行了模拟试验。在各水族箱中放入 200 L 基础条件一致的养殖水（不投放养殖生物，不充氧，以下同），水温控制在（30±1）℃，水质 pH 为 7.0，光暗比为 12 h：12 h，光照度为 2 500 lx。根据养殖生产中的实际使用浓度及考虑多次使用后浓度的迭加，加入 48% 的氟乐灵乳油并混合均匀，使水体中氟乐灵的最终浓度分别为 0.05 mg/L 和 0.50 mg/L，形成含氟乐灵的模拟养殖水体。

选择水产养殖上应用最广泛的氧化剂——过碳酸钠和过硫酸氢钾作为化学降解剂，同时参考了其在养殖生产上的实际使用浓度，设置了 5 个不同的试验组，即对照组、0.15 mg/L 过碳酸钠试验组、0.30 mg/L 过碳酸钠试验组、0.15 mg/L 过硫酸氢钾试验组、0.30 mg/L 过硫酸氢钾试验组，每个组做 3 个平行。因过碳酸钠和过硫酸氢钾遇水会产生气体，故试验时先用天平准确称取氧化剂，然后直接投入养殖水中，并搅拌均匀。分别在试验开始后每隔 0.5 h 测定养殖水体中的氟乐灵含量，持续 5 h，以了解化学氧化剂对氟乐灵的去除效果。

② 氟乐灵的测定采用气相色谱法。试验数据使用软件 SPSS 19.0 进行差异显著性分析，$P < 0.01$ 表明差异极显著，$P < 0.05$ 则表明差异显著。

$$氟乐灵的去除率（\%）=(C_t - C_0) \times 100/C_0$$

式中：C_t 为养殖水体中氟乐灵的最终浓度，mg/L；C_0 为养殖水体中氟乐灵的初始浓度，mg/L。下同。

2. 结果与分析

以过碳酸钠和过硫酸氢钾为化学氧化剂，对添加 0.05 mg/L 和 0.5 mg/L 氟乐灵的养殖水体的化学降解效果详见表 4-19。

表 4-19　过碳酸钠和过硫酸氢钾对氟乐灵的化学降解

氧化剂	用量 (mg/L)	作用时间 (h)	添加 0.05 mg/L 氟乐灵水体		添加 0.5 mg/L 氟乐灵水体	
			实测含量 (mg/L)	平均去除率 (%)	实测含量 (mg/L)	平均去除率 (%)
过碳酸钠 ($2Na_2CO_3 \cdot 3H_2O_2$)	0.15	0	0.060 5±0.001 2	0	0.54±0.06	0
		0.5	0.045 0±0.001 0	25.62	0.48±0.08	11.11
		1.0	0.042 6±0.000 9	29.59	0.45±0.03	16.67
		1.5	0.040 9±0.000 5	32.40	0.42±0.05	22.22

（续）

氧化剂	用量 (mg/L)	作用时间 (h)	添加 0.05 mg/L 氟乐灵水体		添加 0.5 mg/L 氟乐灵水体	
			实测含量 (mg/L)	平均去除率 (%)	实测含量 (mg/L)	平均去除率 (%)
过碳酸钠 ($2Na_2CO_3 \cdot 3H_2O_2$)	0.15	2.0	0.0387 ± 0.0003	36.03	0.40 ± 0.03	25.93
		2.5	0.0370 ± 0.0010	38.84	0.38 ± 0.09	29.63
		3.0	0.0357 ± 0.0006	40.99	0.36 ± 0.05	33.33
		3.5	0.0347 ± 0.0010	42.64	0.35 ± 0.10	35.19
		5.0	0.0338 ± 0.0014	44.13	0.33 ± 0.04	38.89
过碳酸钠 ($2Na_2CO_3 \cdot 3H_2O_2$)	0.30	0	0.0605 ± 0.0012	0	0.54 ± 0.06	0
		0.5	0.0446 ± 0.0008	26.28	0.46 ± 0.08	14.81
		1.0	0.0401 ± 0.0005	33.72	0.44 ± 0.09	18.52
		1.5	0.0387 ± 0.0015	36.03	0.40 ± 0.05	25.93
		2.0	0.0352 ± 0.0012	41.81	0.38 ± 0.07	29.63
		2.5	0.0346 ± 0.0013	42.81	0.36 ± 0.06	33.33
		3.0	0.0332 ± 0.0011	45.12	0.35 ± 0.05	35.19
		3.5	0.0330 ± 0.0008	45.45	0.35 ± 0.08	35.19
		5.0	0.0330 ± 0.0006	45.45	0.32 ± 0.06	40.74
过硫酸氢钾 ($KHSO_5$)	0.15	0	0.0605 ± 0.0012	0	0.54 ± 0.06	0
		0.5	0.0506 ± 0.0005	16.36	0.49 ± 0.04	9.26
		1.0	0.0486 ± 0.0006	19.67	0.48 ± 0.07	11.11
		1.5	0.0444 ± 0.0008	26.61	0.46 ± 0.09	14.81
		2.0	0.0422 ± 0.0009	30.25	0.44 ± 0.08	18.52
		2.5	0.0387 ± 0.0010	36.03	0.42 ± 0.02	22.22
		3.0	0.0385 ± 0.0010	36.36	0.40 ± 0.06	25.93
		3.5	0.0382 ± 0.0007	36.86	0.39 ± 0.04	27.78
		5.0	0.0380 ± 0.0009	37.19	0.36 ± 0.02	33.33
过硫酸氢钾 ($KHSO_5$)	0.30	0	0.0605 ± 0.0012	0	0.54 ± 0.06	0
		0.5	0.0491 ± 0.0009	18.84	0.48 ± 0.08	11.11
		1.0	0.0451 ± 0.0014	25.45	0.46 ± 0.03	14.81
		1.5	0.0438 ± 0.0011	27.60	0.43 ± 0.05	20.37
		2.0	0.0400 ± 0.0011	33.88	0.41 ± 0.06	24.07
		2.5	0.0372 ± 0.0008	38.51	0.40 ± 0.08	25.93
		3.0	0.0368 ± 0.0006	39.17	0.38 ± 0.03	29.63
		3.5	0.0365 ± 0.0005	39.67	0.36 ± 0.01	33.33
		5.0	0.0362 ± 0.0007	40.17	0.35 ± 0.02	35.19

氧化剂	用量 (mg/L)	作用时间 (h)	添加 0.05 mg/L 氟乐灵水体		添加 0.5 mg/L 氟乐灵水体	
			实测含量 (mg/L)	平均去除率 (%)	实测含量 (mg/L)	平均去除率 (%)
空白对照（K）	0	0	0.060 5±0.001 2	0	0.54±0.06	0
		0.5	0.061 0±0.000 8	0	0.54±0.08	0
		1.0	0.060 0±0.001 0	0.83	0.54±0.08	0
		1.5	0.059 8±0.000 8	1.16	0.54±0.06	0
		2.0	0.058 7±0.001 0	2.98	0.52±0.11	3.70
		2.5	0.058 8±0.001 0	2.81	0.52±0.10	3.70
		3.0	0.058 5±0.000 3	3.31	0.52±0.09	3.70
		3.5	0.058 2±0.000 6	3.80	0.50±0.05	7.41
		5.0	0.058 1±0.000 5	4.13	0.50±0.10	7.41

由表 4-19 可见，当养殖水体中氟乐灵的浓度为 0.05 mg/L 时，经 5 h 后对照组的去除率为 4.13%，这主要是受挥发和光解的影响，而试验组中氟乐灵的去除率为 37.19%～45.45%，与对照组差异极显著（$P < 0.01$），表明过碳酸钠和过硫酸氢钾对氟乐灵具有化学去除作用。其中：0.15 mg/L 过碳酸钠试验组 1 h 的去除率为 29.59%，5 h 的去除率为 44.13%；0.30 mg/L 过碳酸钠试验组 1 h 的去除率为 33.72%，5 h 的去除率为 45.45%。尽管高浓度与低浓度的过碳酸钠在 5 h 时对氟乐灵的去除效果已无显著差异（$P > 0.05$），但在试验初始的 1 h 内还是存在显著差异的（$P < 0.05$）。从试验结果来看，1 h 的去除率分别占 5 h 总去除率的 67.05% 和 74.19%，表明过碳酸钠的作用主要在试验接触后的 1 h 内完成。0.15 mg/L 过硫酸氢钾试验组 1 h 的去除率为 19.67%，5 h 的去除率为 37.19%；0.30 mg/L 过硫酸氢钾试验组 1 h 的去除率为 25.45%，5 h 的去除率为 40.17%，1 h 的去除率分别占 5 h 总去除率的 52.89% 和 63.36%，表明高、低浓度过硫酸氢钾试验组在 5 h 的试验过程中效果差异不显著（$P > 0.05$）。

同样，当养殖水体中氟乐灵的浓度为 0.5 mg/L 时，经 5 h 后对照组的去除率为 7.41%，而试验组中氟乐灵的去除率为 33.33%～40.74%，与对照组差异极显著（$P < 0.01$）。其中：0.15 mg/L 过碳酸钠试验组 1 h 的去除率为 16.67%，5 h 的去除率为 38.89%；0.30 mg/L 过碳酸钠试验组 1 h 的去除率为 18.52%，5 h 的去除率为 40.74%。高、低浓度的过碳酸钠在 1 h 和 5 h 对氟乐灵的去除效果均无显著差异（$P > 0.05$）。从试验结果来看，1 h 的去除率分别占 5 h 总去除率的 42.86% 和 45.46%，与 0.05 mg/L 氟乐灵水体中的情况有明显不同，表明过碳酸钠试验用量的氧化能力对于 0.5 mg/L 的氟乐灵而言略显不足。0.15 mg/L 过硫酸氢钾试验组 1 h 的去除率为 11.11%，5 h 的去除率为 33.33%；0.30 mg/L 过硫酸氢钾试验组 1 h 的去除率为 14.81%，5 h 的去除率为 35.19%，1 h 的去除率分别占 5 h 总去除率的 33.33% 和 42.09%，表明高、低浓度过硫酸氢钾试验组在 5 h 的试验过程中效果差异不显著（$P > 0.05$）。

将过碳酸钠试验组与过硫酸氢钾试验组进行比较，无论是 1 h 的去除效果还是 5 h 的去除效果，过碳酸钠试验组均显著高于过硫酸氢钾组（$P < 0.05$），呈现出不同的特点。

作为氧化剂，考察其氧化能力主要看其进入水体后的作用产物。过碳酸钠进入水体后形成过氧化氢和碳酸钠，以过氧化氢来体现其氧化性，其具体公式为：$2Na_2CO_3 \cdot 3H_2O_2 \longrightarrow 2Na_2CO_3 + 3H_2O_2$；而过硫酸氢钾进入水体后形成过氧化氢和硫酸氢钾，同样以过氧化氢来体现其氧化性，其具体公式为：$KHSO_5 + H_2O \longrightarrow KHSO_4 + H_2O_2$。过氧化氢在中性介质中的氧化还原电位为 1.10 V，具有较强的氧化性。而在水体中生成同样量的过氧化氢，过碳酸钠的使用量要低于过硫酸氢钾，因此相同使用浓度下，过碳酸钠对氟乐灵的作用效果要显著高于过硫酸氢钾（$P < 0.05$）。由于过碳酸钠中本身含有过氧化氢，其进入水体后可立即放出新生态氧，进行氧化反应，而过硫酸氢钾则需先与水反应生成过氧化氢，然后再行氧化反应，故过碳酸钠在 1 h 内对氟乐灵的去除率要显著高于过硫酸氢钾（$P < 0.05$），但过硫酸氢钾的持续氧化能力要好于过碳酸钠。因过硫酸氢钾的市场售价高达 20 元/kg，而过碳酸钠仅为 4.0 元/kg，综合以上试验结果及对微生物的安全性，选择 0.15 mg/L 过碳酸钠作为化学氧化剂对养殖水体中的氟乐灵进行化学氧化预处理。

3. 小结

化学氧化剂过碳酸钠和过硫酸氢钾对养殖水体中氟乐灵具有良好化学去除效果，具有用量低见效快等特点，0.15～0.30 mg/L 的用量可使初始浓度为 0.05 mg/L 和 0.50 mg/L 氟乐灵的去除率大于 33%，且去除作用主要发生了与水体接触后的 5 h 之内。研究表明考虑到经济、有效、安全等综合效应，0.15 mg/L 的过碳酸钠适宜处理养殖水体中的氟乐灵污染和残留。

第五章　淡水池塘生态环境的
水生植物修复技术

　　水生植物修复技术是利用植物及其共生生物体清除水体中的污染物的环境治理技术。将植物修复应用到水产养殖环境中主要是利用高等水生植物或者藻类的根系、茎叶等功能单位吸收提取养殖废水中的氮、磷等主要污染物，以达到净化底质和水质的目的。水生植物可以通过吸收、吸附、同化等作用将水中氮、磷等物质转化为自身的营养物质，不仅可以满足自身生长发育的要求，而且可以降低水体中的营养物质，进而改善水生生态系统。植物修复技术是以植物超量利用积累污染物质为理论依据，通过收割成熟植物，将污染物转移外运，从而达到水体修复的目的。

　　水生植物系统对水体的净化作用主要有以下几种：

　　（1）吸收作用。主要是利用水生植物吸收利用污水中的氮磷元素及水中一些重金属元素。

　　（2）降解作用。水生植物群落的存在，为微生物和微型生物提供附着基质和栖息的场所。这些生物能加速截流在根系周围的有机胶体或悬浮物的分解矿化。

　　（3）吸附、过滤、沉淀作用。浮水植物发达的根系与水体接触面积很大，能形成一道密集的过滤层，当水流经过时，不溶性胶体会被根系黏附或吸附而沉降下来。

　　（4）对藻类的抑制作用。水生植物和浮游藻类在营养物质和光能的利用上是竞争者，前者个体大、生命周期长，吸收和储存营养盐的能力强，能很好地抑制浮游藻类的生长。

　　植物修复技术还可通过绿色水生植物以及附着在其根际微生物的共同作用，达到去除水中污染物的方法。在适宜条件下，水生植物通过对水体中的污染物的吸收、吸附、微生物作用等，达到对水体净化的目的。

　　（1）水生植物的生长过程中需要吸收氮、磷等大量的营养物质，将其转化合成自身的组成物质，相比藻类，氮、磷等营养物质储存在水生植物体内更加稳定，通过人工收割将其固定的氮、磷彻底排出水体，从而可以降低水体营养盐的浓度。

　　（2）水生植物的表面积巨大，悬浮物可以附着在其表面，而降低营养物质在水体中的含量和再悬浮，减缓营养物质的循环。

　　（3）水生植物发达的根际可以为微生物生长代谢提供所需的微环境，为了满足淹没于水中根部呼吸的需要，水生植物可通过体内发达的通气系统将氧由茎叶转移至根处，根部呼吸消耗剩余的氧气就会被直接释放到水中，这样在根区附近形成好氧环境，并且根系也可以为微生物提供良好的附着界面，植物根系还会分泌部分有机物进而促进微生物的代谢，从而为好氧微生物群落提供了一个适宜的生长环境，而根区以外则适于厌氧或兼氧微生物群落的生存，进行反硝化及有机物的降解。

与传统物化修复技术相比，植物修复技术具有的优点是：①投资费用省，植物修复技术可以在现场进行，降低了运输费用；②对周围生态环境影响小，一般不会形成二次污染或者污染物的转移；③最大程度地降低水中污染物的浓度；④可以实现水体的营养平衡，从而改善水体自净能力，并且具有一定的生态景观效应。

缺点是处理时间比较长、占地面积大并且受气候影响较大等。仿生植物是通过各种纤维加工形成的新型水处理材料，其弥补了传统的生物—生态修复技术在水污染治理中的缺陷。

不同水体修复技术各有不同的优缺点，要根据不同水体富营养化的成因合理选择。植物原位修复成本低廉、简单方便、易于普及，在修复水质过程中可以完善水体生态结构，是水体富营养化修复技术发展的主要方向。此外，植物可通过根系、茎和叶等器官吸收有机物、重金属和氮磷等污染物，也可通过分泌化感物质、营养竞争和遮光等方式限制水华的生成。目前，该技术的应用还受多种因素的影响，如影响水生植物的生态因子、水生植物的恢复机制、物种选择和群落配置等。

第一节　不同类型水生植物对水质修复效果

一、沉水植物

沉水植物在富营养底质及水体中具有过量吸收同化营养盐的特性，会造成其根系减少、植株矮小、生物量及生长速率明显下降等不利影响。中国科学院水生生物研究所2008 年在武汉东湖开展的中等规模实验表明，高营养环境影响苦草（*VaUisneria natans*）的碳氮代谢水平并抑制苦草生长，因为植物组织中大量积累氨氮导致氮代谢水平改变，产生大量的游离氨基酸，植物组织中积累过量的氨并产生生理毒害，与此同时，植物叶片中大量积累可溶性糖应对胁迫又导致根部可溶性糖减少，导致根部生长及新芽的产生受到影响。帕尔马大学在 2012 年的一项实验研究表明，在相同的培养周期内，种植有沉水植物的底泥氧化还原电位一直高于 0 mV，未种植植物的贫营养底泥氧化还原电位从最开始的 $+57$ mV 下降到 -57 mV，而富营养底泥则降到了 -133 mV。当氧化电位较高，底泥处于好养状态时，底泥中的磷大多以沉积物的形式沉淀在底泥当中，但当氧化还原电位下降，底泥处于厌氧状态时，沉积物中主要与 Ca^{2+}、Fe^{3+}、Al^{3+} 离子结合的磷均会受到不同程度的影响；如 Fe^{3+} 被还原为 Fe^{2+}，磷酸铁盐变成可溶性的磷酸亚铁盐，这一过程使得沉积物中的磷释放到水体中去，并影响水生植物及浮游植物的生长分布，对湖泊的生态修复有着严重的影响。

各种沉水植物是健康水生态系统的重要组成，其耐污程度和对水温、水位、水流、水质、底质等条件各有差异，在我国北方，轮叶黑藻等耐寒型沉水植物与凤眼莲（水葫芦）等夏季净化能力强的喜温植物组成常绿型水生植物群落搭配组合，在全年实现水体修复。

要根据当地具体自然条件因地制宜、因时制宜在时间空间上予以镶嵌优化组合，使各种种群在整体上互补共生，适应季节变化和环境灾变。沉水植物和湖底水生植被的存在可吸附储存生物碎屑于植物根部，增加底泥表层溶解氧，遏制磷的释放，阻止上层水体动力扰动向湖底的传输，减少湖底水动力交换系数，从而有效地遏制底泥营养盐向水体的释放。

此外，底泥中有机物质的大量积累、分解，会导致植物根系缺氧。加上有机物分解产生的有毒物质如硫化物等，使植物根系、茎叶的生长明显受到抑制，严重阻碍水生植物的生长、分布进程。在控制底泥营养盐的释放方面，已有人通过人工模拟的方法利用狐尾藻和凤眼莲水生植物来控制湖泊底泥营养盐释放的研究，结果表明水生植物尤其是沉水植物能有效抑制底泥中总氮、总磷、硝态氮和氨态氮的释放，降低水中营养盐的浓度。目前，各地区已开始在养殖水体中人为地种植沉水维管束植物，比如苦草、轮叶黑藻、菹草等；在河沟、池塘内种植菱、莲藕、茭白、芡实、慈姑等水生蔬菜；在海水池塘、海湾内栽培大型海藻，如海带、江蓠、红毛菜等，有效地改善了养殖水体的水质。用大型藻类孔石莼和中国对虾混养，结果表明石莼等大型藻类在对虾综合养殖生态系统中能吸收水中的氮、磷等物质，制造有机物、放氧及释放其他物质，改善水质状况。

二、漂浮植物

就我国的实例而言，已有报道采用具有宽大叶子和浓密根须的水芙蓉和凤眼莲作为去除氮磷的植物，对水体净化效果非常好。在小型试验中这2种植物对水体中总氮的去除率在50%以上，总磷的去除率在68%以上。在现场试验中，由于外源污染和水中底泥释放等作用，水体中总氮和总磷分别降低了30%和20%以上。其开发利用前景广阔，采用合适的技术充分利用植物自身特点，将其转化为高附加值的产品，则既达到治污的目的，又能将其资源化利用，变废为宝，实现经济价值。大型飘浮植物在光照和营养盐竞争上比浮游植物有优势，有些种群的耐污性很强（如凤眼莲，喜旱莲子草等），已经发展了在大水面大风浪条件下种植的技术，是良好的净化水质选择。浮萍生长快，许多种群能在空气中固氮，覆盖水面后与沉水植物在光照等方面有竞争，一般不宜采用。有些飘浮植物和浮体陆生植物（加上浮力支撑后可水培的植物）是很好的观赏和食用植物，可在一定条件下组合应用，既有净化水质作用，又有经济效益、环境效益和观赏效益。在桥下景观节点处点缀部分浮叶植物，以睡莲为主，增加水生植物层次，形成景观焦点，浮叶植物以 $150\ m^2$，$20\sim40\ g/m^2$ 为宜。

吴湘等在人工模拟条件下，利用室内试验桶培育，研究了挺水植物芦苇、沉水植物金鱼藻和浮叶植物浮叶四角菱对池塘养殖废水的净化效果，结果表明3类植物均能有效吸收废水中过剩的氮、磷营养物质，经过 50 d 植物处理，它们对水体中氮的去除率表现为：芦苇（80.8%）＞浮叶四角菱（62.6%）＞金鱼藻（34.4%），对磷的去除率表现为：芦苇（73.2%）＞金鱼藻（27.1%）＞浮叶四角菱（17.2%）；芦苇和金鱼藻对池塘养殖废水的环境适应性较强，植物平均存活率分别可达 85% 和 60%，而浮叶四角菱的适应性较差，存活率基本维持在 45% 以下。

飘浮植物作为细菌的载体极为重要，但飘浮植物受气候条件影响，在有些季节难以发挥作用。因此研制人工载体和优选高效细菌种群极为重要。利用优化的人工载体培养优化的氮循环细菌，释放到自然水体，以自然生物载体、其他人工载体和底泥为二级载体，水中悬浮物为三级载体，将原来荒漠化水域中以水土界面为主的好氧—厌氧，硝化—反硝化条件扩大到水面和水体并加强细菌浓度，从而增加系统净化能力。利用这些措施的配合和组合，作为历史景观生态系统的补充，这是抵御环境变化和增强系统抗环境灾变能力的不可缺少的组成部分。其净化机理：利用水生植物表面积较大的植物根系网络过滤吸附水体中的悬浮物、溶解性 COD；利用水生植物发达根系吸收受污染水体中的富营养化物质氮、磷，达到去污效果。

三、挺水植物

挺水植物通过对水流的阻尼和减小风浪扰动使悬移质沉降，并通过与其共生的生物群落产生净化水质的作用。但它主要吸取深部底泥中的营养盐，通常不或很少直接吸收水中的营养盐，而其部分残体又往往滞留湖底，矿化分解后又会污染水体，所以挺水植物的功能中，有把下层底泥中的营养转移到表层的一面，不利于直接净化水质。加上收割、水位变化对其生长的影响等问题，限制了它们在净化水质中的作用，必须注意管理、收割利用和防止种群退化。浮叶植物在一般浅水湖泊中有良好的净化水质效果，种植和收获较容易，有经济效益和观赏效益，在一定季节可以作为重要的支撑系统。

大型挺水植物系统构建根据河道的驳岸和水位情况，对河道内的水生植被进行恢复。在木桩驳岸段，河道自然护坡水路交接处，设计大型挺水植物构建滨水景观带，植物主要选择品种有蒲苇、旱伞草、美人蕉、黄菖蒲等可适应旱地生长的挺水植物，保证植物存活率。由于河道驳岸、水体参数及水生植物生长习性限制，可设计实施区域确定挺水植物面积大小，并以 $20\sim40~g/m^2$ 为宜。

四、藻类

着生藻类和浮游藻类生长过程中都有净化水质作用。着生藻类的收集也不难，浮游藻类的收集也已发展了捕获技术，在一定条件下也可因势利导予以利用，一方面净化水质，另一方面作为资源取出。浮游藻类的光合作用能增加水中的溶解氧，其生长繁殖又能利用含氮废物合成藻类生物体。如对虾养殖前期，肥水培育浮游藻类是不可或缺的重要技术措施。这是因为传统的对虾养殖模式是依赖浮游藻类净化水质，许多藻类及浮游动植物可直接或间接地成为对虾的饵料。近年来，国内外许多科研人员开始利用藻类来净化水质。美国夏威夷大学王兆凯教授研究设计的藻基生态型循环水养殖系统是其中比较成功的一例。试验表明，在不用任何其他附加方法的前提下，可长期维持角毛藻 $90\%\sim95\%$ 的纯度。在此基础上，在夏威夷建立了商业性的养殖场，经过数年运行，南美白对虾的种虾养殖获得了巨大的成功。研究还发现，高密度微藻水养殖对虾可以抑制对虾病毒性疾病的发生和传播。Haglund 等（1995）研究表明在东部非洲地区大型藻类非常适合于利用生活污水中的无机氮、磷和其他营养成分来净化污水。这意味着仅利用大型藻类即可达到有效地净化废水，废水中某些天然营养物被藻类同化也是可能的。王明华等研究了伊乐藻（*Elodea nuttallii*）对黄颡鱼（*Pelteobagrus fulvidraco*）池塘养殖水体的净化效果。结果表明，与对照组相比，试验组（种植伊乐藻）水体中总氮、总磷、化学耗氧量、叶绿素含量明显降低，水体透明度增加，黄颡鱼单产、成活率和成鱼规格分别提高 17.2%、5.38%、14.27%，在保证产量的前提下伊乐藻对黄颡鱼池塘养殖水体的净化具有良好的效果。

第二节　植物修复技术对主要污染物的净化效果

植物修复技术是指利用绿色植物及其根际微生物共同作用，以清除环境污染物的一种新型原位治理技术，其机理主要是利用植物及其根际土著微生物的代谢活动来吸收、积累或降解和转化环境中的污染物。与物理、化学方法相比，植物修复具有操作简单、投资少和不易造成二次污染等特点；与微生物法相比，植物修复可以用于处理多种复合型污染物，尤其适合于大面积低浓度的污染物处理。根据污染物的不同形态、特性和存在方式，植物修复的方式包括有根际过滤、植物固定、根区降解、植物降解、植物吸收、植物转化和植物挥发。在实际的污染物修复过程中，上述作用方式通常相互交叉、相互协助，共同达到将污染物从环境中去除的目的。自然界的水生植物附近的细菌群落的种类和数量远比自由水体中丰富。植物通过植物吸收、根系阻留和植物根系上生长的生物膜来去除水体中的污染物。也有学者指出植物通过植物稳定、根际修复、植物转化、根际过滤、植物挥发等方式净化水体。

在鱼草共生的生态系统的研究中发现浮植的黑麦草系统可以有效地降低水中的氮和磷的含量，同时，植株可以作为鱼类的饲料。该新型生物栅充分利用挺水植物根系泌氧作用，在根区形成好氧区，而填料纤维周围形成厌氧区。好氧区与厌氧区紧密交替的排列结构使得装置内硝化过程和反硝化过程同时进行，可以有效去除水体中的 NH_3-N 和 TN。试验结果表明，单独的填料处理水体时可以产生 $NO_3^- - N$ 积累。新型生物栅中，在根系泌氧形成的微氧条件为 NH_3-N 和 $NO_3^- - N$ 发生短程硝化提供了必要的反应条件。短程硝化中 N 的最终反应形态是 N_2，能够大大降低温室气体的排放量。同时，非曝气型生物栅修复水体技术对水体中污染物质有较高的去除效率。在对上海市绥宁河处理中 TP 的去除率在 61.5%～68.7%；NH_3-N 的去除率在 46.0%～92.9%；TN 的去除率在 18.5%～90.9%；COD 去除率为 63.3%～74.7%。对新型生物栅中微生物指纹图谱分析说明生物栅对生物膜的生长有明显促进作用。非曝气型生物栅修复水体技术由于不需要曝气，没有了曝气装置的束缚，具有很强的可操控性，安装方便、良好的修复效果、可以移动、造价低廉等特点，使得非曝气型生物栅修复水体技术具有很大应用前景。

常用于水体修复的植物有凤眼莲、芦苇、香蒲、喜旱莲子草、水芹、浮萍、菱、菖蒲等。水生植物对富营养化水体中的 N、P 元素具有明显去除效果。胡绵好等研究表明，水芹对富营养化水体有较强的净化能力，在处理 20 d 时，其对 TN、TP 的去除率分别为 76.86%，90.45%。水生植物主要以营养繁殖方式实现生物量的快速积累，水中的无机 N、P 作为植物生长过程中不可缺少的营养元素，在根系的吸收作用下可被植物直接摄取，合成植物蛋白质或有机成分，促进植物的生长发育。因此，植物对 N、P 有很好的固定能力。当水生植物被移出水体时，其吸收的 N、P 也随之被带出水体，达到水体净化的目的。陈家长等在生态浮床对集约化养殖鱼塘的净化研究中发现，空心菜浮床在 10 d 最高直接吸收的 TN、TP 分别为 52.35 kg/(hm² · a)、5.39 kg/(hm² · a)。美人蕉是一种很好的污水处理植物，其对 N、P 的去除负荷分别可达 130 kg/(hm²·a)、23 kg/(hm²·a)。美人蕉与其他植物组合的生态浮床对水体 N、P 净化效果更好，分别可达 314.6 kg/(hm²·a)、156 kg/(hm²·a)。生态浮床对水体中 N、P 的去除率与植物的生长速度，水体 N、P 的浓度等因素呈正相关关系。研究学者将梭鱼草、水葱作为生态浮床的水生植物进行水体水质净化处理，发现梭鱼草、水葱对氮的去除率为 49.1% 和 68.6%。

在水生植物净水的机理研究中发现，植物除自身吸收水体中 N、P 元素外，根际微生物活动也是水体 N、P 元素去除的重要途径之一，主要是由于微生物的活动可加速根际周围有机 N、P 的分解和增强其他元素的活度，提高 N、P 的生物可利用性。因此，生态浮床技术净化功能的发挥不仅靠植物对 N、P 的吸收，更重要的在于它构建了一个有利于微生物栖息的微生态系统，从而使 N、P 得以有效去除。研究表明，黄菖蒲浮床对 TN、TP 的去除速率分别是美人蕉的 2.82 和 5.31 倍，并且黄菖蒲的耐寒能力较强，被推荐为城市水体生态浮床的主要植物。美人蕉、再力花、千屈菜对 TN、TP 的去除率有显著差异，且美人蕉和再力花对 TN、TP 的去除率均高于千屈菜。应用美人蕉、风车草、梭鱼草和菖蒲 4 种植物浮床改善三峡库区支流富营养水体研究发现，美人蕉对 TP 负荷的去除效果高于风车草、梭鱼草和菖蒲 3 种。一般认为，根系发达的浮床植物净化效果优于根系不发达的，高生长率的浮床植物净化效果优于低生长率的。这主要是因为植物的根系发达、生长率高，可以获得较多的组分，从而促进植物对水体污染物的净化作用。

生态浮床不仅能有效去除 N、P 元素，对有机物也有很好的去除效果。卜发平等研究发现美人蕉、菖蒲浮床对微污染源水中 COD$_{Mn}$ 的去除率分别为 42.3% 和 36.3%。而生态浮床去除有机物的主要途径是根系分泌物降解和微生物吸收利用。水生植物在生长过程中不断地向环境分泌大量的低分子有机物（如酶、糖类、有机酸等），这些植物分泌物不仅能有效分解有机物，还为根际微生物提供大量的营养物质，且浮床植物光合作用产生的氧气通过根系释放到水体中，在根际区附近形成许多缺氧和好氧小区，加强好氧和厌氧微生物的生长和繁殖，促进微生物不断吸附利用水体中的有机污染物，提高其对有机物的降解效率，从而达到去除有机物的目的。例如海马齿对类腐殖酸、类蛋白质和溶解性有机碳（dissolved organic carbon，DOC）等有机物的去除主要是靠根际区活动实现的。

不同水生植物具有各自不同的理化特性，这种特性使得不同植物对水体污染物质的净化能力及作用不同，对于不同的水体水质，要适宜配置合适的水生植物，这是生态浮床修复效果较高的关键因素。王晓等人在浮床上分别搭配水芹菜、空心菜、水葫芦及香根草等植物，进行景观再生水处理效果比较，发现几种植物的处理效果从高到低依次为：水葫芦＞空心菜＞香根草＞水芹菜。黄勇强等人研究以美人蕉、空心菜及二者混合 3 种情况植物对污染物的去除效果，发现混合植物对氮磷和 COD 的去除效果更好。相关研究表明，植物具有根系发达、生长率高等特点，可获得较多组分，对污水有很好的净化效果，同时根系发达的、生长率高的浮床植物的净化效果要更好。

第三节 植物修复技术在水产生产实践中的应用

一、水生植物修复技术在河道治理中的应用

河水植物净化技术主要有浮床植物技术，该技术的核心是将植物种植到水体水面上，

利用植物的生长从污染水体中吸收利用大量污染物（主要是氮、磷等营养元素）。主要机能：利用植物的生长从污染水体中吸收利用大量污染物（主要是氮、磷等营养元素）；创造生物（鸟类、鱼类）的生息空间；改善景观；消波效果对岸边构成保护作用。世界上第一个生物浮岛是德国人于1979年设计和建造的，此后，在河流、湖泊等的生态恢复和水质改善中得到了广泛的应用。2012年，韩飞园利用水生植物群净化小拓皋河上游劣五类水，植物群形成的生态系统不仅提高了对入湖河水的净化能力还增强了污染物净化效率，河水中 COD_{Mn}、TN、$NO_3^- - N$、TP、$NH_3 - N$ 的年均去除率分别为 23.6%、25.0%、26.4%、32.9%、33.6%。水生植物去除小拓皋河污染负荷周年总量 TN 7.46 t，TP 0.31 t，COD_{Mn} 88.35 t，$NH_3 - N$ 5.33 t。小拓皋河水质由劣五类水质上升为劣四类水质，水生植物净化技术为污染治理作出巨大贡献。利用植物吸附水环境当中有毒有害物质，是一种应用时间非常长、效果比较好的水环境处理技术，这种办法主要利用水环境当中自然生长的一些水生植物，与水环境当中的微生物发生联合作用，从而去除水当中的污染物质。第一，水生植物可以与河道内的浮游藻类形成一种竞争关系，从而夺取这些藻类必要的氧气，营养物质（氮、磷、钾等）。尤其是一些生命力非常茂盛的水生植物，可以有效抑制水环境当中浮游藻类的生长。第二，水生植物可以加速水环境当中一些化学有机物质的分解，通过光合作用与分解作用，将水环境当中的一些化学有机物质分解为水、氧气、二氧化碳等。第三，水生植物修复技术的应用范围非常广，不仅可以应用在湿地环境的处理当中，还可以应用在湖泊环境、水库环境的处理当中。

利用水生植物净化河水主要是吸收水中的氮、磷，它们吸收水中氮、磷的能力也有很大的差异。有些水生植物能较高浓度富集重金属离子；有些则能通过化感作用抑制藻类生长。此外，水生植物还能通过减缓水流流速促进颗粒物的沉降。利用植物净化河水与自然条件下植物发挥净化河水的作用有不同之处，它必须考虑其中的不足之处。首先大部分水生植物在冬季枯萎死亡，净化能力下降，对此，已有使植物在冬季继续生长的研究报道；其次植物收获后有处理处置的问题，目前已有经济利用河流净化植物的报道。王寿兵等指出，佛手蔓绿绒和裂叶喜林芋2种植物较适用于城市河道水体修复；马立珊等研究了浮床香根草对水体的净化效果，结果表明：浮床香根草可有效去除氮磷，在 60 d 的生长期内，水体中 TN 降低了 4.6～5.3 mg/L，TP 降低了 0.23～0.30 mg/L。

植物强化净化修复是在河道水面或水下人工种植水生植物或改良的陆生植物，利用植物的吸收、根系的阻截与吸附、根区形成的生物共生体的吸收转化等作用以及物种的竞争相克原理，以达到净化污染物、改善生境、创造有利于水生态恢复的条件等目的的一种拟自然处理方法。根据种植植物类型和种植方式的不同，植物强化净化可分为人工植物浮床（常称为生态浮岛、生物浮床或生物浮岛等）和人工"水下森林"2种技术类别。其中，浮床技术是由现代农艺无土种植技术衍生而来的一种生态工程技术。近年来，这种被誉为"水上移动花园"的修复技术在我国许多地区得到了广泛的应用。但现行浮床技术主要依赖于浮床植物的吸收作用来净化水质，制作浮床所用的浮体大多数为 PE 材料，普遍存在净化效果持续性较差、净化能力有限、投资成本高等问题。近几年，在水下人工种植先锋沉水植物的植物强化净化技术（通常被称为人工"水下森林"）也逐渐走向商业化应用。相对于人工浮床技术，该技术在投资成本、工程实施难度与强度等方面存在明显的差异化优势，但也存在一些难以克服的局限性，如易大面积扩散生长，管控难度大，影响河道泄洪通航。此外，人工"水下森林"措施也极有可能对生态完整性恢复和景观多样性产生不利影响。

二、水生植物修复技术在富营养化水体中的应用

水生植物修复富营养化主要表现在以下 3 个方面：一是有效控制底泥营养盐的释放，如狐尾藻、凤眼莲等，童昌华等研究表明，水生植物尤其是沉水植物能有效抑制底泥中总氮、总磷、硝态氮和氨态氮的释放，降低水中营养盐浓度；二是吸附水体中过剩的营养物质，如芦苇、菱角、凤眼莲、茭白和满江红等水生植物可有效吸收水体中的氮、磷等过剩营养物质；三是抑制藻类的生长，高等水生植物与浮游藻类有相互克制的特性。它们主要通过资源竞争和化学作用等影响浮游藻类的生长。但应注意控制水生植物的数量，防止引发生物入侵。主要方法有：

（1）组建、重建水生高等植物群落修复技术。通过利用大型浮叶类（荇菜、金银莲花、二角菱等）、沉水类（穗花狐尾藻、轮叶黑藻、微齿眼子菜、大茨藻等）、漂浮类（凤眼莲、紫萍、满江红等）和挺水类（荻 Miscanthus sacchariflorus、水菖蒲、灰化苔草等）水生植物修复退化淡水湖泊生态系统，选用此法应要根据湖泊特征和富营养化的程度，同时考虑水生高等植物的物种特征和繁殖方式的差异，因地制宜地选择，以构建合理的水生高等植物修复体系。

（2）浮床修复技术。利用浮床陆生植物治理富营养化水体是一种新颖的技术路线。该技术是以水生植物群落为主体，以水体空间生态位和营养生态位为原则，是利用陆生生物根系的吸收、降解、富集营养盐，以削减水体中的氮、磷等污染负荷，这种方法不会造成二次污染，具有易管理、效益好的优点。

（3）以藻控藻和藻类资源化技术。水网藻的生长状况与富营养化水体中氮、磷含量之间高度正相关，表明水网藻对富营养化水体有巨大的净化潜力。由于浮游植物是初级生产力的主体，与其他水生高等植物相比，藻类最适宜在富营养化水环境中生长，同时借助藻类提取技术的开发应用，强化藻类资源化，届时此方法将有较好的前景，但技术和降低资源化成本是关键。

（4）微生物控制技术。生物修复技术中可利用的生物包括微生物（细菌、真菌）、原生动物和高等动/植物等多种生物，其中微生物对水体中污染物的降解起主要作用。这类技术的使用效果明显、效益好，但可能会造成水体的第二次污染。这类技术的原理是利用复合微生物菌剂在生长过程中吸收 N、P 营养盐从而使藻类的生长受到竞争抑制，对藻类有广泛的抑制作用，对严重富营养化的湖泊效果更佳。其优点是经济、快速和无二次污染。还可以针对受污染河流、湖泊等大水体的特点和治理技术工程实施的可行性，采用原位修复技术则更具经济和技术合理性。例如通过添加聚天冬氨酸，可以增加香根草对湖泊水体中的 $NO_3^- - N$、$NH_3 - N$ 和 TN 的吸收，对 TN 的去除效果最为明显，达 83.8%，这类技术的使用效果明显、效益好，但可能会造成水体的第二次污染。北京在 2002 年首次采用人工浮床治理技术治理受污染水体什刹海、永定河，部分消除蓝藻富营养化现象，水体异味明显减少，水体透明度显著提高。

三、水生植物修复技术在废水处理中的应用

植物修复技术在污水处理中被广泛地应用，植物缓冲带、植被恢复、植物塘、人工湿地和人工浮床等都是比较常见的技术。

（1）植物缓冲带是水—陆交错的生态过渡带，具有丰富的物种多样性和生态功能，能拦截和过滤物质流，是控制点源污染的良好手段。

（2）植被恢复是在人工协助下创造适宜环境，引入水生植物种源，依靠水生植物的自然发展能力，恢复天然水生植被，增加水生植被的覆盖和生物量，逐步达到湖面水生植被覆盖率，从而提高湖泊自身净化能力的技术。适当的植被覆盖率和合理的生态结构，是淡水湖泊自身修复的基础。但近年来，由于污染加剧，富营养化严重，不少湖泊出现了植被退化，大型水生植物和沉水植物消失，藻类大量繁殖，暴发水华。利用打捞藻类、清除底泥、引入新水等办法治理湖泊，往往投入很高，但收效甚微，还会发生反复，并不能根本解除湖泊污染问题。而利用植被恢复，先引入耐污能力强的先锋种，再逐步恢复湖泊自身植被，提高植物的覆盖面积和利用率，抑制藻类生长，增强湖泊自我修复能力，才是比较理想的生态恢复方法。在云南滇池、武汉东湖、无锡五里湖尝试利用高等水生植物来控制、治理藻型富营养化浅水湖泊，已取得了一定的成效。

（3）植物塘是一个复杂的污水生态处理系统，系统中以水生植物为主，微生物、浮游动物和底栖生物相互依存，在废水净化中起联合作用。应用于植物塘的植物有很多种，主要以漂浮植物为主，藻类、凤眼莲、绿萍和红萍等也是较为广泛的应用品种。目前，植物塘技术不再是靠单一植物作用，而是将沉水植物、挺水植物一同引入系统中，共同起到净化作用。吴振斌等用综合生物塘串联系统处理城镇污水后，用于养殖鱼类、螃蟹和蚌类，灌溉水稻，均获得良好收益。用综合生物塘处理养殖废水，后使氨氮、硝态氮、总磷分别显著下降。利用植物塘来净化工业或生活污水，不仅能降低能耗，提高降解效率，而且也不会像物理化学工艺和微生物处理出现有毒有害的副产物。经过植物塘处理，污水中的有机物绝大部分都转化为植物或微生物的生物量，最后通过收获植物能将其彻底从水体中移除。

应用于植物修复的植物，需要有很强的耐污能力和适应性，能在污染环境中生存、生长。而在污水处理中，更是需要植物有一定的抗涝抗旱能力，能在水淹和干旱两种生境中存活；对于处理含有金属元素的废水，还要求植物有吸附、吸收和累积金属的能力。所以，继续寻找生物量大、适应性强和具有累积效应的植物将是未来的发展方向。

目前，已经有学者利用植物组织培养技术来挑选植物，降低了挑选成本，提供了新的寻找方式。而利用转基因技术，增强植物修复能力，也将是未来的研究热门。草本植物生长迅速、生物量大，是植物修复技术中常被用到的植物种类。但是，草本植物会随着季节变化而凋谢、死亡，残留的植物体往往会成为新的污染源。目前主要是采取人工收割的方式，将凋亡植物从系统中移出，在重新利用移出的植物体方面，目前没有很好的方法。处理过含有重金属物质污水的植物体，不能轻易地堆放在环境中，而从植物组织中提取重金属也是一项消耗巨大的工程，这些都是植物修复技术亟待解决的问题。寻找合适的处理技术，用木本植物替代草本植物或使用经济作物，在治理污水的同时也能达到一定的经济效

益，利用植物体制造肥料、饲料，或者将其用于产生能源，都将是植物修复以后的发展方向。

植物修复技术在废水治理中的应用十分广泛，能够将废水中重要的污染物指标，例如氨氮、COD、总磷、总氮等大大降低，改善水质，促进水环境良性循环。

（1）明确利用植物完成有机污染修复的基本原理分析植物修复技术在废水治理中的应用。首先，应该明确运用植物完成有机污染修复的基本原理。主要从以下 3 个方面谈起，第一，累积作用，主要是植物将水体中的有机污染物吸收，在体内完整保存，逐步将污染物分解掉；第二，降解转化作用，在植物体内通过光合作用，分解成二氧化碳和水；第三，催化作用，将植物分泌特定的分泌物的优势凸显出来，主要分泌蛋白质，有机酸等。有机物得到强化分解，被分解后的有机物还可以为植物提供充足的养料，促进植物生长，而植物生长过程，分泌物增多，更加快了有机污染物的分解，如此一来良性循环就此形成。

（2）植物修复技术在有机污染水体及富营养化水体中的应用。随着时代的变迁各类污水产量增加，污水的成分也变得更为复杂，例如生活污水、造纸污水、制药废水、油田废水等。这些废水必须经过专业的处理工序，达标后才能排放到江河湖海中，但是当前的情况是大量废水没有经过治理就排放到江河湖海中，使水体富营养化情况加深，水体的总氮、总磷、氨氮等污染物指标大大超标。为了强化水体富营养化状态的改善。植物修复技术是基本的治疗手段，基本方法就是将特定的植物的修复优势显现出来，凤眼莲、莲子草是最为常用的植物种类。例如某生活污水处理厂，采用水浮莲作为工具，对水体中的化学需氧量，生物需氧量，氮元素等有机去除，保持 10 d 停留时间之后发现，BOD 的去除效果高达 80% 左右，而总氮指标降低 90%，大肠杆菌的去除率高达 92%，化学需氧量指标降低 94%。由以上例子可以看出，在对富营养化状态的水体完成治理工作的时候，需要将植物修复技术的净化优势高效凸显出来，对环境也起到理想的美化作用，同时对经济的可持续健康发展也有推动优势。

四、水生植物修复技术在池塘尾水处理中的应用

目前我国水产养殖行业的生态养殖面临水质恶化、种质退化、病害频发等诸多问题，严重制约了行业的可持续发展。如今，水产品生产消费（品质、"名特优"品种）、养殖模式和资源环境都发生了巨大变化，粗放型养殖模式已经不再适合发展。"鱼—植物"共生系统作为池塘原位修复的最有效养殖方式受到越来越多的重视，该模式是在水面上种植特定的植物如蔬菜或中草药等，一方面，可以吸附水中的营养物质，维持水质，提高养殖鱼的品质；另一方面，也能收获蔬菜或中草药等，增加收益，甚至中草药还能预防鱼类疾病，一举多得，成为当前生态养殖的主要模式之一。在养殖池塘水面上种植无土水培植物，利用植物部分吸收养殖主体排出的氮和磷，从而达到既可消减养殖污染物又可产生经济效益的目的。研究表明中草药能减少水体悬浮物，控制悬浮性藻类，吸收水体有机物，降低水体氮、磷。

生态塘技术是由氧化塘技术发展而来的尾水生态化处理技术，是利用天然水中存在的微生物、藻类、水生动植物对尾水进行好氧、缺氧和厌氧生物处理的天然或人工池塘。通过生态塘中多条食物链的物质迁移、转化和能量传递，将进入塘中的有机污染物进行降解

和转化，达到净化水质的目的。同时，净化后的养殖水也可作为再生水资源进入养殖池塘重新利用，使污水处理与再利用相结合，实现污水处理资源化。通过功能微生物的分析，发现低污染水生态净化系统中主要功能属包括硝化螺菌属（*Nitrospira*）、亚硝化单胞菌属（*Nitrosomonas*）、黄杆菌属（*Flavobacterium*）、食酸菌属（*Acidovorax*）、荧光假单胞菌（*Pseudomonas*）、氢噬胞菌属（*Hydrogenophaga*）、脱氯单胞菌属（*Dechloromonas*）和硫杆菌属（*Thiobacillus*）等。有益藻类主要为小球藻、栅藻等。夏季净化效果较好的挺水植物有美人蕉、菖蒲、芦苇和再力花，浮叶植物有睡莲，沉水植物有金鱼藻和伊乐藻；冬季净化效果较好的挺水植物有芦苇和水芹，沉水植物有金鱼藻和伊乐藻。脱氮除磷能力较强的植物还有千屈菜、菖蒲、鸢尾等。

人工湿地根据湿地中种植植物的主要类型可分为浮生植物系统、挺水植物系统、沉水植物系统。目前一般用来处理尾水的人工湿地都是挺水植物系统。人工湿地又可根据污水在湿地中流动的方式而分为三种类型，即地表流湿地、潜流湿地和垂直流湿地。

（1）地表流湿地系统中大部分有机污染物的去除是依靠生长在植物水下部分的茎、杆上的生物膜来完成的。该种湿地系统的优点是投资低，缺点是处理能力低、卫生条件差，在我国北方一些地区由于冬季气候寒冷而不能正常运行。

（2）潜流湿地系统可以充分利用基质表面生长的生物膜、丰富的根系及表层土和基质的截留等的作用，保温性能好、处理效果受气候影响小、卫生条件较好，对 BOD、COD 等有机物和重金属去除效果较好。

（3）垂直流湿地系统水流在基质床中基本呈由上向下（或由下而上）的垂直流，水流流经床体后被铺设在出水端底部的集水管收集而排出处理系统。这种系统的基建要求较高，较易滋生蚊蝇，对氮、磷去除能力较强，但国内的研究不多。

用作人工湿地的基质主要有土壤、沙砾、沸石、卵石、煤渣、火山岩、页岩、活性炭、陶粒等，其中废砖块是以西北地区黄土、煤矸石、粉煤灰等为主要原料焙烧而成，铝、铁含量较高，比表面积较大，疏松多孔的表面结构有利于生物膜生长。页岩陶粒主要成分是 SiO_2、Al_2O_3 和 Fe_2O_3，吸附除磷性能很好。页岩陶粒是以页岩陶土为基料高温锻烧而成的，具有表面粗糙、多棱角、微孔多、活性高、比表面积大、吸附能力强等特点。研究表明地表流湿地在 COD、NH_3-N 和 TP 上去除效果较潜流和垂直流好，生态塘、潜流湿地、两级表流湿地及沉水植物塘对 COD、NH_3-N 去除效果较好，通过对不同流程多级生态单元进行组合，系统优化流程方案为生态塘＋潜流湿地＋两级表流湿地＋沉水植物塘。其中，生态塘主要用于强化有机物的去除，人工湿地能依靠植物吸收、微生物作用及填料吸附起到强化去除氮磷污染物的效果，而沉水植物塘则主要用于水质稳定区，确保出水水质。采用生态氧化池＋生态砾石床＋垂直流人工湿地组合工艺。采用生态氧化池＋垂直流人工湿地系统，发现常规运行和添加外源污染物的两种运行情况下，运行数月后出水水质可达到《地表水环境质量标准》（GB 3838—2002）中的Ⅲ类标准。复合垂直流—水平流人工湿地系统出水 BOD_5、COD 和 TP 浓度也能达标，出水 NH_3-N 和 TN 浓度较低。吴振斌等将复合垂直流人工湿地同池塘养殖结合，通过构建养殖—湿地生态系统，验证人工湿地对水产养殖用水和废水净化与回用的可行性。

此外，有研究者建立了一种通过优化养殖结构（虾、鱼、贝、藻）的水质调控系统，验证了接触（生态）氧化＋生态治理＋垂直（水平）潜流人工湿地湿地组合工艺的合理性和有效性。多功能的生态塘（由具有弹性填料的接触氧化塘，种植不同浮水、沉水、挺水植物的稳定塘和沉水、水生动物、微生物组成的沉水涵养塘组成）在高密度养殖尾水 TP、TN、$NO_3^- - N$、$NO_2^- - N$、$NH_3 - N$ 的去除中均表现良好。将曝气生物滤池＋人工湿地工艺深化处理，出水的 $NH_3 - N$ 和 TN 浓度均比进水显著降低，若添加较高纯度的复合微生物，可有效缩短人工湿地前期调节时间，较快进入处理效率稳定的运行时期。有机碳源是影响反硝化细菌进行反硝化反应的主要因素，添加后可以较高幅度地改善潜流人工湿地对氮素污染物的去除效率。此外，还可以利用互利共生关系构建多级系统，苦草为环棱螺提供了氧气、食物及附着基质，环棱螺刮食沉水植物上的附着生物，减少苦草的光限制及其与附着生物的营养盐竞争等有害影响，促进苦草的生长。水质由原来的Ⅳ类、Ⅴ类水提升为Ⅲ类水，但对 COD_{Mn} 和 TN 的去除效果不是很理想。

陈家长等研究的池塘养殖循环经济模式由主养区、混养区、表面流人工湿地区和水源区 4 个部分组成，并以 TP、TN、$PO_4^{3-} - P$、$NO_3^- - N$、$NO_2^- - N$、$NH_3 - N$、COD_{Mn}、Chl. a 等为主要水质指标，研究了在池塘养殖循环经济模式中蚌、鱼混养对主养区养殖废水的净化效能，各测定时间的出水水质综合营养状态指数均明显低于进水口。胡庚东等构建了一个由水源地、养殖池塘、生态沟渠（Ⅰ级净化）、Ⅱ级净化塘和Ⅲ级净化塘组成的淡水池塘循环水养殖系统，经 5～10 月的运行，净化后 $NH_3 - N$ 能维持在约 0.33 mg/L，$NO_2^- - N$ 含量低于 0.02 mg/L，TN 含量达Ⅴ类地表水标准，TP 达Ⅲ类标准，对 Chl. a 的去除效果也很明显。在此基础上用多种生物修复技术结合池塘工程改造手段，构建由集约化养殖区、生态化养殖区、净化区组成的封闭型池塘循环水生态养殖系统，在整个养殖过程中实现了养殖尾水零排放。同样按照此模式以高密度青鱼养殖池为研究对象，在苏州池塘构建"潜流湿地＋生态池"方式（占比 7.9%）和纯生态池（占比 18.8%）对尾水污染物去除效果强于对照组，池塘养殖尾水经Ⅰ、Ⅱ、Ⅲ级湿地多级净化，随着运行时间的增加，其生物多样性指数持续增加，试验区产量与效益明显好于对照区。在河蟹、青虾混养池塘构建封闭式循环水养殖系统。该系统对水体 TN、TP、$NH_3 - N$ 和 COD_{Mn} 的平均净化效率分别为 27.33%、56.14%、43.91% 和 39.59%，达地表水Ⅲ类排放标准。生物填料性质、水质条件（酸碱度、水温、盐度等）和运行条件（挂膜方式、碳氮比、水力停留时间）等因素会影响废水处理效果。研究者从基质组成和构造、出水水位高度、曝气强度（随曝气强度增加，去除效果先增强后减弱）三个方面对垂直流人工湿地系统进行了深度优化，确定适合尾水深度处理的垂直流人工湿地工艺参数。气温越高，湿地系统的净化效果越好。在垂直流人工湿地系统中，植物对氮和磷的去除起到了很重要的作用。精养池水中悬浮有机物分解耗氧占池塘氧总支出的 65% 左右，去除悬浮物即可有效净化水体。

池塘工程化循环水养殖模式（"跑道养殖"）是以建设沉淀池、过滤坝、曝气池、生物净化池等整套治理设施的多级净化尾水治理模式。以宁波优贝海洋科技有限公司研发的 UB-16 型治理设施为例，其水产养殖尾水处理路线为：整个养殖水域→尾水收集池→平流池→生化池（水处理一体机）→植物吸收池→清水贮水池→公共排放水域。以河蟹为例，一级种植水花生，二级净化池分浅水区和深水区两个部分，浅水区种植了挺水植物，深水区种植了水花生，并布置了阿科蔓生态基。储水区可养殖少量河蟹、青虾和鱼类，储备区兼顾了水质净化和水面效益，储备区河蟹产量可适当降低，但可以保证整个示范区有充沛的优质水源（即使部分塘出现水质恶化降低储备区水位也不影响河蟹生长）。尾水处理的核心工艺是悬浮物（SS）、营养盐去除、排放或回用。因此，研发一种效益稳定、环境友好的水产养殖模式和养殖尾水处理方式，对我国水产养殖健康、可持续发展具有重要的现实意义。对养殖废水的处理特别是对集约化、工厂化养殖废水处理及循环利用有很多研究，而对淡水池塘养殖尾水排放及其处置的研究较少，只有一些利用人工湿地进行处理的报道。国内外有关各种水生动植物对池塘尾水净化效果比较研究较少，针对苏州主导养殖品种青虾、河蟹和鲈鱼生态养殖的尾水处理研究也处于摸索阶段，仅有关于苏州市阳澄湖现代农业产业园高效渔业示范区和多级串联表面流人工湿地系统等的报道。净水植物苏州地区可选择"水八仙"〔茭白、莲藕、水芹、芡实（鸡头米）、茨菇（慈姑）、荸荠、莼菜、菱〕，同时可考虑种植中草药（鱼腥草、虎杖、薄荷、薏苡、水芹等），既能分泌化感物质控藻（如萜类化合物、黄酮类、多酚类等）、杀灭病原体，还能提高附加值。

第四节 影响植物修复技术效果的环境因子

一、温度

温度是浮床植物生长和繁殖的必要条件。温度较高时，浮床植物生长代谢旺盛，对水体污染物的净化效果明显提高。如，水温由 2 ℃增加至 29 ℃时，美人蕉对 TN、TP 的去除率明显增加，当水温高于 10 ℃时，美人蕉去除水体 TP、TN 比较明显；而水温低于 10 ℃时，其生长基本处于停滞状态。研究表明，水芹、豆瓣菜浮床对富营养化水体中 TN、TP 的去除率，在水温为 22 ℃时明显高于 10 ℃和 35 ℃时。凤眼莲浮床 25 ℃时对 TN、TP 的去除率高于 15 ℃和 35 ℃时，说明植物对 TN、TP 的去除率与温度并不成正比，主要与浮床植物的生物量有关。植物在不同温度下，生长速度有差异，在最适温度时，植物生长旺盛，对污染水体的净化效果比较明显；而温度过高或过低，又会抑制植物的生长，从而影响其对污染水体的净化效果。季节变化也会影响浮床植物的净化效果。Zhao 等研究发现生态浮岛夏秋季对 TN、TP 去除率明显高于冬春季，其主要原因是浮床植物的去除能力与其自身的生长状况及新陈代谢有关。夏、秋季是喜温浮床植物的生长旺盛期，因此植物表现出较高的净化率。但也有研究指出春季美人蕉浮床对 N 的净化效果优于秋季，这是由于春季和夏季是美人蕉的生长期，7 月中旬以后，植物基本停止生长、植株开始衰减。李欲如等（2005）人在冬季低温条件下，研究了水芹、多花黑麦草及大蒜等耐寒植物净化水体富营养化，结果表明 3 种植物在 4~10 ℃内生长良好，对 N、P 的去除率范围分别为 29.2%~59.3%、33.9%~55.6%，对水质的净化效果较好。郑剑锋等人构筑了植物陶粒生态浮床，以美人蕉、风车草作为浮床植物，发现在低温条件下浮床系统对污染水体的治理效果较好。

二、处理时间

浮床植物对污水的净化效果与处理时间关系密切。如黄菖蒲、美人蕉、西伯利亚鸢尾浮床对污水中 N、P 的净化效果随时间的增长而增加。地笋、水苏、羊蹄、酸模浮床对污水中 N、P 的净化效果随时间的增长而增加，且前 30 d 植物的去除效果很明显，30 d 后的去除速度有所下降。随着处理时间的增长（24 h，48 h，72 h，96 h），狐尾藻、菹草蓄积 Cd^{2+} 含量也随着处理时间的增长而增加。有研究发现，随着处理时间增长，水体污染物去除率呈现出先增后减小的趋势。Ajayi 等（2012）利用凤眼莲净化污水研究发现，水体中 BOD、Fe、Cu 含量先增加，2 周后逐渐下降。

三、覆盖度

浮床植物对水体污染物的净化效率与浮床的覆盖度直接相关，覆盖度增加，净化效率相应提高。如 20% 覆盖率的空心菜浮床比 10%、15% 的对 N、P 净化效果更明显，经济价值更高。旱伞草浮床对富营养化水体中 N、P 的净化也表现出随覆盖率（13%，26%，39%）增加去除率增加的趋势。王锦旗等研究了不同覆盖率的凤眼莲对水体 TN、TP 净化效果，结果表明，凤眼莲的覆盖率增加，TN、TP 的去除率也随之提高，且在流动水体中覆盖率＞80% 时，去除率较高，而静止水体中覆盖率＜50% 时，净化效果较好。邴旭文等人在池塘水域利用浮床技术，种植美人蕉植物来控制水体富营养化，发现池塘水质得到明显好转，同时景观植物的最佳覆盖率为 20%。选用莎草、灯芯草、梭鱼草等植物作为浮床种植植物，对两个池塘进行生态浮床净化污水能力研究，结果发现覆盖率为 18% 的生态浮床比覆盖率 9% 的浮床对污水净化能力要强。宋祥甫等人利用浮床水稻处理富营养化水体的试验结果表明，在其试验条件下，当浮床水稻的覆盖率为 60% 时，处理效果最好，对全池水体中 TN 和 TP 的净去除率分别达 58.7% 和 49.1%，当覆盖率为 20% 时，去除率分别为 29.0% 和 32.1%。

四、污染物初始浓度

水体污染物的初始浓度也是影响浮床植物净化效果的重要因素之一。在致死阈值内，水体污染物的浓度越大，浮床植物对污染物的吸收能力越强。利用凤眼莲净化含 N 质量浓度为 0、40 mg/L、80 mg/L、100 mg/L、150 mg/L、200 mg/L 的水体研究结果表明，随着 N 浓度增加，凤眼莲对 N 的去除效果增加，相应的去除质量浓度分别为 0.47 mg/L、5.69 mg/L、9.31 mg/L、11.86 mg/L、16.97 mg/L、22.13 mg/L。凤眼莲对水体不同浓度 Cd、Zn 蓄积研究表明，随着水体 Cd、Zn 浓度增加，根和芽蓄积 Cd、Zn 含量也随之增加。

第五节　浮床植物的筛选

浮床植物的筛选是生态浮床研究中的一个重要方面。在选择污染水体修复的浮床植物时，通常除了选择生物量大、适应性强、耐污性好、污染物去除率高的水生植物作为浮床植物之外，还应综合考虑区域特点、耐寒能力、季节等因素的影响。大多数水生植物耐寒能力较差，在低温的冬季，植物去除污染物的能力明显降低。不同类型的湿地植物对污染物的去除类型和去除能力有所差别。如浮水植物凤眼莲、浮萍等漂浮于水面，能大量吸收湿地水环境中的 N、P 等营养元素；挺水植物如芦苇、菖蒲、灯芯草、香蒲、水葱、水芹等除吸收水中污染物外，其根系发达，还能吸收或降解湿地沉积环境中的大量污染物尤其是重金属；沉水植物如虎尾藻、金鱼藻、眼子菜、苦草等，它们的通气组织特别发达，植物体的各部分都可吸收水分和养料，一些种类还可以分泌助凝物质，促进水中小的颗粒絮凝沉降，因此对湿地水环境和沉积环境中的污染物都有较好的净化作用。徐景涛对芦苇、浮萍、苦草的研究表明这些湿地植物对氮、氨及有机污染物去除作用明显。童昌华、陈愚等对沉水植物的研究表明不少沉水植物对湿地沉积环境有较好的修复作用。王国惠对大藻和海芋的研究显示大藻和海芋对 $NH_3 - N$ 和 COD_{Cr} 的去除作用明显。一般认为凤眼莲、满江红、水花生、茭白和金鱼藻为耐污种，芦苇和菱角为强耐污种。

在今后的研究中，应加强筛选适宜低温环境生长且对多种污染物有高去除能力的水生植物。利用植物组织培养筛选植物，不仅降低成本，也不受季节的限制，还能增强植物修复能力，将是今后的研究热点。应用多种植物的组合浮床净化污染水环境也是未来的一个研究方向。目前，大多数报道集中于单一植物对污染水体的净化效果研究，但是单一植物难以克服众多的净化效果影响因子的影响，使其净化能力有限。而利用多种水生植物构建的复合生态浮床，不但可以克服单一水生植物明显的季节性变化引起生物净化效果不稳定的缺点，还能发挥多种水生植物在时间和空间上的生长差异优势，通过优化配置，实现生态浮床的持续稳定运行。但是，哪些植物组合可达到最好的净化效果，需要继续加强研究。

第六节　植物在重金属修复中的应用

植物对污染物可通过根系吸收，也可以直接经茎、叶等器官的体表吸收，吸收到体内的有机物，如酚、氰等可以直接降解，重金属、有机氯农药，如 DDT、六六六等难降解物质，可贮存在植物体内，甚至达到很高的浓度时，植物仍不会受害。另外，水生植物通过遮光、对营养物的竞争和根系分泌的克藻物质达到抑制藻类生长、防止水华的作用。水生植物对污染物的修复研究最多的是关于植物对各种有机物污染、重金属污染的处理，均取得不错的效果。通常，生态浮床的上层主要是种植水生植物，很多水生植物都对重金属具有吸收、代谢和富集作用，并且植物体内重金属含量与外界污染水平相关，因此被作为水体重金属污染治理的重要途径。颜昌宙等发现将轮叶黑藻和穗花狐尾藻暴露在不同浓度 Cu^{2+} 水体中 2 周后的吸附行为与 Langmuir 模型比较吻合，表现出很强的富集能力。凤眼莲是一种对 Ni、Pb、Zn、Cd、Cu 具有很好蓄积能力的植物，在野外环境中凤眼莲根系蓄积的 Cu、Ni、Zn 是地上部分的 2～17 倍，其最大生物富集系数（bioconcentration factor，BCF）分别为 1 344.6、1 250.0、22 758.6。熊春晖等研究指出在 Pb、Cd 复合胁迫下，莲藕各器官中 Pb、Cd 富集与其浓度呈正相关，并表现出较好的富集作用，其中荷叶和膨大茎富集最多，但是 Pb、Cd 在莲藕中的富集会引起一定的毒性反应。宽叶香蒲对 Pb、Zn、Cd、Cu 具有较强的吸收、富集能力，且主要富集在植物的根部。Jiang 等研究表明芦苇处理浓度为 2 mmol/L 的 Zn^{2+} 污水 21 d，烘干后其根、茎、叶蓄积 Zn^{2+} 的质量分数分别为 14.34 mg/g、0.95 mg/g、1.45 mg/g。用美人蕉处理含铜废水，其对质量浓度为 2 mg/L 含铜废水的去除率可达 74%，根、茎、叶对铜的最大吸附质量分数分别为 1 859.04 mg/kg、186.20 mg/kg、127.53 mg/kg。不同种类生态浮床植物因生理特性不同，导致其对水体污染物的净化效果差异较大，因此，选择合适的生态浮床植物是影响水体净化效果的关键因素之一。

植物修复技术在对重金属污染治理的时候也发挥着至关重要的作用。

（一）植物修复技术在重金属污染治理中的应用机理

环境污染物包括化合物及金属污染。金属污染的治理相比较化学物的污染治理难度系数更大。对化合物完成治理的时候，将植物的降解作用发挥出来，实现污染物指标的强化去除，但是由于金属元素再加上一些放射性核素的影响，而出现的污染治理同有机污染物存在明显的不同。对这种污染物的治理大部分是借助形态之间的转化，使一种形态转化成为另外一种形态；或者是完成金属元素的扩散迁移，使金属元素发挥的破坏作用减弱许多。当前，植物修复技术在进行重金属治理的时候，包含的类型有以下几种：植物富集、根系过滤、植物固化、植物蒸发。但是需要高度强调的是植物在完成修复功能的时候，不同修复方式其修复效率都是差不多的，但受到植物本身特性的影响很大。

（二）植物修复技术在重金属污染治理中的应用

从其中可以充分了解到重金属治理方式和有机污染物的处理方法存在的差别不大，主要借助转化，累积方式完成。所以，植物修复技术在完成重金属污染治理的时候，往往充分发挥了植物的超累积作用。发挥这些植物的超累积优势，对重金属实现强有效的解毒以及累计，并且，植物在对放射性的核素治理的时候也发挥着独到的优势，取得的效果也是非常显著的。一般情况植物种植三个月之后，能够将土壤中的 Cs 放射性强度减弱 3％～5％左右。再例如凤眼莲对放射性核素有很强的选择性吸收，吸收度非常快，特别是对钴和锌的吸收率更是非常高。一般可以达到 90％以上，并且可以在植物体内长时间保留，对环境污染治理发挥特殊优势。

植物修复是将超富集植物栽培于受重金属富集的河流、湖泊底质上，利用其根部特有的微环境将重金属离子吸收、络合形成配位体，并达到固定或改变重金属价态，完成河流、湖泊底质污染治理与恢复的修复方法。超富集植物在底质营养物质作用下生长，通过植物提取、植物过滤、植物固定、植物挥发、植物降解等多种途径对环境中的重金属污染进行修复。李红霞等针对 Pb、Cd 有机物复合污染状况进行了黑麦草植物对其重金属的修复试验，通过对 Pb、Cd 的检测分析发现黑麦草地下部分含量分别为地上部分的 2.39 倍、1.9 倍，表现出良好的修复效果并能促使 Pb 形成迁移性较低的稳定络合物。Chehregani 等通过试验发现种植超富集植物（如反枝苋、雀苣属侧柏等）一段时间，底质中重金属含量明显下降，其中 Pb 含量下降幅度最大为 98％，底质中其他重金属 Cd、Zn、Ni、Cu 的含量依次下降 72.04％、79.03％、33.61％和 73.38％。然而植物修复适用于污染程度轻、需长期治理的底泥环境，对于高浓度污染环境的适用性较低。史春琼等指出当 Cu^{2+} 浓度<100 mg/kg 时，香根草对 Cu^{2+} 的耐性较强，并有较好的修复效果；当 Cu^{2+} 浓度>100 mg/kg 时，香根草的长势及吸收 Cu^{2+} 的能力均下降。目前植物修复的研究重点是深入研究植物对重金属超量吸收和积累及其解毒机理，并与基因遗传工程相结合，探究真正实现大量植物高效、绿色修复的途径。

利用植物的根系吸污纳垢，吸收溶解在水中的 N、P，同时植物光合作用下能够释放氧气，增加水体含氧量。凤眼莲对水体中 P 的去除率为 73.8％，对 N 的去除率为 80.6％，COD_{Cr} 为 90.6％；蔡佩英等（2011）对 7 种水生植物去除水中 N、P 效果进行了研究，其中凤眼莲对 NH_3-N 处理效果最高为 98.97%，美人蕉对 TN 和 TP 去除率最高，分别达到 75.35% 和 83.48%，且对 NH_3-N 也有较高的处理能力。考虑到凤眼莲易大量繁殖，若不及时清理，其死亡腐烂后易导致水体水质恶化。水生植物首选美人蕉，为丰富水生植物种类，可在不同段种植长鬃蓼、美人蕉、短叶茳芏、鸭跖草、空心莲子草、风车草等南方常见的水生植物。种植方式首选生物浮床技术。植物修复技术主要有以下优点：低投资、低能耗；处理过程与自然生态系统有着更大的相融性，无二次污染；能实现水体营养平衡，改善水体的自净能力，对水体的各种主要污染物均有良好的处理效果。

植物修复已成为湿地修复中一种较理想的措施，尤其是重金属污染，植物修复比其他的生物修复更有优势。Cheng 研究发现一般湿地植物对 Al、Fe、Ba、Cd、Co、B、Cu、Mn、P、Pb 和 Zn 等均有富集作用。另外，植物对湿地水环境和湿地沉积环境中的 N、P 等营养污染和有机物也有较好的吸收作用，对放射性污染也有一定的效果。当然，由于植物自身净化能力的限制，植物修复更适应面积大、污染浓度较低的水域。植物修复可分为植物提取、植物挥发、植物固定和植物降解等。对于重金属污染尤其是沉积环境中的重金属污染，植物提取与植物固定效果明显。但植物固定与植物提取不同，植物提取能通过收割植物将污染物从环境中移除。植物固定只是将有害物质暂时固定，并未将其从环境中去除，当环境发生变化时，污染物又可能重新释放到污染环境中。植物挥发对有机污染物如三氯甲烷、四氯化碳或无机污染物汞等一些易挥发的污染物处理效果良好，当这些污染物被植物吸收后，会通过蒸腾作用转化为气态物质释放到大气中。植物降解又称植物转化，指植物从土壤中吸取有毒有机物，然后降解为无毒的代谢中间体储存在植物组织中。当然，植物修复时并不是一种植物只发挥一种作用，常常是几种作用同时发生。绿藻在湿地中除了能有效吸收湿 N、P 等营养元素，还能对 Cu、Hg 等重金属有很好的提取作用，去除率能达 80% 以上。碱蓬对 Cd、Cu、Zn、Pb 等均有累积作用，还能去除酚类有机物。

第七节　案例分析

一、浮床栽培鱼腥草对吉富罗非鱼养殖池塘水质的影响

试验基地为中国水产科学研究院淡水渔业研究中心宜兴屺亭养殖基地。试验用池塘每口面积为 1 333 m^2，水深 1.5 m（配备微孔增氧系统）。养殖新吉富罗非鱼（*Oreochromis niloticus*）为大规格越冬种，平均投放规格为（42±2.1）g/尾，养殖密度为 1 750 尾/667 m^2，同时搭配少量滤食性鲢（20 尾/塘）、鳙（30 尾/塘）。浮床植物选用鱼腥草，试验设对照组 1 个，处理组 3 个。分 4 口塘进行种植，浮床面积占池塘面积比例分别为 0%、5%、10% 和 15%，试验于 2015 年 6 月开始，至 9 月结束。每天 8:00 进行定量投喂 1 次，饲喂量为鱼体重的 3%。养殖期间的日常管理及病害防控基本一致，养殖过程池塘不换水（除渗漏、蒸发需补水外），且用水符合渔业水质标准（GB 11607—89）。

试验选用 PVC 管材料（$\phi=50$ mm）制作浮床，规格为 2 m×2 m。浮床两面分别用网孔为 30 mm（便于鱼腥草扦插）的网片包裹。试验开始前，将预先培育好的鱼腥草苗（株高 20 cm），按株行距 30 cm×20 cm 进行扦插，并将浮床集中固定在池塘中排列整齐，每 3 个浮床用尼龙绳连接成组。

　　试验开始后，每隔 30 d 采集一次水样，取水量为 2 L，采样时间固定为每月 20 号上午 10：00 左右。水样采集方法为五点法，即在对照塘中央和 4 个拐角处各设 1 个采样点；在处理组浮床区和敞水区的中央和 4 个拐角处各设 1 个采样点；取各点的混合水样进行水质指标测定。

　　水质测定指标和测定方法如下：①水温：温度计；②透明度：透明度盘；③pH：pH 计；④溶解氧（DO）：溶解氧测定仪；⑤氨氮（$NH_3 - N$）：纳氏试剂光度法；⑥硝酸盐氮（$NO_3^- - N$）：酚二磺酸光度法；⑦亚硝酸盐氮（$NO_2^- - N$）：N-(1-萘基)-乙二胺光度法；⑧总氮（TN）：过硫酸钾氧化-紫外分光光度法；⑨总磷（TP）：硝酸—硫酸消解法；⑩高锰酸盐指数（COD_{Mn}）：酸性法。除水温、pH、透明度和 DO 现场分析测定外，水样其他指标测定按《水和废水监测分析方法》进行。

　　9 月最后一次采样后对池塘中鱼腥草进行收割、称重（分别计算叶和根茎重），用以统计鱼腥草的产量，同时测定鱼腥草的 TN、TP 含量，方法分别按《饲料中粗蛋白的测定　凯氏定氮法》（GB/T 6432—2018）和《饲料中总磷量的测定　分光光度法》（GB/T 6437—2018）进行。

　　本研究结果表明，随着池塘养殖时间的不断推移，吉富罗非鱼养殖池塘中 5％、10％ 和 15％ 鱼腥草种植区的透明度和溶解氧含量高于对照组水体（图 5-1）。

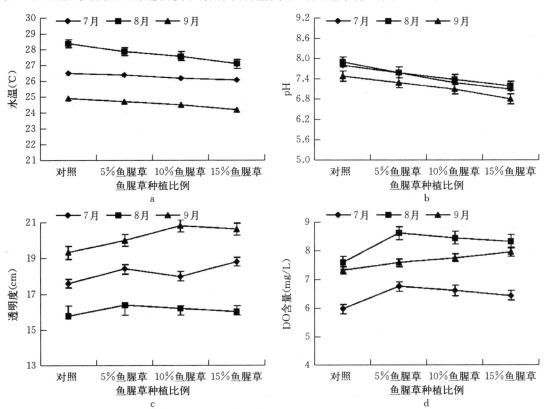

图 5-1　浮床栽培鱼腥草对吉富罗非鱼池塘 4 种水质指标的影响

a. 水湿　b. pH　c. 透明度　d. 溶解氧含量

浮床种植蔬菜能显著降低水体中的总氮含量已经在诸多研究中证实。相比对照组，7月5%鱼腥草和9月不同鱼腥草比例种植区TN、NH_3-N下降（图5-2），7—9月5%～10%鱼腥草种植区NO_3^--N含量下降，仅9月5%鱼腥草种植区NO_2^--N出现了下降，7—8月5%鱼腥草种植区NO_2^--N达到最高值。总体上来讲7—8月NO_3^--N下降与此同时带来了NH_3-N（除5%处理组）和NO_2^--N的上升。

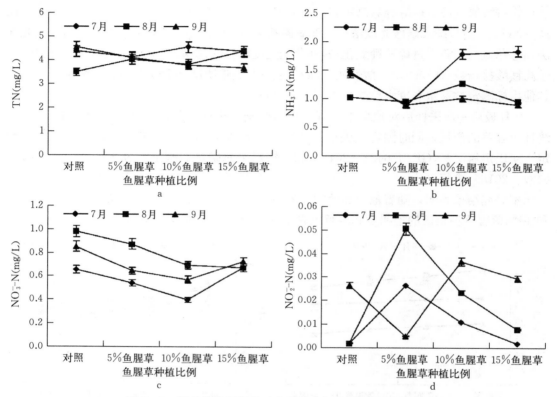

图5-2　浮床栽培鱼腥草对吉富罗非鱼池塘氮循环的影响
a. TN　b. NH_3-N　c. NO_3^--N　d. NO_2^--N

对于总磷含量，7月10%鱼腥草、8月5%鱼腥草和9月不同比例鱼腥草种植区总磷含量下降（图5-3），7月（除15%）和9月COD_{Mn}指标下降，但8月COD_{Mn}指标表现为上升，这一方面可能与水温相关，还可能与水体中突然增加的NO_2^--N相关。9月水温在25℃以下，而7—8月水温在26～28℃，本研究中TN、TP只有在9月不同鱼腥草种植区均下降，预示着水温对鱼腥草去除TN、TP的效果有较大的影响。

试验期间共进行了1次鱼腥草采收，5%鱼腥草处理组平均每平方米收获鱼腥草叶、根茎分别为0.011 kg、0.162 kg，平均产量（以鱼腥草覆盖面积计）达112.4 kg/hm²、1 619.2 kg/hm²。抽样检测鱼腥草的氮、磷平均含量分别为2.2×10³ mg/kg、0.35×10³ mg/kg，据此计算出5%处理组收获的鱼腥草（叶和根茎）可从养殖水体带走0.38 g/m²、0.06 g/m²的总氮、总磷。9月浮床栽培鱼腥草对5种水质指标的平均去除率在3%～38%（图5-4）。

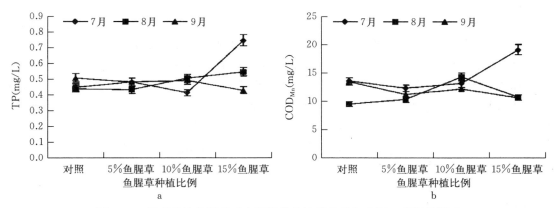

图5-3　浮床栽培鱼腥草对吉富罗非鱼池塘总磷和COD_{Mn}指标的影响

a. TP　b. COD_{Mn}

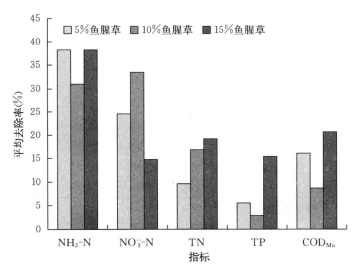

图5-4　9月份浮床栽培鱼腥草对吉富罗非鱼池塘5种水质指标平均去除率的影响

二、虎杖种植对吉富罗非鱼养殖水质和底质的影响

　　浮床植物选用虎杖，试验设对照组3个（浮床面积占池塘面积比例均为0%），虎杖处理组3个（浮床面积占池塘面积比例均为5%）。试验选用PVC管材料（$\phi=50$ mm）制作浮床，规格为2 m×2 m。浮床两面分别用网孔为30 mm（便于虎杖苗扦插）的网片包裹。将预先培育好的虎杖苗（块状茎长约10~20 cm），按株行距30 cm×20 cm进行扦插，并将浮床集中固定在池塘中排列整齐，每3个浮床用尼龙绳连接成组。试验时间为2016年5—10月。试验开始后，每隔30 d采集一次水样，取水量为2 L，采样时间固定为每月18号上午10：00左右。采取底泥，对6—10月（5月投喂饲料较少）底泥中的TOC、TN、TP进行测定，TOC采用重铬酸钾法；TN采用凯氏定氮法；TP采用高氯酸—硫酸

消化法。其他检测方法同案例分析一。

结果表明 5 月虎杖塘浮床区和敞水区 TOC、COD$_{Mn}$、Chl. a、TP 显著下降（表 5-1）；6 月浮床区和敞水区 TOC、COD$_{Mn}$、Chl. a、TP 显著下降，浮床区 NH$_3$-N、PO$_4^{3-}$-P 显著下降；7 月浮床区和敞水区 COD$_{Mn}$ 显著下降，且浮床区 TOC、Chl. a 显著下降；8 月浮床区和敞水区 COD$_{Mn}$、TN 显著下降，浮床区 TOC，敞水区 NH$_3$-N 显著下降；9 月浮床区和敞水区 TOC、COD$_{Mn}$、Chl. a、TN 显著下降；10 月浮床区和敞水区 COD$_{Mn}$、Chl. a、TN 显著下降，浮床区 TOC 和敞水区 NH$_3$-N 显著下降。

表 5-1　5—10 月虎杖塘水质指标消减情况

	TOC	COD$_{Mn}$	Chl. a	TN	NH$_3$-N	NO$_2^-$-N	NO$_3^-$-N	TP	PO$_4^{3-}$-P
5-浮床区	*	*	*					*	
5-敞水区	*	*	*					*	
6-浮床区	*	*	*		*			*	*
6-敞水区	*	*	*					*	
7-浮床区		*							
7-敞水区	*		*						
8-浮床区	*	*		*					
8-敞水区		*		*	*				
9-浮床区	*	*	*	*					
9-敞水区	*	*	*						
10-浮床区	*	*	*	*				*	
10-敞水区		*	*	*	*			*	

注：* 表示相比对照组池塘水质显著降低。

对虎杖塘的 TOC、TN、TP 结果分析表明（图 5-5），虎杖种植塘底泥 TOC 显著增加（6—8 月），6 月底泥 TN 显著增加，7—10 月底泥 TN 显著降低，6 月、8—10 月底泥 TP 显著降低。

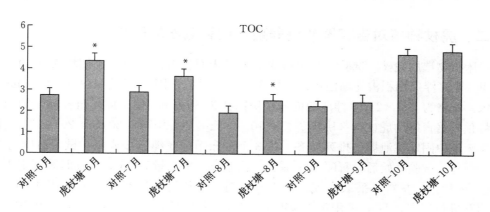

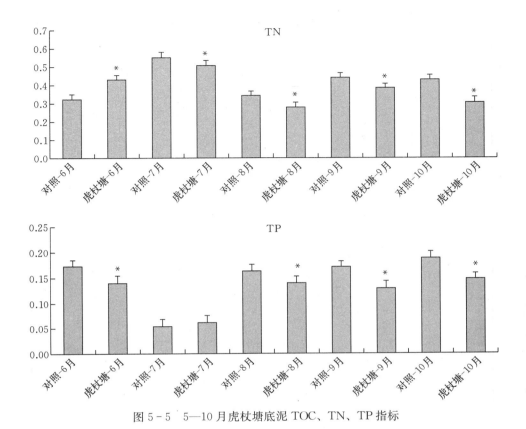

图 5-5　5—10 月虎杖塘底泥 TOC、TN、TP 指标

三、不同比例"鱼腥草—薄荷—空心菜"浮床对吉富罗非鱼养殖池塘环境影响

试验于 2017 年 6—10 月在淡水渔业研究中心宜兴屺亭基地进行，选择吉富罗非鱼养殖池塘 9 口（对照组，种植面积为水面面积 10% 和 20% 三明治试验组各 3 口，每口 0.13 hm²，水深 2 m）。采样时间固定为每月 18 号上午 10:00 左右。通过采集对照塘、10% 和 20% 三明治浮床种植塘水样 500 mL（五点法）。检测方法同案例分析一。

结果表明 6 月三明治塘 10% 和 20%COD$_{Mn}$、Chl. a、TN、TP、PO$_4^{3-}$-P 显著上升（表 5-2），20% 三明治塘 NH$_3$-N、NO$_2^-$-N、NO$_3^-$-N 显著上升。7 月三明治塘 10% 和 20%COD$_{Mn}$、Chl. a、TP、PO$_4^{3-}$-P 显著下降，20% 三明治塘 TN、10%NH$_3$-N 显著下降。8 月三明治塘 10% 和 20%COD$_{Mn}$、Chl. a、TP、PO$_4^{3-}$-P 显著下降，20% 三明治塘 TN、10% NH$_3$-N 显著下降；10% 三明治塘 Chl. a、NH$_3$-N、NO$_2^-$-N、TP 显著下降，20% TP、PO$_4^{3-}$-P 显著下降。9 月所有检测指标均显著下降，10% 三明治塘 Chl. a 显著低于 20% 组但 10% 三明治塘 TN、NO$_3^-$-N、TP 显著高于 20% 三明治塘。10 月 Chl. a、TN、NH$_3$-N 显著上升，20% 三明治塘 NO$_3^-$-N 显著上升，三明治塘 COD$_{Mn}$（仅 20% 组）、NO$_2^-$-N、TP、PO$_4^{3-}$-P 显著下降。

表5-2 6—10月不同比例治塘水质指标总体情况

单位：mg/L

月份	处理	高锰酸盐指数 COD_{Mn}	叶绿素 Chl.a	总氮 TN	氨氮 NH_3-N	硝酸盐氮 NO_3-N	亚硝酸盐氮 NO_2-N	总磷 TP	磷酸盐 $PO_4^{3-}-P$
6月	Y0	9.14±0.20[b]	105.73±10.24[b]	2.44±0.21[b]	0.22±0.02[b]	0.18±0.02[b]	0.00±0.00[b]	0.16±0.01[c]	0.09±0.01[b]
	Y1-10%	11.71±0.49[a]	223.63±13.28[a]	3.23±0.30[a]	0.28±0.03[b]	0.21±0.02[b]	0.00±0.00[b]	0.40±0.02[a]	0.17±0.02[a]
	Y2-20%	10.24±0.31[a]	244.29±16.78[a]	3.59±0.14[a]	0.42±0.02[a]	0.30±0.02[a]	0.03±0.00[a]	0.29±0.02[b]	0.13±0.01[a]
7月	Y0	18.36±0.25[a]	661.96±34.21[a]	4.98±0.25[a]	1.34±0.02[a]	0.00±0.00	0.00±0.00	0.34±0.01[a]	0.03±0.00[a]
	Y1-10%	14.49±0.14[b]	282.76±13.47[b]	4.12±0.18	0.86±0.01[b]	0.00±0.00	0.00±0.00	0.12±0.01[b]	0.00±0.00[b]
	Y2-20%	9.86±0.08[c]	264.19±15.29[b]	2.33±0.10[b]	1.25±0.03[a]	0.00±0.00	0.00±0.00	0.07±0.00[b]	0.00±0.00[b]
8月	Y0	16.34±0.12	311.54±17.12[a]	6.13±0.24	4.24±0.05[a]	1.47±0.21[b]	0.17±0.03[b]	0.47±0.04[a]	0.24±0.02[a]
	Y1-10%	16.13±0.14	193.44±10.24[b]	5.00±0.16	2.84±0.02[b]	1.88±0.05[a]	0.03±0.00[b]	0.33±0.03[b]	0.20±0.01[a]
	Y2-20%	16.97±0.13	352.80±16.87[a]	6.41±0.21	4.61±0.03[a]	1.06±0.03[b]	0.24±0.02[a]	0.31±0.02[b]	0.12±0.01[b]
9月	Y0	17.52±0.17[a]	254.10±14.32[a]	6.01±0.17[a]	4.12±0.04[a]	1.03±0.04[a]	0.10±0.01[a]	0.36±0.02[a]	0.15±0.01[a]
	Y1-10%	14.21±0.19[b]	156.17±12.41[c]	5.43±0.25[a]	2.56±0.02[b]	0.85±0.03[b]	0.00±0.00[b]	0.21±0.02[b]	0.05±0.01[b]
	Y2-20%	13.28±0.27[b]	198.69±10.21[b]	4.95±0.14[a]	2.11±0.02[b]	0.67±0.02[c]	0.00±0.00[b]	0.14±0.01[c]	0.06±0.02[b]
10月	Y0	19.37±0.33[a]	70.08±6.41[c]	6.55±0.10[b]	2.69±0.02[b]	0.00±0.00[b]	0.49±0.04[a]	0.66±0.03[a]	0.12±0.01[a]
	Y1-10%	19.37±0.45[a]	163.76±10.36[a]	7.49±0.26[a]	4.30±0.03[a]	0.00±0.00[b]	0.26±0.02[b]	0.21±0.02[c]	0.00±0.00[b]
	Y2-20%	15.95±0.39[b]	105.33±9.58[b]	8.17±0.32[a]	4.22±0.03[a]	0.85±0.04[a]	0.09±0.01[c]	0.38±0.03[b]	0.00±0.00[b]

注：不同小写字母（a、b、c）表示处理间差异显著（$P<0.05$）；相同小写字母或无字母表示处理间差异不显著（$P>0.05$）。

对三明治塘底泥 TN、TP 进行分析，结果表明 6—7 月 20% 三明治塘、8—9 月 10% 三明治塘 TN 显著下降，但 20% 三明治塘 TN 显著上升（图 5 - 6）；6—7 月 10%、20% 三明治塘 TP 显著下降（图 5 - 7），但 8 月、10 月 20% 三明治塘 TP 显著上升。

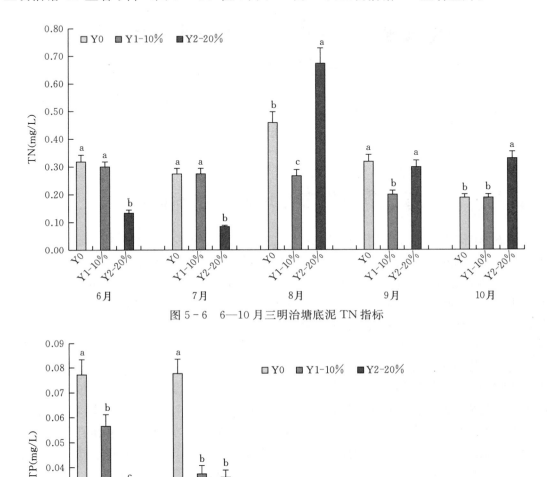

图 5 - 6　6—10 月三明治塘底泥 TN 指标

图 5 - 7　6—10 月三明治塘底泥 TP 指标

7—9 月三明治塘 COD_{Mn}、Chl. a、TN、$NO_2^- - N$、TP、$PO_4^{3-} - P$ 显著下降，对磷去除效果较好，种植初期和后期易造成水质 TN、Chl. a 等指标上升。

第六章　淡水池塘生态环境的生态浮床修复技术

第一节　生态浮床修复技术概述

生态浮床修复技术是运用无土栽培技术原理，以高分子材料为载体和基质，采用现代农艺与生态工程措施综合集成的水上无土种植植物技术。通过水生植物根系的截留、吸附、吸收和水生动物的摄食以及栖息其间的微生物的降解作用，达到水质净化的目的，对水生生物的多样性也能起到促进作用，并具有营造景观的效果。浮床一般采用高分子材料、泡沫板、蛭石、聚乙烯等，种植植物的种类主要为水生蔬菜（水芹菜、水雍菜、海芦笋）、花卉（美人蕉）、水稻等。

生态浮床技术的修复原理是人工把高等水生植物或改良的陆生植物，以高分子材料等为载体和基质，应用物种间共生关系和充分利用水体空间生态位和营养生态位的原则，采用现代农艺和生态工程措施综合集成的水面无土种植植物技术。采用该技术可将原来只能在陆地种植的高等陆生植物种植到自然水域水面，并能取得与陆地种植相仿甚至更高的收获量与景观效果。实践证明，此技术无环境污染和二次污染，能在原位生态条件下正常生长，易收获高等植物，净化水体。其最大的优点就是直接利用水体水面面积，不会另外占地，对水体进行原位修复。

生态浮床技术的净化机理包括物理作用、植物吸收作用、气体传输和释放作用、微生物降解作用及对藻类的抑制作用等。通过植物在生长过程中对水体中氮、磷等植物必需元素的吸收利用，及其植物根系和浮床、基质等对水体中悬浮物的吸附作用，富集水体中的有害物质，与此同时，植物根系释出大量能降解有机物的分泌物，从而加速了有机污染物的分解，一些植物还能分泌化学克生物质，抑制浮游藻类生长。随着部分水质指标的改善，尤其是溶解氧的大幅度增加，为好氧微生物的大量繁殖创造了条件，通过微生物对有机污染物、营养物的进一步分解，使水质得到进一步改善，最终通过收获植物体的形式，将氮、磷等营养物质以及吸附积累在植物体内和根系表面的污染物搬离水体，使水体中的污染物大幅度减少，水质得到改善，从而为水生生物的生存、繁衍创造生态环境条件，为最终修复水生态系统提供可能（图6-1）。

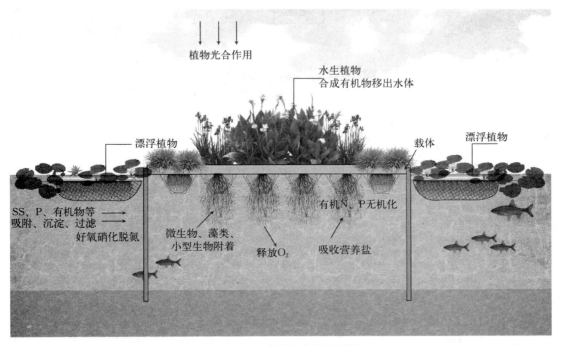

图 6-1 生态浮床净化机理图

生态浮床修复技术模式是近几年来池塘原位修复技术发展较为成功的例子之一。其原理正是为池塘水体的氮循环找到了一个新的归趋（图 6-2），即水生植物。与此原理相似的，还有生物絮团技术（图 6-3），该技术将附加的碳源和过剩的氮转化为生物絮团，并选择性地为养殖生物提供了新的蛋白质来源，提高了饲料的转化效率。比较这两种原位修复技术，前者比后者的操作更加简单，且经济效益更好。更重要的是，由于土地资源匮乏，我国的农业生产面临生态与资源的双重危机，"鱼—菜共生"这项综合效益较高的有机耕作模式，正为种植业和水产业在减排目标下找到了完美的结合点。

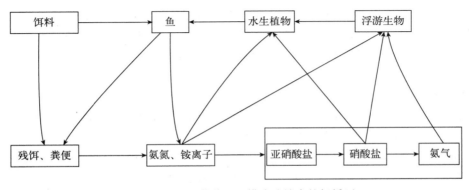

图 6-2 "鱼—菜共生"模式池塘中的氮循环

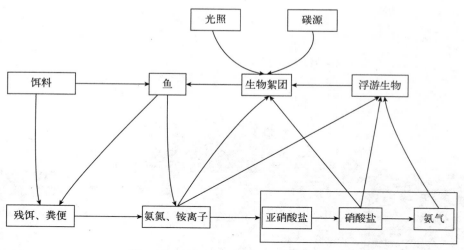

图 6-3　生物絮团模式池塘中的氮循环

生态浮床根据水和植物是否接触可以分为湿式与干式。湿式浮床可再分为有框和无框两种，因此在构造上浮床主要分为干式浮床、有框湿式浮床、无框湿式浮床三类。湿式有框浮床一般用 PVC 管等作为框架，用聚苯乙烯板等材料作为植物种植的床体。湿式无框浮床用椰子纤维缝合作为床体，不单独加框，因为没有框，因此无框型浮岛在景观上则显得更为自然，但是在强度及使用时间上比有框式较差。干式生态浮床的植物与水体不直接接触，因此水质净化的功能相对较差。从水质净化的角度来看，湿式有框式是比较适合的，也是目前广泛应用的。以日本的生态浮床为例，湿式有框式占目前总量的 70% 以上，而干式浮床、无框湿式浮床分别只占 20% 和 10% 左右。

第二节　生态浮床技术的应用

生物浮床的应用可追溯到我国的三国时期，我国南方地区的农民利用菰的根系和茎形成的漂浮物进行水上种稻。另外在早期中美洲如墨西哥地区，农民利用芦苇编成筏子，上铺泥土种植玉米、雍菜等。在缅甸，农民利用植物根茎形成浮垫种植蔬菜等农作物。20世纪 50 年代起，研究人员建设了一些人工浮岛作为鸟类栖息繁殖和鱼类产卵的场所。直到 1988 年，Hoeger 首次提出将生态浮床用作一项水体生态修复技术，并阐述了浮床在德国湖泊中的应用情况。至此，生态浮床才被用于改善水质，消除水体污染，随后许多国家开展了相关的研究。

20 世纪 70 年代，日本的研究机构在琵琶湖制作了作为鱼类产卵床用的人工浮岛。1993 年 3 月，日本建设部又在琵琶湖的 Tsuchiura 码头附近水域设置了绿化浮岛。浮岛长约 91.5 m，宽约 9 m，共由 40 个浮体组成，每个浮体单元面积 20 m²。人工浮岛的框架用聚苯乙烯材质和钢材搭建，框架中填充 10 cm 厚的泡沫板，其上种植水生植物，有效地提升湖滨景观、改善湖滨生境、净化水质以及保护湖岸。

1998 年中科院南京地湖所在无锡五里湖进行了利用生物浮床技术治理富营养水体的

可行性研究。建设的浮床总面积 8 hm²。1999—2000 年又在五里湖采用软坝围出了总水域面积 3 600 m² 的试验区，在浮床上种植美人蕉、黑麦草等湿生植物。

2001 年章永泰设计了一套带风能曝气和生物治理的污水净化浮床，组件包括风力发电机、植物、生物滤料、曝气装置、浮筒、蓄电池等。风能发电机在风速＞2.5 m/s 时开始运行，将风能转化为电能，驱动曝气装置进行充氧曝气，释放出直径＜0.5 mm 的微小气泡，为生物滤材的硝化和反硝化过程提供适宜的环境，有效提高了整个浮床的处理效果。

2001—2002 年中科院南京地湖所利用生物浮床等手段治理北京市什刹海。建设的生物浮床呈四方体结构，50 m²×1.2 m，表面以钢丝网覆盖，两侧各有一个空心浮筒，使其半沉于水体表层。在沉于水中的框架内，放置滤材及植株支撑物。浮床上架设有风力发电曝气机和风动曝气机两种，并带有若干曝气头沉于水下。生物浮床具有风动曝气、接触氧化、抑藻和等功能，促进了水生生态系统的恢复。

2003 年北京市水利科学研究所在什刹海后门桥—金锭桥段建造了两块浮床区，种植面积分别为 288 m² 和 5 000 m²，使用包装聚苯板作为浮床床体，用 U 型铁钉、竹片和软绳，将设有植物栽种孔穴的浮床床体连接。在水中用镀锌管打桩，将浮床两端用绳子固定在桩上。浮床运行后，明显提高了水体透明度，同时营造了良好的景观效果。

2004 年在抚仙湖"隔河泄水蓝藻污染控制应急工程"中，研究人员在隔河河口将 10 m×10 m 的漂浮水葫芦单元连接，建成总面积 20 hm² 的生态浮岛净化工程，使隔河下泄水中的蓝藻去除率达到 80% 以上，生态景观得到了改善。结合沉水植物净化、曝气氧化等技术，使隔河水质从劣 V 类上升到 Ⅲ、Ⅳ 类，而总投资只有其他技术方案的 20% 左右。

2005 年南京地湖所在太湖梅梁湾利用消浪竹排作为固定载体种植漂浮植物，在 4.5 km 长的竹排上种了 45 000 m² 的喜旱莲子菜。初始种植密度 1～2 kg/m²，半年后为 5.6 kg/m²，最大生物量达到 10.1 kg/m²，对水质改善起到了非常好的效果。2006 年河海大学操家顺等人设计了结合生物膜技术的生态浮床结构。采用天然木材制成浮床，在木条上种植植物，下方悬挂仿生型填料，用聚烯烃、聚酰胺的合成物，填料下端系一重物克服重力。浮床上设置镂空的水气交换区，利于水体自然复氧。分散的生物膜可以有效地截留水体中的悬浮物，还能有效地去除水体中的有机物和氮、磷营养物质，加强了浮床植物的处理效果，全方位进行受污染水体的净化。2007 年东南大学李先宁等设计出组合型浮床，将植物浮床、填料浮床和生物浮床技术相互结合起来，浮床整体为长方体结构，分为上、中、下三层结构。上层为水生植物区，种植水生经济植物，中层为水生动物区，笼养滤食性水生动物贝类，下层为人工介质区，悬挂兼具软性及半软性人工填料。经过测定，该浮床对 N、P、浮游植物的去除效果都很好。

邝旭文等采用浮床无土栽培技术，在池塘水面种植景观植物（陆生植物美人蕉）以控制池塘富营养化水质。结果显示，在富营养化池塘中，景观植物的覆盖率与水体中 N、P 等的去除率呈显著正相关，即提高景观植物的覆盖率可以提高水质的净化能力，使电导率和浮游植物叶绿素 a 也明显下降，表明了富营养化池塘的水质得到了明显改善。在富营养化池塘中，景观植物的较佳覆盖率是 20%。

马立珊等采用浮床种植香根草技术初步研究了香根草对富营养化水体中主要养分 N、P 元素的去除动态及效率。试验结果表明，浮床香根草技术是一种潜在的利用植物修复富营养化水体的有效途径，通过香根草根系的吸收作用，可大幅度地去除富营养化水体中主要养分 N、P 元素，这为发展利用浮床陆生植物治理富营养化水域提供了新的科学依据。司友斌等（2003）采用浮床种植香根草技术研究了香根草对富营养化水体的净化能力。结果表明，香根草对富营养化水体中的 N、P、COD、BOD 等具有明显的去除效果，能显著改善富营养化水体的水质。

李欲如等（2005）在冬季低温条件下，采用浮床无土栽培技术，研究了水芹菜、多花黑麦草以及大蒜 3 种耐寒植物对富营养化水体的净化效果。试验结果表明，3 种植物在水温 4.0～10.1 ℃的条件下均生长良好，对水体中 TN、NH_3-N、TP、COD_{Mn} 污染物的去除率分别为 59.3%～29.2%、65.2%～39.3%、55.6%～33.9%、55.7%～49.5%，对藻类的抑制率为 88.4%～92.3%。丰富了冬季低温条件下治理富营养化水体的方法，也为冬季浮床植物的选择提供了依据。

卢进登等（2006）利用人工浮床在富营养化水体栽培了 7 种植物，成活率都在 70% 以上，2 个月的生长期内生长量都超过 20 kg 鲜重/m^2。浮床栽培芦苇的净化效果最好，每平方米的芦苇浮床可以使 117.93 m^3 的水从 V 类水质净化为 Ⅲ 类水质（以总 P 计），其次分别为荻、水稻、蕹菜、牛筋草、香蒲和美人蕉。对蕹菜和水稻植株的检测表明，分别作为蔬菜和青饲料完全符合国家有关卫生标准。

生态浮床技术是生态技术，无环境风险和二次污染，创新点是将陆生植物经培育引入水体种植。自 1991 年以来，在大型水库、湖泊、河道、运河等不同水域，成功地种植了 46 个科的 130 多种陆生植物，累计面积超过 10 hm^2。其中大面积单季水稻每公顷产量在 8.5 t 以上，最高可达 10.07 t；美人蕉、旱伞草等花卉比在陆地种植取得了更好的群体和景观效果。利用陆生植物对 N、P 营养盐的吸收和光合作用，去除水中 N、P，无须施肥，病虫害少，生物生产量高。实践证明，在污染水体中种植一些耐污能力特别强，能在原位生态条件下正常生长，并容易收获的高等植物，对水体起到很好的净化作用。对于不同生态条件和污染程度水体的针对性治理，采用不同品种、种植结构等，做到定量设计和基本量化指标的控制。

陆生植物水上种植后，能形成较大生物量，特别是发达的根系，可释放出能降解有机污染物的分泌物，加速污染物分解。可创造一定的经济效益和美化污染水体的水面景观，如种植水生蔬菜等。若采用不同花期的花卉组合，兼有美化景观功能，即水面种花治理水污染。造价低、供试植物和浮床载体材料来源广，结构组装方便，刚柔兼备，较好抗风浪能力，载体可移动拼装。

第三节　生态浮床的结构设计

生态浮床有多种类型，能实现不同的功能。要根据不同的目标、水文水质条件、气候条件、费用，进行浮床的设计，选择合适的类型、结构、材质和植物。浮床的设计必须综合考虑以下 5 个因素：

（1）稳定性。从浮床选材和结构组合方面考虑，设计出浮床需能抵抗一定的风浪、水流的冲击而不至于被冲坏。

（2）耐久性。正确选择浮床材质，保证浮床能历经多年而不会腐烂，能重复使用。

（3）景观性。考虑气候、水质条件，选择成活率高、去除污染效果好的观赏性植物，能给人以愉悦的享受。

（4）经济性。结合上述条件，选择适合的材料，适当降低建造的成本。

（5）便利性。设计过程中要考虑施工、运行、维护的便利性。

一、浮床的组成

整个浮床由多个浮床单体组装而成，每个浮床单体边长可为 1～5 m。但为了方便搬运和施工及耐久性等问题，一般采用 2～3 m。在形状方面，以正方形为多。但考虑到景观美观、结构稳固的因素，也有三角形及六边蜂巢型等。典型的湿式有框浮床组成包括 4个部分：浮床的框体、浮床床体、浮床基质、浮床植物。

（一）浮床框体

浮床框体要求坚固、耐用、抗风浪，目前一般用 PVC 管、不锈钢管、木材、毛竹等作为框架。PVC 管无毒无污染，持久耐用，价格便宜，重量轻，能承受一定冲击力。不锈钢管、镀锌管等硬度更高、抗冲击能力更强，持久耐用，但缺点是质量大，需要另加浮筒增加浮力，价格较贵。木头、毛竹作为框架比前两者更加贴近自然，价格低廉，但常年浸没在水中，容易腐烂，耐久性相对较差。

（二）浮床床体

浮床床体是植物栽种的支撑物，同时是整个浮床浮力的主要提供者。目前主要使用的是聚苯乙烯泡沫板，这种材料具有成本低廉、浮力强大、性能稳定的特点，而且原材料来源充裕、不污染水质、材料本身无毒疏水，方便设计和施工，重复利用率相对较高。此外还有将陶粒、蛭石、珍珠岩等无机材料作为床体，这类材料具有多孔机构，适合于微生物附着而形成生物膜，有利于降解污染物质。但局限于制作工艺和成本的问题，这类浮床材料目前还停留在实验室研究阶段，实际使用很少。对于以漂浮植物进行浮床栽种，可以不用浮床床体，依靠植物自身浮力而保持在水面上，利用浮床框体、绳网将其固定在一定区域内。这种方法也是可行的。

（三）浮床基质

浮床基质用于固定植物植株，同时要保证植物根系生长所需的水分、氧气条件及能作为肥料载体，因此基质材料必须具有弹性足、固定力强、吸附水分、养分能力强，不腐烂，不污染水体，能重复利用的特点，而且必须具有较好的蓄肥、保肥、供肥能力，保证植物直立与正常生长。目前使用的浮床基质多为海绵、椰子纤维等，可以满足上述的要求。另外也有直接用土壤作为基质，但缺点是重量较重，同时可能造成水质污染，目前应用较少，不推荐使用。

（四）浮床植物

植物是浮床净化水体主体，需要满足以下要求：适宜当地气候、水质条件，成活率高，优先选择本地种；根系发达、根茎繁殖能力强；植物生长快、生物量大；植株优美，具有一定的观赏性；具有一定的经济价值。目前经常使用的浮床植物有美人蕉、芦苇、荻、水稻、香根草、香蒲、菖蒲、石菖蒲、水浮莲、凤眼莲、水芹菜、蕹菜等。在实际工作中要根据现场气候、水质条件等影响因素进行植物筛选。

二、浮床技术

生态浮床技术经过多年的发展和应用，目前已经较为成熟，在国内外湖泊和河道污染水体修复中大量应用，在降解水体污染、美化景观等方面发挥了非常好的作用。除了新型浮床材料的开发外，今后的发展方向主要在浮床技术和其他技术的组合上。

（一）生态浮床和削减波浪设备的组合

生态浮床目前主要应用在水动力较小的区域。风浪、流速太大对浮床的连接、固定、床体稳定性要求很高，将直接导致建造费用的上升。因此在风浪较大的区域，如广阔的湖面，可以结合削减波浪的技术如消浪栅、消浪排等，营造局部平静的环境，缓解水流、风浪对浮床的冲击，保证浮床的稳定性。

（二）生态浮床和填料、曝气等技术的组合

生态浮床主要利用植物吸收和根系微生物降解处理污染，相对效率较低。因此最近设计的浮床增加了填料、曝气、生物技术。利用生态浮床的框架，在其下方架设填料，形成新的填料浮床。微生物逐渐在填料上形成数量可观的生物膜，可以明显提高水体污染的去除率。浮床增加曝气过程，能提高水体溶解氧的含量，降解水体中耗氧物质。这些技术与浮床技术的整合，能明显提高整个浮床的处理效率。

生态浮床造价低、供试植物和浮床载体材料来源广，结构组装方便，刚柔兼备，具较好抗风浪能力，载体可移动拼装。在缓解耕地紧张矛盾的同时，又能有效地治理富营养化水体。利用陆生植物对 N、P 营养盐的吸收和光合作用去除水中 N、P，无须施肥，病虫害少，生物生产量高。陆生植物水上种植后能形成较大生物量，特别是发达的根系可吸附大量藻类等浮游生物，根系释出能降解有机污染物的分泌物，加速污染物分解。可创造具备一定的经济效益和美化污染水体的水面景观。如种植水生蔬菜等。若采用不同花期的花卉组合，兼有美化景观功能，即水面种花治理水污染。

生态浮床因具有净化水质、创造生物的生息空间、改善景观、消波等综合性功能，在水位波动大的水库或因波浪的原因难以恢复岸边水生植物带的湖沼或是在有景观要求的池塘等水域得到广泛的应用。由于该技术可以种植粮食蔬菜等农作物，在有效治理富营养化的同时还能收获农产品，受到越来越多的重视和广大专家学者的青睐。实施过程和后续效果不但能确保对人体健康和水生生物有安全保障，而且在治理过程中还能美化水域景观，对水生生物的多样性发展也能起到积极的促进作用。同时，实施效果不但好于其他技术，且成本远低于物理生态工程，并适于进行规模化、模式化和机械化作业，是 21 世纪我国生态环境保护领域最有价值和最具生命力的生物处理技术。

第四节　生态浮床制作技术

本书提供一种利用 PVC 管、粗网片和细网片组合而成的能重复使用的生物浮床新技

术。使用 PVC 管和与之相配套的弯头作为制作生物浮床的框架材料，用胶水粘合，PVC 管直径约为 50 mm，形状为长方形或正方形，框架大小面积可根据需要制作，如 2 m²、4 m²、6 m² 等。上层粗网片固定植物，网目直径约为 2 cm；下层细网片可以保护植物根部，网目直径约为 2 mm。根据框架大小，上层粗网片直接拉紧用尼龙绳固定在框架上；下层细网片，根据框架大小用细尼龙绳先缝成网箱，深 20 cm，四周用较粗的尼龙绳固定于框架上，便于拆洗和重复使用。

一、浮床的制作材料

本生物浮床制作具有以下优点：一是所用的 PVC 管耐腐烂，轻便，便于安装和拆卸；二是由于 PVC 管是中空的，可以产生较大的浮力，有利于支撑浮床上生长的植物；三是下层保护植物根部的细网采用网箱设计，有利于浮床的重复使用；四是采用先将要栽培的植物放于水池内预先培育的技术，保证了植物栽于浮床后的成活率；五是浮床框架中间为双层网片，比原来使用的泡沫板的透光性强，利于池塘中鱼类和浮游生物的生长。

使用 PVC 管和与之相配套的弯头作为制作生物浮床的框架材料，有别于使用毛竹竿的笨重和易腐烂，可重复使用。PVC 管直径为：50 mm 左右。PVC 管质量根据需要自行选择（图 6-4）。

图 6-4　生态浮床 PVC 管材料

二、制作生物浮床的网具规格

由上层固定植物的粗网和下层保护植物根部的细网二种规格，材料为尼龙网等鱼网。粗网直径为 2 cm×2 cm 左右，细网直径为 2 mm×2 mm 左右。

三、粗细尼龙绳若干

四、框架的制作方法

形状为长方形或正方形，使用 PVC 管和与之相配套的弯头，用胶水粘合即可。框架大小面积可根据需要制作，如 2 m²、4 m²、6 m² 等。

五、网具的固定方法

由上层固定植物的粗网（直径：2 cm×2 cm 左右）和下层保护植物根部的细网（直

径：2 mm×2 mm 左右）构成。根据框架大小，上层网直接拉紧用尼龙绳固定在框架上；下层网根据框架大小用细尼龙绳先缝成网箱，深 20 cm 左右，再在四周用较粗的尼龙绳固定在框架上，便于当年用完后拆下洗净来年再用。

六、植物栽培步骤

按上述方法将生物浮床制作完成后即可进行植物的栽培。植物选择那些适合在水中生长、根系发达的各种水生或陆生植物，如空心菜、美人蕉等。植物栽培步骤如下：第一，选择确定要栽培的植物，运回后先放在水池内培育至根系开始发育。第二，将生物浮床平放在地面上，把要栽培的植物（根系开始发育）固定在上层粗网的网目内，每个网目内固定 2～3 棵，间距 20 cm×20 cm，将整个浮床栽满为止。第三，将栽好植物的生物浮床放入要净化的水体中，用尼龙绳把每个浮床连在一起，形成一排或几排，再把每排浮床两端固定在池塘的岸边。

七、生物浮床制作的技术创新点

所选材料耐腐烂，轻便，便于排放，便于收起，有利于多次使用。由于 PVC 管是中空的，可以产生较大的浮力，有利于对浮床上生长的植物的支撑。用于下层保护植物根部的细网采用网箱设计，便于安装和拆卸，有利于浮床的重复使用。采用先将需要栽培的植物放于水池内预先培育的技术，保证了植物栽于浮床后的成活率。

第五节　生态浮床植物的筛选及净化效能的比较（案例）

一、浮床栽培空心菜对罗非鱼养殖水体中氮和磷的控制

我国的淡水池塘集约化养殖模式发展于 20 世纪 70 年代，至今仍以"进水渠＋养殖池塘＋排水渠"为主要养殖形式，依赖水源水质和增氧机来保证集约化养殖生产的进行，这种养殖模式虽然使得池塘单位水体的鱼载力大大提高，但投饲量也随之大幅度增加。有研究表明，在池塘养殖投喂的湿饲料中，有 5％～10％未被鱼类食用，而被鱼类食用消化的饲料中又有 25％～30％以粪便的形式排出，养殖尾水的肆意排放加剧了周围河流、湖泊等水域的富营养化的程度。因此，对养殖尾水的净化修复技术的研究备受关注。

淡水池塘养殖尾水净化修复技术主要分为异位修复与原位修复两种。近年来发展的池塘循环水生态养殖模式就是一种异位修复技术，该模式将养殖尾水引入人工湿地进行异地净化，然后将净化后的水再用于池塘养殖，实现了池塘养殖尾水的"零排放"，该模式虽效果明显，但运行成本较高，不易推广。原位修复技术是近年来发展的另一种池塘尾水净化修复技术，该模式主要利用水上栽培农业技术对养殖池塘水体进行即时修复，能够显著控制水体中氮和磷的水平，并且水上栽培农业也为渔民提供了增加经济效益的另一渠道，易于推广。

所谓水上栽培农业技术，就是利用生物浮床技术，将易于在水中生长的经济作物种植

于养殖池塘表面，通过植物的吸收、吸附作用将水体中的氮和磷等富营养化物质转化成植物生长所需要的能量储存于植物体中，实现了池塘水质的即时控制。

水上栽培农业技术虽然已作为一种全新的水产养殖—种植型复合农业生产方式而被提出，但是其应用与推广毕竟刚刚开始，亟待发展。特别是不同的养殖品种一般具有多种养殖模式，将水上栽培农业技术与适合的养殖模式因地制宜地结合在一起，实现水产品的健康养殖，已成为渔业环境保护工作者关注的焦点。

罗非鱼主要在我国南方各省养殖，有池塘养殖、网箱养殖、大水面养殖等多种养殖模式，其中池塘养殖在罗非鱼各种养殖模式中占据较大比例，因此，若能够将水上栽培农业技术与罗非鱼的池塘养殖模式因地制宜地结合在一起将有很大的应用前景。在本次试验中，笔者选择空心菜（*Ipomoea aquatica*）作为水上农作物，分析了水上栽培农业技术对罗非鱼养殖池塘水环境的原位修复效果，为构建一套完整的"水上种植—水下养鱼"这一生态组合型复合农业模式提供理论依据。

以中国水产科学研究院淡水渔业研究中心南泉试验基地的罗非鱼亲鱼培育塘为试验用池塘，共计 4 个，单个池塘面积均为 0.2 hm²，水深 2 m。每个池塘中放养的罗非鱼规格、尾数基本一致（表 6-1），试验期间的饵料投喂量随罗非鱼体重的增加而增加，平均为 15 kg/d，除因蒸发、渗漏而对池塘进行少量补水以使池塘水体保持不变外，试验期间不换水，不适用增氧设备。

表 6-1　试验塘的罗非鱼放养情况

池塘编号	时间	数量（尾）	规格（g/尾）	密度（尾/hm²）
I	2009 年 5 月 2 日	3 453	80	17 265
II	2009 年 5 月 2 日	3 105	80	15 525
III	2009 年 5 月 2 日	3 400	80	17 000
IV	2009 年 5 月 2 日	3 300	80	16 500

生物浮床的制作方法是采用 PVC 管做框架，通过弯头联结在一起，一个框架的面积 8 m²（4 m×2 m），利用网片作为空心菜（*Ipomoea aquatica*）的载体。将空心菜菜秧去叶，剪成 10 cm 左右且带有腋芽或顶芽的小段，取 3～5 株植入一个网孔中（网片直径为 3.0～4.0 cm 均可，以插入空心菜后能固定住为宜）。浮床框架设下衬网（网眼直径为 1.0 cm），用于防止养殖鱼类摄食空心菜的根系。扦插完毕后放入池塘水面，并将生物浮床均匀、整齐排列在池塘四周，试验设 1 个对照组和框架面积分别占池塘面积 10%、15% 和 20% 的 3 个处理组（图 6-5）。

空心菜种植试验开始于 2009 年 7 月 21 日，10 月 28 日结束。试验开始后每隔 30 d 在对照组和各处理组池塘水面下 50 cm 处采集水样 2 L。水样采集方法为"五点法"，即在每个池塘的中央和 4 个拐角处各设 1 个采样点，其中有 1 个拐角处是进水口，在补水阶段不采样（图 6-5）。取各点的混合水样进行水质指标的测定。水质测定指标和测定方法如下：①透明度（SD），透明度盘；②溶解氧（DO），便携式溶氧仪；③pH，便携式酸度计；（以上三样指标均为现场测定）；④总磷（TP），氯化亚锡还原分光光度法；⑤总氮

（TN），过硫酸钾氧化—紫外分光光度法；⑥氨氮 NH_3-N，纳氏试剂光度法；⑦亚硝酸盐氮（$NO^{2-}-N$），$N-（1-萘基）-$乙二胺光度法。各项水质指标的测定均按照《水和废水监测分析方法》的方法进行。

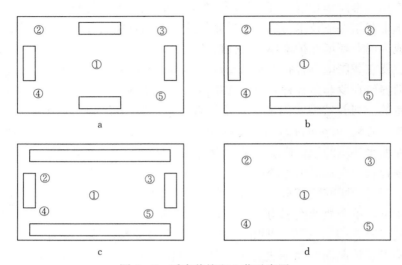

图6-5　浮床栽培空心菜示意图

a. 10%处理组池塘　b. 15%处理组池塘　c. 20%处理组池塘　d. 对照组池塘

注：①～⑤表示采样点位置，□表示空心菜种植区。

试验期间，空心菜生长旺盛，为避免空心菜聚集过多导致生物浮床撑破，适时对空心菜进行收割。整个试验阶段共计对空心菜收割4次。

本文中提出的"氮和磷的去除率"这一概念，指的是在同一监测时间（30 d、60 d、90 d），处理组中的氮、磷浓度值相对于对照组中的浓度值减少的百分比。该概念用于衡量和比较种植不同面积空心菜对水体中氮和磷的控制效果。

试验数据采用平均值的形式，以单因素方差分析方法对数据进行显著性检验，显著水平取 $\alpha=0.05$。从表6-2可以看出，对照组和各处理池塘的pH和DO之间未表现出明显的差异。pH变化在7.3～8.0，溶解氧值变化在7.41～8.28 mg/L，均符合《渔业水质标准》（GB 11607—89）。随着养殖时间的变化，各处理组池塘SD没有明显变化，均稳定在42～52 cm，但是对照组池塘的透明度在养殖后阶段明显降低，90 d时降到最低，只有养殖初期的44%。

表6-2　试验期间养殖池塘一些水质指标的变化

试验组	采样时间（d）	pH	溶解氧（mg/L）	透明度（cm）
对照	0	7.3	7.65	48
	30	7.7	7.80	47
	60	7.8	7.62	35
	90	7.5	7.41	21

（续）

试验组	采样时间（d）	pH	溶解氧（mg/L）	透明度（cm）
10%处理	0	7.3	7.69	50
	30	7.5	8.02	46
	60	7.4	7.58	50
	90	8.0	7.58	49
15%处理	0	7.6	7.48	49
	30	7.7	7.49	42
	60	7.9	7.69	51
	90	7.5	7.88	52
20%处理	0	7.4	7.56	45
	30	7.4	7.85	50
	60	7.8	8.28	48
	90	7.5	7.46	49

图 6-6 反映了试验期间各养殖池塘水体中氮和磷浓度随时间的变化情况。从图中可以看出，对照组和各处理组中总氮的浓度均呈现上升的趋势，在养殖后期，即在 90 d

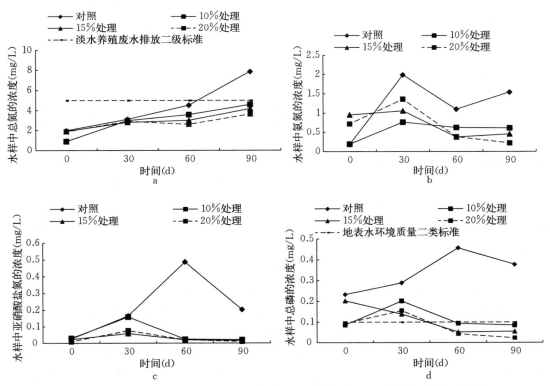

图 6-6　试验期间各养殖池塘总氮、氨氮、亚硝酸盐氮、总磷浓度随时间的变化
a. 总氮的变化　b. 氨氮的变化　c. 亚硝酸盐氮的变化　d. 总磷的变化

时达到最大值。其中对照组池塘总氮的浓度从 1.975 mg/L 上升到 7.858 mg/L，增加 5.883 mg/L；10%处理组从 0.904 mg/L 上升到 4.605 mg/L，增加 3.701 mg/L；15% 处理组从 1.908 mg/L 上升到 4.190 mg/L，增加 2.282 mg/L；20%处理组从 1.882 mg/L 上升到 3.652 mg/L，增加 1.770 mg/L。与对照组相比，随着种植面积的增大，总氮水平的绝对增加量呈下降趋势，试验结果表明空心菜浮床对水体中总氮的控制与种植面积有显著的相关关系。在试验后期（90 d），各处理组总氮水平均能达到淡水养殖废水排放二级标准。

试验期间对照组和各处理组氨氮的浓度均在 30 d 时达到最高值，试验后期（60～90 d）有不同程度的下降。对照组中氨氮的浓度变化范围为 0.187～1.987 mg/L，在 90 d 时氨氮浓度为 1.542 mg/L，较试验初期（0 d）增加 1.355 mg/L；10%处理组变化范围为 0.192～0.767 mg/L，在 90 d 时氨氮浓度为 0.614 mg/L，较试验初期增加 0.422 mg/L；15%处理组变化范围为 0.378～1.064 mg/L，在 90 d 时氨氮浓度为 0.455 mg/L，较试验初期下降 0.502 mg/L；20%处理组变化范围为 0.222～1.365 mg/L，在 90 d 时氨氮浓度达到最低值，较试验初期下降 0.501 mg/L。试验结果表明，随着空心菜种植面积的增加，水体中氨氮的浓度得到了显著的控制，当种植面积超过 15%时，在试验后期实现了氨氮浓度的降低。

对照组池塘、10%处理组、15%处理组和 20%处理组池塘中亚硝酸盐氮浓度的变化范围分别在 0.026～0.487 mg/L、0.021～0.159 mg/L、0.016～0.059 mg/L 和 0.009～0.077 mg/L。在 90 d 时，对照组和 20%处理组池塘较之于养殖初期亚硝酸盐氮浓度分别上升 0.177 mg/L 和 0.001 mg/L；而 10%处理组和 15%处理组池塘较之于养殖初期亚硝酸盐浓度分别下降 0.009 mg/L 和 0.007 mg/L。从总体趋势来看，空心菜种植实现了养殖池塘亚硝酸盐氮的控制，使其保持在较低的水平。

对照组池塘、10%处理组、15%处理组和 20%处理组池塘中总磷浓度的变化范围分别在 0.233～0.457 mg/L、0.085～0.202 mg/L、0.052～0.203 mg/L 和 0.023～0.156 mg/L。在 90 d 时，对照组池塘较之于养殖初期总磷浓度上升 0.144 mg/L；而 10%处理组、15%处理组和 20%处理组池塘较之于养殖初期总磷浓度分别下降 0.001 mg/L、0.148 mg/L 和 0.071 mg/L。从总体趋势来看，空心菜种植实现了养殖池塘总磷的控制，使其保持在较低的水平。在试验后期（90 d），各处理组总磷水平均能达到地表水环境质量二级标准。

图 6-7 反映了试验期间各处理组氮和磷的去除率随时间的变化。从图中可以看出，在 30 d、60 d 和 90 d，各处理组对总氮的平均去除率为 6.82%、32.12%和 47.20%；对氨氮的平均去除率分别为 46.38%、58.06%和 72.09%；对亚硝酸盐氮的平均去除率分别为 40.40%、95.55%和 92.28%；对总磷的平均去除率分别为 43.01%、86.21%和 85.59%。总磷和亚硝酸盐氮的平均去除率在 60 d 与 90 d 时基本持平，并显著高于 30 d 时的去除率，总氮和氨氮平均去除率均随时间延长而增大，表明种植时间越长，去除效果越好。总氮和总磷的去除率在 60 d 以后就表现为种植面积越大，去除效果越好，而氨氮和亚硝酸盐氮的去除率在 90 d 时才表现出这种相关性在 90 d 时。在 90 d 时，总氮、总磷和

氨氮去除率最高值分别为 53.53％、93.90％和 85.60％，而亚硝酸盐氮最高去除率在 60 d 时到达最高，为 95.89％。试验结果表明，种植时间与种植面积均与氮、磷的去除效果呈现较好的正相关关系。

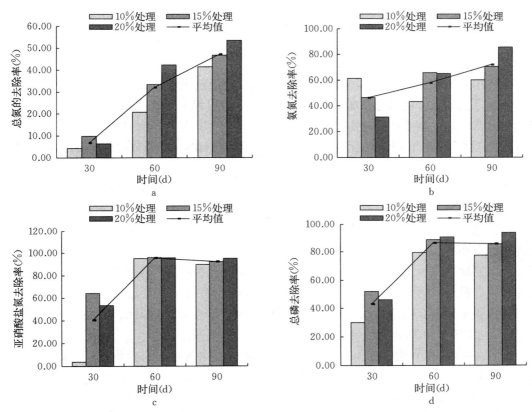

图 6-7　试验期间各处理组 4 种水质指标的去除率随时间的变化
a. 总氮的去除率　b. 氨氮的去除率　c. 亚硝酸盐氮去除率　d. 总磷去除率

　　试验池塘在 5 月初开始养鱼，在 7 月下旬开始浮床栽培空心菜对水体氮、磷控制的研究，一直持续到 11 月左右。主要基于以下两点原因：一是罗非鱼不耐低温，温度过低时需要在温室越冬，大概每年 5—11 月可以在自然池塘养殖；二是空心菜的最佳生长时间大概在 7—11 月。再者，池塘经过两个月的罗非鱼养殖后为空心菜的生长提供了足够的营养元素。在试验阶段，空心菜长势良好，共进行了四次的收割，由于试验的目的是研究浮床栽培空心菜对水体氮磷的控制，因此，空心菜的收割重量以及产生的经济效益等并没有在此文中进行核算。陈家长等研究指出，当浮床面积占水面的 20％时，通过空心菜的收割可从 1 hm² 的养殖池塘中移出总氮和总磷的量分别为 52.35 kg 和 5.39 kg。也有研究认为，水生植物组织中累积的氮仅占水体中所去除氮的一小部分，水体中的氮素污染主要是通过微生物降解途径去除的。再者，由于无法准确测定沉积物向水体中释放的氮、磷含量，同时也无法确定是否存在微生物固氮等作用，因此在本文也没有核算空心菜的收割到底带走了多少的氮和磷，而是将研究重点依旧放在养殖池塘水体本身。

总氮和总磷一直被认为是引起水体富营养化的重要因子，其中总磷是限制性因子。传统的养殖池塘本身就是一个制造氮和磷的污染源，本次试验后期（90 d），池塘水体中总氮水平已降至淡水养殖池塘废水排放二级标准，而总磷水平已达到地表水环境质量二类标准。试验结果表明，在集约化养殖池塘中采用浮床栽培空心菜能够对总氮和总磷实现有效的控制。

水体中氨氮和亚硝酸盐氮浓度过高不仅对鱼类有直接的毒性，更会引起鱼类免疫力下降，为病原菌的入侵提供方便的渠道。因此控制养殖过程中的氨氮和亚硝酸盐氮水平一直是池塘日常管理的重要环节，本试验结果表明，通过空心菜的浮床栽培，池塘水体中氨氮的水平控制在 1 mg/L 以下，而亚硝酸盐氮水平则控制在 0.1 mg/L 以下，该试验为淡水池塘罗非鱼的健康养殖提供了一个新的思路。

从各处理组对污染物的去除情况来看，空心菜种植时间与种植面积均与氮、磷的去除效果呈现较好的正相关关系（图 6 - 7），种植时间越长（＞60 d），种植面积与去除效果的正相关性越明显，说明适当提高空心菜浮床的覆盖率对净化水质有利。但是由于"水呼吸作用"的存在，当覆盖率达到一定程度时，水生植物会和鱼类竞争水体中的溶解氧，因而，无限制地提高覆盖率对池塘的健康养殖并不是一直都有利。在此次试验中，水体溶解氧随时间并没有显著地变化，试验期间，各处理组池塘也没有发现鱼类浮头现象，说明 20％的覆盖率并没有引起强烈的和不可抑制的"水呼吸作用"，因此，空心菜浮床覆盖率为 20％时比 10％和 15％处理组更具有经济效益。

试验利用 PVC 管构建浮床，研究了浮床栽培空心菜对罗非鱼养殖池塘水体中氮和磷的控制效果。研究发现，池塘水体中总氮水平降至淡水养殖池塘废水排放二级标准，而总磷水平达到地表水环境质量二类标准，池塘水体中氨氮的水平控制在 1 mg/L 以下，而亚硝酸盐氮水平则控制在 0.1 mg/L 以下。从各处理组对污染物的去除情况来看，空心菜种植时间与种植面积均与氮、磷的去除效果呈现较好的正相关关系，种植时间越长（＞60 d），种植面积与去除效果的正相关性越明显。结果表明，在集约化养殖池塘中采用浮床栽培空心菜能够对氮和磷实现有效的控制，并且空心菜浮床覆盖率为 20％时比 10％和 15％处理组更具有经济效益。该试验为淡水池塘罗非鱼的健康养殖提供了一个新的思路。

二、中草药浮床种植对吉富罗非鱼养殖池塘水质和底泥的影响

吉富罗非鱼是由国际水生生物资源管理中心通过 4 个非洲原产地直接引进的尼罗罗非鱼品系和 4 个亚洲养殖比较广泛的尼罗罗非鱼品系经混合选育获得的优良品系。中国是罗非鱼的主要出口国，目前吉富罗非鱼已在广东、广西、海南、福建、云南等地大量养殖，江苏苏北地区也有少量养殖。在罗非鱼产业中，集约化养殖条件下链球菌病害每年给罗非鱼产业带来巨大的经济损失，而大量抗生素的使用在防治鱼病的同时也给水产品质量安全带来严重威胁。中草药作为抗生素替代最佳方式已广泛应用到水产行业，国内研究也证实

中草药可用于治疗或预防鱼类单殖吸虫等疾病。目前国内外采用"中草药＋蔬菜"三明治共生浮床养殖罗非鱼的研究报道较少。本研究旨在探究三明治浮床种植后吉富罗非鱼养殖池塘污染物的变化及对吉富罗非鱼养殖的影响，为其共生体系的规范化种植、示范推广打下基础。

在中国水产科学研究院淡水渔业研究中心宜兴屺亭养殖基地选择配备微孔增氧系统的吉富罗非鱼养殖池塘 6 口，每口面积为 1 333 m²，水深 1.5 m。养殖品种为大规格新吉富罗非鱼越冬种 [（36±1.4）g/尾]，养殖密度为 30 000 尾/hm²，搭配少量鲢（20 尾/塘）、鳙（30 尾/塘）。饲喂量为鱼体重的 3%，定点定量投喂。养殖用水符合渔业水质标准（GB 11607—89），试验期间的日常管理及病害防控基本一致。浮床采用"鱼腥草—空心菜—鱼腥草"三明治种植模型。选用 PVC 管材料（ϕ50 mm，长 4 m）制作浮床，规格为 2 m×2 m，中间用塑料弯头连接。浮床两面分别用网孔为 30 mm（便于苗扦插）的网片包裹。将预先培育好的鱼腥草（约 25 cm）和空心菜苗（约 20 cm）按株行距 30 cm×20 cm 进行扦插，并将浮床集中固定在池塘中排列整齐，每 3 个浮床用尼龙绳连接成组（竹桩固定于池塘边）。

试验于 2016 年 5—10 月进行。试验设对照组 3 个，浮床面积占池塘面积比例均为 0%，"鱼腥草—空心菜—鱼腥草"三明治模型塘 3 个，浮床面积占池塘面积比例均为 5%。试验开始后，每隔 30 d 采集一次水样，取水量为 2 L，采样时间固定为每月 18 日上午 10:00 左右。在处理组浮床区和敞水区各设 1 个采样点。

水质测定指标和测定方法：①采用 TOC 测定仪测定总有机碳 TOC；酸性法测定高锰酸盐指数（COD_{Mn}）；丙酮提取法和分光光度计法测定叶绿素 a（Chl. a）；过硫酸钾氧化-紫外分光光度法测定总氮（TN）；纳氏试剂光度法定氨氮（NH_3-N）；N-(1-萘基)-乙二胺光度法测定亚硝酸盐氮（NO_2^--N）；酚二磺酸光度法测定硝酸盐氮（NO_3^--N）；硝酸-硫酸消解法测定总磷（TP）；钼酸铵法测定 PO_4^{3-}-P。水样指标测定按《水和废水监测分析方法》进行。

底泥污染物指标测定：对 6—10 月底泥中的 TOC、TN 和 TP 进行测定。TOC 采用重铬酸钾法测定；TN 采用凯氏定氮法测定；TP 采用高氯酸-硫酸消化法测定。

吉富罗非鱼养殖情况调查：试验结束后对每组塘收获的罗非鱼数量、总重和所用饲料总重进行统计，计算成活率和饵料系数。从每口塘中随机挑选吉富罗非鱼进行生物学指标测量（体重、体长、标准长、体高和体厚，N=30）。

表 6-3 结果表明，5 月三明治塘浮床区和敞水区 TOC、TN、NH_3-N、TP，浮床区 NO_2^--N 显著下降（P<0.05，下同）；6 月浮床区和敞水区 Chl. a、NH_3-N、TP、PO_4^{3-}-P，浮床区 TOC 显著下降；7 月浮床区和敞水区 TP、PO_4^{3-}-P 显著下降；8 月浮床区和敞水区 COD、TN，敞水区 TOC、NH_3-N 显著下降；9 月浮床区和敞水区 TOC、COD、TN、NO_2^--N、TP，敞水区 Chl. a、NH_3-N 显著下降；10 月浮床区和敞水区 COD、Chl. a、TP，敞水区 TN、浮床区 NH_3-N 显著下降。对三明治塘底泥指标 TOC、TN 和 TP 进行分析，表 6-4 结果表明，6 月 TOC 和 TN 显著降低，7 月 TP 显著降低，8 月 TN 显著降低，9 月 TP 显著降低。

表6-3 5—10月三明治塘水质指标消减情况

采样时间	处理	TOC (mg/L)	COD (mg/L)	Chl.a (mg/m³)	TN (mg/L)	NH₃-N (mg/L)	NO₂⁻-N (mg/L)	NO₃⁻-N (mg/L)	TP (mg/L)	PO₄³⁻-P (mg/L)
5月	对照	7.77±0.41a	16.92±0.06b	5.26±0.05c	4.20±0.04a	2.59±0.02a	0.045±0.012b	0.38±0.03b	0.87±0.03a	0.11±0.01b
	三明治塘浮床区	2.76±0.12c	16.07±0.12b	10.10±0.08b	2.65±0.02b	1.72±0.01b	0.002±0.001c	0.90±0.07a	0.62±0.06a	0.27±0.03a
	三明治塘敞水区	6.11±0.34b	18.22±0.11a	15.43±0.12a	2.65±0.02b	1.52±0.01b	0.687±0.010a	0.31±0.03b	0.61±0.05b	0.25±0.03a
6月	对照	12.50±0.67a	8.32±0.08b	7.69±0.07a	3.35±0.03	1.99±0.02a	0.033±0.002b	0.75±0.04b	1.67±0.03a	1.05±0.02a
	三明治塘浮床区	11.60±0.13b	8.93±0.09b	4.71±0.04b	3.37±0.02	1.09±0.01b	0.036±0.005b	0.91±0.08a	0.59±0.04b	0.16±0.02b
	三明治塘敞水区	12.30±0.12a	9.34±0.07a	2.97±0.02c	3.30±0.01	1.08±0.01b	0.545±0.005a	0.94±0.04a	0.32±0.03c	0.14±0.02c
7月	对照	16.90±0.69b	16.45±0.12b	5.61±0.05b	3.21±0.02b	2.20±0.02b	0.034±0.006b	0.78±0.04b	1.22±0.06a	0.63±0.02a
	三明治塘浮床区	16.60±0.10b	16.45±0.10b	7.46±0.06a	3.40±0.01a	2.55±0.01a	0.045±0.003b	1.00±0.04a	0.59±0.05b	0.07±0.01b
	三明治塘敞水区	18.70±0.09a	18.68±0.13a	7.89±0.06a	4.01±0.04a	1.68±0.01c	0.736±0.015a	1.03±0.04a	0.53±0.05b	0.10±0.01b
8月	对照	12.12±0.11a	23.43±0.21a	12.13±0.12c	9.86±0.04a	2.57±0.02a	0.009±0.001c	0.10±0.01c	1.45±0.09	0.25±0.02
	三明治塘浮床区	12.01±0.08a	16.55±0.14c	15.60±0.14b	7.10±0.05c	3.03±0.02a	0.053±0.004a	0.84±0.04a	1.09±0.04	0.22±0.02
	三明治塘敞水区	11.53±0.07b	19.97±0.16b	22.71±0.21a	8.78±0.05b	1.47±0.01c	0.031±0.006b	0.51±0.04b	1.30±0.02	0.22±0.03
9月	对照	26.00±0.98a	20.16±0.17a	9.68±0.09b	8.84±0.05a	1.46±0.04b	0.060±0.005a	0.78±0.03c	0.74±0.07a	0.16±0.02
	三明治塘浮床区	22.20±0.12b	16.18±0.14b	11.13±0.10a	6.80±0.05b	3.03±0.01a	0.050±0.017b	1.57±0.03a	0.56±0.03b	0.13±0.04
	三明治塘敞水区	18.80±0.17c	17.84±0.15a	4.99±0.05c	6.35±0.04b	0.43±0.01c	0.040±0.018b	1.12±0.03b	0.54±0.04b	0.13±0.05
10月	对照	25.80±0.28	23.57±0.16a	10.04±0.10a	8.95±0.27a	3.09±0.03b	0.090±0.004b	0.17±0.03b	1.06±0.06a	0.11±0.02
	三明治塘浮床区	25.60±0.13	20.60±0.13b	6.35±0.04b	9.25±0.17b	2.04±0.02c	0.070±0.004b	0.20±0.04a	0.61±0.06b	0.11±0.03
	三明治塘敞水区	24.30±0.16	16.53±0.14c	4.12±0.02c	6.88±0.05b	5.11±0.05a	0.360±0.009a	0.25±0.05a	0.64±0.04b	0.09±0.01

注：相同采样时间下同列数据后不同小写字母表示差异显著（P<0.05）。

表 6-4　6—10 月宜兴屺亭养殖基地三明治塘底泥指标（mg/L）

采样时间	处理	TOC	TN	TP
6 月	对照	4.73 ± 0.12^{a}	0.52 ± 0.05^{a}	0.17 ± 0.02
	三明治塘	3.95 ± 0.13^{b}	0.42 ± 0.06^{b}	0.17 ± 0.01
7 月	对照	3.86 ± 0.08	0.55 ± 0.04	0.16 ± 0.01^{a}
	三明治塘	3.96 ± 0.26	0.56 ± 0.03	0.09 ± 0.01^{b}
8 月	对照	4.94 ± 0.14	0.34 ± 0.05^{a}	0.26 ± 0.03
	三明治塘	4.60 ± 0.22	0.03 ± 0.01^{b}	0.22 ± 0.04
9 月	对照	3.24 ± 0.13	0.44 ± 0.04	0.27 ± 0.02^{a}
	三明治塘	3.56 ± 0.12	0.42 ± 0.03	0.20 ± 0.02^{b}
10 月	对照	5.66 ± 0.13	0.43 ± 0.02	0.29 ± 0.03
	三明治塘	5.09 ± 0.10	0.44 ± 0.04	0.23 ± 0.04

注：相同采样时间下同列数据后不同小写字母表示差异显著（$P<0.05$）。

从收获的商品吉富罗非鱼情况看，5％三明治塘收获的商品吉富罗非鱼总量和成活率均显著高于对照组，但体重、体长、标准长、体高和体厚等指标显著低于对照组（表 6-5）。

表 6-5　池塘收获吉富罗非鱼情况

处理	收获总重（kg）	成活率（％）	饵料系数	体重（g/尾）	体长（mm）	标准长（mm）	体高（mm）	体厚（mm）
对照组	$1\,084.00\pm$ 42.50^{b}	$26.4\pm$ 2.5^{b}	$1.44\pm$ 0.11	$1\,084.50\pm$ 92.06^{a}	$338.40\pm$ 16.16^{a}	$282.70\pm$ 17.31^{a}	$123.67\pm$ 4.47^{a}	$63.43\pm$ 2.76^{a}
三明治塘	$1\,608.00\pm$ 28.00^{a}	$43.6\pm$ 3.8^{a}	$1.42\pm$ 0.13	$919.77\pm$ 61.77^{b}	$323.90\pm$ 11.77^{b}	$268.10\pm$ 7.91^{b}	$119.93\pm$ 4.04^{b}	$55.07\pm$ 3.32^{b}

注：同列数据后不同小写字母表示差异显著（$P<0.05$）。

前期的诸多研究结果表明浮床植物能降低水体中的 TN 和 TP 含量，空心菜在浮床上生长迅速、产量高，能有效去除水体中的营养物质，鱼腥草能显著降低吉富罗非鱼养殖池塘水体 TN 和 TP 含量，降低底泥中污染物 TN（数据未发表）。本研究结果表明，三明治塘能显著降低水体中 TOC、COD、TN 和 TP 指标，并能显著降低底泥中 TN 和 TP 指标，与前期在鱼腥草上的研究结果一致，且与大水面放养水葫芦对水质环境改善的结果一致。空心菜和鱼腥草（分株繁殖）的播种季节分别为 12—2 月和 3—4 月，最佳生长季节分别为 4—11 月和 5—11 月，而主产区罗非鱼的生长季节为 5—11 月，鱼腥草耐高温能力较强，本研究结果提示可在罗非鱼主产区大面积推广"鱼腥草—空心菜—罗非鱼"三明治共生浮床体系，可采用人工浮岛（大水面）或借鉴复合立体生物浮床技术，这样一方面能较好地降低水体和底泥中污染物指标，同时还能协同增强罗非鱼的免疫抗病能力。

本研究中采样时虽为晴天，三明治种植也会造成高温季节池塘水质个别指标的增加，如 7—9 月浮床区 Chl. a，7 月敞水区 TOC、COD、TN，7—9 月浮床区 NH_3 - N、NO_3^- - N，底泥 TOC 增加（7 月、9 月）。水体污染物增加可能与梅雨季节高强度降雨有关；造成底泥污染物增加的原因可能是三明治浮床将一部分污染物从水体转移到底泥中，此外，中草药能形成生物膜，通过生物絮凝作用将水体悬浮物沉降至池塘底部，造成底泥污染物含量上升。本课题组前期研究结果表明，浮床种植鱼腥草能显著提高微生物多样性，本研究预试验结果也表明"鱼腥草—空心菜—罗非鱼"三明治共生模式能显著降低水体中的细菌总量，但其能否降低水体和鱼体表面的微生物群落生物多样性，池塘水体、鱼腥草和空心菜根部及池塘底泥微生物群落结构是否发生改变有待进一步研究。

与单独种植水上中草药水质净化结果相一致，空心菜、鱼腥草、薄荷、虎杖等适合在夏季进行种植，水芹、黑麦草等在冬季仍能继续生长，且水芹降磷效果不错，这与低温条件下水芹浮床对富营养化水体的净化效果较好相关。基础数据表明苏州及周边地区青鱼养殖池塘TN 超标，混养塘 TP 和 COD 超标，前期研究提示"空心菜—水芹"轮作模式适合在混养池塘进行示范推广，但在轮作模式和植物品种选择上，可以考虑中草药（鱼腥草、薄荷等）。

课题组提出中草药浮床，如鱼腥草（*Houttuynia cordata* Thunb）、虎杖（*Polygonum cuspidatum*）、薄荷（*Mentha haplocalyx* Briq）等，可用来调控吉富罗非鱼养殖池塘水质，鱼腥草浮床种植能显著降低吉富罗非鱼养殖池塘 COD、TN、$NO_3^- - N$、$NH_3 - N$、TP 含量，还能起到增强吉富罗非鱼免疫能力的功效；此外，中草药浮床还能改善池塘微生物群落结构，增强鱼类抗病能力。目前对于池塘轮作的基础研究较少，本试验旨在通过检测"中草药/空心菜—水芹"轮作模型能否通过降低池塘中水质和底质环境营养物质浓度，探究其能否改善池塘老化现象，进而达到改善水质的目的。

针对不同养殖品种，试验基地选择无锡市甘露无公害青鱼养殖基地（养殖青鱼，4.2 hm²，每口塘 0.47 hm²，实验 e1，重复 e2 和对照 e0 塘各 3 个重复）和苏州市未来水产养殖场（养殖经济鱼亲本，8 hm²，每口塘 0.67 hm²，实验 w1、w2、w3 和对照 w0 塘各 3 个重复）。针对同一养殖品种不同养殖数量，试验选择苏州市未来水产养殖场中投放不同数量花鲢的养殖池塘，试验用池塘水深 1.5 m（配备微孔增氧系统）。无锡市甘露无公害青鱼养殖基地 e0 对照塘和 e1 空心菜/水芹塘养殖青鱼数量为 2 000 尾（6 kg/尾）。苏州市未来水产养殖场养殖品种及数量：青鱼（*Mylopharyngodon piceus*）400 尾（7.5 kg/尾）、草鱼（*Ctenopharyngodon idellus*）300 尾（5 kg/尾）、花鲢（*Aristichthys nobilis*）11 尾（20 kg/尾）、白鲢（*Hypophthalmichthys molitrix*）5 尾（10 kg/尾）、鲫（*Carassius auratus*）300 尾（1 kg/尾）、鳊（*Parabramis pekinensis*）300 尾（1.5 kg/尾）。

试验选用 PVC 管材料（φ 50 mm）制作浮床，规格为 2 m×2 m。浮床两面分别用网孔为 30 mm（便于苗扦插）的网片包裹。试验开始前，将预先培育好的空心菜（*Ipomoea aquatica*）、鱼腥草（*H. cordata* Thunb）、薄荷（*M. haplocalyx* Briq.）和水芹苗（*Oenanthe stolonifera*，株高 20 cm），按株行距 30 cm×20 cm 进行扦插，并将浮床集中固定在池塘中排列整齐，每 3 个浮床用尼龙绳连接成组。根据前期试验结果，本试验选择在 e1、e2、w1、w2 和 w3 塘进行种植，10%（占池塘总面积）作为轮作模型的种植比例。无锡市甘露无公害青鱼养殖基地实验塘初始种植空心菜和水芹的重量分别均为 175 kg；苏州市未来水产养殖场实验塘初始种植空心菜、鱼腥草、薄荷和水芹的重量分别均为 250 kg。

为重复验证 2016 年轮作水质数据，继续在两个基地进行空心菜—水芹轮作，试验于 2017 年 6 月开始，7—9 月为轮作前期中草药/空心菜种植阶段，轮作前期在苏州未来水产养殖场添加中草药（鱼腥草 w2 和薄荷 w3）；2017 年 10—12 月为轮作后期水芹种植阶段。

在轮作前期（中草药/空心菜）和后期（水芹）种植阶段分别采集水样（五点法）和底泥样本（彼得逊抓斗式采泥器）。采样时间固定每月 15 日上午 10:00 左右。通过采集对照塘、浮床种植区水样 2 L，按《水和废水监测分析方法》测量 COD_{Mn}（酸性法）、Chl. a（丙酮提取法和分光光度计法）、TN（过硫酸钾氧化-紫外分光光度法）、NH_3-N（纳氏试剂光度法）、NO_2^--N [N-(1-萘基)-乙二胺光度法]、NO_3^--N（酚二磺酸光度法）、TP（硝酸—硫酸消解法）、$PO_4^{3-}-P$（钼酸铵法）等水质指标；同时采集底泥样本 100 g，对底泥样本的 TN、TP 进行分析。采取底泥，对 2017 年 7—12 月底泥中的 TN、TP 进行测定，TN 采用凯氏定氮法；TP 采用高氯酸-硫酸消化法。

2017 年 7 月轮作空心菜甘露青鱼养殖场塘中，与 e0（ck）相比，e1、e2 处理的 COD_{Mn}、Chl. a、TN、NH_3-N、NO_3^--N、NO_2^--N、TP、$PO_4^{3-}-P$ 显著下降（表 6-6）；苏州未来水产养殖场中，与 w0（ck）相比，w1、w2、w3 处理的 Chl. a、NH_3-N、NO_3^--N、NO_2^--N 显著下降，空心菜和鱼腥草种植塘 COD_{Mn} 显著下降，空心菜和薄荷种植塘 TN、TP 显著下降。8 月轮作空心菜甘露青鱼养殖场塘中，与 e0（ck）相比，e1、e2 处理的 COD_{Mn}、Chl. a、TN、NO_3^--N、NO_2^--N、TP 显著下降；苏州未来水产养殖场中，与 w0（ck）相比，w1、w2、w3 处理的 Chl. a、TN、NO_3^--N、NO_2^--N、TP 显著下降，空心菜和鱼腥草种植塘 COD_{Mn} 显著下降，空心菜和薄荷种植塘 NH_3-N 显著下降，鱼腥草和薄荷种植塘 $PO_4^{3-}-P$ 均显著下降。9 月轮作空心菜甘露青鱼养殖场塘中，与 e0（ck）相比，e1、e2 处理的 COD_{Mn}、Chl. a、TN、NH_3-N、NO_3^--N、NO_2^--N、TP 显著下降；苏州未来水产养殖场中，与 w0（ck）相比，w1、w2、w3 处理的 COD_{Mn}、Chl. a、TN、NH_3-N、TP 显著下降，空心菜和薄荷种植塘 NO_3^--N 显著下降，薄荷种植塘 NO_2^--N 均显著下降。

10 月轮作水芹甘露青鱼养殖场塘中，与 e0（ck）相比，e1、e2 处理的 COD_{Mn}、Chl. a、NH_3-N、NO_3^--N、NO_2^--N 显著下降；苏州未来水产养殖场中，与 w0（ck）相比，w1、w2、w3 处理的 COD_{Mn}、Chl. a、TN、NH_3-N、NO_3^--N、TP 显著下降，w3 塘 NO_2^--N 显著下降。11 月甘露青鱼养殖场中，与 e0（ck）相比，e1、e2 处理的 COD_{Mn}、NH_3-N、NO_3^--N、NO_2^--N 显著下降；苏州未来水产养殖场中，与 w0（ck）相比，w1、w2、w3 处理的 TN、NH_3-N 显著下降，w1 和 w3 塘 COD_{Mn}，w1 塘 NO_3^--N 显著下降。12 月甘露青鱼养殖场塘中，与 e0（ck）相比，e1、e2 处理的 COD_{Mn}、NH_3-N、NO_3^--N、NO_2^--N、TP 显著下降；苏州未来水产养殖场中，与 w0（ck）相比，w1、w2、w3 处理的 COD_{Mn}、Chl. a 显著下降，w3 塘 TN、w2 和 w3 塘 NO_3^--N 显著下降。结果表明，轮作水质修复技术前期空心菜和中草药（鱼腥草和薄荷）能显著降低所检测的水质指标。早期鱼腥草和空心菜对水质净化效果相当，薄荷生长较缓慢，后期较鱼腥草和空心菜净水效果好。2017 年甘露青鱼养殖场轮作后空心菜浮床种植塘底泥中，8—12 月 TN（除 11 月 e2 塘，图 6-8）和 7、12 月 TP 显著降低（图 6-9）。苏州未来水产养殖场浮床种植塘底泥中，7—11 月 TN 显著降低，空心菜生长旺季（8—9 月）降氮效果优于中草药，随着气温降低，w3 塘优于 w1 和 w2 塘，7、9 月 TP 出现了显著降低，8 月仅空心菜种植塘 TP 显著降低（图 6-9）。

表6-6 无锡市甘露无公害青鱼养殖基地和苏州市未来水产养殖场轮作指标总体情况

月份	组	COD_{Mn} (mg/L)	Chl.a (mg/m³)	TN (mg/L)	NH_3-N (mg/L)	NO_3^--N (mg/L)	NO_2^--N (mg/L)	TP (mg/L)	$PO_4^{3-}-P$ (mg/L)
7月	e0 (ck)	18.12 ± 1.02^{a}	250.79 ± 10.24^{a}	6.30 ± 0.20^{a}	0.70 ± 0.09^{a}	1.86 ± 0.10^{a}	0.14 ± 0.01^{a}	0.27 ± 0.04^{a}	0.13 ± 0.01^{a}
	e1	16.33 ± 0.87^{b}	222.34 ± 9.89^{c}	4.54 ± 0.13^{c}	0.70 ± 0.07^{a}	0.35 ± 0.05^{a}	0.01 ± 0.00^{b}	0.16 ± 0.03^{b}	0.00 ± 0.00^{b}
	e2	15.79 ± 0.69^{b}	248.61 ± 7.63^{b}	5.89 ± 0.14^{b}	0.15 ± 0.05^{b}	1.36 ± 0.04^{b}	0.00 ± 0.00^{c}	0.17 ± 0.02^{b}	0.00 ± 0.00^{b}
	w0 (ck)	13.10 ± 1.24^{a}	302.74 ± 4.32^{a}	4.65 ± 0.10^{a}	1.91 ± 0.04^{a}	0.06 ± 0.00^{a}	0.06 ± 0.00^{a}	0.15 ± 0.01^{a}	0.00 ± 0.00
	w1	8.07 ± 0.76^{b}	75.09 ± 12.12^{c}	2.37 ± 0.09^{b}	0.92 ± 0.06^{b}	0.00 ± 0.00^{b}	0.03 ± 0.00^{b}	0.10 ± 0.01^{b}	0.00 ± 0.00
	w2	8.25 ± 0.55^{b}	89.66 ± 8.23^{c}	4.65 ± 0.15^{a}	1.51 ± 0.08^{b}	0.04 ± 0.00^{b}	0.02 ± 0.00^{b}	0.15 ± 0.01^{a}	0.00 ± 0.00
	w3	12.38 ± 0.91^{a}	231.31 ± 12.22^{b}	2.89 ± 0.10^{b}	0.35 ± 0.09^{d}	0.00 ± 0.00^{b}	0.00 ± 0.00^{c}	0.08 ± 0.02^{b}	0.00 ± 0.00
8月	e0 (ck)	14.49 ± 1.00^{a}	243.16 ± 13.65^{a}	7.30 ± 0.35^{a}	1.44 ± 0.07	0.11 ± 0.00^{a}	0.19 ± 0.02^{a}	0.13 ± 0.01^{a}	0.00 ± 0.00^{a}
	e1	12.25 ± 0.81^{b}	201.65 ± 14.52^{b}	4.34 ± 0.24^{b}	1.25 ± 0.06	0.00 ± 0.00^{b}	0.00 ± 0.00^{b}	0.20 ± 0.02^{a}	0.00 ± 0.00^{a}
	e2	13.33 ± 0.41^{ab}	195.56 ± 12.01^{b}	5.01 ± 0.31^{b}	1.10 ± 0.05	0.03 ± 0.00^{b}	0.01 ± 0.00^{c}	0.09 ± 0.01^{c}	0.00 ± 0.00^{a}
	w0 (ck)	11.59 ± 0.26^{a}	275.30 ± 13.62^{a}	5.24 ± 0.27^{a}	1.46 ± 0.07^{a}	0.04 ± 0.00^{a}	0.02 ± 0.00^{a}	0.15 ± 0.01^{a}	0.08 ± 0.00^{a}
	w1	8.50 ± 0.38^{b}	137.95 ± 9.46^{b}	2.47 ± 0.26^{b}	0.33 ± 0.06^{b}	0.00 ± 0.00^{b}	0.00 ± 0.00^{b}	0.05 ± 0.00^{b}	0.07 ± 0.00^{a}
	w2	8.89 ± 0.58^{b}	121.47 ± 8.63^{c}	3.58 ± 0.34^{b}	1.49 ± 0.05^{a}	0.00 ± 0.00^{b}	0.00 ± 0.00^{b}	0.10 ± 0.01^{b}	0.05 ± 0.00^{b}
	w3	11.59 ± 0.24^{a}	156.94 ± 7.52^{b}	2.31 ± 0.16^{c}	0.57 ± 0.04^{b}	0.00 ± 0.00^{b}	0.00 ± 0.00^{b}	0.05 ± 0.00^{c}	0.00 ± 0.00^{c}
9月	e0 (ck)	24.43 ± 1.20^{a}	344.47 ± 12.56^{a}	8.04 ± 0.54^{a}	3.66 ± 0.14^{a}	3.48 ± 0.10^{a}	0.23 ± 0.03^{a}	0.22 ± 0.02^{a}	0.00 ± 0.00
	e1	19.32 ± 1.62^{b}	256.55 ± 10.23^{b}	6.36 ± 0.23^{b}	2.85 ± 0.09^{b}	1.58 ± 0.13^{b}	0.15 ± 0.02^{b}	0.10 ± 0.01^{b}	0.00 ± 0.00
	e2	18.26 ± 0.98^{b}	75.08 ± 9.86^{c}	7.34 ± 0.42^{ab}	1.14 ± 0.08^{c}	1.07 ± 0.09^{b}	0.20 ± 0.03^{b}	0.20 ± 0.02^{a}	0.00 ± 0.00
	w0 (ck)	9.26 ± 0.41^{a}	188.65 ± 10.25^{a}	3.61 ± 0.34^{a}	1.38 ± 0.14^{a}	1.05 ± 0.10^{a}	0.14 ± 0.01^{a}	0.09 ± 0.00^{a}	0.00 ± 0.00
	w1	5.68 ± 0.23^{c}	143.05 ± 9.58^{b}	1.50 ± 0.25^{b}	0.90 ± 0.17^{b}	0.46 ± 0.05^{b}	0.12 ± 0.01^{a}	0.06 ± 0.01^{b}	0.00 ± 0.00
	w2	7.53 ± 0.34^{b}	156.45 ± 6.98^{b}	2.71 ± 0.18^{b}	1.00 ± 0.10^{b}	0.88 ± 0.10^{b}	0.11 ± 0.01^{a}	0.06 ± 0.00^{b}	0.00 ± 0.00
	w3	6.35 ± 0.28^{c}	98.42 ± 4.36^{c}	1.66 ± 0.10^{c}	0.95 ± 0.09^{b}	0.41 ± 0.06^{b}	0.08 ± 0.01^{b}	0.03 ± 0.00^{c}	0.00 ± 0.00

（续）

月份	组	COD_{Mn} (mg/L)	Chl.a (mg/m³)	TN (mg/L)	NH_3-N (mg/L)	NO_3^--N (mg/L)	NO_2^--N (mg/L)	TP (mg/L)	$PO_4^{3-}-P$ (mg/L)
10 月	e0 (ck)	20.08±0.24[a]	193.46±8.45[a]	10.29±0.14	4.42±0.10[a]	2.51±0.21[a]	0.06±0.00[a]	0.16±0.01	0.15±0.02
	e1	19.65±1.02[a]	187.82±9.62[a]	10.52±0.09	2.76±0.09[b]	0.86±0.06[b]	0.03±0.00[b]	0.15±0.01	0.14±0.01
	e2	16.59±0.78[b]	164.23±12.31[b]	9.56±0.16	3.10±0.11[b]	1.14±0.10[b]	0.03±0.00[b]	0.14±0.01	0.14±0.03
	w0 (ck)	9.26±0.64[a]	188.65±11.40[a]	3.61±0.12[a]	1.38±0.18[a]	1.05±0.10[a]	0.14±0.02[a]	0.09±0.01[a]	0.00±0.00
	w1	5.68±0.53[c]	143.05±10.25[c]	1.50±0.11[c]	0.90±0.02[b]	0.46±0.04[c]	0.12±0.01[a]	0.06±0.00[b]	0.00±0.00
	w2	7.53±0.42[b]	156.45±9.42[b]	2.71±0.10[b]	1.00±0.04[b]	0.88±0.07[b]	0.11±0.01[b]	0.06±0.00[b]	0.00±0.00
	w3	6.35±0.38[bc]	98.42±8.53[c]	0.66±0.09[d]	0.95±0.06[b]	0.41±0.03[c]	0.08±0.01[c]	0.03±000[c]	0.00±0.00
11 月	e0 (ck)	20.08±1.29[a]	197.56±9.24	10.52±0.07	4.26±0.12[a]	2.68±0.31[a]	0.22±0.02[a]	0.16±0.01	0.05±0.00
	e1	19.65±1.12[ab]	174.32±7.52	10.29±0.06	3.54±0.11[b]	2.54±0.14[a]	0.14±0.01[b]	0.15±0.01	0.04±0.00
	e2	17.56±1.30[b]	180.06±10.01	9.49±0.24	2.85±0.13[c]	1.43±0.14[b]	0.16±0.01[b]	0.21±0.02	0.03±0.00
	w0 (ck)	10.79±0.96[a]	86.60±8.24[b]	3.88±0.14[a]	1.23±0.08[a]	0.20±0.02[a]	0.01±0.00	0.06±0.01	0.04±0.00
	w1	7.12±0.48[b]	71.94±7.24[d]	1.59±0.10[d]	1.04±0.07[b]	0.12±0.02[b]	0.00±0.00	0.05±0.01	0.03±0.00
	w2	9.28±0.36[a]	115.35±7.36[b]	2.81±0.09[b]	0.63±0.03[c]	0.24±0.03[a]	0.01±0.00	0.05±0.00	0.03±0.00
	w3	8.20±0.28[b]	126.08±8.63[a]	2.00±0.08[c]	0.77±0.04[c]	0.20±0.04[a]	0.01±0.00	0.06±0.00	0.03±0.00
12 月	e0 (ck)	24.59±1.45[a]	205.12±10.45	11.19±1.34	5.61±0.41[a]	2.16±0.05[a]	0.24±0.02[a]	0.17±0.01[a]	0.05±0.01
	e1	21.21±1.32[ab]	185.26±10.34	10.68±1.56	4.35±0.31[b]	2.04±0.06[a]	0.17±0.01[b]	0.14±0.01[b]	0.04±0.00
	e2	18.12±1.01[b]	186.47±9.84	9.17±0.87	2.14±0.20[c]	1.37±0.07[b]	0.15±0.01[b]	0.12±0.01[b]	0.03±0.00
	w0 (ck)	12.26±0.74[a]	115.35±9.42[a]	2.69±0.34[a]	0.23±0.06[a]	0.63±0.06[a]	0.03±0.00	0.10±0.00	0.04±0.00
	w1	9.46±0.68[b]	94.24±8.72[b]	1.97±0.25[ab]	0.12±0.02[b]	0.55±0.05[a]	0.01±0.00	0.09±0.01	0.03±0.00
	w2	9.58±0.57[b]	90.13±6.85[b]	2.03±0.10[ab]	0.12±0.01[b]	0.20±0.03[b]	0.01±0.00	0.09±0.01	0.03±0.00
	w3	10.43±0.96[b]	86.48±4.44[b]	1.72±0.12[b]	0.46±0.03[a]	0.25±0.03[b]	0.01±0.00	0.07±0.01	0.03±0.00

注：同月份同一养殖地同列数据后不同小写字母表示差异显著（$P<0.05$）。

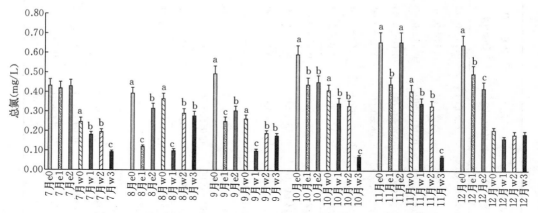

图 6-8　甘露青鱼养殖场和苏州未来水产养殖场 7—12 月 TN 指标

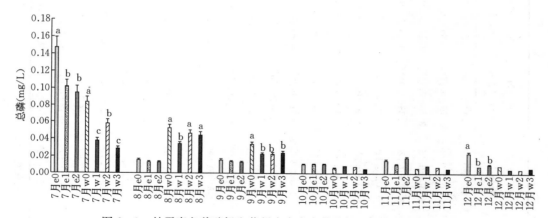

图 6-9　甘露青鱼养殖场和苏州未来水产养殖场 7—12 月 TP 指标

表 6-7　甘露青鱼和未来养殖基地水质指标去除率

指标平均去除率	水质（%）								底质（%）			
	TOC	COD_{Mn}	Chl. a	TN	NH_3-N	NO_2^--N	NO_3^--N	TP	$PO_4^{3-}-P$	TOC	TN	TP
2016 年甘露 （空心菜—水芹）	44.2	17.8	19.1	16.7	39.9	47.2	25.9	19.8	34.8	23.1	29.2	40.3
2016 年未来 （空心菜—水芹）	31.5	36.8	29.0	17.6	50.4	72.8	64.7	47.9	25.6	23.1	20.1	29.4
2017 甘露 （空心菜—水芹）	—	13.9	17.5	14.6	34.0	51.6	55.5	12.5	53.3	—	26.4	22.4
2017 未来 （空心菜—水芹）	—	33.2	34.8	50.7	57.5	61.0	49.8	33.8	21.7	—	35.3	10.2

（续）

指标平均去除率	水质（%）								底质（%）			
	TOC	COD$_{Mn}$	Chl. a	TN	NH$_3$-N	NO$_2^-$-N	NO$_3^-$-N	TP	PO$_4^{3-}$-P	TOC	TN	TP
2017 未来 （鱼腥草—水芹）	—	22.2	24.8	22.3	28.6	10.4	37.6	21.7	28.5	—	19.5	9.1
2017 未来 （薄荷—水芹）	—	17.9	23.6	57.0	60.7	63.6	52.6	47.5	42.7	—	48.4	24.9

注："—"表示因仪器设备问题未进行检测。

从环境效益角度对 2017 年水质指标去除率进行计算，结果表明甘露青鱼养殖基地水质和底质指标去除率分别为 17.8%～47.2%（表 6-7）和 23.1%～40.3%，苏州未来水产养殖场水质和底质指标去除率分别为 17.6%～72.8% 和 20.1%～29.4%。为验证空心菜—水芹轮作效果，2017 年甘露青鱼养殖基地水质和底质指标去除率分别为 12.5%～55.5% 和 22.4%～26.4%，苏州未来水产养殖场水质和底质指标去除率分别为 21.7%～61.0% 和 10.2%～35.3%。空心菜—水芹轮作结果基本上相同。对于中草药而言，鱼腥草—水芹轮作水质和底质指标去除率分别为 10.4%～37.6% 和 9.1%～19.5%，薄荷—水芹轮作水质和底质指标去除率分别为 17.9%～63.6% 和 24.9%～48.4%。相对来说，薄荷较鱼腥草与水芹轮作可达到空心菜—水芹轮作相类似的水/底质净化效果。

水芹能显著降低青鱼和四大家鱼为主的养殖场 NO$_3^-$-N、TP 等水质指标，并能降低底泥 TN、TP 指标。在水质修复能力方面，轮作前期中草药（鱼腥草和薄荷）同空心菜一样能显著降低所检测的水质和底质指标，轮作模式具有较好的环境效益。

水上种植中草药能带走水环境和沉积物中的污染物含量，释放的"化感物质"一方面能够起到诱食的作用，还能直接杀灭水体中的病原菌，起到抑制有害藻生长的作用。此外，水产动物还可能啄食根部，中草药的活性成分能被水产动物的肠道吸收，增强水产动物的免疫抗病能力。课题组前期研究结果表明鱼腥草、虎杖、水龙、夏枯草、薄荷具有降低 TN、TP 效果，绝大部分具有较好的抑菌效果。中草药的根系对水体氨氮、硝态氮、总磷、总氮等主要富营养化因子进行吸收转化，利用根系对水质净化作用达到预防鱼病发生的目的。前期研究表明 8% 空心菜，5% 鱼腥草适合进行推广，但不同面积比例水上作物对水质指标的影响不同。课题组 2016 年采用种植面积 5% 比例进行"空心菜—水芹"轮作，发现轮作模式前/后期能显著降低青鱼和经济鱼养殖水体中 TOC、NO$_3^-$-N 含量，2017 年采用种植面积 10% 进行"空心菜—水芹"轮作对 COD$_{Mn}$、Chl. a、TN、NO$_3^-$-N、TP 去除效果较好，薄荷在降低 TN、NH$_3$-N、NO$_3^-$-N、NO$_2^-$-N 等指标上较鱼腥草有优势，且对降低 TP 有较好效果。结合两年跟踪监测结果来看，"空心菜—水芹"轮作种植面积 10% 比 5% 在水/底质 TN（苏州未来水产养殖厂，7 大类大宗淡水鱼类品种）和 NO$_3^-$-N（无锡甘露水产养殖厂，青鱼）上具有较好的效果。"薄荷—水芹"轮作模式在降低水体总磷和磷酸盐上优于"空心菜—水芹"模式，且对降低底质 TN 具较好效果，适合进一步深入研究和小范围推广应用。目前可越冬品种以观赏性植物为主（菖蒲、千屈菜、狐尾藻、铜钱藻等），但适宜冬季生长的中草药品种（如黄菖蒲、黄花水龙）仍需要进一步筛选和研究。

据 2017 年渔业统计年鉴，江苏省池塘养殖面积 38.5 万 hm²，若"中草药/空心菜—水芹"轮作模式被渔民认可，如何合理开发利用中草药将是应用推广中要面临的首要问题。鱼腥草应用价值广泛，在广州、贵州、四川、重庆和云南一带都大量被人们食用，具有增强免疫力、抗菌、抗炎等疗效。薄荷被广泛用来提取薄荷醇、薄荷酮等产品，用于食品（薄荷茶、薄荷牛肉、薄荷冰激凌、甜品、薄荷糖等）、化妆品（薄荷牙膏）和药品行业。除此之外，云南少数民族地区每家每户均种植薄荷和牛肉共煮；菖蒲可用于医药行业；黄花水龙为太湖流域土著植物，可作为人工浮岛净水品种并具克藻效应。江苏省开展的"263"专项行动和百亩以上连片养殖池塘标准化改造专项规划将池塘原/异位水质修复技术作为循环水改造规划中的重要内容，需要对夏秋季节适宜的植物品种或具地域特色的经济作物品种（如"水八仙"）进行筛选。本试验结果表明"中草药—水芹"共作模式水/底质净化效果与"空心菜—水芹"轮作效果基本一致，渔民可考虑在工程施工阶段、净化塘（含一、二、三级）或尾水处理塘选择适宜的中草药品种进行种植，农业相关部门做好中草药品种采购、深加工等配套工作，以便保障养殖户的收益。此外，国家"十三五"规划中明确提出要以精准扶贫促精准脱贫，西部地区主动融入"一带一路"建设，可将中草药共作/单作模式在西部地区进行推广，增加养殖户的收入的同时，减少抗生素等药物的使用以保障水产品质量安全。

第七章　淡水池塘生态环境的水生动物修复技术

第一节　概　　述

随着环境科学、生命科学的不断发展，生物修复技术的开发和应用已经成为世界范围内各个国家环境治理的热点，在理论研究和实际应用中都取得了明显进展，并成为了环境科学与技术研究的主攻方向之一。与传统的物理、化学修复技术相比，生物修复技术优点非常明显，包括对周围环境干扰少、成本低、不产生二次污染等。动物修复技术是生物修复技术中的一个重要分支，这一点在水生动物对水环境的修复中尤其典型。一些水生动物既能对水体进行修复、又能对底泥等进行修复，除此以外，动物修复技术还可以应用于其他技术难以使用的场合，这主要是因为水生动物本身就是这些特点，是未来水体修复的重点发展趋势之一。

特别是在池塘生态环境的修复过程中，动物修复技术的使用往往同时也是养殖水环境的原位调控过程，是养殖本身的需要。水生动物修复技术是除水生植物修复技术以外的另一种重要的池塘水环境生物修复技术，这种修复技术更是与传统的池塘养殖本身具有着密不可分的联系。例如，传统的池塘精养模式中，八字精养法中的"混"所代表的混养，就是对池塘养殖过程中物质和能量的充分利用，就是淡水池塘生态环境水生动物修复的案例。依据广义的生物修复技术的概念，淡水池塘水生动物修复技术是指利用水生动物的特性，直接或间接地摄食、吸收、降解、转化淡水养殖池塘中的污染物，使得池塘水体环境得到改善的池塘水体修复技术。和生物治理的概念不同的是，生物修复技术侧重于原位修复（也有异位修复，如养殖尾水处理），而生物治理可以通过生物手段的异位处理来达到水环境的治理。对于淡水池塘生态环境的修复来说，无论是水生植物、水生动物还是微生物的修复技术均以原位的修复技术比较多见。因此，水生动物修复技术更多是通过调整养殖池塘中水生动物的组成来进行的。

和天然水生态系统相比，养殖池塘生态系统是一种人工建造的生态系统，其主要目标是进行鱼类生产。主养鱼类在这个系统中具有最大的生物量，是这个生态系统中水生动物的主要存在类型，通常处于食物链的最顶端。主养鱼类的食物主要来源于人工投入，包括以肥料、人工饵料、配合饲料等形式投入到池塘环境中的物质和能量。在养殖生产过程中，为了最大程度上追求经济效益，养殖密度越来越高，加上养殖池塘生态系统本身存在的食物网组成结构简单，使得养殖池塘生态系统稳定性差，自净能力不足，从而使得养殖容量很容易接近或超过饱和状态，水体环境质量处于亚健康甚至严重失调状态，这是养殖池塘水环境需要进行修复的主要原因。从这个角度来说，养殖鱼类本身也是水生动物修复可以采用的对象，降低养殖密度本身可能是水质的原位调控手段中最有效的方法。除了养殖生物以外，池塘中的水生动物还包括从水源水引入的杂鱼（包括鱼、虾、螺蛳等），因养殖水环境调控、修复需要而人为投放的混养鱼、虾、贝等。它们是养殖池塘生态系统中的主要消费者。通常情况下，养殖鱼类都处于食物链的最顶端，因此，从生态系统的稳定性来看，主养品种庞大生物量使得养殖池塘生态系统食物链存在着结构性的缺陷。从这个角度来说，对于富营养化池塘来说，降低养殖池塘中鱼类的养殖密度从某种程度上来说是一种根本上的"修复"或池塘水环境调控手段。因为养殖密度的适当降低是新形势下高密度、高耗能养殖方式的调整，是健康养殖的技术保证，还是降低尾水处理负荷的根本性举措，是构建资源节约型、环境友好型社会的必然要求。

当然，传统意义上的水生动物修复主要是指主养鱼类以外其他水生动物的放养。有一种养殖生物不处在食物链最顶端的情况是养殖池塘中搭配一定数量的肉食性鱼类。其目的是摄食池塘中存在的一些小型杂鱼以及养殖鱼类在养殖过程中自我繁殖产生的鱼苗。这时放养的肉食性鱼类的规格要小于主养鱼类，以保证其不会对养殖鱼类造成伤害。除此以外，由于具有较强的过滤能力、富集能力、耐污能力和物质分解能力，很多底栖动物被用来进行水体修复，包括对水的修复和对底泥的修复。它们不仅能够有效吸收和转化氮磷，还能吸收转化重金属和其他水体有机污染物。例如河蚬，作为世界上分布最广、最常见的大型底栖动物和重要的淡水经济贝类品种，对高浓度的重金属和有机污染物能够快速、灵敏地作出反应，从而发挥污染指示的作用。除此以外，它对中、低浓度的污染物则具有较强的蓄积能力，具体表现为污染物在其体内的浓度和在水中的污染浓度和暴露时间呈正相关关系。另外，底栖生物尽管通常生活在底部，但是在应用其进行水体修复时，可以将其放入笼子中吊挂在池塘水体的中上层，从而使其在中上层部位发挥作用。

对于富营养化池塘来讲，水生动物修复技术既包括利用搭配放养的水生动物对养殖池塘中有机颗粒的直接摄食、吸收、转化和分解作用，或者利用滤食性水生动物的摄食活动造成的生物沉降作用将有机悬浮颗粒从水体向底层搬运完成对水质的直接修复作用；还包括利用这些水生动物通过食物链效应间接地对存在于池塘生态系统中营养物质的移出作用。例如对池塘养殖系统中动植物、底栖生物的摄食，通过食物链的传递作用间接的影响是水生动物修复技术发挥作用的主要方式。水生动物对养殖池塘的修复主要作用就是富营养化池塘中营养物质移出修复和对藻类本身的移出，因为藻类生物量的大量增加，特别是蓝藻生物量的大量增加是池塘富营养化的重要特征之一。除此以外，水生动物也同样对系统中可能存在的其他污染物发挥着修复作用。贝类、滤食性鱼类等具有滤食性能力的水生动物可以通过对系统中浮游动植物的摄食完成重金属及其他有机环境污染物的富集，从而发挥对池塘养殖环境的修复作用。

目前，在养殖池塘中经常用于修复水环境的水生动物包括：滤食性鱼类，如鲢、鳙等；杂食性鱼类，如罗非鱼等；软体动物，如三角帆蚌、螺蛳等。除了这些常见的品种以外，在我国还存在着各种各样的池塘混养模式，如不同鱼类品种之间的混养，例如鱼蟹、鱼虾、鱼鳖、虾蟹混养等。基于混养的鱼类不同的栖息习性和食性，可以提高饵料的利用率从而间接修复养殖池塘水环境，还可以通过混养品种对系统食物链的作用对池塘水环境进行干预，这些都可以列入池塘生态环境的水生动物技术范畴。

第二节　池塘富营养化的水生动物修复技术

在养殖密度较高的情况下，池塘养殖过程中物质和能量的不断输入造成的池塘富营养化是池塘生态系统需要修复的根本原因。而富营养化的主要表现，除了水体氮、磷、有机物等理化指标的显著增加以外，还包括水中浮游植物生物量的大量增加，特别是蓝藻生物量的大量增加，进而造成了池塘生态系统出现了系统性的崩溃。前文已述及，采用水生动物对其进行修复，主要包括：一是搭配放养的水生动物通过对水体中有机和无机物质的吸收和利用来净化池塘水质，例如对水中营养盐类的直接吸收利用和对有机碎屑的利用；二是通过对生态系统食物链中的其他要素的控制，从而间接地移出营养物质，从而得预期的效果。除此以外，任何一种生物种类都具有其特有的生物学特征，例如在水中的空间分布、运动能力、生殖习性等，这些生物学特征使得其在池塘生态系统中处于不同的存在状态，进而对池塘生态系统造成不同的影响。例如，鲢在水面上剧烈的运动能够促进水和空气的接触，罗非鱼底泥中"做窝"的习性会促进底泥中营养盐的释放等。这些生物学差别都是在修复池塘养殖环境中可以被利用或者必须考虑的特征。

一、水生动物的直接修复作用

养殖池塘生态系统中营养物质以饲料形式进入池塘后，一部分被养殖生物利用，另一部分主要以残饵和粪便的形式沉积到池塘生态系统中。在沉降过程中有的会成为悬浮颗粒，其他的会沉降到底泥中。在细菌、真菌等微生物的作用下，大量有机物会被这些微生物所利用，并产生无机营养盐，然后再被藻类所利用。藻类进行光合作用又产生氧供其他水生生物利用。细菌和真菌等微生物可以被原生动物吞食。微生物的大量增加会形成更多的悬浮颗粒，这些悬浮颗粒、原生动物和藻类等均可被水生动物利用。在这一过程中，搭配放养的水生动物可以对含营养物质的悬浮颗粒进行直接的摄食，从而充分地利用了系统中的营养物质进行生长，提高了饵料利用率，与此同时起到净化水的作用。这种情况下，要充分利用主养鱼类和混养鱼类食性及水层分布上的差异。甚至在搭配放养一些底层鱼类的情况下，沉降到池塘底部的残饵也会被这些底层鱼类利用。这些搭配放养的水生动物就是通过直接利用池塘中营养物质的形式对养殖池塘水环境进行修复的。

螺蛳（*Margarya melanioides*）也是一种经常被用来进行养殖水域水质修复的底栖生物。它是软体动物门中腹足目田螺科螺蛳属的通称，常栖息于冬暖夏凉、底土柔软、饵料丰富的湖泊、池塘、水田和缓流的河溪中，营底栖生活。有研究表明，螺蛳和黄颡鱼搭配放养可以显著降低黄颡鱼养殖系统中总氮、总磷和高锰酸盐指数的浓度。这主要是由于其能够刮食底部的有机碎屑、固着藻类等物质，从而降低了这些理化指标往水中的释放。将水产养殖废水引入到 500 个/m³ 的螺蛳养殖单元进行净化处理的试验表明，其对 COD、总氮和总磷的去除率分别为 44.3%、38.8% 和 75.4%，去除效果非常明显。

二、利用水生动物的调控作用（食物链效应）净化水体

通常情况下，尽管养殖池塘生态系统中的食物链较短，但其在系统物质循环和能量流动过程中仍然发挥着应有的作用。无论是系统中的植物、动物还是微生物都在系统中扮演着重要的角色。通过向养殖池塘生态系统中投放一些特定的水生动物种类，能够干涉其物质循环和能量流动的过程。因此，选择特定的水生动物种类进行搭配放养从理论上讲能够通过水生动物的调控作用对系统进行生物修复。鱼类放养技术的关键是投放鱼类的品种、大小和数量，以及对鱼类生产的控制管理。通过更新后的食物链的高效运转，可以对水体造成污染的物质进行有效的回收和资源化利用，同时取得水质净化效果。

利用食物链效应来进行池塘生态系统的调控，其原理基于上行控制效应和下行控制效应两类。生态学上的上行效应（bottom-up effect）是指非顶级营养级生物的下一营养级食物供给或营养盐供给。营养盐浓度是水体状况的表征，也是影响水体食物链中各类水生生物繁衍、生存的主要因素。实际应用中的上行控制是通过调控水体的能量和营养的输入、分配来控制水环境中食物链结构的生物操纵法。生态学上的下行效应（top-down effect）是指沿食物链从上向下传递而产生的生物学影响。在食物链中位于营养结构上层的生物对处于较低营养级的生物也会产生影响，如肉食者有选择性的捕食可在一定程度上改变被捕食的植食生物种类的相对丰度，而植食生物可通过选择性摄食影响浮游生物群落结构和相对丰度等。实际应用中的下行控制就是利用食物链中的捕食关系，通过提高或降低某个高级生态位物种的生物量来改变水体中的生物群落结构，达到改善水环境的目的。

（一）食鱼性鱼类的生物调控作用

生物操纵（bio-manipulation）的概念是 Shapiro 等在 1975 年提出的，其核心内容是通过对水生生物群落及其栖息地的一系列调节，以增强其中的某些相互作用，促使浮游植物生物量下降。由于人们普遍注重位于较高营养级的鱼类对水生生态系统结构与功能的影响，即下行控制效应，生物操纵的对象主要集中于鱼类，特别是浮游生物食性的鱼类，即通过去除食浮游生物者或添加食鱼动物降低浮游生物食性鱼的数量，使大型浮游动物的生物量增加，从而提高浮游动物对浮游植物的摄食效率，降低浮游植物的数量，这一般也称之为经典生物操纵理论。一方面，在池塘养殖时，尽管前期清塘会杀灭一些野杂鱼，但是在进水、换水的过程中仍然会有一些野杂鱼进入到池塘中。有些野杂鱼能够摄食池塘中的浮游动物，例如餐条（*Hemiculter leucisculus*），从而对浮游动物的生物量造成影响，这时候选择一定规格的食鱼性鱼类按一定比例进行搭配放养，那么根据经典生物操纵的原理，其应该对控制水中的浮游植物的生物量起到一定的作用。另一方面，前已述及，在一些大规格鱼类养殖的过程中，如罗非鱼，有时候会有养殖鱼类自繁殖现象的发生。较小的鱼苗不仅造成饵料的浪费，而且造成池塘生态系统的可控性降低，这时候往池塘中搭配放养一定数量的食鱼性鱼类能够摄食这些较小的鱼苗，从而减少饵料的浪费及使得池塘生态系统变得相对简单。

（二）滤食性水生动物生物调控作用

有研究表明，集约化池塘养殖过程中，水中浮游动物有小型化的趋势。这使得其对水中浮游植物的利用能力产生一定程度降低。同时，池塘富营养化过程中产生了大量的水华蓝藻，并形成聚集。而浮游动物无法摄食形成群体的水华蓝藻。基于此，我国学者提出了在天然富营养化水体中，控制凶猛鱼类以增加滤食鱼类（鲢、鳙）的生物量，从而达到控制蓝藻水华的非经典生物操纵理论。在池塘养殖过程中，这一理论的衍生性应用就是搭配放养一定数量的食藻性水生动物。在池塘中通过重建生物群落以得到一个有利的响应，减少藻类生物量，保持水质清澈并提高生物多样性。

淡水水体中的滤食性鱼类，如鲢和鳙等可以通过摄食水中的浮游生物对生态系统造成影响。其中两者之间还存在着显著差别。防治浮游动物繁盛最有效的办法就是放养鳙，因为其以摄食浮游动物为主。而放养鲢通常对浮游植物具有更为直接的摄食作用，因为其以摄食浮游植物为主。与此同时，也应该看到，由于鲢、鳙对蓝藻的消化利用率较低（通常小于30％），排除的粪便又是浮性的，粪便中大量未被消化的蓝藻被风浪打散后很容易参与群体的增殖。在这一过程中，往往造成小型蓝、绿藻的大量繁殖和水体部分功能的丧失。鲢作为以滤食浮游植物为主要食物的鱼类，其对藻类、特别是蓝藻的利用一直以来存在着一定的争议。作为一种无胃的鲤科鱼类，其肠道内的 pH 高于6，这一点和罗非鱼显著不同，后者肠道内具有很低的 pH，有利于蓝藻的消化。然而，最近有研究表明，白鲢能够非机械性的消化蓝藻，主要通过肠道内的消化酶来进行。

通常在搭配放养鲢或鳙的过程中，通常会根据池塘水体的不同状况来选择不同的搭配比例，而根据不同的主养品种，选择搭配放养鲢鳙的多少及如何搭配亦是值得详细研究的问题。鲢鳙混养时，鲢大量摄取浮游植物，从而抑制了以浮游植物为食的浮游动物的生长和繁殖。如果鳙的数量放养过多，就得不到足够的食物，生物量受到抑制；放养太少，不能充分利用饵料而影响产量。合理地搭配鲢鳙的放养数量，可充分地利用天然饵料，减少浮游植物和浮游动物的数量，从而一定程度上治理水体的富营养化。池塘中水质的好坏往往与滤食性鱼类混养比例和密度有关。有研究表明，在精养鱼塘中，通常搭配放养鲢和鳙的比例大约为 3∶1 的比例比较适合，另外需要根据池水的肥度适当调整放养密度，如水质较肥可以适当增加 10％～15％ 的放养量。通过滤食性鱼类调节池水中浮游生物的组成来保持池水生态系统的动态平衡。除了直接的净水效果以外，搭配放养的鱼类还可以作为判断池水是否缺氧的信号，若鲢有轻微"浮头"征兆，说明池水需要增氧。

滤食性贝类多属于瓣鳃纲（Lamellibranchia）软体动物，其可以通过鳃、唇瓣以及出入水管上的纤毛的过滤选择作用获得食物。其食物组成以藻类为主，兼食有机碎屑，并通过排粪的形式将水中溶解态营养盐转移到水体底层。滤食性贝类对浮游藻类的摄食过程就是一个将水体中营养盐从水体向沉积物转移的过程，从而降了了水体营养盐浓度。另外，水体中的悬浮颗粒及有机碎屑是水体营养盐和污染物的主要载体，它们的大量存在会影响水体的透明度及初级生产力，不利于水体的自净作用正常进行，贝类对悬浮颗粒物的去除可显著增强水体透明度。具体到一些养殖模式上，有研究表明在包含三角帆蚌和鱼类混养区的池塘循环水养殖系统中，三角帆蚌和鱼类混养区能够显著降低鱼类养殖区水体中总磷、总氮、磷酸盐、硝酸盐、亚硝酸盐、氨氮、高锰酸盐指数、叶绿素 a 等理化指标，特别是对叶绿素 a 的去除率超过了 80%。表明其三角帆蚌对系统中的藻类产生了较强的滤食作用。而三角帆蚌和黄颡鱼的搭配放养能够显著降低养殖系统中总氮、总磷、氨氮、亚硝态氮及高锰酸盐指数等指标的浓度，特别是在三角帆蚌的生物量为 7 200 g/m³ 时对以上水质指标的去除率均超过了 30%。

（三）杂食性鱼类的生物调控作用

罗非鱼是以植食为主的杂食性鱼类。罗非鱼能够通过蓝藻的摄食消化从而对富营养化水体水华进行控制。研究表明，罗非鱼对水华蓝藻有很强的摄食与消化能力，其对蓝藻细胞的消化率甚至远大于鲢鳙，而且罗非鱼对蓝藻毒素也有较强的降解能力，这些特点使得罗非鱼成为可用于生物调控的很好的鱼类品种。放养罗非鱼可以对富营养化水体中的蓝藻产生"过滤"效应，在这一过程中不同富营养化程度水体中的罗非鱼肠道和胃蛋白酶的活性也会有所不同，表明罗非鱼的放养能够对水中的红藻类起到生物调控作用。但与此同时放养罗非鱼对水体氮、磷等营养盐指标的影响存在较大的不确定性。我们在研究中发现，罗非鱼养殖密度合适、投饵量适中的情况下，罗非鱼确实能够对池塘中的蓝藻起到很明显的控制作用，但是当罗非鱼养殖密度较大，投饵量较大的情况下，藻类、特别是蓝藻问题又成为棘手的问题。此时，过多的营养物质输入导致的上行效应显著大于罗非鱼对藻类的下行效应可能是造成这一现象的主要原因。

景观金鱼是一类深受人们喜爱的鱼类。除了家庭范围内的养殖以外，很多公园景观都有景观金鱼的投放。有研究表明，鱼池中投放约 4 尾/m³ 的景观金鱼（3~4 cm 长）能够使得池塘水体总氮（去除率 63.6%）、总磷（去除率 78.7%）和叶绿素 a 浓度（去除率 78.7%）显著下降。金鱼作为一种杂食性鱼类，它既喜欢浮游动物，也喜欢摄食硅藻、绿藻、小浮萍、水草等各种水生植物。在水体中的部分 N、P 可以通过金鱼的选择性捕食脱离水体的营养循环。水中的浮游动物和浮游植物吸收水中的 N、P，金鱼进入池塘摄食水体中的浮游生物和浮游植物等，然后微生物将水中鱼类的粪便和浮游生物的粪便、尸体分解，进行硝化、反硝化作用，将部分 N 排入大气。同时部分 P 以粪便等形式沉入池底被聚磷菌等微生物降解。在此循环中，水中的 N、P 在各个环节被去除。对于叶绿素 a 来讲，水中的叶绿素 a 的含量通常与浮游植物的生物量呈正相关关系，这是因为其主要来源于水中的浮游植物。与此同时，浮游植物的生物量又与 N、P 等营养盐负荷密切相关，因为水中的 N、P 等营养盐既是浮游植物体内的重要组成成分，又会通过吸收和死亡藻体释放的方式影响到水中的 N、P 浓度。当水中鱼类活动致使 N、P 负荷减少，浮游植物缺少营养物质，繁殖速度变慢，生物量降低，从而导致水体中叶绿素 a 的含量减少。此外，由于金鱼是杂食性鱼类，本身也会摄食硅藻、绿藻、芜萍、小浮萍、水草等各种水生植物，从而导致叶绿素 a 减少。

（四）草食性鱼类的水体修复技术

"一草带三鲢"是水产养殖中的一句谚语。其主要反映了草鱼在池塘养殖中的重要作用。尽管草鱼的摄食量很大（草类的日摄食量可以达到其体重的 40%~70%），但它仅能消化利用被其咽喉齿和角质垫所磨碎的植物细胞内的原生质。因此，草鱼粪便内含有大量未被消化的植物碎片。例如，草鱼摄食苦草后，其粪便内的粗蛋白质含量明显下降，苦草经咽喉齿研磨后，消化了其中的一小部分。其粪便呈绿色，草屑的纤维清晰可见，其中细胞组织含有的叶绿素十分明显。草鱼粪便排入水中后，就大量附生细菌、原生动物、后生动物，其细胞中的叶绿素随即被破坏，呈黄色，碎屑变成了腐屑。腐屑中收于包括了大量的菌体蛋白和浮游动物，其粗蛋白质含量反而比苦草高得多。草鱼能反复、多次利用其粪便（实际是腐屑），这不仅弥补了草鱼消化系统的缺陷，而且也为其他草食性鱼类（鳊、鲂）、滤食性鱼类（鲢、鳙）和杂食性鱼类（鲤、鲫）提供了大量的优质饵料。在这些鱼类的养殖中按照合适的比例混养草鱼能够使得牧食链（对浮游动植物的摄食）和腐屑链（异养细菌为基础的碎屑再加工）互相交联、互相依赖和互相制约，使得池塘水体中初级生产力和次级生产力的比例关系更加协调，变相降低饵料的投入量，提高鱼产力，降低养殖对池塘水环境的影响。因此，草鱼这样的特点造就了其在鱼类池塘养殖过程中有不可替代的地位和作用。在这一过程中，草鱼对池塘生态系统的调控作用更是基于其独特的生理特性而显得与众不同。

（五）水生微型动物的调控作用

初级生产者（浮游植物）的生命周期短、繁殖快，初级产品如不迅速被次级生产者（浮游动物）利用将形成积累，产生所谓的水华。而很多种类的水生微型动物能捕食初级生产者，对浮游植物具有重要的控制作用。水中微型动物在水生生态系统中起着重要的调控作用，其调控作用主要体现在以下几个方面：①对初级生产力的控制；②对营养级间生态转换效率的调控；③对高层捕食者的控制作用；④对水层底栖耦合关系的控制作用。

无论是食鱼性鱼类的使用还是滤食性鱼类的使用其最终都会对水中的微型动物种群造成影响。这些水生微型动物不光以浮游植物为食，还可以以水体中的细菌和有机碎屑等为食，因此可有效降低水体中悬浮物的浓度，提高水体透明度。有研究表明，在池塘精养过程中，水中的水生微型动物种群组成有小型化的趋势，水中微型动物的优势种为个体微小的原生动物和小型轮虫，因此造成了池塘生态系统中缺乏大型植食性浮游动物，因此浮游植物种群密度在适宜的时候容易就快速增长。而在试验条件下，往富营养化水体中直接添加大型植食性浮游动物能够控制水体浮游植物的过量生长。例如往富营养化水体中放养长肢秀体溞、大型溞等水生微型动物，可以对水体中藻类的数量和生物量、群落结构产生显著影响，同时降低水体中总氮、总磷和 COD_{Mn} 的浓度，增加水体的透明度。以上结果表明了富营养化池塘中大型植食性浮游动物的确实是一个突出问题。而在投放微型动物进行调控过程中，选择品种、数量配比合理的种群组成，可延长生态系统的食物链、提高生物净化效果。与此同时，在池塘养殖的特定阶段也存在着水生微型动物种群数量过大造成藻类生长不起来的情况。这是可以通过使用筛绢网定期打捞的方式进行处理，防止其过量繁殖，也可以通过放养一定比例的滤食性鱼类（特别是鳙）来进行生物控制，将已转化成生物有机体的有机质和氮磷等营养物质从水体中彻底去除或再次转化。

（六）大型水生动物的调控作用

综合养鱼技术是一种以养鱼为主，渔、农、牧和农副产品加工业综合经营及综合利用的生产形式，在我国具有悠久的历史。其中鱼—鸭混养是一种经济效益较好的模式。具体的操作方法为，在成鱼池附近堤埂上建简易鸭棚，围部分埂面和池坡作活动场所，鸭粪排入池塘中作为肥料肥水，培养藻类以供鱼类摄食，近年来这种养殖模式越来越少。而随着水质生物修复日益成为当前水环境修复的重要技术，各种各样的水生动物被用来进行水环境的修复。其中有研究就表明，往人工景观湖里投放鸭子，可以使得水中总氮、总磷和叶绿素a的浓度显著下降，去除率分别为57.7%、81.1%和54.2%。

由于鸭子会对养殖鱼类进行摄食，所以在养殖池塘里放养鸭子可能不太合适。但是，在当前养殖尾水处理单元正逐渐成为水产养殖系统的重要环节，在尾水处理单元放养一定数量的鸭子，采用类似异位修复的方式，应该是可以考虑的方法。鸭类的放养之所以能够净化水体可能是由于鸭类的存在构建了一个较大的生态群落，形成了一个比较完整稳固的食物链，使湖泊生态系统得到恢复。这个系统由鸭类、鱼类、水生植物、浮游动物、浮游植物共同构成，恢复了生态系统的完整性和多样性，增强水体抗富营养化的能力。在此生态系统生物链的顶端是鸭类，底端是浮游植物，食物链越长，生态系统越稳定，抗风险能力越强，水体的自净能力也越强。同时还存在一个重要影响因素即水流流态因素，鸭子的游动使水的流速增加，死水变动水，水中藻类减少，水体透明度上升，水质得到优化。从食物链角度分析，鸭子捕食鱼类，鱼类捕食浮游动物，浮游动物消耗浮游植物。所以鸭类活动控制了食浮游动物鱼类，增加了浮游动物数量，从而控制浮游植物生物量，致使水体中叶绿素a含量下降，水体透明度增加。此外，已经分析鸭类活动导致N、P含量减少，水体中营养负荷的减少使得浮游植物生物量降低，也是叶绿素a含量下降的一个影响因素。

第三节　案例分析

一、底栖动物螺蛳对池塘底质及水环境原位修复效应

（一）试验设计概况

试验在洪泽湖畔的江苏省无锡市洪泽区水产良种场进行，这里螺蛳资源丰富。试验池塘为标准化鱼类养殖池塘，每个池塘的面积均为5 000 m²（100 m×50 m），水深1.5 m。选择规格为（4.3±1.2）g（$n=50$）的螺蛳（C. cathayensis）作为池塘底质改良生物。螺蛳广泛分布于中国淡水湖泊等水域。在天然情况下螺蛳主要摄食水生植物嫩茎叶、小型水生生物及有机碎屑等，它在水体生态系统的改良中起着重要的调节作用。

设置3个试验组，分别为对照组（P0）、螺蛳投放量为每亩150 kg的试验组（PⅠ）、螺蛳投放量为每亩300 kg的试验组（PⅡ）。每个试验组设2个平行。螺蛳的投放尽量做到全池均匀。试验于2005年7月20日开始，10月27日结束，共计100 d。试验期间平均水温为（30±2）℃。每个池塘中放养的鱼苗种类、规格、数量基本一致（每亩放养异育银鲫夏花10 000尾，花鲢夏花2 000尾，草鱼夏花1 500尾），试验期间的养殖管理措施一致且不换水。

试验开始后每隔30 d在对照池、各组试验池进行采样。样品包括水质样品和底泥样品。样品采集方法为"五点法"，即在池塘的4个拐角处和池塘中心处各设置1个采样点。将从5个采样点采集的样品均匀混合后进行各指标的分析测定。对于水温、pH等现场测定的指标，则采用"五点法"现场测定后取平均值。

水质样品在水面下50 cm处采集。水质测定指标和测试方法分别为：①水温（T），温度计；②pH，pH计；③透明度（SD），透明度盘；④溶解氧（DO），便携式溶氧仪；

⑤总磷（TP），硝酸—硫酸消解法；⑥正磷酸盐（$PO_4^{3-} - P$），氯化亚锡还原光度法；⑦总氮（TN），过硫酸钾氧化-紫外分光光度法；⑧硝酸盐氮（$NO_3^- - N$），酚二磺酸光度法；⑨亚硝酸盐氮（$NO_2^- - N$），N-（1-萘基）-乙二胺光度法；⑩氨氮（$NH_4^+ - N$），纳氏试剂光度法；⑪高锰酸盐指数（COD_{Mn}），酸性法。其中水温、pH、透明度和DO均在现场分析测定，其他项目采集水样后带回实验室分析。

底泥样品用面积为 $1/16 m^2$ 的彼德生采泥器采集。底泥测定指标主要是全氮和全磷，测定方法分别按照国家标准《土壤全氮测定方法　半微量开氏法》（GB/T 7173—87）和《土壤全磷测定法》（GB/T 9837—88）进行。

根据《地表水环境质量标准》（GB 3838—2002）对各单项因子进行评价，并计算各污染指标的去除率；同时，以《地表水环境质量标准》（GB 3838—2002）中的Ⅲ类水为标准，选择 TN、TP、COD_{Mn}、$NH_3 - N$ 四项指标，采用内梅罗（N. L. Nemerow）综合污染指数法对池塘水质进行综合评价。去除率和内梅罗综合污染指数的计算方法分别见公式（7-1）至公式（7-3）：

$$R_e = -\frac{C_0 - C_s}{C_0} \times 100\% \qquad (7-1)$$

$$W_i = \frac{C_i}{S_i} \qquad (7-2)$$

$$WQI = \sqrt{\frac{(W_i)_{\max}^2 + \left(\frac{1}{n} \sum_{i=1}^{n} W_i\right)^2}{2}} \qquad (7-3)$$

式中：R_e 为去除率；C_0 和 C_s 分别为对照组和试验组池塘水质（或底质）污染物浓度；WQI 为内梅罗综合污染指数；W_i 为污染物 i 的单项污染指数；C_i 为污染物 i 的实测值；S_i 为污染物 i 某一评价等级对应的标准值［本研究中取《地表水环境质量标准》（GB 3838—2002）Ⅲ类水为标准值］；n 为参评因子个数。

（二）试验结果及分析

1. 水质指标的动态变化

试验期间，定期监测了对照塘和底质修复塘的主要水质指标；同时，分析了各污染指标的去除率的变化趋势，结果分别如表7-1和图7-1所示。

表7-1　底质修复技术对水质主要污染物的影响

试验分组	时间(d)	水质指标										
		pH	DO (mg/L)	SD (cm)	TN (mg/L)	$NH_3 - N$ (mg/L)	$NO_2^- - N$ (mg/L)	$NO_3^- - N$ (mg/L)	TP (mg/L)	$PO_4^{3-} - P$ (mg/L)	COD_{Mn} (mg/L)	WQI
P0	0	7.2	7.00	31	5.46	0.30	1.30	0.23	0.19	0.10	12.24	4.16
	30	8.9	7.27	25	7.56	0.62	1.70	0.22	0.17	0.10	14.70	5.72
	60	8.7	6.58	28	6.39	0.30	1.81	0.18	0.18	0.08	14.46	4.85
	90	8.8	6.32	25	6.12	0.30	1.24	0.23	0.11	0.06	10.19	4.59

（续）

试验分组	时间（d）	水质指标										
		pH	DO（mg/L）	SD（cm）	TN（mg/L）	NH_3-N（mg/L）	NO_2^--N（mg/L）	NO_3^--N（mg/L）	TP（mg/L）	$PO_4^{3-}-P$（mg/L）	COD_{Mn}（mg/L）	WQI
PⅠ	0	7.4	7.53	32	5.42	0.31	1.27	0.22	0.18	0.08	12.28	4.13
	30	7.6	8.02	32	7.01	0.49	1.46	0.20	0.13	0.07	13.16	5.28
	60	7.3	7.45	33	5.25	0.21	1.01	0.14	0.11	0.05	10.12	3.95
	90	7.7	7.68	35	5.07	0.17	0.92	0.12	0.07	0.03	7.53	3.78
PⅡ	0	7.6	7.26	33	5.45	0.30	1.28	0.22	0.20	0.09	12.32	4.16
	30	7.3	7.55	35	6.68	0.43	1.43	0.20	0.12	0.09	13.08	5.04
	60	7.8	8.05	35	5.36	0.19	0.96	0.13	0.10	0.04	9.43	4.02
	90	7.8	7.59	37	4.76	0.14	0.83	0.11	0.07	0.03	7.04	3.55

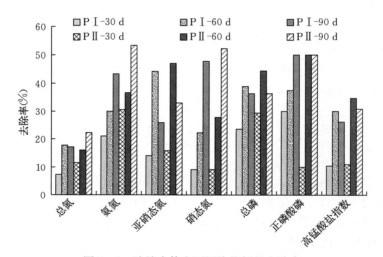

图 7-1　池塘水体主要污染指标的去除率

从各单项水质指标的变化情况来看，试验期间，P0 塘的 pH 除在试验开始时符合《渔业水质标准》（GB 11607—89）外，其余时间均高于《渔业水质标准》的要求；PⅠ和 PⅡ塘的 pH 则分别变化在 7.3～7.7 和 7.3～7.8，均符合《渔业水质标准》的要求。P0、PⅠ和 PⅡ塘的溶解氧分别变化在 6.32～7.27 mg/L、7.45～8.02 mg/L 和 7.26～8.05 mg/L；且在相同采样时间下，两底质修复塘的溶解氧均明显高于对照塘。随着养殖时间的延续，对照塘水体透明度呈逐渐降低的趋势，而两底质修复塘的水体透明度则呈逐渐升高的趋势，试验结束时 PⅠ、PⅡ塘的水体透明度分别比 P0 塘升高了40.0%和 48.0%。

从表 7-1 和图 7-1 可以看出，与同期对照组相比，两试验组的 TN、NH_3-N、NO_2^--N、NO_3^--N、TP、$PO_4^{3-}-P$、COD_{Mn} 均明显降低，且在相同采样时间下，各项水质污染指标均按 P0—PⅠ—PⅡ的顺序呈逐渐降低的趋势。试验期间，PⅠ和 PⅡ塘的

TN、NH_3-N、NO_2^--N、NO_3^--N、TP、PO_4^{3-}-P、COD_{Mn} 的去除率分别变化在 7.3%～17.8%、21.0%～43.3%、14.1%～25.8%、9.1%～47.8%、23.5%～38.9%、30.0%～50.0%、10.5%～30.0% 和 11.6%～22.2%、30.6%～53.3%、15.9%～33.1%、9.1%～52.2%、29.4%～44.4%、10.0%～50.0%、11.0%～34.8%。同时，从内梅罗综合污染指数的分析结果来看（表7-1），试验期间，P0、PⅠ和PⅡ塘的 WQI 分别变化在 4.16～5.72、4.13～5.28 和 3.55～5.04，且相同监测时间下，P0 塘的 WQI 较PⅠ和PⅡ塘高。

2. 底泥氮、磷含量

试验期间，对各试验塘底质的全氮、全磷含量进行了定期测定，并分析了底质修复技术对养殖池塘底质中全氮、全磷的去除情况，结果分别如表7-2和图7-2所示。

表7-2　底质修复技术对池塘底泥氮、磷含量的影响

采样时间 (d)	全氮（g/kg）			全磷（g/kg）		
	P0	PⅠ	PⅡ	P0	PⅠ	PⅡ
0	0.972	0.976	0.977	0.516	0.519	0.521
30	1.229	1.103	1.035	0.596	0.549	0.536
60	1.533	1.218	1.141	0.675	0.581	0.562
90	1.735	1.306	1.212	0.762	0.608	0.579

由表7-2可见，试验开始时，各试验塘底质的全氮、全磷浓度差别均不显著。随着养殖时间的延续，对照塘和各底质修复塘底质的全氮、全磷浓度均逐渐增加，但全氮、全磷的增加速度均表现为 P0＞PⅠ＞PⅡ。试验期间，P0、PⅠ、PⅡ塘的底质全氮分别变化在 0.972～1.735 g/kg、0.976～1.306 g/kg、0.977～1.212 g/kg，全磷分别变化在 0.516～0.762 g/kg、0.519～0.608 g/kg、0.521～0.579 g/kg。同时，由图7-2可见，PⅠ、PⅡ塘底质的全氮去除率分别变化在 10.25%～24.73%、15.79%～30.14%，全磷去除率分别变化在 7.89%～20.21%、10.07%～24.02%。

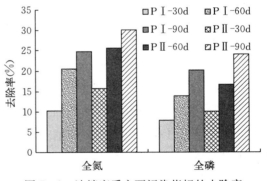

图7-2　池塘底质主要污染指标的去除率

3. 结论

(1) 当螺蛳放养量分别为每亩 150 kg 和 300 kg 时，池塘水体中的 TN、NH_3-N、NO_2^--N、NO_3^--N、TP、PO_4^{3-}-P、COD_{Mn} 的去除率分别变化在 7.3%～17.8%、21.0%～43.3%、14.1%～25.8%、9.1%～47.8%、23.5%～38.9%、30.0%～50.0%、10.5%～30.0% 和 11.6%～22.2%、30.6%～53.3%、15.9%～33.1%、9.1%～52.2%、29.4%～44.4%、10.0%～50.0%、11.0%～34.8%；池塘底质中的全氮、全磷去除率分别变化在 10.25%～24.73%、15.79%～30.14% 和 7.89%～20.21%、10.07%～

24.02%。表明，直接向养殖池塘投放螺蛳能够提高水体透明度，有效降低底泥中的全氮、全磷以及水体中的氮、磷等营养盐含量，达到改善池塘底质和净化水质的效果。且在本试验条件下，螺蛳的放养量越大，净化效果越好。但由于螺蛳的呼吸耗氧量是随着放养量的增加而加大的，当螺蛳的放养量达到一定程度时，最终会导致螺蛳和鱼类竞争水体中的溶解氧，因而，并不是无限制地增加螺蛳的放养量都对池塘养殖有利。

（2）直接向池塘中投放螺蛳对池塘进行底质修复还不能使养殖废水得以彻底净化。底质修复技术应与其他修复技术配合使用，从而达到更大的净化效果。

二、蚌、鱼混养在池塘养殖循环经济模式中的净化效能

（一）试验设计概况

本研究中的池塘养殖循环经济模式由主养区、混养区、表面流人工湿地区和水源区四个部分组成（图 7-3）。

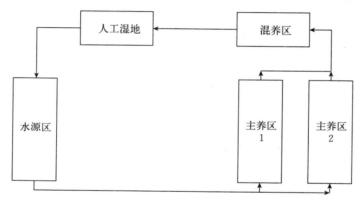

图 7-3　系统组成及工艺流程示意

主养区由主养区 1 和主养区 2 两部分组成，主养区 1 由 8 口池塘组成，总面积 3.53 hm²，平均水深皆为 2.1 m；主养区 2 包括面积分别为 1.67 hm²（12♯塘）和 1.00 hm²（13♯塘）的两口池塘，平均水深皆为 1.6 m。混养区面积 1.33 hm²，平均水深 1.5 m。人工湿地面积 1.00 hm²。水源区面积 0.67 hm²，平均池深 1.2 m。

主养区的排水靠水泵来完成，在该区每个池塘的排水端布设 2.2 kW 的潜水泵 1 台，另一端设循环水入口。其他各区的进、排水靠地势按功能区为单位阶梯式降低产生的势能来完成，在进、排水口设置阀门来控制水的进出。

各养殖区放养生物的种类、数量和规格如表 7-3 所示。混养区于 2005 年 3 月上旬开始放养，根据当地条件，挂袋吊养具有较强净水能力的三角帆蚌，每袋装三角帆蚌两个，网袋之间吊养间距 40 cm，每排网袋间距 2 m，网袋中的三角帆蚌一般离水面 20 cm，单层吊养；同时混养不同比例的白鲢、鳙、瓦氏黄颡鱼、花㛦、青鱼和草鱼。主养区 1 于 2005 年 6 月开始放养，因该区各塘中放养生物的种类、规格和放养密度都是一致的，故只列出了总量，同时该区还放养了少量的匙吻鲟。主养区 2（12♯塘、13♯塘）中主养鱼类和配养鱼类的放养时间不同，12♯塘中长吻鮠、白鲢和白斑狗鱼的放养时间分别为

2005年2月、2005年3月和2005年7月；13#塘中长吻鮸、白鲢和瓦氏黄颡鱼的放养时间分别为2005年2月、2005年3月和2005年7月。由于养殖废水中含有大量的有机物及营养盐类，且主养区养殖废水经混养区初步净化后$NO_2^- - N$等有害物质的含量已显著下降，为充分利用水体及饵料资源，在人工湿地和水源区均放养少量河蟹和鳜。

表7-3　各功能区养殖生物的放养情况

放养种类	主养区1		12#塘		13#塘		混养区		人工湿地		水源区	
	数量(尾)	规格(g/尾)	数量(尾)	规格(g/尾)	数量(尾)	规格(g/尾)	数量(尾)	规格(g/尾)	数量(尾)	规格(g/尾)	数量(尾)	规格(g/尾)
三角蚌							35 000	190				
长吻鮸	240 000	1.1	17 000	105	4 000	320						
白鲢	4 240	180	2 000	180	1 200	180	1 000	180				
瓦氏黄颡鱼					1 250	60	500	60				
狗鱼			400	20								
花鲭							1 000	30				
青鱼							30	1 500				
草鱼							50	950				
鳊							500	400				
河蟹									1 500	6.7	800	6.7
鳜	600	1					300	1	300	1	200	1

注：主养区2由12#塘和13#塘组成。

在放养初期对混养区进行适当施肥以满足养殖生物的生长需要。待2005年7月上旬系统正式运行后，混养区停止施肥，开始接纳主养区排出的养殖废水作为其营养源。混养区采用连续进、排水法，日进、出水量分三个阶段：7月上旬至9月上旬为2 000 m^3/d，9月中旬至10月上旬为1 500 m^3/d，10月中旬至12月上旬为1 000 m^3/d，即混养区水体的日交换量分别占该区总水量的10%、7.5%和5%（本单位以往的生产经验表明，在与本系统中主养区养殖模式基本相同的情况下，整个养殖期间的总换水量为原水体总量的0.6倍，换水集中于7月至9月上旬，10月上旬后一般就不换水了。本研究中为了提高水质以及便于对不同测定时间下混养区的净化效果进行分析比较，同时保证混养区养殖生物有连续不断的营养源，并结合对收获干塘时排出的养殖废水进行净化而对日进、出水量做了上述设定）。在满足混养区日进水量的条件下，主养区中各养殖池塘采用轮流式排水法，排水塘的确定是依据各塘的实际水质状况选择水质最差的一个进行连续排水，排水量以使该塘水面下降30～50 cm为准。然后选择下一水质最差的池塘继续向混养区排水。接下来的以此类推。排水后的主养区池塘立即从水源区补水至原水位。

生产过程中，在运用混养区和人工湿地对主养区养殖废水进行多级净化的同时还不定期向主养区施放一些有益微生物制剂，并根据各塘的面积配备相应功率的增氧机。同时在水源区对人工湿地出水在养殖生物耐受范围内进行消毒，并用微生物制剂改善水质，以保证主养区用水安全。试验期间整个主养区的投饲量随养殖生物的生长而相应加大，11月下旬水温已低于13℃，长吻鮠开始停食，此时停止投饵。

系统运行期间，在混养区的进水口和排水口各设一个监测站，分别代表混养区进水水质和经三角帆蚌净化后的水质。从2005年7月30日起，每月一次分别对两监测站进行采样分析，每个监测站布设6个采样点，将6次测定的平均值作为最终结果。采样时间分别为7月30日、8月28日、9月29日、10月28日和12月2日的上午10点左右。测定指标包括：①水温（WT）；②pH；③透明度（SD）；④溶解氧（DO），便携式溶氧仪；⑤总磷（TP），硝酸—硫酸消解法；⑥正磷酸盐（PO_4^{3-} - P），氯化亚锡还原光度法；⑦总氮（TN），过硫酸钾氧化-紫外分光光度法；⑧硝酸盐氮（NO_3^- - N），酚二磺酸光度法；⑨亚硝酸盐氮（NO_2^- - N），N-(1-萘基)-乙二胺光度法；⑩氨氮（NH_3 - N），纳氏试剂光度法；⑪高锰酸盐指数（COD_{Mn}），酸性法；⑫叶绿素 a（Chl. a）。

污染物去除率的计算方法见式（7-4）：

$$Re = \frac{C_1 \times V_1 - C_2 \times V_2}{C_1 \times V_1} \times 100\% \qquad (7-4)$$

式中，C_1、C_2分别为混养区进、出水污染物浓度，V_1、V_2分别为混养区进、出水体积。不考虑蒸散失水，则$V_1 = V_2$。

（二）结果和分析

1. 混养区进出水理化参数变化

系统运行期间对混养区进、出水水温（WT）、pH、溶解氧（DO）等理化参数的测定结果表明：进出水水温没有差别，从7月30日—12月2日各采样时间下的水温分别为30、27、24、18和10℃。各测定时间下的进、出水pH没有表现出显著差别，总体变化在6.62～7.57（图7-4）。如图7-5所示，各测定时间下的出水溶解氧，除12月2日外，均高于进水溶解氧。

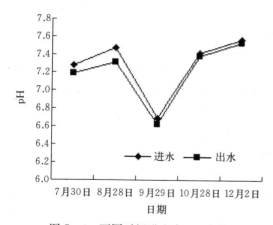

图7-4 不同时间进出水 pH 变化

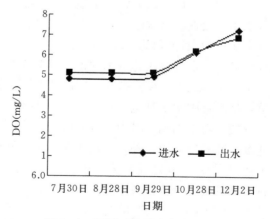

图7-5 不同时间进出水 DO 变化

2. 蚌、鱼混养对主要水质污染指标的净化效果

2005年7月30日—2005年12月2日，对混养区进、出水水质进行了5次监测，各测定时间下的污染指标变化情况如表7-4所示。

表 7 - 4　混养区进、出水中主要污染指标变化

测试指标		7月30日	8月28日	9月29日	10月28日	12月2日
NH_3-N	进水浓度（mg/L）	0.35	0.61	0.66	0.65	0.43
	出水浓度（mg/L）	0.24	0.3	0.38	0.39	0.32
	去除率（%）	31.43	50.82	42.42	40	25.58
NO_2^--N	进水浓度（mg/L）	0.059	0.078	0.077	0.044	0.08
	出水浓度（mg/L）	0.049	0.054	0.042	0.034	0.065
	去除率（%）	16.95	30.77	45.45	22.73	18.75
NO_3^--N	进水浓度（mg/L）	0.98	1.24	1.65	2.22	1.07
	出水浓度（mg/L）	0.66	0.79	0.85	1.53	0.8
	去除率（%）	32.65	36.29	48.48	31.08	25.23
TN	进水浓度（mg/L）	2.12	2.56	3.26	3.79	1.9
	出水浓度（mg/L）	1.55	1.85	1.65	2.85	1.53
	去除率（%）	26.89	27.73	49.39	24.80	19.47
$PO_4^{3-}-P$	进水浓度（mg/L）	0.23	0.28	0.37	0.396	0.196
	出水浓度（mg/L）	0.15	0.182	0.176	0.23	0.16
	去除率（%）	34.78	35.00	52.43	41.92	18.37
TP	进水浓度（mg/L）	0.66	0.7	1.32	1.24	0.98
	出水浓度（mg/L）	0.42	0.4	0.66	0.98	0.86
	去除率（%）	36.36	42.86	50.00	20.97	12.24
COD_{Mn}	进水浓度（mg/L）	6.29	7.40	8.00	8.80	6.18
	出水浓度（mg/L）	3.96	4.12	4.03	5.00	4.21
	去除率（%）	37.04	44.32	49.63	43.18	31.88
Chl. a	进水浓度（mg/m³）	10.11	5.07	4.98	4.42	1.63
	出水浓度（mg/m³）	0.80	0.69	0.53	0.76	0.54
	去除率（%）	92.09	86.33	89.40	82.76	66.87
SD	进水（m）	0.40	0.35	0.45	0.33	0.50
	出水（m）	0.6	0.51	0.69	0.56	0.70
TLI	进水	63.69	63.72	65.81	67.31	58.40
（∑）	出水	50.33	51.11	50.28	56.00	51.08

注：混养区进口和出口各设一测站，每个测站设6个采样点，表中数据为6次测定结果的平均值。

3. 混养区进水水质变化

由表 7 - 4 可见，从 2005 年 7 月 30 日—12 月 2 日，混养区进水口 NH_3-N、NO_3^--N、$PO_4^{3-}-P$、TN、TP 和 COD_{Mn} 的测定值均表现为先增加后降低的趋势，其中 NO_3^--N、$PO_4^{3-}-P$、TN、TP 和 COD_{Mn} 都在 10 月 28 日达到最大值，之后便开始降低；NH_3-N 在

9月29日的测定值最高（0.66 mg/L），10月28日虽有所下降（0.65 mg/L），但下降不显著，基本和9月29日的测定值相同。各测定时间下混养区进水口叶绿素的含量表现为逐渐降低的趋势，具有很强的规律性。各测定时间下 NO_2 - N 的变化比较紊乱，表现为先升高，再降低，而后又突然升高的现象。

4. 蚌、鱼混养对主养区养殖废水的净化作用

如表7-4所示，从蚌、鱼混养对主养区主要污染物的去除率来看，从7月30日—12月2日，除叶绿素 a 外，各污染指标的去除率基本表现为先升高后降低的趋势。其中 NH_3 - N 在所有测定时间下的平均去除率为38.05%，8月28日的去除率最大，12月2日的去除率最小；NO_2^- - N、NO_3^- - N、PO_4^{3-} - P、TN、TP 和 COD_{Mn} 在所有测定时间下的平均去除率分别为26.93%、34.75%、36.50%、29.66%、32.49%和41.21%，并且均在9月29日去除率达到最大，12月2日时降低为最小。

如表7-4所示，在前四次的测定结果中，蚌、鱼混养区对叶绿素 a 的去除率均维持在较高水平，12月2的去除率虽然与前几次的测定值相比明显下降，但仍然达到66.87%。在所有5次测定中，叶绿素 a 的平均去除率为83.49%。从透明度的变化情况来看，主养区养殖废水经蚌、鱼混养区净化后，透明度明显升高。

在数据处理中采用卡尔森指数法计算了混养区进、出水水质的综合营养状态指数 $\left[TLI\left(\sum\right) \right]$（表7-4），结果显示7月30日、8月28日、9月29日和10月28日进水水质的综合营养状态指数均大于60而呈中度富营养状态，且富营养程度是逐渐加重的；经蚌、鱼混养区净化后的出水水质的综合营养状态指数均介于50～60而呈轻度富营养状态，甚至有些时候的综合营养状态指数已接近50而几将呈中营养状态。12月2日的进、出水水质虽然都表现为轻度富营养状态，但相比之下进水的富营养程度是远远大于出水的。

（三）小结

1. 在7月30日至12月2日的5次测定中 NH_3 - N、NO_2^- - N、NO_3^- - N、PO_4^{3-} - P、TN、TP、COD_{Mn} 和 Chl. a 的平均去除率分别达38.05%、26.93%、34.75%、36.50%、29.66%、32.49%、41.21%和83.49%，而且各测定时间下的出水水质综合营养状态指数均明显低于进水的，说明蚌、鱼混养对主养区养殖废水具有很好的净化效能。

2. 水温和贝类干肉重直接影响贝类的新陈代谢和滤水率，从而对污染物的去除率产生很大影响。

3. 当滤水率保持不变时，不断更新蚌周围的水体将对净化效果产生积极作用。由于在池塘养殖循环经济模式中混养区水体保持着一定的流动状态，同时其中搭配的一些滤食性鱼类进一步增强了该区水体的运动性，因此该净化模式对治理富营养性水体污染具有一定的优越性。

第八章　淡水池塘生态环境的微生物修复技术

第一节　概　　述

　　微生物在自然界的生物类群中具有重要的作用和地位，是生态系统中物质循环和能量转换的主要推动者。当水体生态系统中接纳大量的无机营养物质时，通过对氮的氨化、硝化、反硝化作用，微生物驱动着水体中氮的生物地球化学循环；同时，微生物参与着有机磷的分解作用，可以促进水生植物的吸收利用。在厌氧条件下，湖泊沉积物在微生物的作用下还原产生磷化氢。在修复水体环境方面，微生物能够降解环境中各种有机污染物，降低水体氮磷营养盐水平，抑制藻类及病菌的生长。

　　生物修复技术主要包括动物修复技术、植物修复技术和微生物修复技术。其中微生物修复技术是目前研究最多的一种生物修复技术，该方法具有广泛的应用范围。微生物修复技术是指通过微生物的作用清除土壤和水体中的污染物，或是使污染物无害化的过程。它包括自然和人为控制条件下的污染物降级或无害化的过程。微生物或提取物对环境污染物具有吸收、转化、降解等功能，能抑制有害微生物的生长繁殖。由于细菌的生命周期短、速度快，因此其降解污染物的速度也比其他生物快许多。传统意义上的微生物修复主要指土壤的微生物修复。对于养殖池塘的而言，微生物修复的主要目的则是强化营养物质的迁移和转化。

一、微生物修复技术的特点

　　在自然条件下，由于溶解氧含量不足、营养盐浓度不高和高效净化菌生长缓慢等原因，使得污染物降解速度较慢。为了改变这一局面，需要有针对性地采取一定的技术措施，其中微生物修复技术是能够提高净化效率的有效手段。和其他修复技术相比，其有自己显著的特点。

　　（1）成本较低，对环境影响较小，降解污染物效率高，并且既能净化水环境又能净化沉积物环境。

　　（2）微生物的生长和活性容易受到温度和其他环境条件的影响，因此在某些情况下可能达不到预想的效果。

二、微生物修复技术的影响因素

所有能够影响到微生物生长、活性及存在的因素，包括物理、化学和生物因素，都是会影响到微生物修复技术的因素。这些因素既能影响到微生物对污染物的转化效率，又能影响到微生物对污染物降解的途径、产物特征。因此，在使用微生物修复技术时应该特别强调，修复场地的环境条件的多样性对微生物降解的影响是巨大的，应该在制订方案时充分考虑到这一点。微生物修复技术的影响因素主要包括以下几点。

（一）非生物因素

主要包括温度、pH、盐度、有毒有害物质、静水压力等，这些是影响有机物生物降解（生物可共给性）的重要因素。

（二）营养物质

异养细菌、真菌等微生物的生长需要有机物提供的碳源和能源，除此以外，还需要其他一些无机营养物质和电子受体。其中氮和磷是最常见也是最重要的两种无机营养物质。有一些细菌和真菌还需要一些低浓度的生长因子，如氨基酸、脂溶性维生素、B族维生素和其他一些有机分子等。

（三）电子受体

即电子传递中接受电子的物质和被还原的物质。对于好氧微生物而言，电子受体是氧气。对于厌氧微生物来讲过，其可以利用硝酸根、硫酸根、二氧化碳、三价铁灯光作为电子受体，用来分级有机物。

（四）复合基质

包括待修复场地在内的外界环境中，多种污染物、多种微生物共存，这种环境条件和实验室内的单一微生物分解单一有机物是不同的。对于其中一种化合物的生物降解，其他化合物可能会对其产生一些不同的效应，包括促进其降解、抑制其降解等。这些复合基质发生作用的机理目前还不是很清楚，但是值得注意。

（五）微生物的协同作用

和复合基质的作用类似，自然界中存在着多种多样的微生物类别，而多数的生物降解过程需要两种或更多种微生物的协同作用才能完成，从而体现出微生物的协同作用。协同作用的机理包括：①一种或多种微生物为其他微生物提供氨基酸、B族维生素及其他有机分子等生长因子；②一种微生物将目标化合物降解成中间产物，第二种微生物继续对中间产物进行降解；③一种微生物通过共代谢作用对目标化合物进行转化，形成的中间产物只有在其他微生物的共同作用下才能被进一步降解；④一种微生物分解目标化合物形成有毒中间产物使得分解速率显著下降，但这种中间产物能够作为其他微生物的碳源被利用等。

（六）捕食作用

环境中存在细菌、真菌等微生物的同时，也存在着一些捕食性或寄生性微生物，如蛭弧菌、噬菌体、病毒等，这些微生物中的一些可能会引起细菌或真菌分解，从而影响到细菌、真菌对污染物的降解。

（七）植物种植

根际微生物是目前研究的一个热门领域，主要是因为在高等植物的根系周围，通常会形成发达的根际微生物区系，其和高等植物间会产生各种各样的联系。与此同时，这样的微生物区系有时候也会对微生物对污染物的修复起到积极的促进作用。

三、微生物对有机物的修复机理

微生物对碳水化合物、蛋白质、氨基酸、脂肪酸等有机物和其他有机污染物降解的基本过程包括：向基质靠近、吸附在固体基质上、分泌胞外酶、可渗透物质的吸收（基质的跨膜运输）和细胞内代谢等。

（一）向基质靠近

微生物要降解基质，首先就必须向基质靠近，使得微生物及其分泌的胞外酶处于基质的可扩散范围之内，或者说微生物处于细胞消化产物的扩散距离之内。

（二）吸附在固体基质上

吸附作用是微生物进行有机物代谢的基本保证。通常在微生物吸附在基质上之后，其会和固体基质间产生非常紧密的结合，这种紧密的结合为生物降解提供了空间上的可能。

（三）胞外酶的分泌

有机大分子不能够通过细胞膜，因此需要酶的降解作用。微生物通过分泌胞外酶降解有机大分子为小分子有机物，从而具备了进入细胞、并进一步被降解的条件。

（四）基质的跨膜运输

细胞膜主要以4种方式控制着物质的运输，包括单纯扩散、促进扩散、主动运输和基位转移等。

（五）细胞内代谢

是指进入到细胞内的小分子有机物的继续代谢、降解及产能过程。

四、用于微生物修复的微生物的主要来源

在环境修复过程中，用于微生物修复的微生物主要包括3大类：土著微生物、外源性微生物及基因工程菌。

（一）土著微生物

土著微生物是存在于待修复环境中的微生物群落。环境中的污染物浓度逐渐升高以后，改变了待修复场地的营养状况和理化状况。一些不适应新的生长环境的微生物可能会逐渐死亡；而另一些微生物则逐渐适应了这种环境，他们可能会在污染物的诱导之下，产生能够分解有机物的酶，进而将污染物降解为新的化合物，甚至将其彻底矿化。这些适应了新环境的微生物类别就是可以作为筛选微生物修复的土著微生物。

目前为止，在微生物修复过程中使用的大都是土著微生物，主要原因包括，首先，土著微生物降解污染物的潜力巨大，一般来说新接种的微生物难以在新的环境中存活甚至保持长时间的活性。其次，工程菌作为一种人工改造的微生物，在很多国家收到立法上的限制，担心其对土著微生物带来生态风险。第三，对环境中污染物的降解很多时候需要多种微生物、多种酶系的协同配合，缺乏协同菌的帮助，单一的外来菌往往不容易发挥作用。这时候就需要充分调动土著菌的生物活性，尽量增大其生物量，促进污染物的降解。

（二）外源性微生物

尽管土著微生物有其自身的优势，但是也有其劣势。例如，往往生长缓慢、代谢活性不高等。这时候可以通过添加一些外源性的微生物降解高效菌，使其在待修环境中存活下来并形成生物量。做到这点并不容易，因为尽管土著微生物有自身的缺陷，但是其仍然具有足够强大的竞争力。这样使得在外源性微生物使用的时候，必需投入足够生物密度的菌群，使之迅速成为优势种群，这样才能使得存在于环境中的污染物较快地被降解掉。

由于微生物协同作用的特点，目前为止应用于微生物修复的外源性高效降解菌大多是由多种微生物混合而成的复合菌群。例如光合细菌（photosynthetic bacteria，PSB），这里面包含了一大类能够在厌氧、光照条件下进行不产氧光合作用的原核微生物的总称，其在水产养殖水体的修复中已经取得了一定的效果。其他的一些复合菌群还有日本 Anew 公司的 EM（effective microorganisms）制剂（由光合细菌、乳酸菌、酵母菌、放线菌等共约 10 个属 30 多种微生物组成）、美国的 LLMO（liquid live microorganisms）生物制液（包含芽孢杆菌、假单胞菌、气杆菌、红色假单胞菌等 7 种细菌）。

（三）基因工程菌

基因工程菌作为一种人工改造过的微生物，由于各种限制使得其在生物修复过程中用的并不多，但是在现代生物技术发展的推动下，对于基因工程菌的研发工作仍然被广泛开展。目前为止，主要是有针对性地开发一些对化学污染物具有较强降解能力的工程菌，如针对海上石油开发降解菌，针对环境中存在的芳烃、多环芳烃、萜烃和脂肪烃灯光污染物开发的降解菌等。

在水产养殖中，利用微生物改善养殖环境已相当普及。例如用光合细菌来修复牡蛎养殖环境，发现光合细菌能够有效地降解牡蛎养殖区底泥中的有机物。通过微生物制剂和实施水底界面曝气，有效促进底泥中好氧微生物的生长，加速底泥及其上覆水体中有机质的分解，各实验组底泥的黑臭现象明显得到改善。

目前为止，在水产养殖过程中使用微生物修复的方法主要包括：调动土著微生物的代谢强度、泼洒微生物制剂和固定化微生物等方法。调动土著微生物的代谢强度主要是通过营养调节、基质添加等方法为土著微生物提供或创造条件，使得提高其生物量和代谢活性，从而加速污染物的降解；泼洒微生物制剂的方法使得微生物以游离细胞的方式进入水体，这种使用方法比较广泛，但是有一定缺陷，例如随意性很大，微生物进入水体后很难形成定植的优势种群，需要不断添加。这一方面导致微生物的功效不能完全发挥作用，生产成本加大，另一方面随着养殖过程中换水，这些微生物被外排，会失去了应有的作用。而固定化微生物技术显现出它独特的优势。采用固定化技术可以将有益的微生物附着在特定的载体中，然后投入养殖池塘中，使其在水体中形成微生物生物膜，维持微生物种群的数量，从而起到降解养殖环境中过剩的营养物质的作用。采用固定化微生物技术，一方面扩大了有益微生物的作用面积，另一方面有益微生物被固定后不会随着排水外流，使处理的效果达到最佳。

第二节　土著微生物的调动

生态系统中的土著微生物代表了当前系统主要的物质循环和能量流动过程。对于待修复环境来讲污染物浓度的不断增加使得其群落结构发生了显著的改变，理论上，现存的处于优势地位的微生物类群已经适应了当前的环境，甚至相当一部分种群应该具有降解现存污染物的能力。但是可能由于其他一些条件的限制，使得污染物很难被迅速降解。这时，如果通过改变这些限制性的条件，包括对微生物修复的影响因素中的一些指标的调节，从而激发、调动土著微生物的生存能力、对污染物的抵抗能力和代谢活性，加速污染物降解速度，从而修复已被污染的环境。对于养殖池塘来说，不断输入的残饵和粪便、不断消耗的水体溶解氧构成了养殖高峰期池塘水体的基本特征。土著微生物种群结构也对这一特征作出了响应。继续不断输入的残饵和粪便，与之相对应的微生物群体的代谢活动之间形成了一种平衡，这种平衡使得养殖池塘总体上对养殖生物来讲处于一种相对稳定的、较差的状态。甚至一些致病菌（特别是条件致病菌）种群规模有可能快速变大，对养殖生物来讲造成更加致命的威胁。因此，需要采取技术措施改变这一状况，充分调动土著微生物的种群组成和代谢能力，加速污染物的代谢转换。

一、生物膜法

在传统污水处理过程中，生物膜法通常是相对于活性污泥法而言的，其过程是向污水中投放基质，在一定条件下，活性微生物生长在基质的表面，生长成为一层薄而密实的膜状结构，因为膜的主要成分是微生物细胞和其他生物性成分，因此称之为生物膜，以这种生物膜为净化手段的污水处理方法称为生物膜法。由于生物膜的生长方式、水流和构筑物结构的不同等原因，生物膜法又可以分为许多种形式，例如生物滤池、生物转盘、接触氧化法等，其微生物体都是生长在某种介质的表面。

（一）生物膜的结构与净化原理

在污水中投放一些比表面积比较大的介质后，污水流动与这些介质表面接触，污水中的微生物会附着到介质的表面，同时，污水中的污染物质也会被介质表面所吸附。由于污水与介质表面的持续相对运动，介质表面的微生物越来越多，并开始形成一层完整的微生物膜。生物膜是一个微生物高度密集的生态系统，包括好氧菌、厌氧菌、兼性菌、真菌、原生动物、后生动物和藻类等。存在于系统中各种生物行使不同的功能，形成食物链或食物网。生物膜上除了有生物外，还有一些附着的有机物等。生物膜包括基质、厌氧层和好氧层，从基质到废水的顺序依次包括基质、厌氧层、好氧层、附着水层和流动水层。介质与内层紧密相连，好氧水层靠着化学键和机械力紧密地与附着水层联系在一起。而流动水层与生物膜的关系是相对的，流动水层的流动性对于携带和传递有机物质具有很好的帮助。附着水层中的有机物与生物膜接触很好，很容易被生物膜所氧化。与此同时会造成附着水层和流动水层间的有机物浓度差和氧含量的浓度差。逐渐形成内层厌氧氧化，外层好氧氧化的局面。同时流动水层和附着水层间不断进行着氧气、有机物、二氧化碳、铵态氮、甲烷、硫化氢等物质的交换从而使得生物膜发挥着降解功能。

（二）生物填料在养殖池塘中的应用

生物填料，在废水生物处理过程中用来提供给微生物进行挂膜的载体。通常具有比表面积大、质量轻、强度高、耐腐蚀等优点。填料类型有蜂窝状、网状等，常用种类有蜂窝斜管填料、合成纤维球、纤维束、生物飘带、绳索等包括组合填料，立体弹性填料，多孔悬浮球填料，活性生物填料等。养殖池塘中以游离细胞形态存在的微生物不容易形成生物量，并且容易受到水环境条件的影响。而生物填料的使用给这些游离的微生物提供了挂膜载体，有利于生物膜的形成，从而加速有机物的生物降解。目前应用于水产养殖池塘的生物填料有很多种，例如弹性生物填料、组合填料、纤维球填料、阿科蔓生态基（Aqua-Mats）等。

1. 组合填料对罗非鱼养殖的影响

采用微宇宙模拟的方法开展组合填料对罗非鱼养殖水体土著微生物的调动研究。组合填料如图8-1所示。其材质为全塑性夹片和维纶醛化丝，比表面积为 $800\ m^2/m^3$，悬挂量和对应组别分别为：A、B、C、D组分别悬挂表面积为 $9\ m^2$、$18\ m^2$、$27\ m^2$、$0\ m^2$ 的组合填料，每组均设三个平行，罗非鱼养殖系统为容积为 $500\ L$ 的塑料桶。分别研究了组合填料对罗非鱼养殖系统水质、罗非鱼生长和系统微生物功能多样性和数量的影响，在养殖试验过程中观测到了组合填料表面成膜、膜加厚、罗非鱼啃食生物膜和膜脱落等过程。这表明生物填料在养殖过程中能够作为基质形成生物膜，在此过程中完成对水中土著微生物潜能的调动。

图8-1　组合填料

在整个养殖周期，水质（表8-1）的表现伴随着生物膜代谢活动的变化，这充分表明了组合填料的使用完成了对水中土著微生物的调动。并且随着悬挂数量的增多，组合填料对土著微生物的调动强度有一定增加的趋势。具体情况如下：在养殖中期，处理组氨氮含量均显著高于对照组（$P<0.05$），而在养殖末期，组合填料A、B、C组氨氮含量分别比对照组低27%、50%、40%，而氨氮下降量与组合填料悬挂密度无明显的正相关或负相关关系；组合填料组亚硝酸盐含量在养殖前中期均低于 $0.2\ mg/L$，从养殖后35 d开始逐渐积累，养殖结束时C组亚硝酸盐含量上升至 $1.49\ mg/L$，显著高于对照组（$P<0.05$），并且组合填料悬挂密度越高，亚硝酸盐积累量越多；处理组和对照组硝酸盐含量在整个养殖过程中呈现先增加后降低的趋势，在养殖中期，组合填料A、B、C组分别比对照组低91.8%、97.6%、59.2%，其中组合填料A、B组和对照组差异显著（$P<0.05$），组合填料B组在养殖中期降硝酸盐效果较好；在养殖中期，处理组DO含量均低于对照组，其中组合填料C组和对照组差异显著（$P<0.05$），并且组合填料悬挂密度越高，DO含量下降越多，到养殖后期，处理组DO含量均高于对照组，组合填料A、B、C组DO含量分别比对照组高69.5%、89%、42.3%，其中组合填料A、B组和对照组差异显著（$P<0.05$），而DO上升量与填料悬挂密度无明显的正相关或负相关关系；在养殖后期，处理组pH均低于对照组，其中组合填料C组pH与对照组差异显著（$P<0.05$），

组合填料悬挂密度越高，pH 下降越多；在整个养殖过程中，组合填料 B、C 组 TOC 含量在养殖末期分别比对照组低 17.9%、40%，差异不显著（$P>0.05$），组合填料悬挂密度越高，TOC 含量下降趋势越明显；在整个养殖过程中，处理组 IC 含量均高于对照组，尤其是在养殖中期，组合填料 A、B、C 组分别比对照组高 33.5%、34.5%、56.4%，但差异不显著（$P>0.05$），而 IC 含量的增加与组合填料的悬挂密度无明显的正相关或负相关关系。

表 8−1　组合填料对罗非鱼养殖水环境的影响

试验分组及项目		NH_4^+ (mg/L)	NO_2^- (mg/L)	NO_3^- (mg/L)	DO (mg/L)	pH	TOC (mg/L)	IC (mg/L)
0	A	0.44±0.04	0.08±0.09	0.02±0.02	4.90±0.78	7.27±0.15	14.93±1.67	12.33±2.91
	B	0.34±0.06	0.17±0.11	0.04±0.03	5.37±0.81	7.17±0.12	13.33±2.78	13.20±0.52
	C	0.35±0.10	0.19±0.15	0.05±0.01	5.03±0.31	7.17±0.06	12.33±1.24	14.33±0.70
	D	0.41±0.04	0.05±0.04	0.01±0.01	5.20±0.46	7.17±0.12	12.70±1.81	12.80±1.21
7 d	A	0.22±0.13[a]	0±0	0.01±0.01	5.19±0.59[ab]	6.97±0.06	24.30±2.43	13.93±2.43
	B	0.66±0.11[a]	0±0	0.11±0.04	3.27±1.80[b]	6.90±0.26	23.33±6.40	14.63±1.17
	C	0.08±0.04[b]	0±0	0.15±0.08	5.27±1.45[ab]	6.90±0.17	21.60±7.27	15.70±1.75
	D	0.50±0.23[a]	0±0	0.09±0.11	6.22±0.76[a]	6.93±0.12	23.93±1.33	12.57±1.06
14 d	A	0.56±0.15	0±0	0.11±0.09	1.19±0.28	7.33±0.06[a]	34.00±9.34	13.57±2.57
	B	0.98±0.61	0±0	0.16±0.12	1.53±0.58	7.13±0.06[b]	26.27±13.95	15.27±2.71
	C	1.02±0.53	0±0	0.39±0.12	1.09±0.36	7.10±0[b]	22.67±7.76	15.13±1.24
	D	0.81±0.16	0±0	0.25±0.24	1.09±0.31	6.93±0.06[c]	22.43±2.55	13.27±1.10
21 d	A	1.02±0.50	0.02±0.02	0.36±0.18	0.91±0.27[b]	7.50±0.03[a]	42.37±11.61	19.03±3.51
	B	1.27±0.66	0±0	0.51±0.34	0.90±0.2[b]	7.46±0.02[ab]	31.10±17.89	19.37±0.98
	C	1.67±0.83	0±0	0.49±0.15	0.89±0.31[b]	7.43±0[c]	27.43±11.85	19.93±1.31
	D	1.31±0.31	0±0	0.60±0.37	1.54±0.26[a]	7.41±0.02[c]	32.20±15.31	16.87±2.76
28 d	A	3.78±0.81[a]	0±0	0.06±0.04	3.39±2.21[ab]	7.08±0.06	31.23±8.65	17.67±4.76[ab]
	B	2.88±0.61[a]	0.01±0.01	0.02±0.02	2.99±0.87[bc]	7.09±0.04	23.53±12.41	17.80±1.49[ab]
	C	2.78±1.03[a]	0±0	0.32±0.06	2.06±0.48[c]	7.05±0	19.27±8.91	20.70±3.50[a]
	D	1.62±0.27[b]	0±0	0.78±0.48	4.31±0.28[a]	7.11±0.02	30.40±10.86	13.23±1.50[b]
35 d	A	2.43±1.02	0.01±0.01[ab]	0.02±0.02[ab]	3.06±0.70[ab]	7.14±0.04[a]	37.17±10.42	15.63±2.34
	B	2.39±0.45	0.28±0.28[a]	0.06±0.07[a]	3.41±0.29[a]	7.12±0.03[a]	32.83±19.65	15.40±2.65
	C	3.26±0.93	0.06±0.05[ab]	0.01±0.01[b]	2.57±0.15[bc]	7.11±0[b]	24.23±10.14	15.97±1.15
	D	2.34±0.29	0±0[b]	0.02±0.02[b]	1.80±0.64[c]	7.25±0.03[a]	36.83±15.00	12.73±2.50
42 d	A	2.97±1.62	0.04±0.05	0.14±0.10	1.43±0.74	7.09±0.03[a]	36.70±12.12	19.40±2.15
	B	2.02±1.70	0.39±0.37	0.05±0.09	1.53±0.86	7.07±0.02[a]	28.00±9.59	15.77±3.14
	C	3.07±0.53	0.25±0.38	0.03±0.05	1.33±0.34	7.04±0[b]	25.90±13.18	19.13±2.15
	D	3.89±0.82	0±0	0.08±0.13	0.84±0.40	7.29±0.06[a]	31.47±4.18	16.27±2.90

（续）

试验分组及项目		NH$_4^+$ (mg/L)	NO$_2^-$ (mg/L)	NO$_3^-$ (mg/L)	DO (mg/L)	pH	TOC (mg/L)	IC (mg/L)
49 d	A	2.97±1.62	0.12±0.12[b]	0.07±0.10	1.61±0.11	6.99±0.01[a]	33.17±7.34	18.43±2.91
	B	2.02±1.70	0.56±0.50[ab]	0.05±0.08	1.84±0.18	6.99±0.01[a]	22.67±10.30	16.90±5.36
	C	3.07±0.53	1.49±1.24[a]	0.02±0.04	1.86±0.04	6.98±0[b]	17.40±7.79	17.97±4.09
	D	7.14±1.30	0.01±0.02[b]	0.06±0.05	2.05±0.46	7.13±0.01[a]	27.60±4.28	17.00±2.70

注：同列数据右上标中含有不同字母的两项间差异显著（$P < 0.05$）。

除了水质以外，组合填料的使用还对罗非鱼的生长造成了影响。对比处理组和对照组罗非鱼增重量及饵料系数（表8-2）可知，组合填料悬挂后，B、C组增重量和对照组差异显著（$P < 0.05$），A组与C组的增重量差异显著（$P < 0.05$）；B、C组的饵料系数和对照组差异显著（$P < 0.05$），A组与C组的饵料系数差异显著（$P < 0.05$）。总体而言，组合填料的悬挂降低了罗非鱼的饵料系数，并且随着悬挂量的增加，饵料系数降低。表明组合填料形成的生物膜不仅能够加强其对水质的净化作用，组合填料的使用还能使得罗非鱼更容易对主要由微生物组成的絮状有机生物膜进行摄食，从而提高饵料转化效率。

表8-2　处理组和对照组罗非鱼养殖效果的比较

组　别		初体质量（g）	终体质量（g）	增重量（g）	饵料系数
组合填料组	A	130.33±4.62	646.87±71.54	516.53±67.15[b]	0.960±0.131[b]
	B	115.00±7.00	684.33±7.37	569.33±5.13[ab]	0.861±0.008[ab]
	C	114.33±5.69	692.00±9.64	577.67±15.01[a]	0.849±0.022[a]
对照组	D	102.33±6.66	584.33±44.06	482.00±38.97[c]	1.021±0.085[c]

注：同列数据右上标中含有不同字母的两项间差异显著（$P < 0.05$）。

组合填料悬挂对水中细菌数量的影响则证明了组合填料作为基质形成的生物膜使得水中的大量微生物附着到了组合填料上，使得水中的细菌数量下降。由图8-2可以看出，组合填料的悬挂显著降低了水体细菌数量（$P < 0.05$），而在不同悬挂密度下，组合填料对水体细菌数量影响仅在第35 d出现显著差异（$P < 0.05$）。经统计学分析，第28 d与第35 d水

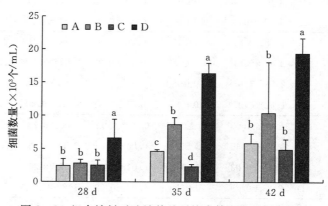

图8-2　组合填料对池塘养殖系统水体细菌数量的影响

体细菌数量以及第35 d与第42 d的水体细菌数量均具有显著性差异（$P < 0.05$），说明水体细菌数量随时间显著性增加。

组合填料对水中微生物对有机物的利用能力的影响实验则从另一个角度表现了组合填料的使用对罗非鱼养殖系统中土著微生物的调动情况。图8-3显示了组合填料处理下罗非鱼养殖系统中微生物对糖类、氨基酸类、酯类、醇类、胺类和酸类有机物的利用能力的变化。结果表明，组合填料处理下，罗非鱼养殖系统中水体微生物对糖类、酯类和醇类的代谢能力上升了，而对胺类的代谢能力则下降了。

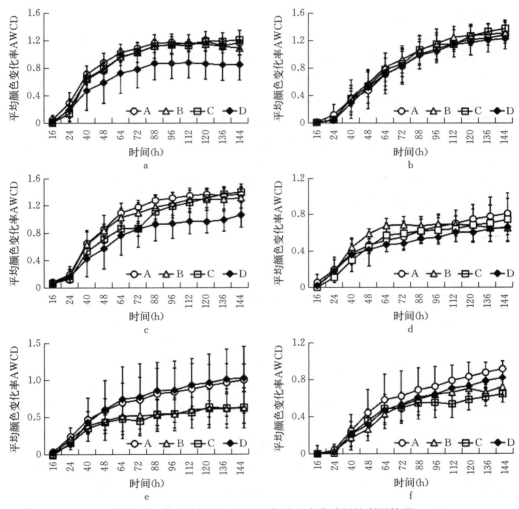

图8-3　组合填料处理下微生物对六大类碳源的利用情况

a. 糖类　b. 氨基酸类　c. 酯类　d. 醇类　e. 胺类　f. 酸类

2. 生态基在养殖池塘中的应用

生态基，也称作生态水草，是一种新型的、高效生态仿生生物载体。它融合了材料学、微生物学及水体生态学等学科原理，采用食品级原材料，通过专利编织技术，将其制成高比表面积、高负荷的微生物载体。该技术是以生态水草（高效微生物载体）为核心，优点是优化织物填料以使其利于生物膜的形成和再生，同步净化水质与建立水体生态系统的生态性水体治理维护系统。

生态基的技术原理和作用过程可以概括如下：生态水草投放于水中后，和其他生物填料一样，会将水体系统中的微生物富集到生态水草表面，它依据仿生学原理为生态水草这些微生物提供更加适宜的栖息空间，从而培养起种类更丰富、数量巨大的适应于水体的微生物；大量的微生物会对水中营养盐、有机物吸收分解，以降解污染物，强化水体的自净能力。

阿科蔓生态基（AquaMats）是最早的生态基产品，是美国著名生态学家和材料学家Roderick J. McNeil 博士在 1993 年发明的生态基产品。并且较早地被应用到水产养殖上。阿科蔓生态基的使用不需要换水、能够提高养殖品种的品质、能够降低饲养成本、具有较长的使用寿命（8~12 年）等。尽管如此，目前阿科蔓生态基在我国池塘养殖中并未推广开来。前期投入成本较大是其中一个最主要的原因，进口的阿科蔓生态基产品在对虾养殖上的前期投入大概需要每亩 1.5 万元，这显然是比较大的前期投资，很多的养殖户难以接受；另一个原因是不是所有的养殖品种都适合，生态基的使用会将池塘划分为许多个区域，不利于养殖生物的自由游动，如果是游动性比较强的养殖生物可能就不太适合使用。目前为止，国内厂商也开发了一些自己的生态基产品，由于材料及加工上的差异，对水质的影响很难达到阿科蔓生态基的水准。

二、生物絮团技术

生物絮团技术（biofloc technology，BFT）是另一种激活土著微生物群落的技术方法，激活后的土著微生物能够促进絮团的形成并被养殖生物所利用。它是近些年在水产养殖中被广泛采取的一种新技术，絮团的主要组成包括有机碎屑、细菌、藻类、原生生物、后生生物、轮虫、线虫和腹毛类等。生物絮团技术是通过向养殖水体中添加有机碳物质（如糖蜜、葡萄糖等），调节水体中的碳氮比（C/N），提高水体中异养细菌的数量，利用微生物同化无机氮，将水体中的氨氮等含氮化合物转化成菌体蛋白，形成可被滤食性养殖对象直接摄食的生物絮凝体，能够生态友好地解决养殖水体中腐屑和饲料滞留问题，实现饵料的再利用，起到净化水质、减少换水量、节省饲料、提高养殖对象存活率及增加产量等作用的一项技术。

图 8-4 显示了两种生物絮团技术使用模式的技术原理，即原位（图 8-4a）和异位（图 8-4b）的模式。在原位模式中，投入到养殖单元的包括饵料和有机碳，加入的有机碳和池塘中已有的有机碳一起使得水中具有合适的碳氮比，在大量增氧和混合的情况下，土著细菌被显著调动，异养细菌大量增殖，促进了生物絮团的形成，生物絮团被存在于养殖单元的养殖鱼类所利用，既提高了饵料利用率，又完成了包括氮素在内的营养物质的移出，净化了水质。异位模式和原位模式的主要区别是养殖单元和生物絮团形成单元是独立的两个单元，通过循环水系统将两个单元连接，饵料投在养殖单元，而有机碳投入到生物絮团形成单元。生物絮团形成单元同时也是水质净化单元，生物絮团形成后循环进入到养殖单元供养殖生物摄食。

影响生物絮团形成及其结构的因素主要包括以下几种：碳氮比、溶解氧浓度、混合强度、有机碳添加量、温度和 pH。这里面碳氮比、溶解氧和混合强度是 BFT 中较为重要的

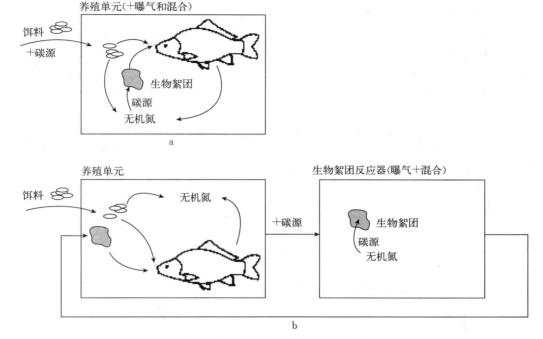

图 8-4　两种模式的生物絮团技术

因素，这一点在图 8-4 中也有所体现。养殖池塘中尽管残饵和粪便所造成的碎屑的遗留问题是养殖环境变坏的重要原因，水体中的异养细菌也因此数量显著增加，但是水体中的自养细菌仍然是主要的细菌组成类别。大量研究表明，养殖水体中 C/N>10 时水中才能形成良好的生物絮团，但一般养殖水体的 C/N 低于此值，这可能是水中自养细菌为优势菌的主要原因。通过向养殖水体中添加外部碳源或使用低蛋白高碳氮比的饲料来提高水体的碳氮比，将使养殖水体形成以异养细菌为主的养殖系统，这将有利于生物絮团的形成。对于碳源种类，不同的碳源种类形成絮团的效果有所不同，比如，葡萄糖的效果较好，但是价格也相对较高一点。目前，应用于 BFT 中的碳源多是人类及动物食品工业的副产物，直接从当地取材较好，如糖蜜、甘油、麦麸、玉米粉及木薯粉等均可以作为碳源来使用。

（一）生物絮团对土著微生物的调动和对水质的净化

在水产养殖过程中，养殖池塘内的氨氮和亚硝酸氮等有害物质会随着残饵和粪便的不断增加而不断积累，在所有的有毒有害物质中，较高的氨氮浓度是限制高密度集约化养殖的重要因素之一。通常情况下，养殖水体中氨氮的去除通路包括换水操作、藻类的光合作用吸收、自养微生物的硝化作用、异养微生物的同化作用以及少量以气体形式排出等。当养殖系统中 C/N>10 时，水中的氨氮能够在生物絮团的形成过程中被消耗掉。而有研究还表明，当 C/N=20 时，10 mg/L 的总氨氮可在 2 h 内被 BFT 养殖系统完全转化，且无硝酸氮和亚硝酸氮的产生。由此可以看出，BFT 的使用明显降低了养殖的换水量，甚至可以不换水，降低成本的同时也促进了净化了养殖用水。

在罗非鱼养殖试验过程中，采用了一种简单的生物絮团技术，即未考虑水中氨氮浓度，而直接在养殖过程中将饵料的 10％和 20％用葡萄糖代替，同时用鼓风机充分增氧混合的研究。养殖水中微生物代谢多样性反映了饵料替代对土著微生物的调动作用，结果如图 8-5 所示。结果表明，20％的饵料替代率下，土著微生物对氨基酸类的代谢能力下降明显；饵料替代使得土著微生物对胺类的代谢能力上升明显，并且替代率越高，对胺类的代谢能力上升管越明显。这表明了生物絮团技术的使用明显调动了土著微生物群落的变化，其中使得养殖水体中土著微生物对有机氮素的代谢能力发生了显著的变化。

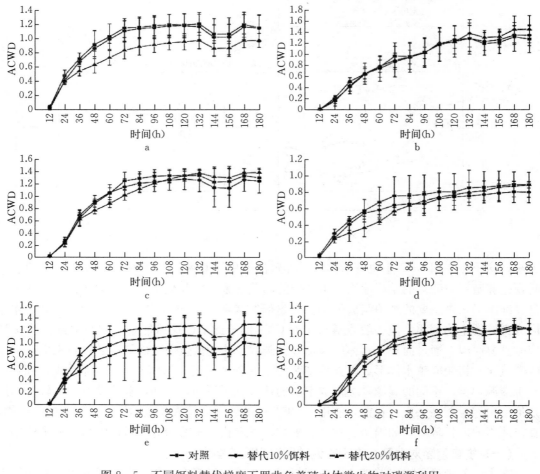

图 8-5　不同饵料替代梯度下罗非鱼养殖水体微生物对碳源利用
AWCD. 孔的平均颜色变化率（average well color development）
a. 聚合糖类　b. 氨基酸类　c. 脂类　d. 醇类　e. 胺类　f. 酸类

　　图 8-6 和图 8-7 显示了 10％饵料替代率和 20％饵料替代率下水质总氮和总磷的变化。图 8-6 表明，和对照组相比，10％的饵料替代率使得总氮平均下降 14.50％，20％的饵料替代率使得总磷平均下降 40.10％；图 8-7 表明，和对照组相比，10％的饵料替代率使得总磷平均下降 25.56％，20％的饵料替代率使得总磷平均下降 55.44％。可以看到，尽管生物絮团的主要原理是对氮素的去除，但是本试验结果显示，对总磷的去除率甚至比总氮还要大。

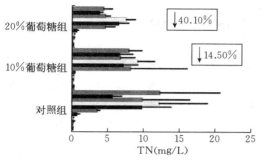

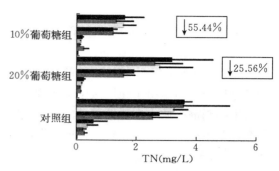

图8-6　不同饵料替代率对总氮的去除率　　图8-7　不同饵料替代率对总磷的去除率

（二）BFT 对饵料营养的再利用和生物防病作用

在前面的罗非鱼养殖试验中，基于生物絮团技术的饵料替代使得水中总氮和总磷浓度均明显地下降，但是我们还需要关注，饵料替代是否对罗非鱼的生长造成了影响。图8-8显示了饵料替代对罗非鱼净增重的影响，结果表明，和对照组相比饵料替代率10％和20％对罗非鱼生长的影响均不显著，特别是10％的饵料替代率对罗非鱼的平均增重率几乎没有差别。表明采用有机碳代替部分饵料不会对罗非鱼生长造成影响，但与此同时，完成了对水质的净化和降低了来自饵料部分的生产成本。

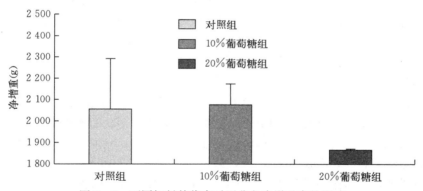

图8-8　不同饵料替代率对罗非鱼净增重率的影响

葡萄糖替代部分饵料的罗非鱼养殖试验中，水中的氮素作为饵料营养的一部分，本来是对鱼类有害的物质，生物絮团的形成使得这部分饵料营养再次被罗非鱼所利用，这才会造成饵料替代没有对罗非鱼的生长造成显著的影响。有研究表明，采用生物絮团技术进行对虾养殖以后，虾类日常摄食中18％～29％的 N 来源于絮团。

除此以外，生物絮团技术还具有生物防病的作用。传统养殖过程中对抗病原菌的方法是抗生素、抗真菌剂及益生素等药物的使用，BFT 可能是另外一种行之有效的方法。其具体的机理可能包括：①外部 BFT 养殖系统切断病毒的传播途径。②内部生物絮团中的微生物与病原菌竞争空间、底物及营养物质，扰乱病原菌的群体感应。③产生聚-β-羟丁酸（PHB）及免疫促进剂等。

目前为止，已经在罗非鱼、南美白对虾、罗氏沼虾等多个养殖品种中使用了生物絮团技术。

第三节　微生物制剂的使用

　　尽管和土著微生物相比，外源性微生物有可能会因为不适应养殖池塘的环境而很难成为优势种群，但是由于使用微生物制剂来净化水质的操作方法简单，成本可控等优势，采用微生物制剂来调水在池塘养殖的生产实践中应用广泛。微生物制剂或活菌制剂又称为益生素，在生态系统中扮演着"分解者"的角色，它们参与氮循环、硫循环等，把池塘中复杂的有机物分解成简单的无机物，释放到环境中，供生产者再一次利用。然而不同的菌种其使用条件和目的也不尽相同，目前在水产养殖上使用的微生物制剂种类很多，包括光合细菌、EM 菌、芽孢杆菌、硝化细菌、乳酸菌、酵母菌等。

一、光合细菌

　　光合细菌是一类能进行光合作用的原核微生物总称，是地球上出现最早、自然界中普遍存在、具有原始光能合成体系的原核生物，是目前水产养殖业中应用最多的一种微生物水质调制剂。除了蓝细菌以外，都能在厌氧光照条件下进行不产氧的光合作用。光合细菌在自然界分布广泛，主要分布于水生环境中光线能透射到的缺氧区，适宜水温为 15～40 ℃，最适水温为 28～36 ℃。由于光合细菌具有随生长条件的变化而灵活改变代谢方式的特点，因而在处理高浓度的有机废水中的应用受到了广泛的重视。在池塘养殖水质调控过程中也应用得非常广泛，是其中非常重要的一类微生物制剂。

（一）光合细菌的特性

1. 光合细菌的分类和细胞形态

　　《伯杰氏细菌鉴定手册》（1974 年第 8 版）将光合细菌中能够进行产氧光合作用的细菌列入了蓝菌门；将不产氧光合作用的细菌列入了红菌门中的红螺菌目。红螺菌目又分为 4 个科，即红螺菌科（Rhodospirillaceae）、着色菌科（Chromatiaceae）、绿菌科（Chlorobiaceae）和绿丝菌科（Chloroflexaceae），共计 18 个属，约 45 种。其中红螺菌科的大多数种类能够利用有机物作为供氢体，这一科中有 3 个属，即红螺菌属（*Rhodospirillum*）、红假单胞菌属（*Rhodopseudomonas*）和红微菌属（*Rhodomicrobium*），这三个属统称为非硫紫细菌（non-sulfur purple bacteria）。

　　光合细菌的菌体形态多种多样，包括球状、卵状、杆状、弧状、螺旋状、环状、半环状、丝状等。除此以外，光合细菌的个体细胞通过连接还能够形成链状、锯齿状、格子状、网篮状等多种群体形态。另外，即使同一种类的光合细菌也会由于培养条件和生长阶段的不同，而呈现出不同的细胞形态。

2. 光合反应的供氢体和获能方式

　　依据用以还原 CO_2 的供氢体不同，光合细菌的光合反应可归纳为 3 类。即以硫化氢为供氢体的反应、以硫代硫酸钠为供氢体的反应和以有机物为供氢体的反应。不同种类的光合细菌往往呈现不同的光合反应，如红螺菌科的细菌尽管主要是利用有机物作为供氢体，但是在硫化氢浓度很低时也能以硫化氢作为供氢体；着色菌科和绿菌科的细菌以硫化氢及其他还原型硫化物作为供氢体；绿丝菌科的细菌对有机物和硫化物都能利用。

光合细菌获得能量的方式主要包括：①通过光合作用获得能量，只要供氢体和碳源合适，所有光合细菌都能在光照厌氧条件下，通过光合磷酸化过程获得能量；②通过呼吸作用获得能量，通过在有氧黑暗条件下进行的氧化还原反应，即有机物的氧化磷酸化中取得能量；③通过发酵或脱氨获得能量，在厌氧黑暗条件下，通过有机酸发酵产生能量或在反硝化过程中从有机物分解过程释放能量。

3. 光合细菌的营养

（1）碳源。着色菌科和绿菌科的细菌主要以硫化氢作为光合反应的供氢体，以 CO_2 作为主要碳源；红螺菌科的大多数菌种以有机物作为供氢体，也就是说这些有机物作为碳源。对绿丝菌科的细菌来说，CO_2 和有机物都能被作为碳源进行利用。通常来讲，着色菌科和绿菌科的细菌为光能自养型，而红螺菌科和绿丝菌科的细菌为光能异养型。

（2）氮源。绝大多数光合细菌都有固氮酶，因而具有固氮能力，这是光合细菌的一个重要特征。固氮酶同时也具有氢化酶的活性，因此在无氮培养基上培养光合细菌就会有氢气产生。除了氮气以外，光合细菌还能利用铵盐或氨基酸，有的菌种也能利用硝酸盐和尿素作氮源。

（二）光合细菌的特性光合细菌净化废水的基本原理

光合细菌在有机废水净化中的作用首先由日本学者所发现。高浓度的粪便污水自然放置时，发现当 BOD 值在 10 000 mg/L 以上时，主要微生物群落的演变过程如下：首先，异养微生物大量繁殖，把高分子量的碳水化合物、脂肪及蛋白质等分解，产生低分子量的低级脂肪酸、氨基酸、氨等物质；此时，异养细菌的数量逐渐减少，而光合细菌的数量则因为低级脂肪酸等小分子有机物的存在而迅速增殖，使得污水的 BOD 值很快降低到 1 000 mg/L 以下，甚至能够达到 300 mg/L 左右；其次，光合细菌的数量逐渐降低，代之以活性污泥微生物和绿藻成为优势种类，最后把 BOD 值降到 30 mg/L 以下。

以上可以看出，光合细菌在废水净化中的作用主要是针对低级脂肪酸、氨基酸、氨氮低分子量物质的净化。并且通常情况下，光合细菌很难将污水彻底净化，需要其他微生物类别，如活性污泥微生物的配合才能够使得污水净化得比较彻底。

（三）光合细菌在池塘养殖中的应用概况

目前为止，应用光合细菌来调控、净化修复养殖用水的试验越来越多，试验结果表明，光合细菌在养殖水体中使用后，能有效降低养殖水体 COD、NH_4^+、NO_2^-、H_2S 等有害物质的浓度，从而起到净化养殖水体的作用。

有研究表明，光合细菌的使用使得南美白对虾养殖池塘氨氮下降了 58%，硫化氢下降了 50%，溶解氧增加了 13.6%；利用沼泽红假单胞菌和类球红细菌纯培养物 1∶1 混合物（pH 7.5，活菌数 1.6×10^9 CFU/mL），按 30 kg/hm² 用量一次性洒入鱼塘，待光合细菌大量增殖并趋于稳定时，试验池水质比对照组有显著提高，其中溶解氧增加 68%，COD 下降 21%，氨氮下降 58.7%，硝酸氮下降 29.4%，硫化物下降 77.4%；以 15 kg/hm² 光合细菌拌砂后洒于虾池，能有效改善虾池底质环境。目前为止，光合细菌产品已经被广泛应用于南美白对虾、鳖、斑点叉尾鮰、克氏原螯虾、鲤、团头鲂、草鱼、鳗、河蚌等诸多品种的池塘养殖中。

使用光合细菌还可持续系统能够提高单位面积的产量，减少交换水的需要量，并能够减少养殖水体与环境之间的影响。有研究表明，自制光合细菌的质量分数高，活菌数多、死菌杂菌少，在降低亚硝酸盐、提高溶解氧等水质指标方面比市售光合细菌效果更明显，表明长时间存储、运输可能会造成光合细菌产品的质量分数下降明显。光合细菌制剂的质量分数越高，改善养殖水体水质的效果越好。另外也在水体循环利用中和养殖污水无害化的处理当中，利用光合细菌制成的微生物垫和流体沙过滤系统能够有效地减少养殖废水中的氨氮含量以及增加水体中的氧气含量。在其可持续水产养殖系统的研究中利用光合细菌的氧化作用，硝化和反硝化作用以及藻类的营养富集能够有效地清除水体中的氨氮、有机物，并增加水体中的溶解氧量，能够显著减少水产养殖中的水体污染。

二、芽孢杆菌

芽孢杆菌（*Bacillus*）是另一种在水产养殖中被广泛应用、并且被公认为是一种有发展前景的优良益生菌。它是一类化能异养、好氧或兼性厌氧的革兰氏阳性细菌，是能够在缺乏营养或在不良环境下产生内生孢子的杆状细菌。目前已经开发出多个种类的芽孢杆菌。而根据美国食品药品管理局（FDA）在 1989 年发布的允许使用的菌株有 43 种，其中芽孢杆菌包括枯草芽孢杆菌（*B. subtilis*）、短小芽孢杆菌（*B. pumilus*）、缓慢芽孢杆菌（*B. lentus*）、地衣芽孢杆菌（*B. licheniformis*）和凝结芽孢杆菌（*B. coagulans*）。2008 年，我国农业部公布的《饲料添加剂品种目录》中，允许直接投喂动物的微生物添加剂有 15 种，其中芽孢杆菌有地衣芽孢杆菌和枯草芽孢杆菌 2 种。随着国内外研究的深入，允许使用的芽孢杆菌种类越来越多，相继研发出了生物学特性更加优异的新菌种，如环状芽孢杆菌（*B. circulans*）、蜡样芽孢杆菌（*B. cereus*）、芽孢乳杆菌（*Lactobacillus sporogens*）、纳豆芽孢杆菌（*B. natto*）、坚强芽孢杆菌（*B. firmus*）、巨大芽孢杆菌（*B. megeterium*）、丁酸梭菌（*Clostridium butyricum*）和东洋芽孢杆菌（*B. toyoi*）等，这些新菌株的发现壮大了芽孢杆菌添加剂的数量，为养殖行业的健康稳定发展提供了技术支持。

（一）芽孢杆菌净化水质的机理

芽孢杆菌可以通过分泌胞外酶来分解由残饵粪便带来的碳水化合物、脂肪酸、蛋白质等大分子物质，使之先分解为小分子（多肽、高级脂肪酸等），后分解为更小分子有机物（氨基酸、低级脂肪酸、单糖、环烃等），最终分解为二氧化碳、硝酸盐、硫酸盐等，有效降低了水中的 COD、BOD，使水体中的氨氮（$NH_4^+ - N$）与亚硝酸氮（$NO_2^- - N$）、硫化物浓度降低，从而有效地改善水质。同时还能为以单细胞藻类为主的浮游植物提供营养物质，促进繁殖。这些浮游植物的光合作用，又为池内底栖水产动物的呼吸、有机物的分解提供氧气，从而形成一个良性生态循环。具体包括以下几个方面：

1. 去碳功能

芽孢杆菌具有丰富的蛋白酶、脂肪酶、淀粉酶、纤维素酶、脱氢酶、脱羧酶、氧化酶等，能强烈地分解碳系污染物，分解蛋白质、复杂多糖、脂肪酸等大分子有机物，对水溶性有机物分解也有重要的作用。养殖池塘内的悬浮物和厚的底泥严重恶化了水环境，容易引起动物发病。其中悬浮物包括有机碎屑、细菌、藻类和矿物质等细微颗粒组成的胶粘状物等；底泥由有机碎屑、细菌和藻类等组成，含纤维素 15%～60%，半纤维素 10%～30%，木质素 5%～30%和蛋白质 2%～15%，还含有可溶性物质如糖、氨基糖、有机酸和氨基酸，占干物质重的 10%。而芽孢杆菌通过其酶的作用，能分解悬浮物和底泥，从而维持水生生态环境平衡。把芽孢杆菌投入养殖池，能降低水中 COD、BOD，有效改善水质和周围环境。

2. 去氮、去硫功能

高密度集约化养殖给养殖池塘生态环境带来了严重的污染，研究表明，池塘每生产 1 t 虹鳟，池塘总磷和总氮的负载分别为 25.6 kg 和 124.2 kg。过量的 N、P 排入水体引起池塘富营养化，在池塘内也易形成对水产动物有毒性的 $NH_4^+ - N$、H_2S，影响动物的生长，甚至死亡。而芽孢杆菌可利用其丰富的酶，强烈分解氮系、硫系污染物，净化养殖水体。应用芽孢杆菌为主导菌的复合微生态制剂，可以增加溶解氧（DO），降低 $NH_4^+ - N$、$NO_2^- - N$ 及 H_2S，改善了养殖环境。

3. 分解淤泥

用芽孢杆菌为主的微生物复合制剂，其活菌数为 10^9 个/g，用量为 1.5～4.5 mL/m³，经 1 个月试验表明，池底淤泥被分解了 3～5 cm。利用芽孢杆菌制剂改良底质的应用实验结果表明，有机碳未出现积累，芽孢杆菌降解有机碳效果显著；总氮出现积累现象，处理组与试验组之间差异不显著；碳氮比在底质中呈下降趋势。

4. 絮凝作用

一些芽孢杆菌还具有很好的絮凝作用，且复合芽孢菌株比单株芽孢杆菌的絮凝效果好。这种絮凝作用可以将水体中的有机碎屑互相粘连在一起，构成菌胶团，将有机物结合成絮状的同时，使重金属离子和 P 沉淀，使水体净化。

5. 抑藻作用

养殖水体的富营养化问题一直是池塘养殖过程中的一个突出问题，特别是蓝藻水华对养殖生产造成了较大的影响，蓝藻的去除也一直是一个重要的研究内容。研究表明，侧孢芽孢杆菌能够通过营养竞争和分泌胞外抑制物质的方式抑制水中铜绿微囊藻的生长，并且这种抑制作用和侧孢芽孢杆菌的浓度呈正比。同时，侧孢芽孢杆菌的使用增加了浮游植物的多样性。

（二）芽孢杆菌在水产养殖中的应用

对养殖用水的净化、修复只是芽孢杆菌在水产养殖中应用的一个方面，当然是非常重要的一个方面。除此以外，芽孢杆菌还具有很多其他的功能。如营养、消化、免疫、抗病等，这些方面都和养殖生物的生长和健康有关，其实广义来讲也是池塘生态系统修复的一个方面。养殖生物作为池塘生态系统中的重要一环，是养殖的最终目标，如果出现问题既是养殖环境修复失败的一种反映，也会造成生态系统中其他环节的连锁反应。因此，芽孢杆菌在水产养殖中具有的多种功能说明其是一种池塘生态系统修复的良好材料。

1. 产生营养物质，促进动物生长

芽孢杆菌可以在水中形成一定生物量后，以絮团的形式被水产动物摄食，也可以添加到饲料中然后被水产动物摄食。无论以哪种方式，其在水产动物肠道内均能够生长繁殖，同时产生多种营养物质，如维生素、氨基酸、有机酸、促生长因子等，这些物质参与水产动物机体新陈代谢，为机体提供营养物质。其中，产生的有机酸为机体提供能量与营养的同时，还可促进动物对钙、磷、铁的利用，促进维生素 D 的吸收。

2. 产生多种酶类，提高动物消化酶活性

芽孢杆菌能产生多种酶类，这是由其基因功能多样性决定的。例如，它具有较强的蛋白酶、淀粉酶和脂肪酶活性；同时还具有能够降解更多其他复杂化合物的酶，例如果胶酶、葡聚糖酶、纤维素酶、半纤维素酶、葡萄糖异构酶、植酸酶等。用含芽孢杆菌的饲料投喂凡纳对虾，试验组凡纳对虾的淀粉酶、脂肪酶和蛋白酶活性均高于对照组。大量研究结果共同表明，芽孢杆菌能提高动物的消化酶活性是微生物饲料添加剂促生长作用的一个重要因素，显示了饲用芽孢杆菌微生物添加剂的巨大潜力。

3. 增强机体免疫功能

芽孢杆菌能够增强养殖生物机体免疫功能。主要体现在其进入水产动物消化道后，能直接抑制动物肠道内有害菌的生长繁殖，同时对养殖动物机体的特异性和非特异性免疫机能均产生正面作用。研究表明，芽孢杆菌的营养体在分泌胞外酶系的同时，在营养体形成芽孢过程中还能分泌活性抗菌物质及挥发性代谢产物。而在鲤的饲料中添加 1% 的地衣芽孢杆菌后，试验组鲤的胸腺、脾生长发育较对照组快，电镜观察到鲤的免疫器官内 T、B 淋巴细胞较对照组成熟快、数量大、产生抗体多。用含芽孢杆菌 S11 的饲料投喂斑节对虾的试验结果表明，试验组斑节对虾的酚氧化酶活性和抗菌活性高于对照组，且将斑节对虾感染病原菌后，试验组的吞噬指数显著增加，存活率高于对照组。因此，芽孢杆菌可以作为良好的免疫激活剂，增强机体免疫机能。

4. 拮抗水产动物病原菌，提高防病能力

在正常情况下，水产动物肠道微生物种群及数量处于动态的微生态平衡状态，在水温骤变、环境恶化、养殖密度过大等情况下，这种肠道微生态平衡稳定性会受到破坏，由多样性的微群落结构转变成有利于某些菌群生长繁殖的环境，养殖对象表现出病理状态，生产性能下降。大量的研究表明，饲用芽孢杆菌具有拮抗肠道病原菌、提高防病能力的作用。芽孢杆菌在其生长过程中能够产生乙酸、丙酸、丁酸等挥发性脂肪酸，这些酸类能降低动物肠道 pH，可有效抑制病原菌生长，同时通过生物夺氧消耗肠道内的氧气造成厌氧环境，有利于肠道土著优势菌繁殖，维持肠道正常生态平衡。

总体而言，芽孢杆菌在水产养殖中是一种非常重要的益生菌种类，它的耐恶劣环境特性，净化池塘环境的能力，对养殖生物营养、消化、免疫、抗病等方面的能力无不表明其在水产养殖中仍然具有广阔的应用前景。

三、硝化细菌

硝化作用在氮素循环中扮演着重要角色。在水产养殖上，硝化细菌在促进水域生态系统的氮循环、缓解环境压力、保持健康水产养殖环境中发挥着巨大作用。硝化作用是将氨氧化成亚硝酸（盐），再氧化成硝酸（盐）的过程。前者主要是由自养性的亚硝酸菌或氨氧化菌（ammonia-oxidizing bacteria，AOB）完成，后者是由硝酸菌或亚硝酸盐氧化菌（nitrite-oxidizing bacteria，NOB）完成。由于基质上的联系，人们一直把亚硝酸细菌

（冠以 nitroso-）和硝酸细菌（冠以 nitro-）联系在一起；并把它们归入同一个科——硝化杆菌科（Nitrobacteriaceae）。但从进化谱系上看，它们之间的亲缘关系并不密切。

（一）硝化细菌的特性和作用机理

硝化细菌是一类好氧细菌，它们包括形态互异的杆菌、球菌以及螺旋型细菌，属于绝对自营性一类化能自养菌，能利用氨氮、亚硝态氮获得合成反应所需的化学能在体内制造糖类。硝化反应对底物的要求专一性很强；由于硝化细菌靠自己合成糖类，这一过程需要相当长的时间（平均代时在 10 h 以上），因此生长速度较慢；作为一类好氧细菌，氧气是最终的电子受体。

硝化细菌通过硝化作用氧化无机化合物获取能量来满足自身的代谢需求，并且以二氧化碳作为唯一的碳源，是典型的化能无机营养菌。硝化作用指的是硝化细菌在好氧条件下将 NH_4^+ 氧化为 NO_2^-，并进一步氧化为 NO_3^-，从氧化反应中获得生长所需能源的过程。硝化作用可以分为两个相对独立而又联系紧密的阶段。前一阶段 NH_4^+ 氧化为 NO_2^-，称为亚硝化作用或氨氧化作用，由亚硝化细菌完成；后一阶段是 NO_2^- 氧化为 NO_3^- 的过程，称为硝化作用，由硝化细菌完成。因此，常讲的硝化作用实际上包括了由亚硝化细菌完成的亚硝化作用和由硝化细菌完成的硝化作用两个阶段。以上步骤可以用如下反应式表述：

$$2NH_4^+ + 3O_2 \xrightarrow{\text{亚硝化细菌}} 2NO_2^- + 4H^+ + 2H_2O + 352 \text{ kJ}$$

$$2NO_2^- + O_2 \xrightarrow{\text{硝化细菌}} 2NO_3^- + 75 \text{ kJ}$$

总反应式：

$$NH_4^+ + 2O_2 \longrightarrow NO_3^- + 2H^+ + H_2O + 213.5 \text{ kJ}$$

（二）硝化细菌在水产养殖中的应用

硝化细菌在水体氮循环过程中扮演着重要的角色，因此其是养殖水体生态系统中不可或缺的成员。而硝化细菌产品也在水产养殖上具有比较重要的应用价值。总体而言，自然水体中硝化细菌分布广泛，是水体中的正常菌群，正常情况下，硝化细菌的多样性组成和丰度能够满足水体氮循环的需要。但是在养殖水体营养物质不断输入造成水体氧化能力下降，氨氮、亚硝氮浓度上升已成为养殖水体的重要特征。这时通过添加外源性高浓度硝化细菌，并同时创造合适的硝化反应条件，能够强化水体硝化反应的进行，从而起到移除水中氨氮和亚硝酸盐的作用。

目前为止，在水产养殖上硝化细菌产品也是一类重要的益生菌产品，在多个养殖品种上得到了广泛的应用。研究表明，硝化细菌的使用不仅能够净化罗非鱼鱼苗池水质，还能够提高罗非鱼鱼苗的非特异性免疫能力（可能和氨氮、亚硝酸盐的降低有关）。硝化细菌浓度为 100 CFU/L 时，相对于对照组，鱼苗培育环境中氨氮降低 25.05%，亚硝酸氮降低 45.16%，COD 降低 12.33%，育苗水体的水质得到明显改善；在鳜池及饵料鱼池中使用硝化细菌不仅使氨氮、亚硝酸盐氮的浓度下降，还能够显著提高水体透明度；在工厂化养殖上，微生物净化水质是其中重要的一个环节，硝化细菌在其中起到至关重要的作用，而使用外源性硝化细菌强化处理，可以显著改善并保持水体环境。除此以外，作为复合菌剂或复合生物制剂的一个重要组成部分，硝化细菌也被广泛使用，藻类的复合使用及结合芽孢杆菌等其他菌剂的使用，使得对养殖用水的处理效果显著加强。

四、其他益生菌

（一）乳酸菌

乳酸菌（lactic acid bacterium，LAB）是能利用可发酵碳水化合物产生大量乳酸的细菌的统称。乳酸菌在自然界分布极为广泛，具有丰富的物种多样性。按伯杰氏系统细菌学手册中的形态分类法，可以分为 18 个属。大多数乳酸菌不运动，少数以周毛运动，菌体常排列成链。乳酸链球菌族，菌体球状，通常成对或成链。乳酸杆菌族，菌体杆状，单个或成链，有时成丝状，产生假分枝。普通的乳酸菌，活力极弱，它们只能在相对受限制的环境中存活，一旦脱离这些环境，其自身就会遭到灭亡。形态上可分成球菌、杆菌。其中，球形乳酸菌包括链球菌、明串珠菌属、片球菌；杆状菌包括乳球菌、乳杆菌、双歧杆菌等；从生长温度上区分，可分成高温型、中温型；从发酵类型区分，可分成同型发酵、异型发酵；从来源上分，大体上可分为动物源乳酸菌和植物源乳酸菌。

乳酸菌在水产上的应用较多，主要形式包括往饲料中添加和作为水质调节益生菌直接泼洒。研究表明，在河蟹养殖过程中，向水中直接泼洒和在饲料中混合乳酸菌均能起到对水体净化的作用，其中直接泼洒的效果更好。与此同时还能够促进河蟹的生长。在用乳酸菌降解养殖废水和饲料的试验中，结果表明乳酸杆菌能有效地降低养殖废水和饲料中的 $NO_2^- - N$、$PO_4^{3-} - P$、$NO_3 - N$，但是会使 $NH_4^+ - N$ 的浓度升高。表明在实际应用中应把乳酸杆菌和芽孢杆菌、光合细菌等有益菌联用，以发挥各个菌株的不同功能。向养殖水体投放以乳酸菌为主，包含芽孢杆菌、光合细菌的微生态制剂，则可以有效降低水中的亚硝酸盐含量。而芽孢杆菌对于水体中氨态氮和有机物的分解作用比较明显，可降低水体中氨态氮、亚硝酸盐的含量，避免了传统肥料高耗氧、破坏和污染水质、高发病率的缺点。所以乳酸菌可与芽孢杆菌、光合细菌、反硝化菌等有益菌混合使用，作为养殖水体的水质调控剂，改善水中生态环境，净化水质，促进鱼虾类健康生长。

（二）酵母菌

酵母是非丝状真核微生物，细胞比多数细菌大，为单核细胞生物。酵母菌属兼性厌氧菌，在有氧和无氧的条件下都能存活，在有氧的条件下进行有氧代谢分裂繁殖；在无氧条件下，进行厌氧发酵，产生多重代谢产物。水产养殖中常用的酵母主要有酿酒酵母、汉逊德巴利酵母、毕赤酵母等。按照另一种分类方法，酵母可以分成两类：①发酵型酵母，是一种只能利用六碳糖进行酒精发酵的酵母，大部分酵母菌是属于此类；②氧化型酵母，它包括假丝酵母、球拟酵母、汉逊德巴利酵母等，这类氧化型酵母菌是水质净化中常用的酵母类群。它们能利用复杂化合物，因为酵母菌体内含有特殊的氧化分解酶。除了强大的代谢能力，因为菌体较大，因此也比较容易沉降。另外，酵母菌在快速分解污染物的同时，还能获得酵母蛋白，既消除了环境污染，又进行综合利用，形成良性的生态循环，符合绿色化学的理念。

在水产养殖上，酵母菌的作用包括水质净化、营养、免疫、抗病等方面。在水质净化上，由于酵母菌可产生纤维素酶、碱性蛋白酶、淀粉酶、脂肪酶、植酸酶等各种活性胞外水解酶，对促进有机污染的微生物分解代谢具有显著作用。研究表明，圆丘假丝酵母DY-11-1菌株对罗非鱼饲料浸出液的COD、总氮、总磷降解能力最高，9 d后的降解率分别达到43.0%、37.8%和47.5%；假丝酵母菌通在氨氮≤20 mg/L，pH 6~7，温度25~30 ℃，盐度0%~1%，溶解氧2 mg/L以上的养殖水体中接种5%假丝酵母菌，24 h后，氨氮去除率接近90%；在复杂的养殖水环境中，假丝酵母还能够有效地去除水中的亚硝态氮。在温度25~30 ℃，pH 5.6~7.0，接种量2‰，亚硝酸盐最高浓度<2 mg/L的条件下，假丝酵母菌对亚硝态氮的降解率可以达到70%~94%。另外，有研究还表明，酵母菌能够通过分泌含有芳香环的酸性物质抑制水华藻类。

酵母菌生长快、代谢旺盛、耐酸耐高温，对外界恶劣环境适应力强，使得其在包括水产养殖等各个方向都得到了广泛的应用。在养殖水体中，酵母菌也能良好地生长，迅速利用水体中的有机物、氨氮、硫化氮等有害成分，净化水质的效果显著而持久，因而在水产养殖废水处理尤其是育苗水体净化中，酵母菌越来越发挥着重要的作用。

除此以外，酵母菌在水产养殖上还有很多其他的作用。酵母菌菌体中富含蛋白质、维生素、生长因子等营养物质，适口性好，可以用来作为饲料添加剂。作为饲料添加剂使用后，可以促进养殖生物的生长、提高饵料利用率、增强免疫力和抗病力等。

（三）EM菌

EM菌（effective microorganisms，EM）是由世界著名应用微生物学家、日本琉球大学教授比嘉照夫发明的一种高效复合微生物活性菌剂，它由光合细菌、乳酸菌、酵母菌、放线菌等约10属和80多种微生物共同培养而成。20世纪80年代末90年代初，EM菌在日本、泰国、巴西、美国、印度尼西亚、斯里兰卡等国家的农业、水产养殖、种植、环保等领域得到了广泛应用，取得了明显的经济和生态效益。EM菌主要通过菌群管理，由于EM细菌极易生存，所以可以快速和稳定地占据生态地位，形成有益的微生物群落优势，从而抑制不好的微生物的生存空间，使环境适合生物的生活和生长；当好的微生物成为优势菌群后，可以分解有害物质，降低氨氮、亚硝酸盐等的含量，使有害物质无害化。

EM菌在水产养殖上已经成为水质调节、净化、修复的主要微生物制剂之一。在青虾养殖池中使用EM菌，养殖池水中的溶解氧较对照池有明显的增加，氨氮浓度显著下降，还能使得青虾养殖池内藻类（除新月藻）和轮虫的密度增加，这样能使养殖池水环境长时间保持养殖动物生长于最优的环境状态。在黄河鲤苗养殖池塘中使用EM菌的试验表明，EM菌添加量为6~8 mL/m³时，能有效地降低水体中的氨氮、亚硝酸盐和硫化氢的含量，能够稳定水体的pH和提高水中溶解氧的含量，对养殖水体起到净化和调节的作用。除此以外，还能够提高鱼苗的存活率和生长性能。

除了净化、修复养殖水体，EM菌在水产养殖上还能够在营养、免疫、抗病、肠道菌群调节等方面发挥作用。

第四节　固定化微生物技术

水产养殖池塘中微生物制剂的使用可以强化特定功能性细菌的代谢强度，加速有害物质的内部转化，确保对养殖来说有益菌的优势菌群地位，降低细菌性疾病发生的可能性。

研究表明，养殖池塘中缺乏大比表面积的细菌附着基质，同时对于高浓度的营养物质，代谢其所需的有益菌数量不足是两个突出问题。这也是微生物制剂研发、使用以及生物填料使用的根本原因。当前，液态微生物制剂仍然是水产养殖中微生物制剂使用的主要形式，但液态微生物制剂中的游离菌体极易失活，导致很多微生物制剂产品达不到出厂时标注的活体微生物数量。而微生物制剂处理养殖废水的效果主要取决于菌种投放后活性的保留时间，因此如何提高菌体存活率已成为微生物制剂的一项重要研究。此外，游离微生物在池塘换水时易随水流失，需要重新添加，这无形中增加了养殖成本。在此背景下，固定化微生物技术成为了重要的技术选择。

固定化技术有效解决了以上的问题，将游离微生物利用化学或物理手段固定于一定基质上，提高了细胞负荷能力、处理效率和生物稳定性，并且可以反复利用，降低了养殖成本。微生物被固定化后有效减少了换水过程中的流失，并相对增加了微生物在池塘底部的浓度，对底泥中有机物的分解效果大大提升。固定化微生物对不利的环境条件如 pH、温度、盐度等的耐受力比游离菌明显增强。

一、固定化方法

用于生物修复的微生物固定方法主要包括包埋法、吸附法等物理方法和交联法、载体结合法等化学方法。

（一）包埋法

包埋法是最为常用的固定化方法，是利用高聚物形成凝胶时将微生物细胞包埋在其内部，使微生物细胞在多孔载体内部得到扩散并无法漏出，而其他小分子底物和代谢产物能自由进出这些多孔或凝胶膜。常见的包埋剂包括海藻酸钙、聚乙烯醇和聚丙烯酰胺等。包埋法是将微生物细胞包裹于载体格子或聚合物微胶囊中，其主要优点是技术简单容易操作，固定过程对微生物细胞的活性影响较小，高分子载体密度较低，易于流动，制备成形的固定化小球机械强度较高。但包埋材料对进出的底物和溶解氧的扩散具有阻碍作用，不适用于对大分子污染物的处理。因此，在实际应用中，包埋法的应用较广，作用时间较广，常用于小分子污染物的降解。

（二）吸附法

吸附法是另一种较常用的固定化方法，其原理是利用微生物所具有的可吸附到固体物质表面或其他细胞表面的能力，将微生物吸附在附加剂表面的方法，分为物理吸附法和离子吸附法。物理吸附法通过静电、表面张力将微生物吸附在载体上，彼此之间不发生任何化学作用；离子吸附法是将微生物与载体通过离子因子或化学键吸附在一起，因此，离子吸附法较物理吸附法更为牢固。吸附法由于材料的关系对微生物不产生毒性，易与外界物质接触，传质效果好，但是由于载体与微生物的结合力较弱，可固定生物量小，所以反应体系的稳定性较差，不利于长期反应，在实际应用中主要用于对大分子污染物的应急修复。

（三）交联法

交联法属于化学方法，是指利用双功能基团试剂或多功能基团试剂使微生物发生分子间交联而被固定。交联剂有戊二醇、双重氮联苯胺和六亚甲基二异氰酸酯等。细胞间自交联是自然界普遍存在的一种现象，如活性污泥系统中菌胶团的形成以及厌氧污泥床中颗粒污泥的产生均是通过细胞间自交联实现的。为了进一步强化细胞间或酶间的这种自交联程度，可以人为地加入一些交联剂形成细胞间的稳固结合。交联剂在活性污泥系统中也有应用，有时人为地向曝气池内投加一定量的交联剂能得到更好的菌胶团，它有利于二沉池中泥水分离及有助于控制曝气池内微生物浓度。这种方法由于网状结构的形成获得了良好的稳定性，在长期的反应体系中菌体不易脱落。但反应过程中共价键的形成对微生物细胞的活性影响较大，与酶蛋白的交联作用可能引起酶的失活。

（四）载体结合法

以共价结合、离子结合和物理吸附等将微生物固定在非水溶性的载体上。载体有葡聚糖、活性炭、胶原、琼脂糖、多孔玻璃珠、高岭土、硅胶、氧化铝、羧甲基纤维素等。在污水处理中，这种固定方式要求生物膜载体表面具某种活性基团，通常可对载体表面进行改性，达到携带活性基的目的。

在固定化方法的选择上，需要兼顾各个方面，方法操作简单，成本低是很重要的一个方面；固定化后仍然保留较好微生物的催化活性是根本的要求；要保证具有相当的固定化的物理强度、化学稳定性和基质通透性等。

总体而言，交联法和共价法由于化学反应强烈，限制了微生物的某些活性，因此未能得到广泛应用。目前为止包埋法和吸附法，这两种方法由于大体上兼顾了以上几个方面，因此在养殖水体净化处理中较为常用，同时也是具有良好前景的方法。

二、固定化载体

固定化微生物技术中所选用的载体对于固定化效果、净化效果均有重要的影响。理想的载体应该不溶于水、抗生物降解、机械强度好、扩散性好、固定化过程操作简单、微生物细胞的截留量大、载体对细胞无毒性作用、传质效果好及价格低廉等。固定化微生物中使用到的载体主要分为无机载体、有机载体和复合载体三大类。

（1）无机载体常见的有硅藻土、石英砂、陶粒、活性炭等，这些材料比表面积大，利于传质，使固定微生物细胞可以获得较好的营养。但是材料的无机特点使得固定效果较差。

（2）有机载体分为天然的有机载体和人工合成的有机载体两大类。天然有机载体包括海藻酸钙、琼脂和壳聚糖等，它们毒性小，传质效果好，但机械强度相对较低，不利于长时间的保存；人工合成的有机载体包括合成高分子载体聚乙烯醇、聚丙烯酰胺等。人工合成载体固定效果好，机械强度大，但传质效果较差，不利于保持细胞活性。

（3）复合载体是将有机载体和无机载体相结合之后的一种载体。例如采用活性炭和海藻酸钙的复合材料对菌体进行包埋，可以提高菌体降解苯酚废水的能力；采用聚乙烯醇和海藻酸钠的复合材料，对污水处理厂曝气池活性污泥进行固定化，制备出具有良好机械稳定性和生物活性的活性污泥颗粒，使其使用寿命提高到 30 d 以上。

三、固定化微生物技术在水产养殖中的应用

固定化微生物用于养殖水体的净化首先需要选择合适的微生物菌种。对于养殖水体来

讲，加强有机质、氮、磷等营养物质生物学转化是微生物强化的主要目的，因此，固定化菌株的选择也要以满足这个要求为主要出发点。目前为止，在水产养殖水质净化、修复过程中应用于固定化微生物技术的菌种主要包括氮循环细菌（硝化细菌、反硝化细菌、厌氧氨氧化细菌等）、光合细菌、EM 菌、芽孢杆菌、放线菌等。

有研究表明，固定化硝化细菌对循环水养殖系统中的氨氮的每天最高去除率可以达到 $82~g/m^3$；而用壳聚糖和海藻酸钠作为载体，包埋法固定化硝化细菌后，处理养殖水体中的氨氮，结果表明，当壳聚糖的质量分数为 1.5%～1.7%，海藻酸钠的质量分数为 3%，氯化钙的质量分数为 4.6%～5.0%，戊二醛的质量分数为 1.1%～1.3%，包菌量为 5.0～5.3 mL 时，氨氮去除率达到 94% 以上。通过不断提高氨氮质量浓度对海洋硝化细菌直接进行富集驯化，46 d 后，以聚乙烯醇（PVA）大球、小球及颗粒活性炭为载体，对驯化好的硝化细菌进 15 d 的吸附挂膜，采取固定床生物反应器连续进行养殖废水的生物脱氮试验，停留时间为 1 h，进水氨氮质量浓度小于 0.6 mg/L 时，氨氮去除效率可达 100%。利用固定化反硝化细菌，可以通过反硝化作用有效地去除鲑养殖池中养殖废水中的 $NO_3^- - N$；传统生物脱氮一般包括好氧硝化和厌氧反硝化两个阶段，空间上难统一。而采用固定化技术后，利用固定化材料的传质性由内而外形成厌氧区、缺氧区和好氧区，实现了硝化和反硝化的统一，提高了脱氮效率。使用固定化光合细菌可使池塘底泥中的硫化物含量下降，有机物含量下降，而水体中的溶解氧量上升；采用海藻酸钠固定浓缩光合细菌用于养殖水环境的生物修复后，养殖水体 COD 值降低 54%，氨氮浓度降低 80%，pH 和溶解氧量显著上升。在锦鲤育苗池内使用固定化光合细菌后 12 d，养殖水体的 COD 浓度、氨氮浓度分别降低 54.29%、80.00%，DO 值上升 44%，pH 上升到 8.8。将放线菌、枯草芽孢杆菌、光合细菌等混合固定化后，在大水面网箱养殖中用于水质改良，能增加溶解氧、稳定水体 pH、降低氨氮浓度，对水质改良效果较好。通过混料设计对 3 株芽孢杆菌和 1 株溶藻弧菌的搭配比例进行优化，在芽孢杆菌 BD6 株 5.2%、BZ5 株 22%、B25 株 0%、溶藻弧菌 VZ5 株 72.8% 的最优比例下，固定化复合菌在 72 h 后对养殖废水的氨氮去除率为 98.37%、亚硝氮去除率为 93.81%。

固定化微生物技术已经成为生物修复领域关注的重点，在污染水体和水华水域的修复已被广泛研究，在养殖水体的修复中也进行了一些研究，但总体而言，大量工作仍然停留在试验水平，将固定化成果应用于养殖环境修复或养殖废水治理还需要解决一系列实际问题。

第五节　案例分析

一、案例 1

（一）利用人工基质构建固定化微生物膜对池塘水体的原位修复

1. 试验池塘简介

试验池塘采用江苏洪泽水产良种场的标准化鱼类养殖池塘，共 2 组 10 个池塘。每个池塘的面积均为 5 000 m²（100 m×50 m），水深 1.5 m。试验设 2 组平行，其中每组设 1 个对照池，4 个试验池。试验于 2007 年 7 月 20 日开始，10 月 27 日结束，共计 100 d。试验期间平均水温为（30±2）℃。每个池塘中放养的鱼苗种类、规格、数量基本一致（每亩放养异育银鲫夏花10 000尾，花鲢夏花2 000尾，草鱼夏花1 500尾），试验期间养殖管理措施一致且不换水。

2. 人工基质固定化微生物膜的构建

人工基质材料选用的是江苏宜兴永诚环保设备有限公司生产的弹性生物填料（即生物刷），规格为每根长度1 m，每立方米44根。人工基质的固定方法为：以池塘宽度为一排，用绳子固定。每隔0.5 m左右挂一个弹性生物填料，每个填料下用重物系住，每排挂这样的弹性生物填料100个，以绳子没入水面为准。上述填料在池塘中挂5排，每排间隔2 m，则固定化微生物区域占池塘水面的10%；如挂7排，每排间隔2 m，则固定化微生物区域占池塘水面的15%。试验设土著微生物成膜池塘和土著及外源微生物成膜池塘两类，每类分设固定化面积10%和15%各一组。添加外源微生物成膜池塘从试验开始后每隔7～10 d加入复合微生态制剂"利生素"，于晴好天气上午10∶00后使用，每次用量为0.5 g/m，到试验30 d后菌膜基本形成时为止。

3. 样品的采集和处理

试验开始后每隔10 d用无菌剪子和镊子随机采集水面下50 cm和100 cm处的弹性填料各10 g，放入无菌培养皿中，用于测定填料上菌膜的生长情况。试验开始后每隔30 d采用有机玻璃采水器在各组池塘水面下50 cm处采集水样，用于分析相关水质指标，其中测叶绿素a的水样采用碳酸镁固定，测硫化物的水样用乙酸锌固定，其余水样用硫酸固定。同时在上述区域取水样100 mL，放入无菌的250 mL试剂瓶中，用于测定水体中微生物的分布。所有的样品4 ℃冷藏保存于实验室中，在48 h内完成相应的分析测试。

4. 试验仪器

ZHJH - 1214双面气流式无菌工作台（上海智诚公司），Autoclave SS - 325型全自动高压灭菌器（TOMY公司），MIR - 153型高低温恒温培养箱（SANYO公司），ZHWY200B恒温振荡摇床（上海智诚公司），AL204电子分析天平（METTLER - TECEDO公司），冰箱（三星电子公司），721分光光度计（上海第三分析分析仪器厂），7530紫外分光光度计（Agilent公司）等。

5. 试验药品

过硫酸钾、钼酸铵、氯化亚锡、盐酸、氢氧化钠、乙二胺四乙酸二钠、酒石酸钾钠、氯化汞、高锰酸钾、重铬酸钾等均为分析纯，由上海化学试剂厂提供。复合微生态制剂"利生素"（以芽孢杆菌和乳酸菌为主，含活菌量＞10^9个/g），由江苏省微生物研究所有限公司提供。

6. 测定项目及方法

水质测定项目为pH、DO、TN、$NH_4^+ - N$、$NO_2^- - N$、$NO_3^- - N$、TP、$PO_4^{3-} - P$、透明度、硫化物（S^{2-}）、COD_{Mn}和叶绿素a。其中pH采用玻璃电极法；透明度采用塞氏盘法；$NH_4^+ - N$采用纳氏试剂光度法；$NO_2^- - N$采用盐酸萘乙二胺比色法；$NO_3^- - N$和TN采用紫外分光光度法；TP和$PO_4^{3-} - P$采用钼蓝分光光度法；S^{2-}采用亚甲基蓝光度法；DO采用溶氧仪法；COD_{Mn}采用酸性法；叶绿素a采用丙酮抽提分光光度法；具体方法参见《水和废水监测分析方法》。上述水质项目中，pH、DO 和透明度在现场分析测定，其他项目采集水样后带回实验室分析。水体中的细菌和真菌总数采用平皿倾注法测定；氮循环细菌（包括氨化细菌、硝化细菌和反硝化细菌）的数量采用最大可能数法（MPN）测定。为保证细菌和真菌有良好的区分，在测真菌的培养基中加入 6 000 μL 的氨苄青霉素；在测细菌的培养基中加入 6 000 μL 的制霉菌素。试验结果使用 SPSS 软件进行差异显著性分析，$P<0.05$ 表明差异显著，$P<0.01$ 表明差异极显著。

（二）结果与讨论

1. 不同微生物源作用下人工基质固定化微生物膜的建立

为了了解和比较人工基质利用池塘土著微生物及外源微生物建立固定化微生物膜的情况，试验开始后每隔 10 d 采集弹性生物填料，分析其微生物的变动情况，具体结果见表 8-3。

由表 8-3 可以看出，在水温为（30±2）℃时，池塘中人工设置的弹性生物填料上的微生物的变化情况是：以土著微生物为固定化微生物源，固定化区域占水面 10% 时，水面下 50 cm 处每克填料上的各类微生物的数量在 30 d 左右达到峰值，随后（40 d）的微生物数量与 30 d 时无显著差别（$P>0.05$）。30 d 时细菌总数、真菌总数、氨化细菌、硝化细菌和反硝化细菌的数量分别为初始时的 1 366 倍、257 倍、233 倍、250 倍和 225 倍，表明固定化微生物膜的形成并趋于稳定的时间在 30 d 左右。

水面下 100 cm 处每克填料上的微生物数量的变化与 50 cm 处的类似，30 d 时细菌总数、真菌总数、氨化细菌、硝化细菌和反硝化细菌的数量分别是初始时的 2 833 倍、307 倍、200 倍、200 倍和 321 倍，水面下 100 cm 处填料上的细菌总数、真菌总数和反硝化细菌的数量要大于水面下 50 cm 处，而氨化细菌和硝化细菌则小于水面下 50 cm 处。表明随着水层深度的加深、水中溶解氧的减少和有机物的增加，水中的环境条件更利于一些耐低氧的异养微生物的生长，但对好氧和自养菌群不利。

在固定化区域同为 10% 时，与单纯的土著微生物试验组相比，以土著微生物和外源微生物共同作为固定化微生物源的试验组，其水面下 50 cm 和 100 cm 处每克填料上的各类微生物的数量也在 30 d 左右达到峰值，随后相对稳定。所不同的是填料上的微生物数量要高出很多（$P<0.01$），尤其是细菌总数，其数量要高一个数量级，可达初始时的 26 667 倍和 86 667 倍。如果从人工基质上的微生物数量来看，添加了外源微生物的试验组在 20 d 时便可达到土著微生物试验组 30 d 时的菌量水平，说明添加外源微生物可加快固定化微生物膜的成膜时间和菌量水平，其固定化微生物膜的形成并趋于稳定的时间在 20~30 d。因为外源微生物是用经人工筛选、分离、定向选育的高活性菌株生产的高效微生态制品，生长性能优异，可较快地在人工基质上定殖并增殖。

对于固定化区域占水面 15% 的试验组，其人工填料上的微生物数量和变化与固定化区域占水面 10% 的试验组基本相似，无显著性差异（$P>0.05$）。

2. 人工基质固定化微生物膜作用下池塘水体中微生物的动态变化

自试验开始后每隔 30 d 分析各组池塘水面下 50 cm 处的微生物，以了解人工基质固定化微生物膜对水体中微生物动态的影响。试验结果详见图 8-9。

表8-3　固定化基质上微生物的动态变化

微生物数量（CFU/g）

试验分组项目		土著微生物源					土著加外源性微生物源				
		0 d	10 d	20 d	30 d	40 d	0 d	10 d	20 d	30 d	40 d
10%组水下50 cm	细菌总数	$6.0×10^3$	$1.2×10^4$	$3.8×10^5$	$8.2×10^6$	$2.0×10^7$	$6.0×10^3$	$8.5×10^4$	$1.2×10^6$	$1.6×10^8$	$1.0×10^8$
	真菌总数	$1.4×10^3$	$4.8×10^3$	$8.6×10^4$	$3.6×10^5$	$3.0×10^5$	$1.4×10^3$	$6.2×10^4$	$2.8×10^5$	$5.4×10^5$	$4.8×10^5$
	氨化细菌	$1.2×10^3$	$5.6×10^3$	$9.2×10^4$	$2.8×10^5$	$2.7×10^5$	$1.2×10^3$	$7.8×10^4$	$1.9×10^5$	$3.8×10^5$	$3.2×10^5$
	硝化细菌	$0.8×10^3$	$1.2×10^3$	$7.3×10^4$	$2.0×10^5$	$1.8×10^5$	$0.8×10^3$	$5.5×10^4$	$1.1×10^5$	$2.5×10^5$	$2.0×10^5$
	反硝化细菌	$1.6×10^3$	$4.2×10^3$	$9.0×10^4$	$3.6×10^5$	$3.2×10^5$	$1.6×10^3$	$7.2×10^4$	$2.0×10^5$	$5.6×10^5$	$3.8×10^5$
10%组水下100 cm	细菌总数	$6.0×10^3$	$3.0×10^4$	$8.4×10^5$	$1.7×10^7$	$2.0×10^7$	$6.0×10^3$	$6.8×10^4$	$1.2×10^6$	$5.0×10^8$	$5.2×10^8$
	真菌总数	$1.4×10^3$	$4.8×10^3$	$8.6×10^4$	$4.3×10^5$	$4.0×10^5$	$1.4×10^3$	$8.2×10^4$	$3.2×10^5$	$7.7×10^5$	$5.2×10^5$
	氨化细菌	$1.0×10^3$	$4.6×10^3$	$8.8×10^4$	$2.0×10^5$	$2.2×10^5$	$1.0×10^3$	$5.5×10^4$	$1.1×10^5$	$3.5×10^5$	$3.0×10^5$
	硝化细菌	$0.6×10^3$	$1.0×10^3$	$5.2×10^4$	$1.2×10^5$	$1.5×10^5$	$0.6×10^3$	$1.1×10^4$	$9.8×10^4$	$2.0×10^5$	$1.8×10^5$
	反硝化细菌	$1.4×10^3$	$4.8×10^3$	$1.0×10^5$	$4.5×10^5$	$4.2×10^5$	$1.4×10^3$	$6.6×10^4$	$3.2×10^5$	$8.5×10^5$	$7.8×10^5$
15%组水下50 cm	细菌总数	$6.0×10^3$	$1.4×10^4$	$3.6×10^5$	$8.0×10^6$	$2.2×10^7$	$6.0×10^3$	$8.8×10^4$	$1.0×10^6$	$2.2×10^8$	$1.2×10^8$
	真菌总数	$1.4×10^3$	$4.6×10^3$	$8.8×10^4$	$3.2×10^5$	$3.2×10^5$	$1.4×10^3$	$5.6×10^4$	$2.0×10^5$	$5.8×10^5$	$5.8×10^5$
	氨化细菌	$1.2×10^3$	$5.0×10^3$	$8.5×10^4$	$3.0×10^5$	$2.5×10^5$	$1.2×10^3$	$4.8×10^4$	$1.8×10^5$	$4.0×10^5$	$4.2×10^5$
	硝化细菌	$0.8×10^3$	$1.5×10^3$	$8.0×10^4$	$2.5×10^5$	$1.8×10^5$	$0.8×10^3$	$5.8×10^4$	$1.5×10^5$	$2.8×10^5$	$3.0×10^5$
	反硝化细菌	$1.6×10^3$	$4.5×10^3$	$1.0×10^5$	$3.0×10^5$	$3.5×10^5$	$1.6×10^3$	$7.6×10^4$	$2.0×10^5$	$6.0×10^5$	$5.8×10^5$
15%组水下100 cm	细菌总数	$6.0×10^3$	$3.2×10^4$	$8.0×10^5$	$2.0×10^7$	$2.0×10^7$	$6.0×10^3$	$8.0×10^4$	$1.5×10^6$	$5.2×10^8$	$5.2×10^8$
	真菌总数	$1.4×10^3$	$4.0×10^3$	$7.6×10^4$	$4.5×10^5$	$4.8×10^5$	$1.4×10^3$	$2.2×10^5$	$8.5×10^5$	$6.8×10^5$	$6.0×10^5$
	氨化细菌	$1.0×10^3$	$4.8×10^3$	$8.2×10^4$	$2.6×10^5$	$2.8×10^5$	$1.0×10^3$	$6.0×10^4$	$1.2×10^5$	$4.0×10^5$	$3.8×10^5$
	硝化细菌	$0.6×10^3$	$1.2×10^3$	$4.8×10^4$	$1.4×10^5$	$1.4×10^5$	$0.6×10^3$	$1.0×10^4$	$6.8×10^5$	$1.8×10^5$	$2.0×10^5$
	反硝化细菌	$1.4×10^3$	$5.0×10^3$	$2.0×10^5$	$4.8×10^5$	$5.4×10^5$	$1.4×10^3$	$7.0×10^4$	$3.5×10^5$	$9.0×10^5$	$8.8×10^5$

注：表中结果以平均值计。

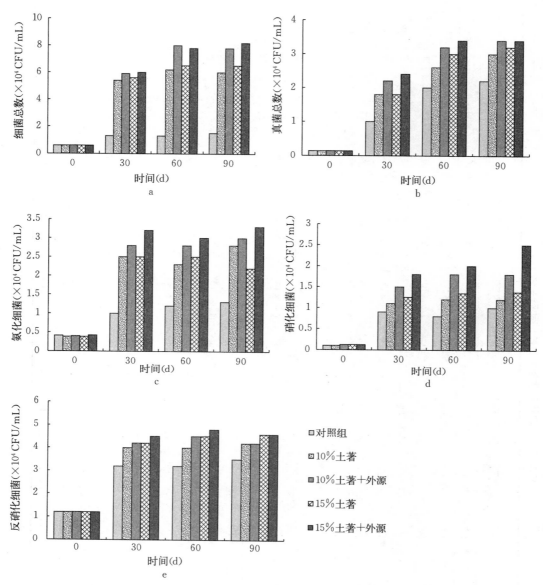

图 8-9 人工基质固定化微生物作用下池塘水体中微生物的动态变化

由图 8-9 可见，在试验期间，对照组水体中的微生物数量呈增长的趋势：细菌总数由初始的 6.0×10^3 CFU/mL 增加为 90 d 时的 1.5×10^4 CFU/mL，增加了 1.50 倍；真菌总数由 1.4×10^3 CFU/mL 增加为 2.2×10^4 CFU/mL，增加了 14.71 倍；氨化细菌由 4.1×10^3 CFU/mL 增加为 1.3×10^4 CFU/mL，增加了 2.17 倍；硝化细菌由 1.0×10^3 CFU/mL 增加为 1.0×10^4 CFU/mL，增加了 9.00 倍；反硝化细菌由 1.2×10^4 CFU/mL 增加为 3.5×10^4 CFU/mL，增加了 1.92 倍。在 90 d 中，微生物数量在前 30 d 内增加速率最快，与初始时有极显著的差异（$P < 0.01$），而后 60 d 的增长趋缓，与 30 d 时差异不

显著（$P > 0.05$）。

各试验组水体中微生物的变化趋势与对照组相似，只是数量明显多于对照组（$P < 0.05$）：各试验组 90 d 时的细菌总数为 $6.0 \times 10^4 \sim 8.5 \times 10^4$ CFU/mL，是对照组的 4.00 ～ 5.67 倍；真菌总数为 $3.0 \times 10^4 \sim 3.4 \times 10^4$ CFU/mL，是对照组的 1.36 ～ 1.55 倍；氨化细菌为 $2.2 \times 10^4 \sim 3.3 \times 10^4$ CFU/mL，是对照组的 1.69 ～ 2.54 倍；硝化细菌为 $1.2 \times 10^4 \sim 2.5 \times 10^4$ CFU/mL，是对照组的 1.20 ～ 2.50 倍；反硝化细菌为 $4.2 \times 10^4 \sim 4.6 \times 10^4$ CFU/mL，是对照组的 1.20 ～ 1.31 倍。

各试验组虽然在固定化面积、微生物的来源等方面有所不同，但其水体中的微生物在数量上差异不显著（$P > 0.05$），表明固定化材料的面积和外源微生物虽然在短时间内对水体固定化微生物膜的成膜速度、成膜数量有影响，但成膜后（30 d 以上）在对水体中微生物数量的影响上差异不显著（$P > 0.05$）。

3. 人工基质固定化微生物膜作用下池塘水体各水质因子的动态变化

自试验开始后每隔 30 d 分析各组池塘水面下 50 cm 处的主要水质指标，以了解人工基质固定化微生物膜对水体环境的修复作用和效果，具体结果见表 8-4。

从表 8-4 可以看出，在池塘中设置人工基质构建固定化微生物膜可以净化池塘水质、优化生态环境。在 90 d 的试验期间内，各试验组对水体中的 TN、$NH_4^+ - N$、$NO_2^- - N$ 和 $NO_3^- - N$ 的去除率分别为 11.27% ～ 13.40%、33.33% ～ 50.00%、36.29% ～ 47.58% 和 47.83% ～ 56.52%；对 TP、$PO_4^{3-} - P$、S^{2-} 和 COD_{Mn} 的去除率分别为 36.36% ～ 54.55%、83.33%、80.00% ～ 90.00% 和 19.73% ～ 30.13%；对叶绿素 a 的去除率为 36.90% ～ 57.25%；对 DO 和 SD 的提高率为 37.97% ～ 50.63% 和 40.00% ～ 52.00%。

由此可见，固定化微生物因在人工基质上定殖成膜，大大提高了微生物的数量和成活率，提高了与水体的接触时间和面积，对水体的净化效果也大大提高了。固定化微生物膜主要是通过微生物对氮、磷和有机物等的利用，促进了自身的生长，降低了水中各种污染物质的含量，提高了水中溶解氧的含量；同时竞争了藻类生长的资源，使得水中藻类的种群密度有所下降，水体透明度变大，水质 pH 也趋于稳定。从试验分组来看，10% 和 15% 的固定化面积对水质的净化效果差异不大（$P > 0.05$），但添加外源微生物的试验组其净化效果要好于土著微生物试验组，尤其在 COD_{Mn} 和叶绿素 a 的控制上效果显著（$P < 0.05$）。主要是外源微生物的种类组成有别于土著微生物，其虽然对水体和人工基质上微生物的数量影响与土著微生物无差异，但在净化效果方面显现出其特点，是对土著微生物的补充。因此在用人工基质构建池塘固定化微生物膜时必须考虑水体中微生物的种类，可以适当添加具有强力净化功能的外源微生物，但具体的研究有待于做进一步的深化。

利用固定化微生物处理水产养殖废水国内外已有一些报导，但多数是针对工厂化养殖废水，通过将其引入生物反应器来实现的，属异位修复。而本文是将人工填料导入养殖池塘，以整个池塘作为生物反应器对养殖水体进行的原位修复，具有经济、实用、成本低的特点。在微生物膜的形成时间上，本文的研究与文献报导较为接近，基本上在 30 ～ 40 d 左右。但由于生物反应器内在不停地充氧，故其净化效果要比池塘中的强一些。因此如何采用增氧等辅助手段来提高原位修复的效果有待进一步地深入探讨。

表8-4 人工基质固定化微生物对池塘水环境的修复

试验分组		pH	DO (mg/L)	SD (cm)	Chl.a (μg/L)	TN (mg/L)	NH_4^+-N (mg/L)	NO_2^--N (mg/L)	NO_3^--N (mg/L)	TP (mg/L)	$PO_4^{3-}-P$ (mg/L)	S^{2-} (mg/L)	COD_{Mn} (mg/L)
对照组	0 d	7.2	7.00	31	40.12	5.46	0.30	1.30	0.23	0.19	0.10	0.12	12.24
	30 d	8.9	7.27	25	44.16	7.56	0.62	1.70	0.22	0.17	0.10	0.10	14.70
	60 d	8.7	6.58	28	43.10	6.39	0.30	1.81	0.18	0.18	0.08	0.08	14.46
	90 d	8.8	6.32	25	42.85	6.12	0.30	1.24	0.23	0.11	0.06	0.10	10.19
10%土著组	0 d	7.4	7.15	29	47.25	5.62	0.32	1.32	0.23	0.20	0.11	0.12	12.32
	30 d	8.4	8.00	33	42.87	7.34	0.58	1.50	0.18	0.12	0.07	0.08	13.06
	60 d	8.2	8.23	38	32.70	5.70	0.23	1.05	0.11	0.10	0.01	0.06	12.45
	90 d	8.4	9.52	35	27.04	5.43	0.20	0.79	0.12	0.07	0.01	0.02	8.15
10%土著加外源组	0 d	7.4	6.95	31	43.16	5.56	0.32	1.30	0.23	0.20	0.10	0.10	12.28
	30 d	8.0	7.85	30	39.41	7.12	0.50	1.42	0.16	0.11	0.05	0.07	12.96
	60 d	8.2	8.14	40	26.88	5.43	0.17	0.99	0.09	0.10	0.01	0.05	10.23
	90 d	8.1	8.85	38	18.68	5.30	0.15	0.65	0.10	0.05	0.01	0.01	7.51
15%土著组	0 d	7.6	7.02	30	40.21	5.62	0.30	1.30	0.23	0.19	0.10	0.12	12.28
	30 d	7.8	7.65	33	38.64	7.42	0.55	1.52	0.18	0.12	0.06	0.07	13.15
	60 d	8.4	8.18	35	31.57	5.82	0.25	1.10	0.11	0.09	0.01	0.05	11.78
	90 d	8.2	8.72	35	25.58	5.36	0.22	0.79	0.12	0.07	0.01	0.02	8.18
15%土著加外源组	0 d	7.4	7.10	30	43.26	5.56	0.35	1.32	0.23	0.19	0.10	0.10	12.24
	30 d	7.8	7.80	33	38.64	7.30	0.50	1.40	0.15	0.11	0.05	0.07	12.84
	60 d	8.1	8.32	38	27.70	5.32	0.15	0.95	0.10	0.09	0.01	0.05	10.08
	90 d	8.0	8.88	35	18.32	5.30	0.12	0.72	0.12	0.06	0.01	0.02	7.12

（水质指标）

（三）结论

1. 当水温为（30±2）℃时，在池塘中以人工设置的弹性生物填料为基质、以土著微生物及外源微生物为微生物源构建了固定化微生物菌膜。单以土著微生物为菌源，在（30±2）℃时，其在水体中形成微生物菌膜的时间一般在 30 d 左右，而外源添加以芽孢杆菌和乳酸杆菌为主的微生态制剂则对成膜时间略有影响，成膜时间在 20～30 d，稍有提前。弹性生物填料可将池塘水体中 10^3 数量级的细菌提高到菌膜上大于 10^6 的数量级，提高了千倍以上。外源添加微生物可比池塘土著微生物提高 10 倍的菌体附着量。

2. 从弹性生物填料的长度来分析，水面下 50 cm 处主要富集了硝化细菌、氨化细菌等以好氧微生物为主的菌群，菌群数量为 10^5 数量级；水面下 100 cm（即近底层 50 cm）处主要富集了以反硝化细菌等兼性和厌氧微生物为主的群落，菌群数量同样为 10^5 数量级。从弹性生物填料的分布面积来看，15%组的水质修复效果略优于 10%组，但差异不显著（$P>0.05$）。

3. 从对池塘养殖水体的原位修复效果来看，固定化微生物处理技术可使水体中微生物的数量提高 100% 以上，对水质 TN、TP、氨氮、亚硝酸盐、COD_{Mn} 等的去除率达 11.27%～90.00%，处理效果明显（$P<0.05$）。特别是池塘叶绿素 a 含量可下降 36.90%～57.25%，水质富营养化控制效果良好。

二、案例 2

为探究组合填料对罗非鱼养殖水体环境的生态修复效果，在模拟养殖池塘的小型生态养殖池中进行了研究，即以组合填料作为生物膜载体，以水体土著微生物为生物膜菌源，分析了组合填料对养殖水体水质、罗非鱼生长及水体微生物群落碳源代谢特征的影响。研究表明，组合填料在一定程度上可有效净化养殖水体，促进罗非鱼生长，降低水体细菌数量，影响水体微生物群落碳源代谢特征。但因实际养殖水体与模拟小型水体在生物群落功能等方面的差异，为了进一步确证其效果，了解其实际应用价值，将此技术在罗非鱼养殖生产的池塘中应用，并从养殖效果、水质变化、微生物群落功能多样性等方面对应用效果进行科学评价。

（一）组合填料对池塘微生物利用的原位修复

1. 试验材料

试验在淡水渔业研究中心宜兴屺亭养殖基地进行。选择面积均为 1 334 m^2 的养殖池塘作为试验鱼塘，养殖吉富罗非鱼，每个池塘放养鱼苗 3 000 尾，鱼苗平均体长约为 5 cm，当年养成。鱼苗放养时间为 2017 年 5 月中旬，投喂量占鱼体重的 3%，养殖期间各个池塘管理措施基本一致。试验选用材质为全塑性夹片和维纶醛化丝的组合填料，其比表面积为 800 m^2/m^3。采用尼龙绳悬挂 1 m 长的组合调料，下配重物（不锈钢螺母）。悬挂方法为同一根尼龙绳上两根组合填料之间的距离为 1 m，尼龙绳之间的距离也是 1 m。每口池塘悬挂组合填料 270 根（填料表面积为每吨水体 1.85 m^2）。悬挂时间为投放鱼苗后 1 个月。试验设对照塘一个，试验塘 3 个（平行组）。试验时间为 2017 年 6—9 月。试验开始后，每隔一个月采集一次水样，用于水质指标、细菌数量以及微生物群落功能多样性的测定，采集的水样置于低温条件下进行冷藏保存，相关指标测试在两天内完成。为计算罗非鱼增重量、饵料系数，试验结束后，统计每个试验池塘罗非鱼产量以及饲料投喂量。

2. 试验方法

（1）水质指标的测定。水质测定项目为总氮（TN）、氨氮（NH_4^+-N）、亚硝酸盐（NO_2^--N）、硝酸盐（NO_3^--N）、总磷（TP）、正磷酸盐（PO_4^{3-}）、高锰酸盐指数（COD_{Mn}）、叶绿素（Chl.a）。其中 TN 采用过硫酸钾氧化-紫外分光光度法测定，分别用纳氏试剂光度法、盐酸萘乙二胺比色法以及紫外分光光度法测定水体中 NH_4^+-N、NO_2^--N、NO_3^--N 含量，NH_4^+-N、NO_2^--N、NO_3^--N 测定时所用仪器为紫外可见分光光度计；TP 采用硝酸—硫酸消解法测定，PO_4^{3-} 采用钼酸铵法测定，COD_{Mn} 采用酸性法测定，Chla 采用丙酮提取法和分光光度计法测定。

（2）生物膜微生物群落功能多样性的测定。在 9 月，用无菌剪子和镊子随机采集水面下 10 cm、50 cm 和 100 cm 处组合填料各 1 g，放入盛有 150 mL 无菌生理盐水的 250 mL 玻璃瓶中，并将玻璃瓶放置到振荡培养箱中 150 r/min 振荡 30 min；取振荡后的水样 10 mL 放入盛有 90 mL 无菌生理盐水的 250 mL 玻璃瓶中摇匀。

（二）结果与分析

1. 组合填料对罗非鱼养殖池塘水质的影响

由图 8-10 可知，在 7 月和 9 月，试验组水体总氮（TN）含量分别比对照组低 11.67%、12.33%，而 8 月却比对照组高 20.13%；在 7—9 月，试验组水体氨氮含量均低于对照组。试验结束时，试验组水体氨氮含量比对照组低 34.52%；亚硝酸盐、硝酸盐含量则均高于对照组；在 7—9 月，试验组水体总磷、正磷酸盐含量均低于对照组。试验结束时，试验组水体总磷、正磷酸盐含量分别比对照组低 57.71% 和 97.41%；在 7 月，试验组水体 COD_{Mn} 和叶绿素 a 含量分别比对照组低 18.95% 和 19.28%，在 8 月、9 月，试验组水体 COD_{Mn}、叶绿素 a 含量均高于对照组。

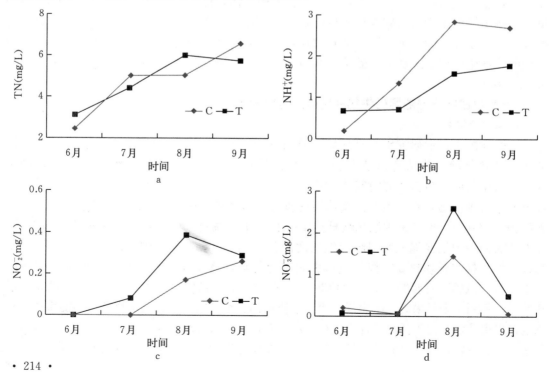

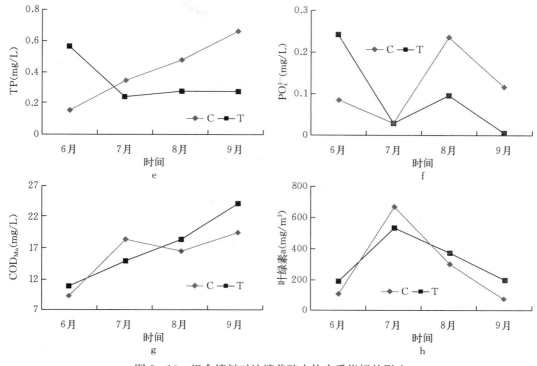

图 8-10　组合填料对池塘养殖水体水质指标的影响

2. 组合填料对罗非鱼养殖效果的影响

由表 8-5 可知，和对照组相比，3 口组合填料悬挂塘的罗非鱼增重量分别增加了 4.49%、7.45%、5.96%，饵料系数分别下降了 4.13%、1.38% 和 2.14%，这和第二章的生态养殖池模拟试验的结果是吻合的。表明组合填料悬挂所形成的生物膜确实能够替代一部分饵料为罗非鱼所摄食和利用。

表 8-5　组合填料对罗非鱼养殖效果的影响

分组及类别		产量（kg）	投喂量（kg）	饵料系数
对照塘	C	2 894.0	3 779.5	1.306
试验塘	T1	3 024.0	3 786.0	1.252
	T2	3 109.5	4 005.0	1.288
	T3	3 066.5	3 919.0	1.278

3. 组合填料对池塘微生物利用 Biolog 板中总碳源的影响

由 6—9 月各个罗非鱼养殖池塘的水体微生物利用 Biolog 板上全部碳源的平均颜色变化率（AWCD）可知（图 8-11），各塘水体微生物利用的碳源总量随培养时间的延长而呈逐渐增加的趋势；对照组 6 月（C6）和试验组 6 月（T6）的水体微生物 AWCD 值高于其他月份，碳源代谢活性最高；对照组 7 月（C7）水体微生物的 AWCD 值最低，碳源代谢活性最低；试验过程中各组代谢活性由强到弱依次为：C6＞T6＞T8＞T9＞C8＝C9＞T7＞C7。可见，7月、8月、9月3个月试验组水体微生物碳源代谢活性均高于相对应对照组。

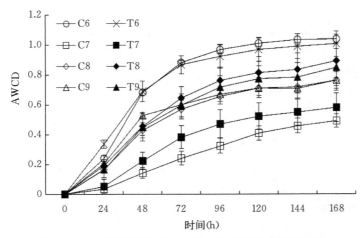

图 8-11　不同月份池塘水体微生物群落的 AWCD 变化
注：C 为对照组，T 为试验组，数字为月份。

在试验结束时，采集组合填料对其表面生物膜中微生物的碳源代谢特性进行研究。根据试验组水体微生物和生物膜微生物对 Biolog 板中总碳源利用情况（图 8-12）可知，随培养时间的延长，试验组水体微生物、生物膜微生物总碳源代谢活性不断增加，至 96 h 时趋于稳定；在整个培养过程中，生物膜微生物总碳源代谢活性始终高于水体微生物。

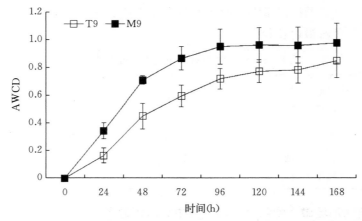

图 8-12　试验组水体微生物、生物膜微生物对 Biolog 生态板中总碳源代谢活性差异
注：T 为试验组水体，M 为填料生物膜，数字为月份。

4. 组合填料对池塘微生物利用 6 大类碳源的影响

对比各个月份不同池塘水体微生物利用 6 大类碳源的 AWCD 可知（图 8-13），在 6

月、7月、9月，试验组对聚合糖类的利用率和对照组无明显差异，在8月，试验组水体微生物对聚合糖类的利用率低于对照组（$P>0.05$）。在各个月份，试验组水体微生物对氨基酸类的利用率均高于对照组，两组之间在7月差异显著（$P<0.05$）。试验组水体微生物对酯类的利用率在7月显著高于对照组（$P<0.05$），在9月显著低于对照组（$P<0.05$），在其他月则无明显差异。在6月、8月，试验组水体微生物对醇类的利用率和对照组无明显差异；在7月、9月，试验组水体微生物对醇类的利用率均高于对照组（$P>0.05$）。在7月、8月，试验组水体微生物对胺类的利用率均高于对照组（$P>0.05$）；在9月，试验组水体微生物对胺类的利用率低于对照组（$P>0.05$）。在7月、8月、9月，试验组水体微生物对酸类的利用率均高于对照组（$P>0.05$）。

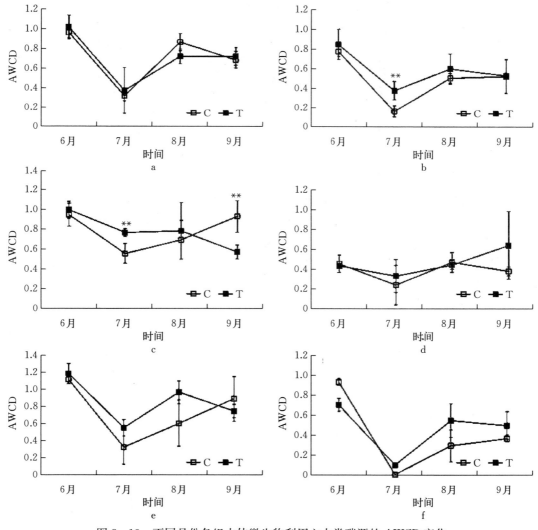

图 8-13　不同月份各组水体微生物利用六大类碳源的 AWCD 变化

a. 聚合糖类　b. 氨基酸类　c. 酯类　d. 醇类　e. 胺类　f. 酸类

注："＊"表示同一时间点不同池塘有显著差异（$P<0.05$）。

由图 8-14 可知，水体微生物对聚合糖类、胺类代谢活性较高，对氨基酸类、酸类代谢活性较低；生物膜微生物对酯类、胺类代谢活性最高，其次为聚合糖类、氨基酸类、酸类，最后为醇类；生物膜微生物对聚合糖类、氨基酸类、酯类、胺类、酸类的代谢活性均高于水体微生物，其中二者对氨基酸类、酯类、胺类、酸类代谢活性差异显著（$P<0.05$），对醇类代谢活性低于水体微生物（$P>0.05$）。

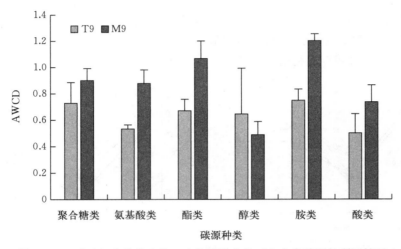

图 8-14　试验组水体微生物、生物膜微生物对六大类碳源的利用情况

5. 组合填料对池塘水体微生物数量及碳源代谢多样性的影响

由图 8-15 可知，在 6 月、7 月，试验组水体微生物数量和对照组存在显著性差异（$P<0.05$）；8 月、9 月，试验组水体微生物数量与对照组无显著差异（$P>0.05$）。为了解组合填料对池塘微生物群多样性指数的影响，选取 72 h 数据进行多样性指数的计算，结果如表 8-6 所示。在 6 月，试验组水体微生物多样性指数和对照组无明显差异（$P>0.05$）；在 7 月、8 月、9 月，试验组 Shannon 指数、Simpson 指数及丰富度指数均高于对

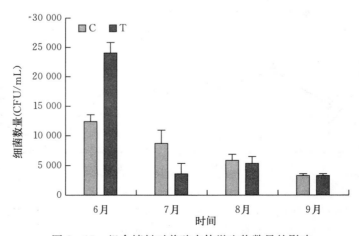

图 8-15　组合填料对养殖水体微生物数量的影响

照组，其中 8 月，试验组水体 Simpson 指数显著高于对照组（$P<0.05$）；在 9 月，试验组生物膜微生物多样性指数均显著高于对照组（$P<0.05$）。说明组合填料在一定程度上可降低水体微生物数量，提高水体微生物多样性指数。

表 8-6　组合填料对池塘微生物碳源代谢多样性的影响

试验分组	多样性指数		
	Shannon 指数	Simpson 指数	丰富度指数
C6	3.23±0.02 [a]	0.96±0.00[a]	26.00±1.00[a]
T6	3.25±0.07 [a]	0.96±0.00[a]	26.33±1.86[a]
C7	2.33±0.17 [b]	0.89±0.02[b]	9.00±1.00[a]
T7	2.68±0.21 [a]	0.92±0.02[a]	13.67±3.51[b]
C8	2.87±0.09 [a]	0.94±0.01[a]	17.00±2.00[a]
T8	3.04±0.06 [a]	0.95±0.00[a]	20.33±1.53[a]
C9	2.89±0.06[a]	0.94±0.00[a]	18.00±1.00[a]
T9	2.99±0.07 [aB]	0.94±0.00[aA]	19.67±2.08[aB]
M9	3.32±0.03[A]	0.96±0.00[A]	28.00±1.73[A]

注：同列数据右上标中含有不同字母的两项间差异显著（$P<0.05$）。

6. 组合填料对池塘微生物碳源代谢特征的影响

为研究组合填料对池塘水体微生物碳源代谢特征的影响，选取从 Biolog 板中得到的 72 h 数据，应用 Canoco 4.5 进行主成分分析。分析过程中共提取了两个主成分，第一主成分（PC1）为 45.1%，第二主成分（PC2）为 11.1%，提取这两个主成分做图，结果如图 8-16。6 月，试验组和对照组各水样样点分布在第二象限、第三象限，生物膜样点分布在第三象限；7 月、8 月、9 月，试验组和对照组各水样样点主要分布在第一象限、第四象限。在主成分分析中，样点间距离大小表示样点相似程度，距离越小相似度越高，反之相似度越低。C6、T6 样点距离 C7、T7、C8、T8、C9、T9 样点较远，和 M9 样点距离较近，说明 6 月试验组和对照组水体微生物碳源代谢特征和其他月份差异较大，和生物膜微生物碳源代谢特征差异较小；C7 样点距离 T7 样点较远，说明二者碳源代谢特征存在一定的差异；C8 样点距离 T8 样点较远，C9、T9 样点距离较近，说明 8 月二者碳源代

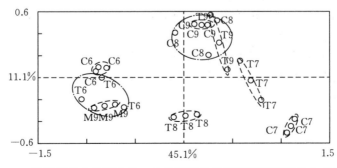

图 8-16　池塘养殖水体微生物、生物膜微生物碳源代谢特征的主成分分析

谢特征存在一定的差异，9 月二者差异较小；生物膜样点距离 C9、T9 样点较远，说明 9 月生物膜微生物碳源代谢特征和水体微生物存在较大差异。

（三）讨论

本研究表明，和对照塘相比，试验塘水体总氮、总磷、磷酸盐和氨氮浓度出现了明显的下降，说明组合填料对罗非鱼池塘水体有一定的净化效果，这和之前在生态养殖池模拟试验中得出的结论是相吻合的；试验组水体中亚硝酸盐、硝酸盐含量的升高可能是由于组合填料促进了生物膜在其表面有氧微环境中的硝化反应所致。

应用试验显示，组合填料可降低池塘养殖罗非鱼的饵料系数，这与模拟试验结果是一致的。试验组饵料系数比对照组低 1.38%～4.13%；而模拟试验中，试验组饵料系数比对照组低 5.97%～16.85%，这可能与水体的大小以及池塘中应用的组合填料相对密度明显低于生态养殖池所致。

从试验可知，在 7 月，试验组水体细菌数量显著低于对照组，但 8 月、9 月二者无明显差异；而在生态养殖池的模拟试验中，试验组细菌数量均低于对照组。在组合填料表面生物膜形成过程中，水体微生物向填料表面迁移，导致水体微生物数量出现短暂性下降。模拟与应用试验的差异可能和二者的填料量有关。生态养殖池模拟试验中因水体体积小，单位体积所悬挂组合填料量比池塘中的高，对水体环境影响相对较大。试验组池塘中水体微生物碳源代谢的多样性高于对照组，与在模拟试验中的结果不太一致，这可能与二者水体微生物群落结构的先天差异有关，具体还有待进一步研究。

试验组的养殖池塘水体微生物对总碳源和六大类碳源的代谢活性与对照组存在差异，说明组合填料对池塘水体微生物产生了一定的影响，改变了水体微生物群落结构。生物膜微生物对总碳源和六大类碳源的代谢活性均高于水体微生物，说明二者环境中微生物群落结构也存在较大的差异。Biolog 数据分析中的主成分分析（PCA）是反映微生物碳源代谢特征的有效方法。本研究对池塘微生物利用 31 种碳源的主成分分析表明，试验组水体微生物碳源代谢特征和对照组存在一定的差异，这充分证实了组合填料影响了池塘水体微生物群落的碳源代谢。生物膜微生物碳源代谢特征和水体微生物存在较大的差异，这可能与二者环境中微生物数量、种类存在一定的差异有关。

（四）结论

在罗非鱼养殖池塘中应用组合填料，在一定程度上降低了罗非鱼养殖的饵料系数，提高了养殖效果，同时降低了池塘养殖水体中总磷、总氮、氨氮的含量，减少了水体中游离细菌的数量，提高了水体微生物碳源代谢多样性，营造了有利于罗非鱼健康生长的环境。

通过与小型生态养殖池中的效果相比较，可以发现罗非鱼养殖池塘中应用组合填料对池塘生态功能和罗非鱼养殖的影响效果与所应用的组合填料相对密度、池塘水体面积、池塘水体微生物群落结构等密切相关。考虑到组合填料应用的经济有效性，本次应用所选择的填料密度是适宜的。

第九章 淡水池塘生态环境的人工湿地修复技术

第一节 人工湿地修复技术的概述

湿地是地球上一种独特的生态系统。其基本特征表现在：水赋存于土壤表面或植物根带内；具有不同于邻近高地的独特土壤条件；支持着适合于湿地条件下生长的水生植物。自然湿地的功能主要包括：为鱼类和野生动物提供食物和生存环境；蓄积来自水陆两相的营养物质而使底质具有较高的肥力；对工业和生活废水的净化；包括温室气体的生物地球化学循环。然而由于农业和都市的发展等原因，自然湿地的面积不断地减少，同时也由于生活污水和工业废水排放量增加使得自然湿地质量下降，破坏了原有自然湿地的生态功能。因此，自然湿地的保护和人工湿地的构建逐渐成为国际上的研究热点。大量的试验证明，人工湿地是目前世界上最廉价的低能耗、行之有效处理与利用污水的技术。

人工湿地是在自然条件下并不存在湿地的地方，人为地创造水湿条件及种植相应的湿生植物等发展所形成的湿地。它是模拟自然湿地而建造起来的。它不仅为野生生物提供了一个生境，使水陆两地的物质处于一个良性的循环，而且更重要的是它可以有效地处理生活污水和工业废水等。利用人工湿地技术处理污水的理论研究始于 1953 年德国的 Max-Planck 研究所。Seidel 博士在研究中发现芦苇能去除大量有机和无机物，之后 Seidel 与 Kickuth 合作并于 1972 年提出了根区理论，使得人工湿地成为世界各国研究的热点，同时人工湿地技术进入了水污染控制领域。

国外人工湿地技术处理污水的应用始于 20 世纪 70 年代初，目前美国和加拿大已经有 300 多个人工湿地污水处理系统，在欧洲也已经有 500 多个，规模从小到大兼有，而我国利用人工湿地处理污水发展较晚，1987 年天津市环保所建成我国第一个芦苇湿地工程，1990 年在深圳市建立了白泥坑人工湿地示范工程。随着社会的发展，人工湿地技术的应用领域越来越广。人工湿地技术已被大量用来处理生活污水和工业废水，同时也被用于处理矿山废水、农业废水、垃圾填埋场渗滤液、高速公路暴雨径流和富营养化湖水。由于人工湿地部分地采用人为控制，与自然湿地相比，其用于不同类型的污水处理效果更好。

目前世界上的人工湿地技术主要有水平流型人工湿地和垂直流型人工湿地，其中水平流人工湿地又分为表面流人工湿地和潜流人工湿地，而垂直流人工湿地可分为单一垂直流和复合垂直流。

表面流人工湿地对废水的处理过程也就是湿地的植物、基质和内部微生物之间的物理、化学、生物变化相互作用的过程。表面流人工湿地与自然湿地相类似，其土壤被水体覆盖，因而它与污水接触的面积较大，这类湿地全年或一年中的大多数时间都有表面水存在，因此停留时间较长，所以这类湿地对悬浮物、有机物的去除效果较好。另外，藻类和其他的浮游植物可以在自由水体表面生长，这显然有更好的光合活性，使水体的 pH 增大呈碱性，促进了磷酸盐浓度下降和氨气的挥发；同时这些藻类和浮游植物的沉积物和植物枯叶也为反硝化提供了附加的碳源，能使氮的去除稳定进行。然而，表面流人工湿地只是利用了植物的茎和秆，没有充分利用它的基质以及植物根系表面所形成的生物膜，从而使净化效果不是很理想。湿地对营养盐的去除过程主要发生在基质内，可这类湿地的污水仅仅是在基质表面流过，因此对于溶解性的营养盐仅能通过渗透的方式进入基质内，而该过程又是很缓慢的，因此表面流人工湿地对营养盐的去除率偏低，大约只有 10%～15% 左右。同时，这类湿地系统的卫生条件较差，易在夏季滋生蚊蝇，产生臭味而影响湿地周围的环境，在冬季或北方地区则易发生表面结冰问题及系统的处理效果受温差变化影响大的问题，因而在实际工程中应用较少，但这种湿地系统具有投资低的优点。

潜流型人工湿地的水面维持在基质床的表面下，这类湿地的基质通常由矿石和粗砂组成，从而能提供较多的孔隙以使污水能迅速渗漏到整个基质床。潜流型人工湿地有以下几个特点：①水流在地表下流动，充分利用了填料表面生长的生物膜和丰富的植物根系，同时保湿性又好，处理效果受气候影响小，不易滋生蚊虫；②表层土和填料截留的作用，可以延长水流的停留时间，提高了处理效果和能力；③水力负荷和污染负荷大，对 BOD、COD、SS 和重金属等污染指标的去除效果好。因此，潜流人工湿地被欧洲、澳大利亚和南非等国广泛接受。然而在潜流型人工湿地系统中，氧主要来源于植物根系，而这种能力是非常有限的，这就妨碍了任何流经该水域水流中氨的硝化作用。学者 Plalzer 指出，潜流型湿地高的净化能力主要是依靠土壤有效的通气性，对 BOD、COD 和氨氮的去除能力很高，但总氮的去除能力却有限，而冬季较低的气温抑制了硝化作用和植物根系的放氧。这种湿地的造价比水平流人工湿地高，控制相对复杂。

单一垂直流的水流结合了表面流湿地和潜流湿地的特性，水流通过填料上部的布水管进入填料，在填料床中由于受到重力的作用，基本上呈由上向下的垂直流，水流经床体后被铺设在出水端底部的集水管收集而排出。在垂直流人工湿地中，污水从湿地表面纵向流向填料床的底部，当床体处于不饱和状态时，氧可以通过大气扩散和植物传输进入该湿地系统，这类湿地的硝化能力高于水平潜流湿地，因此可用于处理氨氮含量较高的污水。其缺点是对有机物的去除能力不如水平潜流人工湿地系统，落干、淹水时间较长，控制相对复杂，投资较大。

复合垂直流人工湿地是近年来兴起的一种新型技术，它由一下行流池和一上行流池组成，其中下行池比上行池略高。下行流池中表面为一排上半面截除的布水管，下钻小孔；

上行池填料表面为一排集水管，下钻小孔用来收集出水，两池之间设隔墙，池底相通。污水经布水管首先进入下行池形成下行流，通过池底进入上行池形成上行流，最后进入上行池集水管排出。复合垂直流人工湿地有如下特点：①使用布水管进水，水流不易短路，分布均匀；②多了一个比上行流池略高的下行流池，不仅使污水在湿地中的停留时间延长，处理得更充分，复氧更迅速，而且通过植物作用增加了氧的供给，有利于根区好氧微生物的活动，加强了硝化作用，使出水气味清新；③由于随着氧化还原电位的升高使得磷的释放缓慢，使营养盐的去除效果较好，同时因底层氧化充足，从而使氮的去除效果好。但是复合垂直流有堵塞问题，堵塞后由于填料渗透系数减小，水渗透速度下降，会延长水停留时间，致使在下行流池表面形成积水层，阻碍了空气中的氧气进入基质层，使得复合垂直流中的好氧微生物活性下降，并且由于积水层的存在，使得蚊蝇更容易滋生，卫生条件恶化，功能下降，此外复合垂直流人工湿地系统基建要求较高。

以上仅就单一人工湿地技术特点分析，实际应用时，可以将其进行组合。如将水平流和垂直流组合构成混合流人工湿地技术。将垂直流系统放在组合系统前端，输氧率高，处理效果较好，同时可以通过反硝化去除总氮。有人将水平流系统前置于垂直流系统，先去除部分 TSS，有效地防止了堵塞。

应用人工湿地技术进行污水处理具有广泛的前景，在人工湿地技术的应用中，重要的是要针对具体的水质特点，污水处理的具体要求选择适合的湿地类型。将各种人工湿地进行组合是崭新的人工湿地技术构想，有利于发挥不同技术的优势或互为补充，提高处理效率，扩大适用范围。但也应看到人工湿地技术还不尽完美，有待发现和解决新的问题。同时人工湿地也具有其局限性，在没有足够土地利用的情况下不能生搬硬套。随着社会的发展人工湿地的应用领域将越来越广阔，这就要求科研工作者对人工湿地技术进行进一步的研究。

第二节　利用人工湿地技术进行淡水池塘生态环境的异位修复

我国是一个淡水资源匮乏的国家，传统的采用高投入、高消耗、低技术含量的粗放型淡水池塘养殖模式已不符合现代渔业发展对产品质量、水域环境和经济效益的要求，其发展已越来越受到限制。同时，随着我国工业化程度的不断提高，环境污染日趋严重，工业污水、生活污水、农业污水对水产养殖的威胁日益加重，再加上水产养殖自身的污染，污染死鱼事件不断发生，给水产养殖业造成了巨大的损失，使水产养殖遭受着前所未有的挑战。针对我国目前淡水池塘养殖现状，尤其是淡水池塘养殖存在的水环境变差，很多养殖池塘水难以做到达标排放，因此研究人员开发了许多技术措施。生态修复是较早在水产养殖上提出的改善养殖环境的技术，主要有水上农业、固定化微生物、底栖贝类改善底质等一系列技术。目前来讲，多数修复技术都是针对养殖池塘进行的原位修复或原位调控，主要目的还是为了改善养殖环境，而不能从根本上改善尾水的水质状况。中国台湾地区比较早地报道了研究人员采用人工湿地来净化水产养殖尾水的技术，主要研究内容包括针对不同的尾水负荷，设计不同类型的人工湿地，包括不同的湿地面积、水力停留时间等，取得了较好的净化效果。大陆也有研究人员开始进行表面流、潜流人工湿地净化水产养殖尾水的研究。

淡水池塘循环水生态养殖模式是在上述研究的基础上逐步发展起来的养殖模式（图9-1），包括人工湿地在内的一些异位生态修复的方法，将养殖池塘的尾水进行净化，再循环使用。根据净化方法的不同，又可以分成湿地＋养殖池塘、湿地＋净化池塘＋养殖池塘、净化池塘＋养殖池塘等模式，不管采用什么样的模式，水生植物是都是其中不可缺少的一个组成部分。目前已经被筛选使用过的水生植物种类丰富，湿生植物、挺水植物、浮叶植物、沉水植物、漂浮植物五种类型均有。在实际应用上，一般是几种类型的水生植物混合使用，在武进水产养殖场的池塘循环水生态养殖模式构建过程中，我们就使用了芦苇、菖蒲、再力花、千屈菜、凤眼莲、睡莲、藨草、菹草、狐尾藻以及浮床上的空心菜等许多种类的水生植物。有的还可以将养殖尾水引来种植水稻，其目的也是通过水稻的生长达到净化养殖尾水的目的。

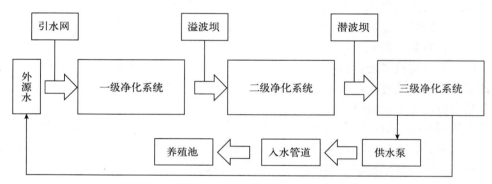

图9-1　池塘三级净化循环水养殖模式示意图

通过参照水生植物对养殖尾水中污染物的吸收能力和养殖鱼类的产排污系数，再结合淡水池塘养殖过程中的水质管理的一般规律，给出了淡水池塘循环水养殖模式中养殖池塘面积和净化池塘面积之间配比关系的计算方法（the computational mode on the relationship between the area of fish pond and purification pond，CMRAFP），为今后在池塘循环水养殖模式构建中降低经济成本，实现生态效益对经济效益的补偿提供理论基础。

一、CMRAFP 的设计原理

净化池塘的设计要求应满足养殖池塘模块中在若干池塘同时换水的情况下水体存放的要求，而水体污染物的净化程度应满足养殖池塘用水的需要，即达到《渔业水质标准》（GB 11607—89）的要求。

二、参数的设定

在 CMRAFP 的计算中，涉及一些参数的设定，本文在计算该模型前将这些设定的参数列于表9-1。

表 9 - 1 CMRAFP 的计算过程中涉及的参数

参数的中文名称	参数的英文名称	英文简称	计量单位
养殖池塘的水深	the depth of fish pond	H_0	m
净化池塘的水深	the depth of purification pond	H	m
每次换水的深度	the decreased depth in water-exchanging procedure	Δh	m
养殖池塘的面积	the area of fish pond	S_0	m²
净化池塘的面积	the area of purification pond	S	m²
鱼类的养殖周期	the duration of aquaculture	T_0	d
水生植物的生长周期	the growth duration of the aquatic plant	T	d
每次换水间隔的天数	the frequency of water-exchanging	Δd	d
一次换水污染物的排放量	the discharge value of the pollutants per water-exchanging	$\sum m_0$	g
一次换水所要去除的污染物的量	the removal value needed of the pollutants per water-exchanging	$\sum \Delta m$	g
净化池塘水生植物对污染物的吸收量	the absorption amount of the pollutants by aquatic plants in purification pond	M	g
污染物的浓度	the concentration of the pollutants	V	mg/L
污染物去除浓度	the removal concentration of the pollutants	Δv	mg/L
养殖池塘污染物的排放浓度	the discharge concentration of the pollutants in fish pond	$V_总$	mg/L
水源本底污染物的浓度	the benchmark concentration of the water	$V_本$	mg/L
一次换水的体积	the volume per water-exchanging	V_0	m³
水生植物对污染物的吸收值	the absorption value of the aquatic plants to pollutants	K	g/m²
养殖鱼类的产排污系数	the ratio of produce to discharge of the pollutants in fish pond	K_0	g/kg
净化池塘水生植物的覆盖率	the ratio of the area of aquatic plants to the area of purification pond	Q	%
养殖鱼类的亩产量	the yield of fish pond per 667 m²	M_0	kg
换水池塘所占的比例	the ratio of water-exchanging fish pond	Δn	无量纲

三、CMRAFP 的计算过程

养殖池塘面积（S_0）和净化池塘面积（S）的关系：

净化池塘的设计应满足养殖池塘在若干塘口同时换水一定深度的情况下水体存放的要求，即公式

$$S \times H = S_0 \times \Delta h \times \Delta n$$

从而得出养殖池塘和净化池塘面积的关系（式 9-1）：

$$S_0 = H/(\Delta h \times \Delta n) \times S \qquad (9-1)$$

按养殖池塘所排放的污染物浓度计算：

养殖池塘一次换水所排放的污染物的量 Σm_0 为：

$$\Sigma m_0 = v \times V_0$$

而

$$V_0 = S_0 \times \Delta h \times \Delta n$$

由上两式可得：

$$\Sigma m_0 = v \times \Delta h \times \Delta n \times S_0$$

事实上，一次换出来的水所含污染物我们并不需要全部清除，而只要将排放的污染物浓度净化到满足《渔业水质标准》就可以了，因此，我们设计每次只要将污染物浓度降低 Δv，因此，一次换水所要净化去除的污染物的量 $\Sigma \Delta m$ 为：

$$\Sigma \Delta m = \Delta v \times \Delta h \times \Delta n \times S_0$$

假如养殖池塘所排放出来的废水在净化池塘停留 Δd（每次换水间隔的天数），净化池塘水生植物对污染物的吸收量 M 的计算公式如下：

$$M = (S \times Q \times K \times \Delta d)/T$$

根据净化池塘设计要满足养殖池塘在若干池塘同时换水一定深度的情况下水体污染物净化达到《渔业水质标准》的要求原则，则有：

$$\Sigma \Delta m = M$$

即

$$\Delta v \times \Delta h \times \Delta n \times S_0 = (S \times Q \times K \times \Delta d)/T$$

从而得出养殖池塘和净化池塘面积的关系（式 9-2）：

$$S_0 = (Q \times K \times \Delta d)/(\Delta v \times \Delta h \times \Delta n \times T) \times S \qquad (9-2)$$

按养殖鱼类的产排污系数计算：

养殖池塘所排放出来的废水在净化池塘停留 Δd（每次换水间隔的天数），净化池塘水生植物对污染物的吸收量 M 的计算公式如下：

$$M = (S \times Q \times K \times \Delta d)/T$$

如果水源本底污染物的浓度 $V_{本}$，则养殖池塘污染物的排放浓度 $V_{总}$ 应为：

$$V_{总} = (M_0 \times K_0 \times S_0)/(666.7 \times T_0 \times H_0 \times S_0) + V_{本}$$

如果我们考虑在一般情况下水源本底污染物的浓度 $V_{本}$ 是符合《渔业水质标准》的，而我们通过净化池塘净化出来的水质也达到《渔业水质标准》的要求，那么，通过净化池塘吸收的污染物的浓度 Δv 为：

$$\Delta v = V_{总} - V_{本} = (M_0 \times K_0 \times S_0)/(666.7 \times T_0 \times H_0 \times S_0)$$

即在水源水质符合《渔业水质标准》的情况下，净化池塘所要去除的污染物的浓度就是养殖鱼类产生的污染物的浓度。那么，在 Δd 期间，在有 Δn 个养殖池塘同时换水（换水深度为 Δh）的情况下，净化池塘所要吸收的污染物的量 Σm 为：

$$\Sigma m = (M_0 \times K_0 \times \Delta h \times \Delta n \times \Delta d)/(666.7 \times T_0 \times H_0) \times S_0$$

根据净化池塘设计要满足养殖池塘在若干池塘同时换水一定深度的情况下水体污染物净化达到《渔业水质标准》的要求原则，

则有

$$\Sigma\Delta m = M$$

即

$$(S\times Q\times K\times\Delta d)/T = (M_0\times K_0\times\Delta h\times\Delta n\times\Delta d)/(666.7\times T_0\times H_0)\times S_0$$

从而得出养殖池塘和净化池塘面积的关系（式 9-3）：

$$S_0 = (666.7\times T_0\times H_0\times Q\times K)/(M_0\times K_0\times\Delta h\times\Delta n\times T)\times S \qquad (9-3)$$

四、CMRAFP 的应用——以总氮的去除为例

结合淡水池塘养殖过程中的水质管理的一般规律，如果每次换水 0.3 m，有 1/3 的养殖池塘需要换水，净化池塘的水深设计为 1.5 m，则：$H=1.5$ m，$\Delta h=0.3$ m，$\Delta n=1/3$，代入公式得：

$$S_0 = 15S \qquad (9-4)$$

即，$1/15$ hm^2 净化池塘可以净化 1 hm^2 养殖池塘，也就是养殖池塘和净化池塘的面积比为 15∶1。由式（9-4）得到的养殖池塘和净化池塘的面积比例应当是最基本的比例。

如果水草的覆盖率 Q 为 50%，只考虑对 TN 的去除率，则水生植物对污染物的吸收值 K 大约为 30 g/m^2，15 d 换水一次，则 Δd 为 15 d，水生植物的生长周期为 4 个月，则 T 为 120 d，将 TN 从 5 mg/L 降到 2.5 mg/L，则 Δv 为 2.5 mg/L，换水 0.3 m，则 Δh 为 0.3 m，有 1/3 的养殖池塘换水，则 Δn 为 1/3，将这些数据代入公式得：

$$S_0 = 7.5S \qquad (9-5)$$

即，$1/15$ hm^2 净化池塘可以净化 0.5 hm^2 养殖池塘。由式（9-5）得到的净化池塘与养殖池塘的比例我们只考虑了水生植物对污染物的净化作用，而没有考虑净化池塘中的微生物、藻类，以及净化池塘的沉降和过滤等作用，而这些作用应该都反应在 K 值上，因此，对于式（9-5），K 值应当是有待探讨的变量。

以养殖草鱼为例，养殖周期为 200 d，养殖池塘水深 2 m，净化池塘水草覆盖率为 50%，还是以水生植物对 TN 的去除为目的，则 K 为 30 g/m^2，水草生长周期为 120 d，养殖池塘亩产 1 500 kg，草鱼的产排污系数为 10 g/kg，每次有 1/3 池塘换水，换水深度为 30 cm，将这些数据代入式（9-6）计算，得到：

$$S_0 = 27.8S \qquad (9-6)$$

即，$1/15$ hm^2 净化池塘可以净化 1.85 hm^2 养殖池塘。由式（9-6）所得的结果除与养殖产量有很大的关系外，还与两个变量有关：一个是水生植物对污染物的吸收能力，另外一个是养殖鱼类的产排污系数。通过式（9-6）的计算也可以间接地说明养殖鱼类的产排污系数的大小，因为在鱼类产排法系数的调查统计过程中，恰恰忽略了养殖环境的自净能力，也就是说鱼类的产排污系数 K_0 值应当比实际调查出来的结果高。

上述给出的 3 个池塘循环水生态养殖模式净化池塘和养殖池塘面积之间的关系式在实际应用中可以相互参照使用。式（9-4）是从物理上考虑，净化池塘所能承接的水首先必

须满足养殖池塘的一次集中换水量；式（9-5）应当是较为客观地反映了净化池塘和养殖池塘面积之间的关系，公式中的 K 值是一个我们正在努力提高的数值，而在实际情况下，K 值也应当高于举例中提到的数值，所以 7.5∶1 是一个较为保守的比例；而式（9-6）更能全面地净化池塘和养殖池塘二者之间的制约关系，不同的养殖产量、不同的养殖品种都会影响到净化池塘和养殖池塘面积比例，而我们提高净化池塘的净化能力则可以减少净化池塘的使用面积，从而提高养殖效益。

在式（9-5）和式（9-6）的推导过程中，我们的前提是水源水质是符合《渔业水质标准》的，同经净化池塘净化的水质也满足《渔业水质标准》（GB 11607—89）的要求。在实际应用中，我们还可以根据当地对养殖尾水的净化要求来确定 Δv 的大小。

在构建池塘循环水生态养殖模式中，长期以来，我们一直都是凭经验来分配养殖池塘和净化池塘的面积比例，往往造成要么净化池塘不能满足净化养殖尾水的需要，达不到养殖尾水循环利用的目的，要么净化池塘面积设计过剩，过多地占用养殖面积，造成养殖水面的浪费。如何降低池塘循环水养殖模式的经济成本，以致实现生态效益对经济效应的补偿，这正是 CMRAFP 构建的初衷，该计算方法经与实际运行的循环水养殖模式进行比较，也认为是可行的。

第三节　人工湿地修复淡水池塘生态环境的工艺设计

人工湿地修复淡水池塘生态环境的基本工艺流程及净化原理见流程图（图9-2）。

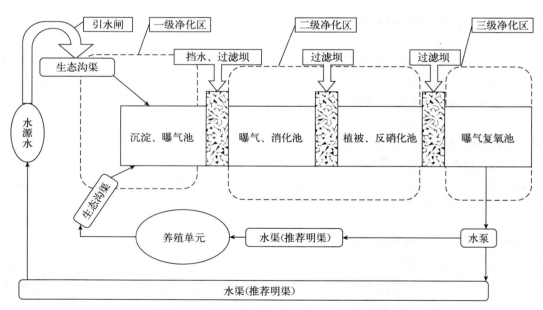

图9-2　池塘养殖尾水处理基本工艺流程图

（1）一级净化单元是由进、排水河道改造而成的生态沟渠和沉淀池组成。一级净化单元的主要净化过程包括沉降、过滤作用对悬浮性有机颗粒的去除，靠近挡水过滤坝区域上层水的曝气作用对溶解性有机物的氧化，生态沟渠中植物对氮磷的部分吸收等，这一步的主要目的是有效降低水中有机物的量。通常来讲，根据养殖尾水的污染物负荷情况，可以在一级净化单元和二级净化单元之间加设多道过滤坝，也可以建设人工湿地，这样做的目的是充分移出水中的有机颗粒和有机物。

（2）二级净化单元由两部分组成，两部分由过滤坝隔开。第一部分的主要作用是充分曝气，促进硝化反应的进行，使得水中的氨态氮转化为硝酸盐氮，然后经过滤坝过滤后进入第二部分。第二部分中种植有高密度水生植物，不曝气，水生植被可以进一步吸收水中的氮和磷，同时在植被耗氧状态下促进反硝化反应的发生，从而进一步将氮移出系统外。因此，二级净化单元的主要目的是有效降低水中的氮。

（3）三级净化单元的主要过程是充分曝气复氧，同时进一步氧化水中的还原性物质，经检测达到排放标准的情况下可以排放到外部环境，条件允许的情况下，经三级净化单元处理过的水作为养殖用水经泵站再通过进水渠道输入各养殖池塘中形成一个循环。

另外，在每个净化单元，根据净化效果可以增设不同的生态基以提高对水质的净化效果，以确保养殖尾水的达标排放。

人工湿地修复淡水池塘生态环境参数设计的要求是：①确定养殖废水流速、污染物负荷及期望的处理效果；②优化区域结构，进出水区域结构要利于水控制、水循环和分配等操作；③处理单元的接连水渠构造根据情况选择串联或者并联；④改变处理单元内部及不同处理单元之间的深度，以利于更好的分配水流，形成多样性环境及有利于污染物的去除；⑤制订湿地植物的选择方案、种植密度、种植方式等计划；⑥制订良好的运行维护计划，以便后续的维护管理。

人工湿地的设计因素会影响到其运行效果，主要的设计参数包括湿地尺寸参数、水力参数和构造参数三类。其中，湿地尺寸参数主要包括湿地长宽比、面积、深度等；水力参数主要包括水力停留时间、表面负荷率、水力坡度、水动力弥散系数等；构造参数主要包括填料种类、渗透性、植物选种等。

一、水力停留时间

湿地水力停留时间（HRT）是指污水在湿地内部平均驻留时间，是湿地处理系统最重要的参数之一，它影响系统的除氮、除磷效果，水力停留时间越长，对氮磷的去除效果越好。

理论上的 HRT 可按照下列公式计算：

$$t = V \times \varepsilon / Q \tag{9-7}$$

其中：V 是湿地基质在自然状态下的体积，m^3；ε 是孔隙率，%；Q 是湿地设计水量，m^3/d。

但是在实际运行中，随着孔隙率的变化，水力停留时间通常为理论值的 40%～80%。

通常情况下，表面流湿地 2 d 左右即可在沉降区去除大约 80% 的总悬浮物。英国环境署对表面流湿地的好氧反应区研究表明，水力停留达到 2 d 以上后，各类藻类开始生长，引起 pH 变化，促进植物生长，促进氨氮的挥发，磷的沉降，不过为了防止水华，HRT限制在 3～4 d 左右。Kadlec 则认为，在湿地的植物净化区域，1～2 d 即可去除 90% 的

$NO_2^- - N$，也就是说 2～3 d 的时间可保证反硝化的进行。Dierverg 则在潜流系统中证实了潜流湿地的厌氧区域适合系统的反硝化作用，在 HRT 为 2～4 d 时，发生强烈的反硝化脱氮。我国生态环境部的湿地处理工程技术规范也指出表面流湿地的停留时间 4～8 d 为宜，潜流湿地以 1～3 d 为佳。

二、表面负荷率

表面负荷率（ALR）指单位面积湿地对污染物所能承受的最大负荷。根据美国国家环保局资料，在设计过程中，利用表面负荷率可以计算湿地面积，式（9-8）如下：

$$As = (Q)(Co)/ALR \tag{9-8}$$

其中，As 为湿地面积，Q 为进水量，Co 为污染物浓度。

第四节　利用表面流人工湿地进行池塘生态修复

一、表面流生态净化区（池塘）工艺布局及面积比例

净化区一般设置在整个养殖区的地势低洼处，靠近排水河道附近，由进、排水渠道和低洼池塘、养殖区内沟渠整合而成，以不影响区域排涝、防洪为前提条件而布局。最低净化区面积不得少于 0.67 hm²；虾、蟹养殖池塘，净化区面积占养殖面积的 8% 以上；鱼类养殖池塘，净化区面积占养殖面积的 15% 以上。

二、表面流生态净化区（池塘）的分区（分级）

表面流生态净化区（池塘）一般分为：沉淀区（占 40%）、生态区（占 40%）、曝气区（占 20%）三个区域，沉淀区与生态区之间构建溢流坝，生态区与曝气区之间构建潜流坝（过滤坝），也可通过在生态区与曝气区之间布设多道过滤网的方法，达到物理过滤、净化水质的目的，这种技术又称为淡水养殖池塘的三级净化技术。养殖尾水通过表面流生态净化区（池塘）的三级净化，一般停留 4～8 d，可以达到养殖尾水达标排放的要求。

三、表面流生态净化区（池塘）的构建

在净化区一、二级间设计一道溢流坝，在正常净化池塘水位以下 50 cm，也就是高出净化池塘底部 1～1.5 m 的位置（设计净化池塘深度 2.5 m，水深 2 m）。

在净化区二、三级间设计一道过滤坝，两边用空心砖，中空 50～80 cm，用 8～16 mm 的砾石或沸石填充；也可用 8～16 mm 粒径的鹅卵石直接堆砌成一道过滤坝；过滤坝底部高度略高于池塘底部 50 cm 左右，顶部高度略高于净化池塘水面或与净化池塘池埂平齐，作为道路的一部分；过滤坝上面可种植植物，内部可预先埋设冲洗气头以免堵塞，或者用多道过滤网替代过滤坝。过滤网的设计如图 9-3 所示。

在一、二、三级净化区分别种植水生植物，挺水植物（主要种植品种有：鸢尾、再力花、美人蕉和小香蒲等）的覆盖面积为 15%～20% 左右，沉水植物（如金鱼藻、车轮藻、狸藻和眼子菜等）的覆盖面积为 20%～25% 左右，漂浮植物（常见种类有王莲、睡莲、萍蓬草、芡实、荇菜等）的覆盖面积为 10% 左右。

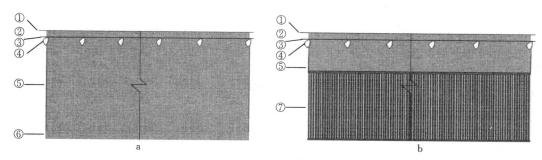

图 9-3　过滤网膜结构图

a. 网膜-1（纯网片结构）　b. 网膜-2（网片生态基结构）

①上纲：1 cm 左右涤纶绳　②浮子：泡沫条，直径根据负重配置　③固定扣主绳：1 cm 左右涤纶绳　④涤纶帮扎带：连接固定桩，间距 5 m　⑤网膜：40 目尼龙无结节涤纶网　⑥地笼：大小根据水流冲击力配置　⑦生态基：长度根据水深配置

设计水深 1.5～2.0 m，由进水端的 1 m，逐渐过渡为末端的水深 2 m，平均水深 1.5 m，边坡坡比 1∶（2～3）土坡。

岸边水深 0～0.8 m 处，种植挺水植物如鸢尾、再力花、美人蕉和小香蒲等；水深 1.2～1.5 m 区域，种植沉水植物如苦草、微齿眼子菜、金鱼藻等；水深 2 m 处种植浮叶植物如马来眼子菜、篦齿眼子菜等。

植物种植初期的密度可根据植物种类进行选择，芦苇行距、株距分别为 30 cm、30 cm；香蒲行距、株距分别为 30 cm、30 cm；菖蒲行距、株距分别为 25 cm、20 cm；旱伞草行距、株距分别为 30 cm、30 cm；美人蕉行距、株距分别为 30 cm、20 cm；水葱行距、株距分别为 30 cm、20 cm；灯心草行距、株距分别为 30～45 cm、30～45 cm；水芹行距、株距分别为 5～8 cm、5～8 cm；茭白行距、株距分别为 50 cm、50 cm 等。

在湿地运行过程中，需要专人负责对水生植物的果实、枯枝进行收割和管理。湿地植物收割时间以秋季为主，在冬季来临之前必须进行收割，这是因为存在湿地中的部分氮、磷可通过植物的收获去除；此外，秋冬季是植物地下根茎和根芽的重要生长期，植物收割能够给第二年植物的生长创造良好的环境。植物收割和其他有关植物的维护管理，以不降低湿地处理能力为原则。对于人工湿地水质净化工程中种植的芦苇、香蒲等挺水植物，宜每年在秋冬季节收割一次；对于姜花、西伯利亚鸢尾均在花期枯萎后收割；对于菱角和芡实，在秋季对其果实及时采摘，之后将其死亡的茎叶及时收割；对于莲藕，在当年冬天及时收割其死亡的茎叶，在第二年春季采摘莲藕，并适当保留部分藕种，割出的植物应尽快运出现场，不在现场保留。曝气设备可以选择每 0.2～0.33 hm² 放置一台 2.2 kW 的喷泉曝气机或其他曝气设施。

第五节　一些湿地植物的净化效能比较

近年来，由于工业化水平的提高，生产耗能的加大，环境污染问题日益加重，全国河流、湖泊等主要水体出现不同程度和种类的污染，其中由氮、磷等植物性营养物质造成的富营养化现象已成为主要污染类别之一。传统的池塘养殖也因此在水质要求方面面临着前所未有的挑战。池塘的高密度养殖，水质难以控制，导致病害增多，在外部水源水质也无法得到良好的保证时，池塘养殖模式也在逐渐地发生着变化。对池塘养殖模式的升级就是要改变"进水渠＋养殖池塘＋排水渠"的形式，实现池塘的循环水养殖，使养殖废水得以净化，从而达到水资源循环使用、营养物质多级利用的目的，彻底实现淡水池塘养殖废水"零排放"的目的。

由种植水生植物构成的湿地，是循环水养殖模式的关键组成部分，也是其他环境水体污染，如面源污染控制的重要手段之一。湿地植物包括挺水植物、沉水植物和浮水植物等，它们在净化水体中发挥着不同程度的作用。已有的文献将研究重点放在不同种类水生植物对氮、磷去除效果的比较，以期筛选出高效能的氮、磷吸收水生植物。但是除种类这一因子外，种植的密度、时间等因子同样也应加以考虑，特别是在池塘养殖的后期，养殖污染积累量达到最高的时候，此时段处于 9—11 月，污染加剧和气温降低双重影响对循环水养殖模式中湿地水生植物的构成有着不同的要求。

选取聚草、菹草、金鱼藻和浮萍等常用于循环水养殖湿地的四种水生植物为研究对象，研究了基于人工模拟不同种植密度条件下四种水生植物在富营养化水体中的生长状况及对氮、磷的去除效果，以期为池塘循环水养殖湿地的构建提供基础数据支撑。

图 9 - 4 显示了四种水生植物生物量随时间的变化关系。从图中可以看出，在 1～7 周，浮萍和聚草的生物量与种植时间、种植密度均呈现明显的正相关关系。在整个试验过

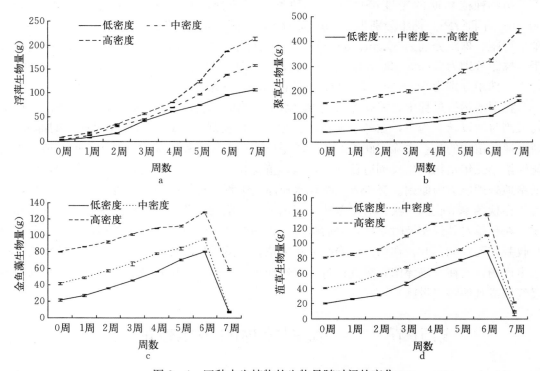

图 9 - 4　四种水生植物的生物量随时间的变化

a. 浮萍生物量　b. 聚草生物量　c. 金鱼藻生物量　d. 菹草生物量

程中，这两种水生植物一直保持生长的势头，经过 7 周的生长，浮萍由于植株小，繁殖迅速，低、中和高种植密度的 7 周生物量分别达到了 106.43 g、157.58 g 和 212.38 g；聚草植株明显长高，高种植密度的聚草达到了四种水生植物全生长周期的最大生物量，其值为 443.05 g。在 1～6 周，金鱼藻和菹草的生物量与种植时间、种植密度均呈现明显的正相关关系，而到了第 7 周，可能由于气温下降较大（图 9-5），开始死亡、破败，其最终生物量分别为 6.61 g、8.5 g、8.64 g 和 6.29 g、10.74 g 和 21.87 g，均低于初始生物量，有完全破败死亡的趋势。

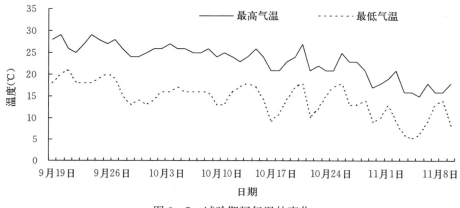

图 9-5　试验期间气温的变化

　　图 9-6 和图 9-7 显示了四种水生植物对总氮和总磷的去除随时间的变化。从图中可以看出，将四种水生植物移入人工配置的富营养化水体中种植，在 1～7 周，水体中总氮、总磷的浓度与种植时间呈现明显的负相关关系。在 1～5 周，总氮、总磷浓度与种植密度呈现良好的负相关关系，6 周后，种植密度对总氮、总磷的去除已无明显差异。7 周后，浮萍和聚草试验组中水体总氮的浓度分别已降低至 0.32 mg/L、0.53 mg/L、0.43 mg/L 和 1.67 mg/L、2.33 mg/L、2.22 mg/L，总磷的浓度分别已降低至 0.16 mg/L、0.22 mg/L、0.07 mg/L 和 0.35 mg/L、0.24 mg/L、0.09 mg/L（按低密度、中密度和高密度顺序）。与第 6 周比较，金鱼藻和菹草在最后一周去除总氮、总磷的作用不明显，其水体中总氮浓度均维持在 7 mg/L 以上，分别为 7.64 mg/L、8.38 mg/L、8.38 mg/L 和 8.59 mg/L、8.89 mg/L、8.30 mg/L，总磷的浓度均维持在 1.8 mg/L 以上，分别为 1.85 mg/L、1.85 mg/L、2.23 mg/L 和 1.99 mg/L、2.23 mg/L、2.57 mg/L（按低密度、中密度和高密度顺序），这可能与最后一周温度降低幅度大，造成这两种水生植物破败和死亡有关。

　　从图 9-8 中可以看出，比较因子对生物量的贡献，聚草对生物量的贡献最大，其他三种水生植物的贡献无明显差异；高密度对生物量贡献最大，低密度和中密度的贡献无明显差异；时间（周数）对生物量的高能贡献较其他两个因子影响最大。

　　比较因子对总氮和总磷的贡献，时间的贡献远大于其他两个因子；种植密度对总氮和总磷去除的贡献无明显差异；金鱼藻和菹草的影响相同，浮萍和聚草的影响也相同。

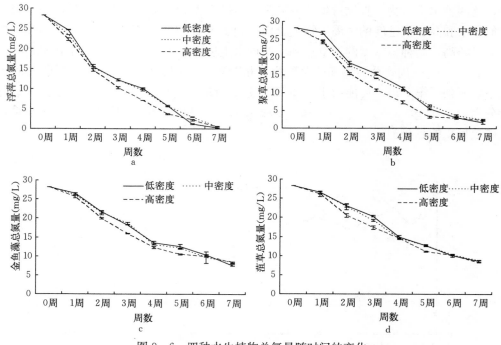

图 9-6　四种水生植物总氮量随时间的变化

a. 浮萍总氮量　b. 聚草总氮量　c. 金鱼藻总氮量　d. 菹草总氮量

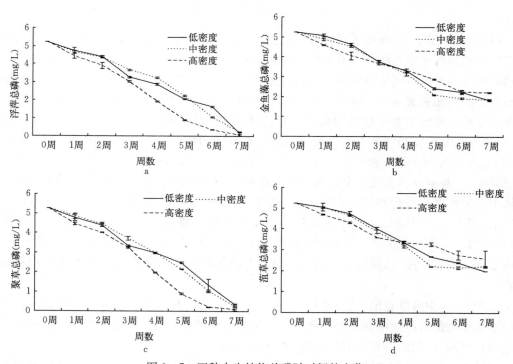

图 9-7　四种水生植物总磷随时间的变化

a. 浮萍总磷量　b. 金鱼藻总磷量　c. 聚草总磷量　d. 菹草总磷量

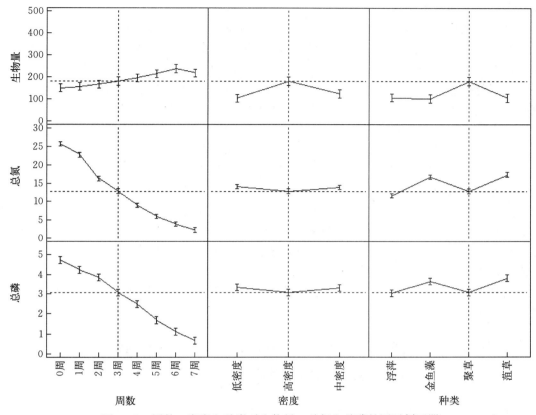

图 9-8　周数、密度和种类对生物量、总氮和总磷的因子刻画器

人工湿地是模拟自然环境中湿地对水质的改善性能而人工构建的一种系统，一般由三部分构成：沙、石构建的底质，各种微生物和能够抵抗污染的植物。因其低成本、高效能和较好的生态服务性能，已成为我国最主要的污水处理的生态方法之一。在富营养化湖泊水体的生态修复中，水生植物仍然是发挥重要作用的修复主体。

筛选合适的水生植物，不仅需要考察其对水体污染的净化能力和效能，还要考虑水体的温度、光照、风浪、透明度等物理因素和营养盐水平、生物量等生物因素。植物对元素的吸收效率不单受动力学参数调控，植物根系形态、生物量、pH、温度等因素也显著影响植物对养分离子的吸收。例如，在富营养化湖泊中，由于湖水对光照的强吸收作用，底部弱光条件下水生植物的生长受到了大幅抑制，还有，在对营养盐浓度较高的污水处理时，找到适合作为特定浓度范围的先锋物种是关键。

人工湿地被引入池塘养殖废水的生态处理，构建循环水养殖模式，对我国水产养殖面源污染的控制起到了积极的作用，而用于池塘养殖废水处理的人工湿地有其自身的特点。构建的表面流人工湿地虽然不需要考虑透明度、光照和风浪等湖泊富营养化水体修复中常见的关键因子，但在我国不同地区和不同鱼类品种的养殖池塘中，其营养盐水平存在较大差异，特别是在养殖的中后期，营养盐水平已积累到很高的水平，因此，筛选高净化性能的水生植物仍然很重要。本文选取的四种水生植物已是被养殖实践和理论均证明了的具有较高净化性能的水生植物。

将水生植物用于构建养殖废水处理的人工湿地时,温度是必须考虑的物理因素之一,因为养殖后期在 11 月左右,因温度降低而死亡的水生植物势必会影响此阶段废水处理的能力,在这方面,聚草和浮萍显示了其优越性,而菹草和金鱼藻不可四季使用。因种植密度不同引起的生物量的差异也是必须考虑的因素之一,因为过高的生物量会引起水体溶解氧降低,从此角度考虑,浮萍的小体积、高增长速率和表面的覆盖特性决定不能将其作为净化的主体植物。有报道研究了 17 种草本植物在轻度和重度富营养化水中的净化能力与生物量的关系,发现在重度富营养化水体中,提高植物的生物量可大大提高对氮、磷的去除率;在轻度富营养化水中,同种植物不同生物量对各指标去除率的差异小于种类间净化能力的差异,选择高净化能力的种类更重要,这与本研究的结果相一致。本研究认为,虽然在 1~5 周,总氮、总磷浓度与种植密度呈现良好的负相关关系,6 周后,种植密度对总氮、总磷的去除已无明显差异。而多因子比较分析的结果发现,就总氮、总磷的绝对去除量而言,时间因子的贡献远大于密度和种类两个因子。综合考虑各种因素,聚草在养殖废水净化中,因其高净化能力、耐低温(可四季使用)等特性,优于其他三种水生植物。过高的种植密度并不会带来明显的净化效果,因此在人工湿地中保持合理的种植密度,及时对过量水生植物进行收割显得非常重要。

第六节　使用实例:池塘循环水养殖模式的构建及其对氮磷的去除效果

我国的池塘养殖模式发展于 20 世纪 70 年代末,至今仍以"进水渠＋养殖池塘＋排水渠"为主要形式。随着养殖水平的不断提高,单位水体的渔获量也随之增加,但是大量的饲料投入和鱼类代谢产物的积累导致池塘内源性污染加重,养殖废水的排放量也大大增加。有研究表明,在池塘养殖投喂的饲料中,有 5%~10% 未被鱼类食用,而被鱼类食用的饲料中又有 25%~30% 以粪便的形式排出。池塘养殖废水的排放,不仅浪费了宝贵的淡水资源,更加剧了周围湖泊、河流等水域的富营养化程度。因此,对养殖废水净化修复技术的研究和对池塘养殖模式的升级改造越来越受到重视。

对池塘养殖模式的升级就是要改变"进水渠＋养殖池塘＋排水渠"的形式,即改变"资源消费-产品-废物排放"这一开放型物质流动模式,以"资源消费-产品-再生资源"这一循环型物质流动模式来替代,相对于前者的传统经济活动,后者被称之为循环经济。淡水池塘的循环养殖模式就是在循环经济理念指导下产生的一种新型的养殖模式,它将同一养殖体系分为多个功能不同的模块,并将某一养殖模块排放出的养殖废水作为另一养殖模块的物质资源来利用的同时,使养殖废水得以净化,从而达到水资源循环使用、营养物质多级利用的目的,彻底实现淡水池塘养殖废水"零排放"的目标。下面以池塘养殖循环经济模式中的净化效能研究为例进行具体说明。

2008—2010 年,大宗淡水鱼类产业技术体系项目组在江苏常州武进水产养殖场构建了一个池塘循环水养殖系统。项目组因地制宜,将该养殖场原有的进水渠—池塘—排水渠改造成为水源净化—池塘—养殖废水湿地净化的循环水养殖模式。本试验的目的是研究此次构建的循环水养殖模式对池塘废水中氮和磷的去除效果，为进一步探索将传统的池塘养殖模式根据当地的情况因地制宜地升级为循环水养殖模式的可行性打下基础。

养殖场以滆湖为补充水源，从滆湖引进来的水首先进入生态沟渠进行一级净化处理，然后再流入二级净化塘和三级净化塘，经二、三级净化后，被泵入养殖池塘，养殖池塘的废水再排入生态沟渠形成整个养殖过程水体的循环，具体模块组成见图9-9。

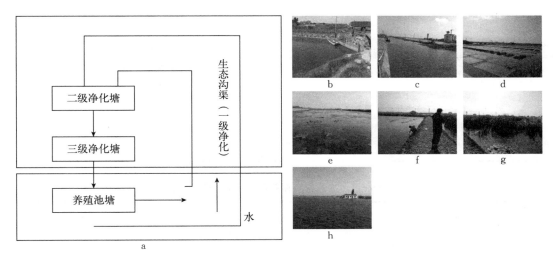

图9-9　循环养殖模式的各模块组成

a. 模块组成　b. 水源地闸口　c. 生态沟渠（一级净化）　d. 二级净化中种植空心菜的部分　e. 二级净化沉水植物和浮水植物部分　f. 二级净化与三级净化之间的潜流坝　g. 三级净化　h. 养殖池塘

循环养殖模式中各模块的运行情况如下：

（1）生态沟渠（一级净化）。以河道为主体，有12 hm²，在河道两边（河道中间过船）种养凤眼莲、水花生，同时放养河蚌、青虾、花鲢、白鲢，形成一个天然的水质净化系统，通过一级净化的水经溢流坝流入二级净化池塘。

（2）二级净化。二级净化塘是一个近26 hm²的土池，种植有多种水生植物，有浮水植物、挺水植物、沉水植物，其中在7—10月用浮床种植1.33 hm²左右的空心菜。在二级净化池塘中也放养河蚌、青虾、花白鲢等。二级净化池是整个循环水净化的主体，养殖用水主要在这里得到净化，经过二级净化的水经一个潜流坝进入三级净化池塘。

（3）三级净化。三级净化塘是一个2 hm²左右的池塘，这里以挺水植物为主，种植有各种各样的挺水植物，同时也有一定的沉水植物和浮水植物，水生动物有河蚌、青虾、花白鲢等。三级净化主要利用植物的化感作用，同时大量生长的水生植物对水质也有相当的直接净化作用，经三级净化的水再被泵入养殖池塘成为养殖用水。

各级净化中出现的主要水生植物列于表9-2中。

养殖池塘：武进水产养殖场现有养殖面积117 hm²，以大宗淡水鱼类为主要养殖品种。具体有两种养殖模式：以异育银鲫和草鱼为主养的精养模式（约60 hm²）和以团头鲂和鲢为主养的精养模式（约57 hm²）。具体放养情况见表9-3和表9-4。

表 9 - 2　各级净化中的主要水生植物

各级净化	水生植物学名
生态沟渠（一级净化）	凤眼莲
	空心莲子草
二级净化	睡莲
	狐尾藻
	空心菜
	菹草
三级净化	狭叶香蒲
	蔗草
	芦苇
	小香蒲
	菖蒲

表 9 - 3　主养异育银鲫和草鱼的精养模式

品种	规格（g/尾）	放养量（尾/hm²）
草鱼	200	8 250
白鲢	125	3 000
白鲢	夏花	10 275
花鲢	125	600
花鲢	夏花	3 600
异育银鲫	50	5 250
异育银鲫	夏花	30 825
青鱼	3 000	150

表 9 - 4　主养团头鲂和鲢的放养模式

品种	规格（g/尾）	放养量（尾/hm²）
团头鲂	45	33 150
异育银鲫	83	5 850
白鲢	100	2 700
白鲢	夏花	16 650
花鲢	250	600
花鲢	夏花	4 200

池塘水位一般控制在 $1\sim1.5\,\mathrm{m}$。5 月、6 月及 10 月，每隔 15 d 添加新鲜水一次；7—9 月，每 $7\sim10$ d 添加新鲜水一次，每次注水量根据池塘水质条件以及水分实际蒸发量而定。养殖池塘水质以黄绿色或油青色为好，水体透明度在 $25\sim30$ cm。当发现水质老化或偏酸性时，使用 $20\sim30\,\mathrm{mg/L}$ 的生石灰全面泼洒，或使用 EM 菌等微生物剂调节水质。平时，每月使用微生物制剂或底质改良剂 $1\sim2$ 次，充分降解氨氮、亚硝酸盐、硫化氢等有害有毒物质，促进藻相、菌相平衡，使水体 pH 稳定在 $6.8\sim7.8$，氨氮不超过 $0.5\,\mathrm{mg/L}$，亚硝酸盐不超过 $0.05\,\mathrm{mg/L}$，溶解氧维持在 $4.1\,\mathrm{mg/L}$ 以上，以保持良好的水质。3—5 月，池塘水色清淡，需适时追肥，新塘以有机肥为主，老塘以无机肥为主，具体施肥坚持"看水施肥、量少次多"的原则，确保水质肥、活、嫩、爽，促进鱼类生长。

该循环养殖模式在 2008 年改造完成，在 2009 年试运行时，对养殖关键时期（7 月、9 月、10 月）的水样（水源、池塘、一级净化、二级净化、三级净化）做了分析，具体指标为总氮和总磷。2010 年正式使用中，对 5—10 月的养殖阶段水样做了分析，具体指标为总氮、氨氮、亚硝酸盐氮、总磷、叶绿素 a，以上水质分析方法见《水和废水监测》（第四版）。水样的采集方式是：在水源地、一级净化、二级净化、三级净化各布置 5 个采样点，将 5 个点的水样等量混匀后测定；池塘水样采集，是在两种模式的池塘中各选择 3 口塘，每个塘按 5 点法布点，将所有采集的水样均匀混合后测定。

图 9-10 和表 9-6 反映了 2009 年 7 月、9 月和 10 月循环养殖模式各模块中总氮和总磷的净化效果，养殖废水经三级净化后，总氮的去除率能够达到 80% 以上，在 9 月和 10 月总氮水平基本能够保持在淡水三类标准左右；总磷的去除率在 7 月、9 月和 10 月分别达到 67.83%、86.52% 和 97.61%。

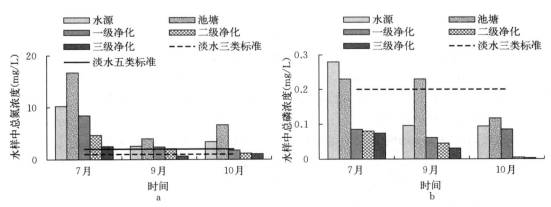

图 9-10　2009 年 7 月、9 月、10 月循环养殖模式各模块中总氮和总磷的变化
a. 水中总氮浓度　b. 水中总磷浓度

在这 3 个月，总磷水平均远低于淡水三类标准（表 9-5）。整体看来，在 2009 年试运行阶段，该循环养殖模式对养殖废水的净化有显著地效果，基本实现了养殖废水的循环再利用和"零排放"目标。

表 9-5　地表水环境质量标准

指标	淡水一类标准	淡水二类标准	淡水三类标准	淡水四类标准	淡水五类标准
总磷（mg/L）（以 P 计）≤	0.02	0.1	0.2	0.3	0.4
总氮（mg/L）（湖、库，以 N 计）≤	0.2	0.5	1	1.05	2

表 9-6　经过三级净化养殖池塘中总氮和总磷的去除率

时间	各级净化	总氮的去除率（%）	总磷的去除率（%）
2009 年 7 月	一级净化	49.40	63.04
	二级净化	72.15	65.22
	三级净化	85.04	67.83
2009 年 9 月	一级净化	39.16	73.48
	二级净化	47.87	80.43
	三级净化	83.57	86.52
2009 年 10 月	一级净化	73.23	27.35
	二级净化	82.08	96.15
	三级净化	83.75	97.61

　　图 9-11 和表 9-7 反映了 2010 年养殖各月循环养殖模式各模块中水体各指标的净化效果。从 5—10 月，养殖废水经过三级净化，氨氮去除率最高可达 98.91%，从绝对去除量来看，在 8 月氨氮去除效果最好，其氨氮去除量可达 1.024 mg/L，主要是因为这个月池塘中氨氮含量猛然升高至 1.346 mg/L，较其他月高出很多。各月虽然去除率有所不同，但氨氮水平均能维持在 0.33 mg/L 左右，6 月份氨氮水平只有 0.010 3 mg/L；亚硝酸盐氮的去除率在 9 月最高，经三级净化后最高达 99.59%，其原因也是因为池塘中亚硝酸盐氮的突然升高，从亚硝酸盐氮水平上来说，各月均能维持在 0.02 mg/L 以下；总氮水平在各月均能保持在淡水五类水平以下，经三级净化后其去除率从 28.38% 到 87.38% 不等。总磷水平在各月均能保持在淡水三类标准以下，在 10 月其去除率最高可达 99.3%，虽然这个月池塘中的总磷含量与前几个月大致一样，基本维持在 0.4 mg/L 以上；养殖废水经三级净化后对叶绿素 a 的清除效果也很明显，其去除率从 16.10% 到 91.22% 不等。

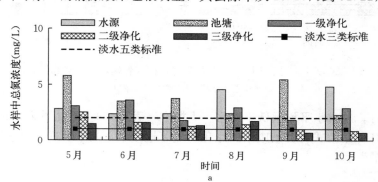

a

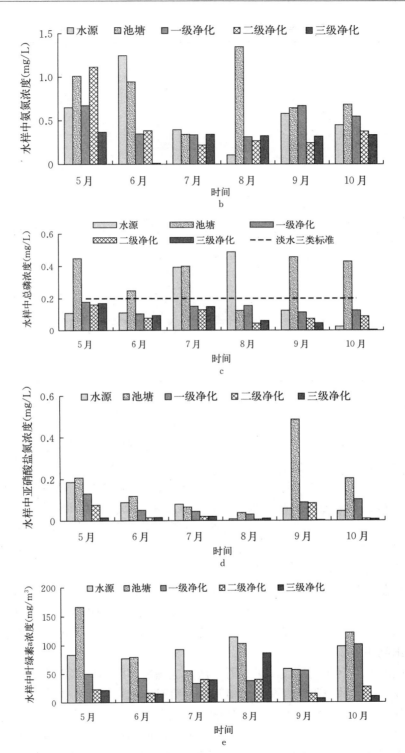

图 9-11　2010 年各月循环养殖模式各模块中水质指标的变化
a. 总氮浓度　b. 氨氮浓度　c. 总磷浓度　d. 亚硝酸盐氮浓度　e. 叶绿素 a 浓度

表 9 - 7　2010 年各月循环养殖模式各模块中各水质指标的清除效果

水质指标	各级净化	5 月	6 月	7 月	8 月	9 月	10 月
氨氮去除率（%）	一级净化	33.53	63.44	1.77	76.89	-4.04	20.18
	二级净化	-10.4	59.33	36.28	80.31	62.36	45.32
	三级净化	63.69	98.91	0.00	76.08	50.86	51.32
亚硝酸盐氮去除率（%）	一级净化	37.47	57.85	32.81	21.62	82.14	50.25
	二级净化	63.54	88.24	70.31	86.49	82.96	96.06
	三级净化	93.14	87.81	70.31	72.97	99.59	96.55
总氮去除率（%）	一级净化	46.82	-2.97	52.84	-22.00	66.79	-27.45
	二级净化	56.68	54.37	66.57	40.80	81.69	62.76
	三级净化	74.61	54.37	64.50	28.38	87.03	69.61
总磷去除率（%）	一级净化	60.22	57.26	62.16	-25.00	74.78	70.63
	二级净化	64.00	68.19	67.42	63.71	8.77	79.02
	三级净化	62.10	61.39	62.66	50.00	6.14	99.30
叶绿素 a 去除率（%）	一级净化	69.94	46.22	39.98	63.17	1.64	16.84
	二级净化	86.18	79.05	27.20	61.05	73.07	77.69
	三级净化	87.02	80.98	28.82	16.10	87.61	91.22

　　淡水池塘循环水养殖模式的构建就是为了解决传统水产养殖耗水、高污染的问题，实现养殖废水"零排放"的目的。针对池塘养殖水体的修复技术多有报道，主要是原位修复和异位修复两种，在原位修复技术中，目前的研究热点是水上栽培农业，陈家长等利用浮床技术种植空心菜，实现了水体净化和效益增收的双重目的。还有学者利用水葫芦来净化大面积的湖泊、河流等水体。在异位修复技术中，池塘—湿地模式是目前的研究热点，该模式将养殖废水引入湿地中，通过级级净化，实现养殖废水的再循环利用。从形式上来看，我们构建的淡水池塘循环养殖模式正属于池塘—湿地模式。但又有所区别，主要有以下两点，一是在池塘养殖鱼类的配比上，考虑了多品种混合养殖，在每种主养的池塘中均加入了数量不等的鲢鳙。有研究报道，鲢鳙的滤食性摄食习惯有助于对养殖池塘藻类，特别是蓝藻的控制，从养殖本身实现以鱼养水的目的。二是结合了水上农业栽培技术，利用浮床种植空心菜，实现了养殖废水的异地原位修复，也为渔民的增收提供了一个新途径。本论文主要探讨该循环水养殖模式的构建对养殖废水的净化效果及再循环利用，并没有从经济角度详细阐明。

　　从 2009 和 2010 两年的试验结果来看，淡水池塘循环水养殖模式的构建对水体氮和磷的净化效果显著。水体氨氮和亚硝酸盐氮污染一直是养殖户关注的焦点，因为高浓度的氨氮和亚硝酸盐氮本身对鱼类具有毒性。从试验的结果来看，各月池塘中的氨氮和亚硝酸盐氮总体水平居高不下，个别月份由于水质管理方面的原因更会猛然升高，而循环水净化模式好比是一个缓冲系统（buffer），能将氨氮和亚硝酸盐氮始终保持在低水平范围。在这个缓冲系统中起重要作用的是各级净化水体中的水生植物，其中水葫芦、水花生、空心菜等植物的净化作用已在各地得到广泛应用。这些植物不仅自身能吸收氮和磷，其发达的根系更为微生物的生长提供了适宜的小生境，保证了微生物对废水中有机污染物的吸收和转化作用。而由睡莲、美人蕉、菖蒲等构成的湿地能够充分吸收废水中的氮和磷来满足自身的生长。因此，该循环模式不仅表现出对氨氮和亚硝酸盐氮的去除效果，而且对总氮和总磷的去除率也相当可观，其对总氮的去除率为 28.38%～87.38%，对总磷的去除率为6.14%～99.3%。数据进一步表明，新建的淡水池塘循环水养殖模式正处于系统完善阶段，并没有成熟。从理论上来讲，构建三级净化的目的应是逐级加倍发挥净化效果，而数据反映了各级净化效果区分不明显，虽然三级净化作为一个整体的净化系统已经达到了净化养殖废水的目的，这可能是因为在日常的管理过程中由于蘖生使得水生植物密度过大，从而引起水质变化反复。

附录1 渔业水质标准

GB 11607—89

1 主题内容与适用范围

本标准适用于鱼、虾类的产卵场、索饵场、越冬场、洄游通道和水产增养殖区等海、淡水的渔业水域。

2 引用标准

GB 5750 生活饮用水标准检验法

GB 6920 水质 pH 的测定 玻璃电极法

GB 7467 水质 六价铬的测定 二碳酰二肼分光光度法

GB 7468 水质 总汞测定 冷原子吸收分光光度法

GB 7469 水质 总汞测定 高锰酸钾-过硫酸钾消除法 双硫腙分光光度法

GB 7470 水质 铅的测定 双硫腙分光光度法

GB 7471 水质 镉的测定 双硫腙分光光度法

GB 7472 水质 锌的测定 双硫腙分光光度法

GB 7474 水质 铜的测定 二乙基二硫代氨基钾酸钠分光光度法

GB 7475 水质 铜、锌、铅、镉的测定 原子吸收分光光度法

GB 7479 水质 铵的测定 纳氏试剂比色法

GB 7481 水质 氨的测定 水杨酸分光光度法

GB 7482 水质 氟化物的测定 茜素磺酸锆目视比色法

GB 7484 水质 氟化物的测定 离子选择电极法

GB 7485 水质 总砷的测定 二乙基二硫代氨基甲酸银分光光度法

GB 7486 水质 氰化物的测定 第一部分：总氰化物的测定

GB 7488 水质 五日生化需氧量（BOD$_5$） 稀释与接种法

GB 7489 水质 溶解氧的测定 碘量法

GB 7490 水质 挥发酚的测定 蒸馏后4-氨基安替比林分光光度法

GB 7492 水质 六六六、滴滴涕的测定 气相色谱法

GB 8972 水质 五氯酚钠的测定 气相色谱法

GB 9803　水质　五氯酚的测定　藏红 T 分光光度法

GB 11891　水质　凯氏氮的测定

GB 11901　水质　悬浮物的测定　重量法

GB 11910　水质　镍的测定　丁二铜肟分光光度法

GB 11911　水质　铁、锰的测定　火焰原子吸收分光光度法

GB 11912　水质　镍的测定　火焰原子吸收分光光度法

3　渔业水质要求

3.1　渔业水域的水质，应符合渔业水质标准（表1）。

3.2　各项标准数值系指单项测定最高允许值。

3.3　标准值单项超标，即表明不能保证鱼、虾、贝正常生长繁殖，并产生危害，危害程度应参考背景值、渔业环境的调查数据及有关渔业水质基准资料进行综合评价。

表1　渔业水质标准

单位：mg/L

项目序号	项　目	标准值
1	色、臭、味	不得使鱼、虾、贝、藻类带有异色、异臭、异味
2	漂浮物质	水面不得出现明显油膜或浮沫
3	悬浮物质	人为增加的量不得超过10，而且悬浮物质沉积于底部后，不得对鱼、虾、贝类产生有害的影响
4	pH	淡水 6.5～8.5，海水 7.0～8.5
5	溶解氧	连续 24 h 中，16 h 以上必须大于5，其余任何时候不得低于3，对于鲑科鱼类栖息水域冰封期其余任何时候不得低于4
6	生化需氧量（5天、20℃）	不超过5，冰封期不超过3
7	总大肠菌群	不超过 5 000 个/L（贝类养殖水质不超过 500 个/L）
8	汞	≤0.000 5
9	镉	≤0.005
10	铅	≤0.05
11	铬	≤0.1
12	铜	≤0.01
13	锌	≤0.1
14	镍	≤0.05
15	砷	≤0.05
16	氰化物	≤0.005
17	硫化物	≤0.2
18	氟化物（以 F⁻ 计）	≤1
19	非离子氨	≤0.02

（续）

项目序号	项　　目	标准值
20	凯氏氮	≤0.05
21	挥发性酚	≤0.005
22	黄磷	≤0.001
23	石油类	≤0.05
24	丙烯腈	≤0.5
25	丙烯醛	≤0.02
26	六六六（丙体）	≤0.002
27	滴滴涕	≤0.001
28	马拉硫磷	≤0.005
29	五氯酚钠	≤0.01
30	乐果	≤0.1
31	甲胺磷	≤1
32	甲基对硫磷	≤0.000 5
33	呋喃丹	≤0.01

4　渔业水质保护

4.1　任何企、事业单位和个体经营者排放的工业废水、生活污水和有害废弃物，必须采取有效措施，保证最近渔业水域的水质符合本标准。

4.2　未经处理的工业废水、生活污水和有害废弃物严禁直接排入鱼、虾类的产卵场、索饵场、越冬场和鱼、虾、贝、藻类的养殖场及珍贵水生动物保护区。

4.3　严禁向渔业水域排放含病原体的污水；如需排放此类污水，必须经过处理和严格消毒。

5　标准实施

5.1　本标准由各级渔政监督管理部门负责监督与实施，监督实施情况，定期报告同级人民政府环境保护部门。

5.2　在执行国家有关污染物排放标准中，如不能满足地方渔业水质要求时，省、自治区、直辖市人民政府可制定严于国家有关污染排放标准的地方污染物排放标准，以保证渔业水质的要求，并报国务院环境保护部门和渔业行政主管部门备案。

5.3　本标准以外的项目，若对渔业构成明显危害时，省级渔政部门应组织有关单位制订地方补充渔业水质标准，报省级人民政府批准，并报国务院环境保护部门和渔业行政主管部门备案。

5.4　排污口所在水域形成的混合区不得影响鱼类洄游通道。

6　水质监测

6.1　本标准各项目的监测要求，按规定分析方法（表2）进行监测。

6.2 渔业水域的水质监测工作，由各级渔政监督管理部门组织渔业环境监测站负责执行。

表 2　渔业水质分析方法

项目序号	项　　目	测定方法	试验方法标准编号
3	悬浮物质	重量法	GB 11901
4	pH	玻璃电极法	GB 6920
5	溶解氧	碘量法	GB 7489
6	生化需氧量	稀释与接种法	GB 7488
7	总大肠菌群	多管发酵法滤膜法	GB 5750
8	汞	冷原子吸收分光光度法	GB 7468
		高锰酸钾-过硫酸钾消解　双硫腙分光光度法	GB 7469
9	镉	原子吸收分光光度法	GB 7475
		双硫腙分光光度法	GB 7471
10	铅	原子吸收分光光度法	GB 7475
		双硫腙分光光度法	GB 7470
11	铬	二苯碳酰二肼分光光度法（高锰酸盐氧化）	GB 7467
12	铜	原子吸收分光光度法	GB 7475
		二乙基二硫代氨基甲酸钠分光光度法	GB 7474
13	锌	原子吸收分光光度法	GB 7475
		双硫腙分光光度法	GB 7472
14	镍	火焰原子吸收分光光度法	GB 11912
		丁二铜肟分光光度法	GB 11910
15	砷	二乙基二硫代氨基甲酸银分光光度法	GB 7485
16	氰化物	异烟酸-吡啶啉酮比色法 吡啶-巴比妥酸比色法	GB 7486
17	硫化物	对二甲氨基苯胺分光光度法	
18	氟化物（以 F⁻ 计）	茜素磺锆目视比色法	GB 7482
		离子选择电极法	GB 7484
19	非离子氨	纳氏试剂比色法	GB 7479
		水杨酸分光光度法	GB 7481
20	凯氏氮		GB 11891
21	挥发性酚	蒸馏后 4-氨基安替比林分光光度法	GB 7490
22	黄磷		
23	石油类	紫外分光光度法	
24	丙烯腈	高锰酸钾转化法	
25	丙烯醛	4-己基间苯二酚分光光度法	
26	六六六（丙体）	气相色谱法	GB 7492
27	滴滴涕	气相色谱法	GB 7492
28	马拉硫磷	气相色谱法	

（续）

项目序号	项　　目	测定方法	试验方法标准编号
29	五氯酚钠	气相色谱法	GB 8972
		藏红 T 分光光度法	GB 9803
30	乐果	气相色谱法	
31	甲胺磷		
32	甲基对硫磷	气相色谱法	
33	呋喃丹		

注：暂时采用下列方法，待国家标准发布后，执行国家标准。

（1）渔业水质检验方法为农牧渔业部 1983 年颁布。

（2）测得结果为总氨浓度，然后按表 A.1、表 A.2 换算为非离子氨浓度。

（3）地面水水质监测检验方法为中国医学科学院卫生研究所 1978 年颁布

附 录 A

表 A.1 氨的水溶液中非离子氨的百分比

温度（℃）	pH								
	6.0	6.5	7.0	7.5	8.0	8.5	9.0	9.5	10.0
5	0.013	0.040	0.12	0.39	1.2	3.8	11	28	56
10	0.019	0.059	0.19	0.59	1.8	5.6	16	37	65
15	0.027	0.087	0.27	0.86	2.7	8.0	21	46	73
20	0.040	0.13	1.40	1.2	3.8	11	28	56	80
25	0.057	0.18	1.57	1.8	5.4	15	36	64	85
30	0.080	0.25	2.80	2.5	7.5	20	45	72	89

表 A.2 总氨（NH_4^+ ＋NH_3）浓度，其中非离子氨浓度 0.020 mg/L（NH_3）（mg/L）

温度（℃）	pH								
	6.0	6.5	7.0	7.5	8.0	8.5	9.0	9.5	10.0
5	160	51	16	5.1	1.6	0.53	0.18	0.071	0.036
10	110	34	11	3.4	1.1	0.36	0.13	0.054	0.031
15	73	23	7.3	2.3	0.75	0.25	0.093	0.043	0.027
20	50	16	5.1	1.6	0.52	0.18	0.070	0.036	0.025
25	35	11	3.5	1.1	0.37	0.13	0.055	0.031	0.024
30	25	7.6	2.5	0.81	0.27	0.099	0.045	0.028	0.022

附加说明：

本标准由国家环境保护局标准处提出。

本标准由渔业水质标准修订组负责起草。

本标准委托农业部渔政渔港监督管理局负责解释。

附录 2 地表水环境质量标准

GB 3838—2002

1 范围

1.1 本标准按照地表水环境功能分类和保护目标，规定了水环境质量应控制的项目及限值，以及水质评价、水质项目的分析方法和标准的实施与监督。

1.2 本标准适用于中华人民共和国领域内江河、湖泊、运河、渠道、水库等具有使用功能的地表水水域。具有特定功能的水域，执行相应的专业用水水质标准。

2 引用标准

《生活饮用水卫生规范》（卫生部，2001 年）和本标准表 4 至表 6 所列分析方法标准及规范中所含条文在本标准中被引用即构成为本标准条文，与本标准同效。当上述标准和规范被修订时，应使用其最新版本。

3 水域功能和标准分类

依据地表水水域环境功能和保护目标，按功能高低依次划分为五类：

Ⅰ类：主要适用于源头水、国家自然保护区；

Ⅱ类：主要适用于集中式生活饮用水地表水源地一级保护区、珍稀水生生物栖息地、鱼虾类产卵场、仔稚幼鱼的索饵场等；

Ⅲ类：主要适用于集中式生活饮用水地表水源地二级保护区、鱼虾类越冬场、洄游通道、水产养殖区等渔业水域及游泳区；

Ⅳ类：主要适用于一般工业用水区及人体非直接接触的娱乐用水区；

Ⅴ类：主要适用于农业用水区及一般景观要求水域。

对应地表水上述五类水域功能，将地表水环境质量标准基本项目标准值分为五类，不同功能类别分别执行相应类别的标准值。水域功能类别高的标准值严于水域功能类别低的标准值。同一水域兼有多类使用功能的，执行最高功能类别对应的标准值。实现水域功能与达功能类别标准为同一含义。

4 标准值

4.1 地表水环境质量标准基本项目标准限值见表 1。

4.2 集中式生活饮用水地表水源地补充项目标准限值见表 2。

4.3 集中式生活饮用水地表水源地特定项目标准限值见表 3。

5 水质评价

5.1 地表水环境质量评价应根据应实现的水域功能类别，选取相应类别标准，进行单因子评价，评价结果应说明水质达标情况，超标的应说明超标项目和超标倍数。

5.2 丰、平、枯水期特征明显的水域，应分水期进行水质评价。

5.3 集中式生活饮用水地表水源地水质评价的项目应包括表1中的基本项目、表2中的补充项目以及由县级以上人民政府环境保护行政主管部门从表3中选择确定的特定项目。

6 水质监测

6.1 本标准规定的项目标准值，要求水样采集后自然沉降 30 min，取上层非沉降部分按规定方法进行分析。

6.2 地表水水质监测的采样布点、监测频率应符合国家地表水环境监测技术规范的要求。

6.3 本标准水质项目的分析方法应优先选用表4至表6规定的方法，也可采用 ISO 方法体系等其他等效分析方法，但须进行适用性检验。

7 标准的实施与监督

7.1 本标准由县级以上人民政府环境保护行政主管部门及相关部门按职责分工监督实施。

7.2 集中式生活饮用水地表水源地水质超标项目经自来水厂净化处理后，必须达到《生活饮用水卫生规范》的要求。

7.3 省、自治区、直辖市人民政府可以对本标准中未作规定的项目，制定地方补充标准，并报国务院环境保护行政主管部门备案。

表 1　地表水环境质量标准基本项目标准限值

单位：mg/L

序号	项　　目	分类				
		Ⅰ类	Ⅱ类	Ⅲ类	Ⅳ类	Ⅴ类
1	水温（℃）	人为造成的环境水温变化应限制在：周平均最大温升≤1　周平均最大温降≤2				
2	pH（无量纲）	6～9				
3	溶解氧≥	饱和率90%（或7.5）	6	5	3	2
4	高锰酸盐指数≤	2	4	6	10	15
5	化学需氧量（COD）≤	15	15	20	30	40
6	五日生化需氧量（BOD_5）≤	3	3	4	6	10
7	氨氮（NH_3-N）≤	0.15	0.5	1.0	1.5	2.0
8	总磷（以 P 计）≤	0.02（湖、库0.01）	0.1（湖、库0.025）	0.2（湖、库0.05）	0.3（湖、库0.1）	0.4（湖、库0.2）
9	总氮（湖、库，以 N 计）≤	0.2	0.5	1.0	1.5	2.0
10	铜≤	0.1	1.0	1.0	1.0	1.0
11	锌≤	0.05	1.0	1.0	2.0	2.0

（续）

序号	项 目	分类				
		Ⅰ类	Ⅱ类	Ⅲ类	Ⅳ类	Ⅴ类
12	氟化物（以 F⁻ 计）≤	1.0	1.0	1.0	1.5	1.5
13	硒≤	0.01	0.01	0.01	0.02	0.02
14	砷≤	0.05	0.05	0.05	0.1	0.1
15	汞≤	0.000 05	0.000 05	0.000 1	0.001	0.001
16	镉≤	0.001	0.005	0.005	0.005	0.01
17	铬（六价）≤	0.01	0.05	0.05	0.05	0.1
18	铅≤	0.01	0.01	0.05	0.05	0.1
19	氰化物≤	0.005	0.05	0.2	0.2	0.2
20	挥发酚≤	0.002	0.002	0.005	0.01	0.1
21	石油类≤	0.05	0.05	0.05	0.5	1.0
22	阴离子表面活性剂≤	0.2	0.2	0.2	0.3	0.3
23	硫化物≤	0.05	0.1	0.2	0.5	1.0
24	粪大肠菌群（个/L）≤	200	2 000	10 000	20 000	40 000

表 2 集中式生活饮用水地表水源地补充项目标准限值

单位：mg/L

序 号	项 目	标准值
1	硫酸盐（以 SO₄²⁻ 计）	250
2	氯化物（以 Cl⁻ 计）	250
3	硝酸盐（以 N 计）	10
4	铁	0.3
5	锰	0.1

表 3 集中式生活饮用水地表水源地特定项目标准限值

单位：mg/L

序号	项目	标准值	序号	项目	标准值
1	三氯甲烷	0.06	10	三氯乙烯	0.07
2	四氯化碳	0.002	11	四氯乙烯	0.04
3	三溴甲烷	0.1	12	氯丁二烯	0.002
4	二氯甲烷	0.02	13	六氯丁二烯	0.000 6
5	1,2-二氯乙烷	0.03	14	苯乙烯	0.02
6	环氧氯丙烷	0.02	15	甲醛	0.9
7	氯乙烯	0.005	16	乙醛	0.05
8	1,1-二氯乙烯	0.03	17	丙烯醛	0.1
9	1,2-二氯乙烯	0.05	18	三氯乙醛	0.01

（续）

序号	项目	标准值	序号	项目	标准值
19	苯	0.01	50	丁基黄原酸	0.005
20	甲苯	0.7	51	活性氯	0.01
21	乙苯	0.3	52	滴滴涕	0.001
22	二甲苯①	0.5	53	林丹	0.002
23	异丙苯	0.25	54	环氧七氯	0.000 2
24	氯苯	0.3	55	对硫磷	0.003
25	1,2-二氯苯	1.0	56	甲基对硫磷	0.002
26	1,4-二氯苯	0.3	57	马拉硫磷	0.05
27	三氯苯②	0.02	58	乐果	0.08
28	四氯苯③	0.02	59	敌敌畏	0.05
29	六氯苯	0.05	60	敌百虫	0.05
30	硝基苯	0.017	61	内吸磷	0.03
31	二硝基苯④	0.5	62	百菌清	0.01
32	2,4-二硝基甲苯	0.000 3	63	甲萘威	0.05
33	2,4,6-三硝基甲苯	0.5	64	溴氰菊酯	0.02
34	硝基氯苯⑤	0.05	65	阿特拉津	0.003
35	2,4-二硝基氯苯	0.5	66	苯并（a）芘	2.8×10^{-6}
36	2,4-二氯苯酚	0.093	67	甲基汞	1.0×10^{-6}
37	2,4,6-三氯苯酚	0.2	68	多氯联苯⑥	2.0×10^{-5}
38	五氯酚	0.009	69	微囊藻毒素-LR	0.001
39	苯胺	0.1	70	黄磷	0.003
40	联苯胺	0.000 2	71	钼	0.07
41	丙烯酰胺	0.000 5	72	钴	1.0
42	丙烯腈	0.1	73	铍	0.002
43	邻苯二甲酸二丁酯	0.003	74	硼	0.5
44	邻苯二甲酸二（2-乙基已基）酯	0.008	75	锑	0.005
45	水合肼	0.01	76	镍	0.02
46	四乙基铅	0.000 1	77	钡	0.7
47	吡啶	0.2	78	钒	0.05
48	松节油	0.2	79	钛	0.1
49	苦味酸	0.5	80	铊	0.000 1

注：① 二甲苯：指对-二甲苯、间-二甲苯、邻-二甲苯。

② 三氯苯：指1,2,3-三氯苯、1,2,4-三氯苯、1,3,5-三氯苯。

③ 四氯苯：指1,2,3,4-四氯苯、1,2,3,5-四氯苯、1,2,4,5-四氯苯。

④ 二硝基苯：指对-二硝基氯苯、间-二硝基氯苯、邻-二硝基氯苯。

⑤ 硝基氯苯：指对-硝基氯苯、间-硝基氯苯、邻-硝基氯苯。

⑥ 多氯联苯：指PCB-1016、PCB-1221、PCB-1232、PCB-1242、PCB-1248、PCB-1254、PCB-1260。

表 4 地表水环境质量标准基本项目分析方法

序号	项目	分析方法	最低检出限（mg/L）	方法来源
1	水温	温度计法		GB 13195—91
2	pH	玻璃电极法		GB 6920—86
3	溶解氧	碘量法	0.2	GB 7489—87
		电化学探头法		GB 11913—89
4	高锰酸盐指数		0.5	GB 11892—89
5	化学需氧量	重铬酸盐	10	GB 11914—89
6	五日生化需氧量	稀释与接种法	2	GB 7488—87
7	氨氮	纳氏试剂比色法	0.05	GB 7479—87
		水杨酸分光光度法	0.01	GB 7481—87
8	总磷	钼酸铵分光光度法	0.01	GB 11893—89
9	总氮	碱性过硫酸钾消解紫外分光光度法	0.05	GB 11894—89
10	铜	2,9-二甲基-1,10-菲啰啉分光光度法	0.06	GB 7473—87
		二乙基二硫代氨基甲酸钠分光光度法	0.010	GB 7474—87
		原子吸收分光光度法（螯合萃取法）	0.001	GB 7475—87
11	锌	原子吸收分光光度法	0.05	GB 7475—87
12	氟化物	氟试剂分光光度法	0.05	GB 7483—87
		离子选择电极法	0.05	GB 7484—87
		离子色谱法	0.02	HJ/T 84—2001
13	硒	2,3-二氨基萘荧光法	0.000 25	GB 11902—89
		石墨炉原子吸收分光光度法	0.003	GB/T 15505—1995
14	砷	二乙基二硫代氨基甲酸银分光光度法	0.007	GB 7485—87
		冷原子荧光法	0.000 06	*
15	汞	冷原子吸收分光光度法	0.000 05	GB 7486—87
		冷原子荧光法	0.000 05	*
16	镉	原子吸收分光光度法（螯合萃取法）	0.001	GB 7475—87
17	铬（六价）	二苯碳酰二肼分光光度法	0.004	GB 7467—87
18	铅	原子吸收分光光度法（螯合萃取法）	0.01	GB 7475—87
19	氰化物	异烟酸-吡唑啉酮比色法	0.004	GB 7487—87
		吡啶-巴比妥酸比色法	0.002	
20	挥发酚	蒸馏后4-氨基安替比林分光光度法	0.002	GB 7490—87
21	石油类	红外分光光度法	0.01	GB/T 16488—1996
22	阴离子表面活性剂	亚甲蓝分光光度法	0.05	GB 7494—87
23	硫化物	亚甲基蓝分光光度法	0.005	GB/T 16489—1996
24	粪大肠菌群	多管发酵法、滤膜法		*

注：暂采用下列分析方法，待国家方法标准发布后，执行国家标准。

＊《水和废水监测分析方法（第三版）》，中国环境科学出版社，1989 年。

表 5　集中式生活饮用水地表水源地补充项目分析方法

序　号	项　目	分析方法	最低检出限（mg/L）	方法来源
1	硫酸盐	重量法	10	GB 11899—89
		火焰原子吸收分光光度法	0.4	GB 13196—91
		铬酸钡光度法	8	*
		离子色谱法	0.09	HJ/T 84—2001
2	氯化物	硝酸银滴定法	10	GB 11896—89
		硝酸汞滴定法	2.5	*
		离子色谱法	0.02	HJ/T 84—2001
3	硝酸盐	酚二磺酸分光光度法	0.02	GB 7480—87
		紫外分光光度法	0.08	*
		离子色谱法	0.08	HJ/T 84—2001
4	铁	火焰原子吸收分光光度法	0.03	GB 11911—89
		邻菲啰啉分光光度法	0.03	*
5	锰	高碘酸甲分光光度法	0.02	GB 11906—89
		火焰原子吸收分光光度法	0.01	GB 11911—89
		甲醛肟光度法	0.01	*

注：暂采用下列分析方法，待国家方法标准发布后，执行国家标准。

＊《水和废水监测分析方法（第三版）》，中国环境科学出版社，1989 年。

表 6　集中式生活饮用水地表水源地特定项目分析方法

序　号	项　目	分析方法	最低检出限（mg/L）	方法来源
1	三氯甲烷	顶空气相色谱法	0.000 3	GB/T 17130—1997
		气相色谱法	0.000 6	*
2	四氯化碳	顶空气相色谱法	0.000 05	GB/T 17130—1997
		气相色谱法	0.000 3	*
3	三溴甲烷	顶空气相色谱法	0.001	GB/T 17130—1997
		气相色谱法	0.006	*
4	二氯甲烷	顶空气相色谱法	0.008 7	*
5	1,2-二氯乙烷	顶空气相色谱法	0.012 5	*
6	环氧氯丙烷	气相色谱法	0.02	*
7	氯乙烯	气相色谱法	0.001	*
8	1,1-二氯乙烯	吹出捕集气相色谱法	0.000 018	*
9	1,2-二氯乙烯	吹出捕集气相色谱法	0.000 012	*
10	三氯乙烯	顶空气相色谱法	0.000 5	GB/T 17130—1997
		气相色谱法	0.003	*

（续）

序　号	项　目	分析方法	最低检出限（mg/L）	方法来源
11	四氯乙烯	顶空气相色谱法	0.000 2	GB/T 17130—1997
		气相色谱法	0.001 2	*
12	氯丁二烯	顶空气相色谱法	0.002	*
13	六氯丁二烯	气相色谱法	0.000 02	*
14	苯乙烯	气相色谱法	0.01	*
15	甲醛	乙酰丙酮分光光度法	0.05	GB 13197—91
		4-氨基-3-联氨-5-巯基-1,2,4-三氮杂茂（AHMT）分光光度法	0.05	*
16	乙醛	气相色谱法	0.24	*
17	丙烯醛	气相色谱法	0.019	*
18	三氯乙醛	气相色谱法	0.001	*
19	苯	液上气相色谱法	0.005	GB 11890—89
		顶空气相色谱法	0.000 42	*
20	甲苯	液上气相色谱法	0.005	GB 11890—89
		二硫化碳萃取气相色谱法	0.05	
		气相色谱法	0.01	*
21	乙苯	液上气相色谱法	0.005	GB 11890—89
		二硫化碳萃取气相色谱法	0.05	
		气相色谱法	0.01	*
22	二甲苯	液上气相色谱法	0.005	GB 11890—89
		二硫化碳萃取气相色谱法	0.05	
		气相色谱法	0.01	*
23	异丙苯	顶空气相色谱法	0.003 2	*
24	氯苯	气相色谱法	0.01	HJ/T 74—2001
25	1,2-二氯苯	气相色谱法	0.002	GB/T 17131—1997
26	1,4-二氯苯	气相色谱法	0.005	GB/T 17131—1997
27	三氯苯	气相色谱法	0.000 04	*
28	四氯苯	气相色谱法	0.000 02	*
29	六氯苯	气相色谱法	0.000 02	*
30	硝基苯	气相色谱法	0.000 2	GB 13194—91
31	二硝基苯	气相色谱法	0.2	*
32	2,4-二硝基甲苯	气相色谱法	0.000 3	GB 13194—91
33	2,4,6-三硝基甲苯	气相色谱法	0.1	*

（续）

序　号	项　目	分析方法	最低检出限（mg/L）	方法来源
34	硝基氯苯	气相色谱法	0.000 2	GB 13194—91
35	2,4-二硝基氯苯	气相色谱法	0.1	*
36	2,4-二氯苯酚	电子捕获-毛细色谱法	0.000 4	*
37	2,4,6-三氯苯酚	电子捕获-毛细色谱法	0.000 04	*
38	五氯酚	气相色谱法	0.000 04	GB 8972—88
		电子捕获-毛细色谱法	0.000 024	*
39	苯胺	气相色谱法	0.002	*
40	联苯胺	气相色谱法	0.000 2	**
41	丙烯酰胺	气相色谱法	0.000 15	*
42	丙烯腈	气相色谱法	0.10	*
43	邻苯二甲酸二丁酯	液相色谱法	0.000 1	HJ/T 72—2001
44	邻苯二甲酸二（2-乙基已基）酯	气相色谱法	0.000 4	*
45	水合肼	对二甲氨基苯甲醛直接分光光度法	0.005	*
46	四乙基铅	双硫腙比色法	0.000 1	
47	吡啶	气相色谱法	0.031	GB/T 14672—93
		巴比土酸分光光度法	0.05	
48	松节油	气相色谱法	0.02	*
49	苦味酸	气相色谱法	0.001	*
50	丁基黄原酸	铜试剂亚铜光度法	0.002	*
51	活性氯	N,N-二乙基对苯二胺（DPD）分光光度法	0.01	*
		3,3',5,5'-四甲基联苯胺比色法	0.005	*
52	滴滴涕	气相色谱法	0.000 2	GB 7492—87
53	林丹	气相色谱法	4×10^{-6}	GB 7492—87
54	环氧七氯	液液萃取气相色谱法	0.000 083	*
55	对硫磷	气相色谱法	0.000 54	GB 13192—91
56	甲基对硫磷	气相色谱法	0.000 42	GB 13192—91
57	马拉硫磷	气相色谱法	0.000 64	GB 13192—91
58	乐果	气相色谱法	0.000 57	GB 13192—91
59	敌敌畏	气相色谱法	0.000 06	GB 13192—91
60	敌百虫	气相色谱法	0.000 051	GB 13192—91
61	内吸磷	气相色谱法	0.002 5	*

（续）

序 号	项 目	分析方法	最低检出限 （mg/L）	方法来源
62	百菌清	气相色谱法	0.000 4	*
63	甲萘威	高效液相色谱法	0.01	*
64	溴氰菊酯	气相色谱法	0.000 2	*
		高效液相色谱法	0.002	*
65	阿特拉津	气相色谱法		**
66	苯并（a）芘	乙酰化滤纸层析荧光分光光度法	4×10^{-6}	GB 11895—89
		高效液相色谱法	1×10^{-6}	GB 13198—91
67	甲基汞	气相色谱法	1×10^{-8}	GB/T 17132—1997
68	多氯联苯	气相色谱法		**
69	微囊藻毒素-LR	高效液相色谱法	0.000 01	*
70	黄磷	钼-锑-抗分光光度法	0.002 5	*
71	钼	无火焰原子吸收分光光度法	0.002 31	*
72	钴	无火焰原子吸收分光光度法	0.001 91	*
73	铍	铬菁 R 分光光度法	0.000 2	HJ/T 58—2000
		石墨炉原子吸收分光光度法	0.000 02	HJ/T 59—2000
		桑色素荧光分光光度法	0.000 2	*
74	硼	姜黄素分光光度法	0.02	HJ/T 49—1999
		甲亚胺-H 分光光度法	0.2	*
75	锑	氢化原子吸收分光光度法	0.000 25	*
76	镍	无火焰原子吸收分光光度法	0.002 48	*
77	钡	无火焰原子吸收分光光度法	0.006 18	*
78	钒	钽试剂（BPHA）萃取分光光度法	0.018	GB/T 15503—1995
		无火焰原子吸收分光光度法	0.006 98	*
79	钛	催化示波极谱法	0.000 4	*
		水杨基荧光酮分光光度法	0.02	*
80	铊	无火焰原子吸收分光光度法	4×10^{-6}	*

注：暂采用下列分析方法，待国家方法标准发布后，执行国家标准。

* 《生活饮用水卫生规范》，中华人民共和国卫生部，2001 年。

** 《水和废水标准检验法（第 15 版）》，中国建筑工业出版社，1985 年。

附录 3　生活饮用水卫生标准

GB 5749—2006

1　范围

本标准规定了生活饮用水水质卫生要求、生活饮用水水源水质卫生要求、集中式供水单位卫生要求、二次供水卫生要求、涉及生活饮用水卫生安全产品卫生要求、水质监测和水质检验方法。

本标准适用于城乡各类集中式供水的生活饮用水，也适用于分散式供水的生活饮用水。

2　规范性引用文件

下列文件中的条款通过本标准的引用而成为本标准的条款。凡是标注日期的引用文件，其随后所有的修改（不包括勘误内容）或修订版均不适用于本标准，然而，鼓励根据本标准达成协议的各方研究是否可使用这些文件的最新版本。凡是不注明日期的引用文件，其最新版本适用于本标准。

GB 3838　地表水环境质量标准

GB/T 5750　生活饮用水标准检验方法

GB/T 14848　地下水质量标准

GB 1 7051　二次供水设施卫生规范

GB/T 17218　饮用水化学处理剂卫生安全性评价

GB/T 17219　生活饮用水输配水设备及防护材料的安全性评价标准

CJ/T 206　城市供水水质标准

SL 308　村镇供水单位资质标准

卫生计生委　生活饮用水集中式供水单位卫生规范

3　术语和定义

下列术语和定义适用于本标准

3.1

生活饮用水　drinking water

供人生活的饮水和生活用水。

3.2

供水方式　type of water supply

3.2.1

集中式供水　central water supply

自水源集中取水，通过输配水管网送到用户或者公共取水点的供水方式，包括自建设施供水。为用户提供日常饮用水的供水站和为公共场所、居民社区提供的分质供水也属于集中式供水。

3.2.2

二次供水　secondary water supply

集中式供水在入户之前经再度储存、加压和消毒或深度处理，通过管道或容器输送给用户的供水方式。

3.2.3

农村小型集中式供水　small central water supply for rural areas

日供水在 1 000 m³ 以下（或供水人口在 1 万人以下）的农村集中式供水。

3.2.4

分散式供水　non-central water supply

用户直接从水源取水，未经任何设施或仅有简易设施的供水方式。

3.3

常规指标　regular indices

能反映生活饮用水水质基本状况的水质指标。

3.4

非常规指标　non-regular indices

根据地区、时间或特殊情况需要的生活饮用水水质指标。

4　生活饮用水水质卫生要求

4.1　生活饮用水水质应符合下列基本要求，保证用户饮用安全。

4.1.1　生活饮用水中不得含有病原微生物。

4.1.2　生活饮用水中化学物质不得危害人体健康。

4.1.3　生活饮用水中放射性物质不得危害人体健康。

4.1.4　生活饮用水的感官性状良好。

4.1.5　生活饮用水应经消毒处理。

4.1.6　生活饮用水水质应符合表 1 和表 3 卫生要求。集中式供水出厂水中消毒剂限值、出厂水和管网末梢水中消毒剂余量均应符合表 2 要求。

4.1.7　农村小型集中式供水和分散式供水的水质因条件限制，部分指标可暂按照表 4 执行，其余指标仍按表 1、表 2 和表 3 执行。

4.1.8　当发生影响水质的突发性公共事件时，经市级以上人民政府批准，感官性状和一般化学指标可适当放宽。

4.1.9　当饮用水中含有附录 A 表 A.1 所列指标时，可参考此表限值评价。

表1　水质常规指标及限值

指　标	限　值
1. 微生物指标①	
总大肠菌群（MPN/100 mL 或 CFU/100 mL）	不得检出
耐热大肠菌群（MPN/100 mL 或 CFU/100 mL）	不得检出
大肠埃希氏菌（MPN/100 mL 或 CFU/100 mL）	不得检出
菌落总数（CFU/mL）	100
2. 毒理指标	
砷（mg/L）	0.01
镉（mg/L）	0.005
铬（六价，mg/L）	0.05
铅（mg/L）	0.01
汞（mg/L）	0.001
硒（mg/L）	0.01
氰化物（mg/L）	0.05
氟化物（mg/L）	1.0
硝酸盐（以 N 计，mg/L）	10 地下水源限制时为 20
三氯甲烷（mg/L）	0.06
四氯化碳（mg/L）	0.002
溴酸盐（使用臭氧时，mg/L）	0.01
甲醛（使用臭氧时，mg/L）	0.9
亚氯酸盐（使用二氧化氯消毒时，mg/L）	0.7
氯酸盐（使用复合二氧化氯消毒时，mg/L）	0.7
3. 感官性状和一般化学指标	
色度（铂钴色度单位）	15
混浊度（NTU-散射浊度单位）	1 水源与净水技术条件限制时为 3
臭和味	无异臭、异味
肉眼可见物	无
pH（pH 单位）	不小于 6.5 且不大于 8.5
铝（mg/L）	0.2
铁（mg/L）	0.3
锰（mg/L）	0.1
铜（mg/L）	1.0
锌（mg/L）	1.0

（续）

指　　标	限　　值
氯化物（mg/L）	250
硫酸盐（mg/L）	250
溶解性总固体（mg/L）	1 000
总硬度（以 $CaCO_3$ 计，mg/L）	450
耗氧量（COD_{Mn} 法，以 O_2 计，mg/L）	3 水源限制，原水耗氧量＞6 mg/L 时为 5
挥发酚类（以苯酚计，mg/L）	0.002
阴离子合成洗涤剂（mg/L）	0.3
4. 放射性指标[②]	指导值
总 α 放射性（Bq/L）	0.5
总 β 放射性（Bq/L）	1

注：① MPN 表示最可能数；CFU 表示菌落形成单位。当水样检出总大肠菌群时，应进一步检验大肠埃希氏菌或耐热大肠菌群；水样未检出总大肠菌群，不必检验大肠埃希氏菌或耐热大肠菌群。

② 放射性指标超过指导值，应进行核素分析和评价，判定能否饮用。

表 2　饮用水中消毒剂常规指标及要求

消毒剂名称	与水接触时间	出厂水中限值	出厂水中余量	管网末梢水中余量
氯气及游离氯制剂（游离氯，mg/L）	至少 30 min	4	≥0.3	≥0.05
一氯胺（总氯，mg/L）	至少 120 min	3	≥0.5	≥0.05
臭氧（O_3，mg/L）	至少 12 min	0.3		0.02 如加氯，总氯≥0.05
二氧化氯（ClO_2，mg/L）	至少 30 min	0.8	≥0.1	≥0.02

表 3　水质非常规指标及限值

指　　标	限　　值
1. 微生物指标	
贾第鞭毛虫（个/10 L）	＜1
隐孢子虫（个/10 L）	＜1
2. 毒理指标	
锑（mg/L）	0.005
钡（mg/L）	0.7
铍（mg/L）	0.002
硼（mg/L）	0.5
钼（mg/L）	0.07

（续）

指　标	限　值
镍（mg/L）	0.02
银（mg/L）	0.05
铊（mg/L）	0.000 1
氯化氰（以 CN⁻计，mg/L）	0.07
一氯二溴甲烷（mg/L）	0.1
二氯一溴甲烷（mg/L）	0.06
二氯乙酸（mg/L）	0.05
1,2-二氯乙烷（mg/L）	0.03
二氯甲烷（mg/L）	0.02
三卤甲烷（三氯甲烷、一氯二溴甲烷、二氯一溴甲烷、三溴甲烷的总和）	该类化合物中各种化合物的实测浓度与其各自限值的比值之和不超过 1
1,1,1-三氯乙烷（mg/L）	2
三氯乙酸（mg/L）	0.1
三氯乙醛（mg/L）	0.01
2,4,6-三氯酚（mg/L）	0.2
三溴甲烷（mg/L）	0.1
七氯（mg/L）	0.000 4
马拉硫磷（mg/L）	0.25
五氯酚（mg/L）	0.009
六六六（总量，mg/L）	0.005
六氯苯（mg/L）	0.001
乐果（mg/L）	0.08
对硫磷（mg/L）	0.003
灭草松（mg/L）	0.3
甲基对硫磷（mg/L）	0.02
百菌清（mg/L）	0.01
呋喃丹（mg/L）	0.007
林丹（mg/L）	0.002
毒死蜱（mg/L）	0.03
草甘膦（mg/L）	0.7
敌敌畏（mg/L）	0.001
莠去津（mg/L）	0.002
溴氰菊酯（mg/L）	0.02
2,4-滴（mg/L）	0.03
滴滴涕（mg/L）	0.001

（续）

指 标	限 值
乙苯（mg/L）	0.3
二甲苯（mg/L）	0.5
1,1-二氯乙烯（mg/L）	0.03
1,2-二氯乙烯（mg/L）	0.05
1,2-二氯苯（mg/L）	1
1,4-二氯苯（mg/L）	0.3
三氯乙烯（mg/L）	0.07
三氯苯（总量，mg/L）	0.02
六氯丁二烯（mg/L）	0.000 6
丙烯酰胺（mg/L）	0.000 5
四氯乙烯（mg/L）	0.04
甲苯（mg/L）	0.7
邻苯二甲酸二（2-乙基己基）酯（mg/L）	0.008
环氧氯丙烷（mg/L）	0.000 4
苯（mg/L）	0.01
苯乙烯（mg/L）	0.02
苯并（a）芘（mg/L）	0.000 01
氯乙烯（mg/L）	0.005
氯苯（mg/L）	0.3
微囊藻毒素-LR（mg/L）	0.001
3. 感官性状和一般化学指标	
氨氮（以 N 计，mg/L）	0.5
硫化物（mg/L）	0.02
钠（mg/L）	200

表 4　农村小型集中式供水和分散式供水部分水质指标及限值

指 标	限 值
1. 微生物指标	
菌落总数（CFU/mL）	500
2. 毒理指标	
砷（mg/L）	0.05
氟化物（mg/L）	1.2
硝酸盐（以 N 计，mg/L）	20

（续）

指　　标	限　　值
3. 感官性状和一般化学指标	
色度（铂钴色度单位）	20
混浊度（NTU－散射浊度单位）	3 水源与净水技术条件限制时为 5
pH（pH 单位）	不小于 6.5 且不大于 9.5
溶解性总固体（mg/L）	1 500
总硬度（以 $CaCO_3$ 计，mg/L）	550
耗氧量（COD_{Mn}法，以 O_2 计，mg/L）	5
铁（mg/L）	0.5
锰（mg/L）	0.3
氯化物（mg/L）	300
硫酸盐（mg/L）	300

5　生活饮用水水源水质卫生要求

5.1　采用地表水为生活饮用水水源时应符合 GB 3838 的要求。

5.2　采用地下水为生活饮用水水源时应符合 GB/T 14848 的要求。

6　集中式供水单位卫生要求

6.1　集中式供水单位的卫生要求应按照卫生计生委《生活饮用水集中式供水单位卫生规范》执行。

7　二次供水卫生要求

二次供水的设施和处理要求应按照 GB 17051 执行。

8　涉及生活饮用水卫生安全产品卫生要求

8.1　处理生活饮用水采用的絮凝、助凝、消毒、氧化、吸附、pH 调节、防锈、阻垢等化学处理剂不应污染生活饮用水，应符合 GB/T 17218 要求。

8.2　生活饮用水的输配水设备、防护材料和水处理材料不应污染生活饮用水，应符合 GB/T 17219 要求。

9　水质监测

9.1　供水单位的水质检测

供水单位的水质检测应符合以下要求。

9.1.1　供水单位的水质非常规指标选择由当地县级以上供水行政主管部门和卫生行政部

门协商确定。

9.1.2 城市集中式供水单位水质检测的采样点选择、检验项目和频率、合格率计算按照 CJ/T 206 执行。

9.1.3 村镇集中式供水单位水质检测的采样点选择、检验项目和频率、合格率计算按照 SL 308 执行。

9.1.4 供水单位水质检测结果应定期报送当地卫生行政部门，报送水质检测结果的内容和办法由当地供水行政主管部门和卫生行政部门商定。

9.1.5 当饮用水水质发生异常时应及时报告当地供水行政主管部门和卫生行政部门。

9.2 卫生监督的水质监测

卫生监督的水质监测应符合以下要求。

9.2.1 各级卫生行政部门应根据实际需要定期对各类供水单位的供水水质进行卫生监督、监测。

9.2.2 当发生影响水质的突发性公共事件时，由县级以上卫生行政部门根据需要确定饮用水监督、监测方案。

9.2.3 卫生监督的水质监测范围、项目、频率由当地市级以上卫生行政部门确定。

10 水质检验方法

生活饮用水水质检验应按照 GB/T 5750 执行。

附　录　A
资料性附录

表 A.1　生活饮用水水质参考指标及限值

指　标	限　值
肠球菌（CFU/100 mL）	0
产气荚膜梭状芽孢杆菌（CFU/100 mL）	0
二（2-乙基己基）己二酸酯（mg/L）	0.4
二溴乙烯（mg/L）	0.000 05
二噁英（2,3,7,8-TCDD，mg/L）	0.000 000 03
土臭素（二甲基萘烷醇，mg/L）	0.000 01
五氯丙烷（mg/L）	0.03
双酚 A（mg/L）	0.01
丙烯腈（mg/L）	0.1
丙烯酸（mg/L）	0.5
丙烯醛（mg/L）	0.1
四乙基铅（mg/L）	0.000 1
戊二醛（mg/L）	0.07
甲基异莰醇-2（mg/L）	0.000 01
石油类（总量，mg/L）	0.3
石棉（>10 mm，万个/L）	700
亚硝酸盐（mg/L）	1
多环芳烃（总量，mg/L）	0.002
多氯联苯（总量，mg/L）	0.000 5
邻苯二甲酸二乙酯（mg/L）	0.3
邻苯二甲酸二丁酯（mg/L）	0.003
环烷酸（mg/L）	1.0
苯甲醚（mg/L）	0.05
总有机碳（TOC，mg/L）	5
萘酚-b（mg/L）	0.4
黄原酸丁酯（mg/L）	0.001
氯化乙基汞（mg/L）	0.000 1
硝基苯（mg/L）	0.017
镭 226 和镭 228（pCi/L）	5
氡（pCi/L）	300

附录4 海水水质标准

GB 3097—1997

1 主题内容与标准适用范围

本标准规定了海域各类使用功能的水质要求。

本标准适用于中华人民共和国管辖的海域。

2 引用标准

下列标准所含条文，在本标准中被引用即构成本标准的条文，与本标准同效。

GB 12763.4—91 海洋调查规范 海水化学要素观测

HY 003—91 海洋监测规范

GB 12763.2—91 海洋调查规范 海洋水文观测

GB 7467—87 水质 六价铬的测定 二苯碳酰二肼分光光度法

GB 7485—87 水质 总砷的测定 二乙基二硫代氨基甲酸银分光光度法

GB 11910—89 水质 镍的测定 丁二酮肟分光光度法

GB 11912—89 水质 镍的测定 火焰原子吸收分光光度法

GB 13192—91 水质 有机磷农药的测定 气相色谱法

GB 11895—89 水质 苯并（a）芘的测定 乙酰化滤纸层析荧光分光光度法

当上述标准被修订时，应使用其最新版本。

3 海水水质分类与标准

3.1 海水水质分类

按照海域的不同使用功能和保护目标，海水水质分为四类：

第一类 适用于海洋渔业水域，海上自然保护区和珍稀濒危海洋生物保护区。

第二类 适用于水产养殖区，海水浴场，人体直接接触海水的海上运动或娱乐区，以及与人类食用直接有关的工业用水区。

第三类 适用于一般工业用水区，滨海风景旅游区。

第四类 适用于海洋港口水域，海洋开发作业区。

3.2 海水水质标准

各类海水水质标准列于表1。

表1　海水水质标准

单位：mg/L

序　号	项　目	第一类	第二类	第三类	第四类
1	漂浮物质	海面不得出现油膜、浮沫和其他漂浮物质			海面无明显油膜、浮沫和其他漂浮物质
2	色、臭、味	海水不得有异色、异臭、异味			海水不得有令人厌恶和感到不快的色、臭、味
3	悬浮物质	人为增加的量≤10		人为增加的量≤100	人为增加的量≤150
4	大肠菌群≤（个/L）	10 000 供人生食的贝类增养殖水质≤700			—
5	粪大肠菌群≤（个/L）	2 000 供人生食的贝类增养殖水质≤140			—
6	病原体	供人生食的贝类养殖水质不得含有病原体			
7	水温（℃）	人为造成的海水温升夏季不超过当时当地1℃，其他季节不超过2℃		人为造成的海水温升不超过当时当地4℃	
8	pH	7.8～8.5 同时不超出该海域正常变动范围的0.2 pH单位		6.8～8.8 同时不超出该海域正常变动范围的0.5 pH单位	
9	溶解氧＞	6	5	4	3
10	化学需氧量≤(COD)	2	3	4	5
11	生化需氧量≤(BOD$_5$)	1	3	4	5
12	无机氮≤(以N计)	0.20	0.30	0.40	0.50
13	非离子氨≤(以N计)	0.020			
14	活性磷酸盐≤（以P计）	0.015	0.030		0.045
15	汞≤	0.000 05	0.000 2		0.000 5
16	镉≤	0.001	0.005	0.010	
17	铅≤	0.001	0.005	0.010	0.050
18	六价铬≤	0.005	0.010	0.020	0.050
19	总铬≤	0.05	0.10	0.20	0.50
20	砷≤	0.02	0.03	0.05	
21	铜≤	0.005	0.010	0.050	
22	锌≤	0.020	0.050	0.100	0.500
23	硒≤	0.010	0.020		0.050
24	镍≤	0.005	0.010	0.020	0.050
25	氰化物≤	0.005		0.100	0.200

（续）

序　号	项　　目	第一类	第二类	第三类	第四类
26	硫化物≤（以 S 计）	0.02	0.05	0.10	0.25
27	挥发性酚≤	0.005		0.010	0.050
28	石油类≤	0.05		0.30	0.50
29	六六六≤	0.001	0.002	0.003	0.005
30	滴滴涕≤	0.000 05		0.000 1	
31	马拉硫磷≤	0.000 5		0.001	
32	甲基对硫磷≤	0.000 5		0.001	
33	苯并（a）芘≤ （μg/L）	0.002 5			
34	阴离子表面活性剂 （以 LAS 计）	0.03		0.10	
35	放射性核素 （Bq/L）	^{60}Co　0.03			
		^{90}Sr　4			
		^{106}Rn　0.2			
		^{134}Cs　0.6			
		^{137}Cs　0.7			

4　海水水质监测

4.1　海水水质监测样品的采集、贮存、运输和预处理按 GB 12763.4—91 和 HY003—91 的有关规定执行。

4.2　本标准各项目的监测，按表 2 的分析方法进行。

表 2　海水水质分析方法

序　号	项　目	分析方法	检出限，mg/L	引用标准
1	漂浮物质	目测法		
2	色、臭、味	比色法 感官法		GB 12763.2—91 HY 003.4—91
3	悬浮物质	重量法	2	HY 003.4—91
4	大肠菌群	（1）发酵法　（2）滤膜法		HY 003.9—91
5	粪大肠菌群	（1）发酵法　（2）滤膜法		HY 003.9—91
6	病原体	（1）微孔滤膜吸附法[1,a] （2）沉淀病毒浓聚法[1,a] （3）透析法[1,a]		
7	水温	（1）水温的铅直连续观测 （2）标准层水温观测		GB 12763.2—91 GB 12763.2—91

（续）

序　号	项　目	分析方法	检出限，mg/L	引用标准
8	pH	（1）pH 计电测法 （2）pH 比色法		GB 12763.4—91 HY 003.4—91
9	溶解氧	碘量滴定法	0.042	GB 12763.4—91
10	化学需氧量 （COD）	碱性高锰酸钾法	0.15	HY 003.4—91
11	生化需氧量 （BOD₅）	五日培养法		HY 003.4—91
12	无机氮[2] （以 N 计）	氮：（1）靛酚蓝法 　　　（2）次溴酸钠氧化法 亚硝酸盐：重氮-偶氮法 硝酸盐：（1）锌-镉还原法 　　　　（2）铜镉柱还原法	0.7×10^{-3} 0.4×10^{-3} 0.3×10^{-3} 0.7×10^{-3} 0.6×10^{-3}	GB 12763.4—91 GB 12763.4—91 GB 12763.4—91 GB 12763.4—91 GB 12763.4—91
13	非离子氨[3] （以 N 计）	按附录 B 进行换算		
14	活性磷酸盐 （以 P 计）	（1）抗坏血酸还原的磷钼兰法 （2）磷钼兰萃取分光光度法	0.62×10^{-3} 1.4×10^{-3}	GB 12763.4—91 HY 003.4—91
15	汞	（1）冷原子吸收分光光度法 （2）金捕集冷原子吸收光度法	$0.008\,6\times10^{-3}$ 0.002×10^{-3}	HY 003.4—91 HY 003.4—91
16	镉	（1）无火焰原子吸收分光光度法 （2）火焰原子吸收分光光度法 （3）阳极溶出伏安法 （4）双硫腙分光光度法	0.014×10^{-3} 0.34×10^{-3} 0.7×10^{-3} 1.1×10^{-3}	HY 003.4—91 HY 003.4—91 HY 003.4—91 HY 003.4—91
17	铅	（1）无火焰原子吸收分光光度法 （2）阳极溶出伏安法 （3）双硫腙分光光度法	0.19×10^{-3} 4.0×10^{-3} 2.6×10^{-3}	HY 003.4—91 HY 003.4—91 HY 003.4—91
18	六价铬	二苯碳酰二肼分光光度法	4.0×10^{-3}	GB 7467—87
19	总铬	（1）二苯碳酰二肼分光光度法 （2）无火焰原子吸收分光光度法	1.2×10^{-3} 0.91×10^{-3}	HY 003.4—91 HY 003.4—91
20	砷	（1）砷化氢-硝酸银分光光度法 （2）氢化物发生原子吸收分光光度法 （3）二乙基二硫代氨基甲酸银分光光度法	1.3×10^{-3} 1.2×10^{-3} 7.0×10^{-3}	HY 003.4—91 HY 003.4—91 GB 7485—87
21	铜	（1）无火焰原子吸收分光光度法 （2）二乙氨基二硫代甲酸钠分光光度法 （3）阳极溶出伏安法	1.4×10^{-3} 4.9×10^{-3} 3.7×10^{-3}	HY 003.4—91 HY 003.4—91 HY 003.4—91
22	锌	（1）火焰原子吸收分光光度法 （2）阳极溶出伏安法 （3）双硫腙分光光度法	16×10^{-3} 6.4×10^{-3} 9.2×10^{-3}	HY 003.4—91 HY 003.4—91 HY 003.4—91

（续）

序 号	项 目	分析方法	检出限，mg/L	引用标准
23	硒	（1）荧光分光光度法	0.73×10^{-3}	HY 003.4—91
		（2）二氨基联苯胺分光光度法	1.5×10^{-3}	HY 003.4—91
		（3）催化极谱法	0.14×10^{-3}	HY 003.4—91
24	镍	（1）丁二酮肟分光光度法	0.25	GB 11910—89
		（2）无火焰原子吸收分光光度法[1,b]	0.03×10^{-3}	
		（3）火焰原子吸收分光光度法	0.05	GB 11912—89
25	氰化物	（1）异烟酸-吡唑啉酮分光光度法	2.1×10^{-3}	HY 003.4—91
		（2）吡啶-巴比土酸分光光度法	1.0×10^{-3}	HY 003.4—91
26	硫化物（以 S 计）	（1）亚甲基蓝分光光度法	1.7×10^{-3}	HY 003.4—91
		（2）离子选择电极法	8.1×10^{-3}	HY 003.4—91
27	挥发性酚	4-氨基安替吡啉分光光度法	4.8×10^{-3}	HY 003.4—91
28	石油类	（1）环己烷萃取荧光分光光度法	9.2×10^{-3}	HY 003.4—91
		（2）紫外分光光度法	60.5×10^{-3}	HY 003.4—91
		（3）重量法	0.2	HY 003.4—91
29	六六六[4]	气相色谱法	1.1×10^{-3}	HY 003.4—91
30	滴滴涕[4]	气相色谱法	3.8×10^{-3}	HY 003.4—91
31	马拉硫磷	气相色谱法	0.64×10^{-3}	GB 13192—91
32	甲基对硫磷	气相色谱法	0.42×10^{-3}	GB 13192—91
33	苯并（a）芘	乙酰化滤纸层析-荧光分光光度法	2.5×10^{-3}	GB 11895—89
34	阴离子表面活性剂（以 LAS 计）	亚甲基蓝分光光度法	0.023	HY 003.4—91
35	放射性核素 Bq/L	[60]Co 离子交换-萃取-电沉积法	2.2×10^{-3}	HY/T 003.8—91
		[90]Sr （1）HDEHP 萃取-β 计数法	1.8×10^{-3}	HY/T 003.8—91
		（2）离子交换-β 计数法	2.2×10^{-3}	HY/T 003.8—91
		[106]Ru （1）四氯化碳萃取-镁粉还原-β 计数法	3.0×10^{-3}	HY/T 003.8—91
		（2）β 能谱法[1,c]	4.4×10^{-3}	
		[134]Cs β 能谱法，参见 [137]Cs 分析法		
		[137]Cs （1）亚铁氰化铜-硅胶现场富集-β 能谱法	1.0×10^{-3}	HY/T 003.8—91
		（2）磷钼酸铵-碘铋酸铯-β 计数法	3.7×10^{-3}	HY/T 003.8—91

注：1. 暂时采用下列分析方法，待国家标准发布后执行国家标准：

    a.《水和废水标准检验法》，第 15 版，中国建筑工业出版社，805～827，1985。

    b. 环境科学，7（6）：75～79，1986。

    c.《辐射防护手册》，原子能出版社，2：259，1988。

  2. 见附录 A。

  3. 见附录 B。

  4. 六六六和 DDT 的检出限系指其四种异物体检出限之和。

5 混合区的规定

污水集中排放形成的混合区，不得影响邻近功能区的水质和鱼类回游通道。

附　录　A
无机氮的计算

无机氮是硝酸盐氮、亚硝酸盐氮和氨氮的总和，无机氮也称"活性氮"，或简称"三氮"。

在现行监测中，水样中的硝酸盐、亚硝酸盐和氨的浓度是以 $\mu mol/L$ 表示总和。而本标准规定无机氮是以氮（N）计，单位采用 mg/L，因此，按下式计算无机氮：

$$c(N) = 14 \times 10^{-3} \left[c(NO_3^- - N) + c(NO_2^- - N) + c(NH_3) - N \right]$$

式中：$c(N)$——无机氮浓度，以 N 计，mg/L；

$c(NO_3 - N)$——用监测方法测出的水样中硝酸盐的浓度，$\mu mol/L$；

$c(NO_2 - N)$——用监测方法测出的水样中亚硝酸盐的浓度，$\mu mol/L$；

$c(NH_3 - N)$——用监测方法测出的水样中氨的浓度，$\mu mol/L$。

附 录 B
非离子氨换算方法

按靛酚蓝法，次溴酸钠氧化法（GB 12763.4—91）测定得到的氨浓度（$NH_3 - N$）看作是非离子氨与离子氨浓度的总和，非离子氨在氨的水溶液中的比例与水温、pH 值以及盐度有关。可按下述公式换算出非离子氨的浓度：

$$c(NH_3) = 14 \times 10^{-5} c(NH_3 - N) \cdot f$$

$$f = 100/(10^{pK_a^{S \cdot T} - pH} + 1)$$

$$pK_a^{S \cdot T} = 9.245 + 0.002\,949S + 0.032\,4\,(298 - T)$$

式中：f——氨的水溶液中非离子氨的摩尔百分比；

$c(NH_3)$——现场温度、pH、盐度下，水样中非离子氨的浓度（以 N 计），mg/L；

$c(NH_3 - N)$——用监测方法测得的水样中氨的浓度，μmol/L；

$\quad\quad T$——海水温度，°K；

$\quad\quad S$——海水盐度；

$\quad\quad$pH——海水的 pH；

$\quad\quad pK_a^{S \cdot T}$——温度为 T（$T = 273 + t$），盐度为 S 的海水中的 NH_4^+ 的解离平衡常数 $K_a^{S \cdot T}$ 的负对数。

附录5 无公害食品 淡水养殖用水水质

NY 5051—2001

1 范围

本标准规定了淡水养殖用水水质要求、测定方法、检验规则和结果判定。

本标准适用于淡水养殖用水。

2 规范性引用文件

下列文件中的条款通过本标准的引用而成为本标准的条款。凡是注日期的引用文件，其随后所有的修改单（不包括勘误的内容）或修订版均不适用于本标准，然而，鼓励根据本标准达成协议的各方研究是否可使用这些文件的最新版本。凡是不注日期的引用文件，其最新版本适用于本标准。

GB/T 5750 生活饮用水标准检验法

GB/T 7466 水质 总铬的测定

GB/T 7468 水质 总汞的测定 冷原子吸收分光光度法

GB/T 7469 水质 总汞的测定 高锰酸钾-过硫酸钾消解法 双硫腙分光光度法

GB/T 7470 水质 铅的测定 双硫腙分光光度法

GB/T 7471 水质 镉的测定 双硫腙分光光度法

GB/T 7472 水质 锌的测定 双硫腙分光光度法

GB/T 7473 水质 铜的测定 2,9-二甲基-1,10-菲罗啉分光光度法

GB/T 7474 水质 铜的测定 二乙基二硫代氨基甲酸钠分光光度法

GB/T 7475 水质 铜、锌、铅、镉的测定 原子吸收分光光度法

GB/T 7482 水质 氟化物的测定 茜素磺酸锆目视比色法

GB/T 7483 水质 氟化物的测定 氟试剂分光光度法

GB/T 7484 水质 氟化物的测定 离子选择电极法

GB/T 7485 水质 总砷的测定 二乙基二硫代氨基甲酸银分光光度法

GB/T 7490 水质 挥发酚的测定 蒸馏后4-氨基安替比林分光光度法

GB/T 7491 水质 挥发酚的测定 蒸馏后溴化容量法

GB/T 7492 水质 六六六、滴滴涕的测定 气相色谱法

GB/T 8538 饮用天然矿泉水检验方法

GB 11607 渔业水质标准

GB/T 12997 水质 采样方案设计技术规定

GB/T 12998 水质 采样技术指导

GB/T 12999 水质采样 样品的保存和管理技术规定

GB/T 13192 水质 有机磷农药的测定 气相色谱法

GB/T 16488 水质 石油类和动植物油的测定 红外光度法

水和废水监测分析方法

3 要求

3.1 淡水养殖水源应符合 GB 11607 规定。

3.2 淡水养殖用水水质应符合表 1 要求。

表 1 淡水养殖用水水质要求

序 号	项 目	标准值
1	色、臭、味	不得使养殖水体带有异色、异臭、异味
2	总大肠菌群，个/L	≤5 000
3	汞，mg/L	≤0.000 5
4	镉，mg/L	≤0.005
5	铅，mg/L	≤0.05
6	铬，mg/L	≤0.1
7	铜，mg/L	≤0.01
8	锌，mg/L	≤0.1
9	砷，mg/L	≤0.05
10	氟化物，mg/L	≤1
11	石油类，mg/L	≤0.05
12	挥发性酚，mg/L	≤0.005
13	甲基对硫磷，mg/L	≤0.000 5
14	马拉硫磷，mg/L	≤0.005
15	乐果，mg/L	≤0.1
16	六六六（丙体），mg/L	≤0.002
17	DDT，mg/L	≤0.001

4 测定方法

淡水养殖用水水质测定方法见表 2。

表 2 淡水养殖用水水质测定方法

序号	项目	测定方法	测试方法标准编号	检测下限 mg/L
1	色、臭、味	感官法	GB/T 5750	—
2	总大肠菌群	（1）多管发酵法	GB/T 5750	—
		（2）滤膜法		—

（续）

序号	项目	测定方法		测试方法标准编号	检测下限 mg/L
3	汞	（1）原子荧光光度法		GB/T 8538	0.000 05
		（2）冷原子吸收分光光度法		GB/T 7468	0.000 05
		（3）高锰酸钾-过硫酸钾消解法 双硫腙分光光度　GB/T 7469			0.002
4	镉	（1）原子吸收分光光度法		GB/T 7475	0.001
		（2）双硫腙分光光度法		GB/T 7471	0.001
5	铅	（1）原子吸收分光光度法	螯合萃取法	GB/T 7470	0.01
			直接法		0.2
		（2）双硫腙分光光度法		GB/T 7475	0.01
6	铬	二苯碳二肼分光光度法（高锰酸盐氧化法）		GB/T 7466	0.004
7	砷	（1）原子荧光光度法		GB/T 8538	0.000 4
		（2）二乙基二硫代氨基甲酸银分光光度法		GB/T 7485	0.007
8	铜	（1）原子吸收分光光度法	螯合萃取法	GB/T 7475	0.001
			直接法		0.05
		（2）二乙基二硫代氨基甲酸钠分光光度法		GB/T 7474	0.010
		（3）2,9-二甲基-1,10-菲罗啉分光光度法		GB/T 7473	0.06
9	锌	（1）原子吸收分光光度法		GB/T 7475	0.05
		（2）双硫腙分光光度法		GB/T 7472	0.005
10	氧化物	（1）茜素磺酸锆目视比色法		GB/T 7483	0.05
		（2）氟试剂分光光度法		GB/T 7484	0.05
		（3）离子选择电极法		GB/T 7482	0.05
11	石油类	（1）红外分光光度法		GB/T 16488	0.01
		（2）非分散红外光度法			0.02
		（3）紫外分光光度法		《水和废水监测分析 方法》（国家环保局）	0.05
12	挥发酚	（1）蒸馏后4-氨基安替比林分光光度法		GB/T 7490	0.002
		（2）蒸馏后溴化容量法		GB/T 7491	—
13	甲基对硫磷	气相色谱法		GB/T 13192	0.000 42
14	马拉硫磷	气相色谱法		GB/T 13192	0.000 64
15	乐果	气相色谱法		GB/T 13192	0.000 57
16	六六六	气相色谱法		GB/T 7492	0.000 04
17	DDT	气相色谱法		GB/T 7492	0.000 2

注：对同一项目有两个或两个以上测定方法的，当对测定结果有异议时，方法（1）为仲裁测定执行。

5　检验规则

检测样品的采集、贮存、运输和处理按 GB/T 12997、GB/T 12998 和 GB/T 12999 的规定执行。

6　结果判定

本标准采用单项判定法，所列指标单项超标，判定为不合格。

附录6 无公害食品 海水养殖用水水质

NY 5052—2001

1 范围

本标准规定了海水养殖用水水质要求、测定方法、检验规则和结果判定。

本标准适用于海水养殖用水。

2 规范性引用文件

下列文件中的条款通过本标准的引用而成为本标准的条款。凡是注日期的引用文件，其随后所有的修改单（不包括勘误的内容）或修订版均不适用于本标准，然而，鼓励根据本标准达成协议的各方研究是否可使用这些文件的最新版本。凡是不注日期的引用文件，其最新版本适用于本标准。

GB/T 7467 水质 六价铬的测定 二苯碳酰二肼分光光度法

GB/T 12763.2 海洋调查规范 海洋水文观测

GB/T 12763.4 海洋调查规范 海水化学要素观测

GB/T 13192 水质 有机磷农药的测定 气相色谱法

GB 17378（所有部分） 海洋监测规范

3 要求

海水养殖水质应符合表1要求。

表1 海水养殖水质要求

序号	项　　目	标准值
1	色、臭、味	海水养殖水体不得有异色、异臭、异味
2	大肠菌群，个/L	≤45 000，供人生食的贝类养殖水质≤500
3	粪大肠菌群，个/L	≤2 000，供人生食的贝类养殖水质≤140
4	汞，mg/L	≤0.000 2
5	镉，mg/L	≤0.005
6	铅，mg/L	≤0.05
7	六价铬，mg/L	≤0.01
8	总铬，mg/L	≤0.1
9	砷，mg/L	≤0.03
10	铜，mg/L	≤0.01

（续）

序号	项　目	标准值
11	锌，mg/L	≤0.1
12	硒，mg/L	≤0.02
13	氰化物，mg/L	≤0.005
14	挥发性酚，mg/L	0.005
15	石油类，mg/L	≤0.05
16	六六六，mg/L	≤0.001
17	滴滴涕，mg/L	≤0.000 05
18	马拉硫酸，mg/L	≤0.000 5
19	甲基对硫磷，mg/L	≤0.000 5
20	乐果，mg/L	≤0.1
21	多氯联苯，mg/L	≤0.000 02

4　测定方法

海水养殖用水水质按表 2 提供方法进行分析测定。

表 2　海水养殖水质项目测定方法

序　号	项　目	分析方法	检出限（mg/L）	依据标准
1	色、臭、味	（1）比色法 （2）感官法	— —	GB/T 12763.2 GB 17378
2	大肠菌群	（1）发酵法　（2）滤膜法	—	GB 17378
3	粪肠菌群	（1）发酵法　（2）滤膜法	—	GB 17378
4	汞	（1）冷原子吸收分光光度法 （2）金捕集冷原子吸收分光光度法 （3）双硫腙分光光度法	1.0×10^{-6} 2.7×10^{-6} 4.0×10^{-4}	GB 17378 GB 17378 GB 17378
5	镉	（1）双硫腙分光光度法 （2）火焰原子吸收分光光度法 （3）阳极溶出伏安法 （4）无火焰原子吸收分光光度法	3.6×10^{-3} 9.0×10^{-5} 9.0×10^{-5} 1.0×10^{-5}	GB 17378 GB 17378 GB 17378 GB 17378
6	铅	（1）双硫腙分光光度法 （2）阳极溶出伏安法 （3）无火焰原子吸收分光光度法 （4）火焰原子吸收分光光度法	1.4×10^{-3} 3.0×10^{-4} 3.0×10^{-5} 1.8×10^{-3}	GB 17378 GB 17378 GB 17378 GB 17378
7	六价铬	二苯碳酰二肼分光光度法	4.0×10^{-3}	GB/T 7467
8	总铬	（1）二苯碳酰二肼分光光度法 （2）无火焰原子吸收分光光度法	3.0×10^{-4} 4.0×10^{-4}	GB 17378 GB 17378

（续）

序　号	项　目	分析方法	检出限（mg/L）	依据标准
9	砷	（1）砷化氢-硝化氢-硝酸银分光光度法 （2）氢化物发生原子吸收分光光度法 （3）催化极谱法	4.0×10^{-4} 6.0×10^{-5} 1.1×10^{-3}	GB 17378 GB 17378 GB 7585
10	铜	（1）二乙氨基二硫化甲酸钠分光光度法 （2）无火焰原子吸收分光光度法 （3）阳极溶出伏安法 （4）火焰原子吸收分光光度法	8.0×10^{-5} 2.0×10^{-4} 6.0×10^{-4} 1.1×10^{-3}	GB 17378 GB 17378 GB 17378 GB 17378
11	锌	（1）双硫腙分光光度法 （2）阳极溶出伏安法 （3）火焰原子吸收分光光度法	1.9×10^{-3} 1.2×10^{-3} 3.1×10^{-3}	GB 17378 GB 17378 GB 17378
12	硒	（1）荧光分光光度法 （2）二氨基联苯胺分光光度法 （3）催化极谱法	2.0×10^{-4} 4.0×10^{-4} 1.0×10^{-4}	GB 17378 GB 17378 GB 17378
13	氰化物	（1）异烟酸-唑啉酮分光光度法 （2）吡啶-巴比土酸分光光度法	5.0×10^{-4} 3.0×10^{-4}	GB 17378 GB 17378
14	挥发性酚	蒸馏后 4-氨基安替比林分光光度法	1.1×10^{-3}	GB 17378
15	石油类	（1）环己烷萃取荧光分光光度法 （2）紫外分光光度法 （3）重量法	6.5×10^{-3} 3.5×10^{-3} 0.2	GB 17378 GB 17378 GB 17378
16	六六六	气相色谱法	1.0×10^{-6}	GB 17378
17	滴滴涕	气相色谱法	3.8×10^{-6}	GB 17378
18	马拉硫磷	气相色谱法	6.4×10^{-4}	GB/T 13192
19	甲基对硫磷	气相色谱法	4.2×10^{-4}	GB/T 13192
20	乐果	气相色谱法	5.7×10^{-4}	GB 13192
21	多氯联苯	气相色谱法	1.0×10^{-6}	GB 17378

注：部分有多种测定方法的指标，在测定结果出现争议时，以方法（1）测定为仲裁结果。

5　检验规则

海水养殖用水水质监测样品的采集、贮存、运输和预处理按 GB/T 12763.4 和 GB 17378.3 的规定执行。

6　结果判定

本标准采用单项判定法，所列指标单项超标，判定为不合格。

附录 7 无公害食品 水产品中有毒有害物质限量

NY 5073—2006

1 范围

本标准规定了无公害食品 水产品中有毒有害物质限量的要求、试验方法。

本标准适用于捕捞及养殖的鲜、活水产品。

2 规范性引用文件

下列文件中的条款通过本标准的引用而成为本标准的条款。凡是注日期的引用文件，其随后所有的修改单（不包括勘误的内容）或修订版均不适用于本标准，然而，鼓励根据本标准达成协议的各方研究是否可使用这些文件的最新版本。凡是不注日期的引用文件，其最新版本适用于本标准。

GB/T 5009.11 食品中总砷及无机砷的测定

GB/T 5009.12 食品中铅的测定

GB/T 5009.13 食品中铜的测定

GB/T 5009.15 食品中镉的测定

GB/T 5009.17 食品中总汞及有机汞的测定

GB/T 5009.18 食品中氟的测定

GB/T 5009.45—2003 水产品卫生标准的分析方法

GB/T 5009.190 海产食品中多氯联苯的测定

GB 17378.6 海洋监测规范 第6部分：生物体分析

SC/T 3016 水产品抽样方法

SC/T 3023 麻痹性贝类毒素的测定 生物法

SC/T 3024 腹泻性贝类毒素的测定 生物法

3 要求

水产品中有毒有害物质限量见表1。

表 1 水产品中有毒有害物质限量

项 目		指 标
组胺，	mg/100 g	≤100（鲐鲹鱼类） ≤30（其他红肉鱼类）
麻痹性贝类毒素（PSP），	MU/100 g	≤400（贝类）

项　　目		指　　标
腹泻性贝类毒素（DSP），	MU/g	不得检出（贝类）
无机砷，	mg/kg	≤0.1（鱼类） ≤0.5（其他动物性水产品）
甲基汞，	mg/kg	≤0.5（所有水产品，不包括食肉鱼类） ≤1.0（肉食性鱼类，如鲨鱼、金枪鱼、旗鱼等）
铅（Pb），	mg/kg	≤0.5（鱼类） ≤0.5（甲壳类） ≤1.0（贝类） ≤1.0（头足类）
镉（Cd），	mg/kg	≤0.1（鱼类） ≤0.5（甲壳类） ≤1.0（贝类） ≤1.0（头足类）
铜（Cu），	mg/kg	≤50
氟（F），	mg/kg	≤2.0（淡水鱼类）
石油烃，	mg/kg	≤15
多氯联苯（PCBs）， mg/kg 　（以 PCB 28、PCB 52、PCB 101、PCB 118、 PCB 138、PCB 153、PCB 180 总和计） 其中： 　PCB 138，　　　　　　　 mg/kg 　PCB 153，　　　　　　　 mg/kg		≤2.0（海产品） ≤0.5 ≤0.5

4　试验方法

4.1　组胺的测定
按 GB/T 5009.45—1996 中 4.4 条的规定执行。

4.2　麻痹性贝类毒素的测定
按 SC/T 3023 中的规定执行。

4.3　腹泻性贝类毒素的测定
按 SC/T 3024 中的规定执行。

4.4　无机砷的测定
按 GB/T 5009.11 中的规定执行。

4.5　甲基汞的测定
按 GB/T 5009.17 中的规定执行。

4.6 铅的测定

按 GB/T 5009.12 中的规定执行。

4.7 镉的测定

按 GB/T 5009.15 中的规定执行。

4.8 铜的测定

按 GB/T 5009.13 中的规定执行。

4.9 氟的测定

按 GB/T 5009.18 中的规定执行。

4.10 石油烃含量的测定

按 GB 17378.6 中的规定执行。

4.11 多氯联苯的测定

按 GB/T 5009.190 中的规定执行。

附录8 绿色食品 渔药使用准则

NY/T 755—2013

1 范围

本标准规定了绿色食品水产养殖过程中渔药使用的术语和定义、基本原则和使用规定。

本标准适用于绿色食品水产养殖过程中疾病的预防和治疗。

2 规范性引用文件

下列文件对于本文件的应用是必不可少的。凡是注日期的引用文件，仅注日期的版本适用于本文件。凡是不注日期的引用文件，其最新版本（包括所有的修改单）适用于本文件。

GB/T 19630.1 有机产品 第1部分：生产

中华人民共和国农业部 中华人民共和国兽药典

中华人民共和国农业部 兽药质量标准

中华人民共和国农业部 进口兽药质量标准

中华人民共和国农业部 兽用生物制品质量标准

NY/T 391 绿色食品 产地环境质量

中华人民共和国农业部公告 第176号 禁止在饲料和动物饮用水中使用的药物品种目录

中华人民共和国农业部公告 第193号 食品动物禁用的兽药及其他化合物清单

中华人民共和国农业部公告 第235号 动物性食品中兽药最高残留限量

中华人民共和国农业部公告 第278号 停药期规定

中华人民共和国农业部公告 第560号 兽药地方标准废止目录

中华人民共和国农业部公告 第1435号 兽药试行标准转正标准目录（第一批）

中华人民共和国农业部公告 第1506号 兽药试行标准转正标准目录（第二批）

中华人民共和国农业部公告 第1519号 禁止在饲料和动物饮水中使用的物质

中华人民共和国农业部公告 第1759号 兽药试行标准转正标准目录（第三批）

兽药国家标准化学药品、中药卷

3 术语和定义

下列术语和定义适用于本文件。

3.1

AA级绿色食品 AA grade green food

产地环境质量符合NY/T 391的要求，遵照绿色食品生产标准生产，生产过程中遵循自然规律和生态学原理，协调种植业和养殖业的平衡，不使用化学合成的肥料、农药、兽药、渔药、添加剂等物质，产品质量符合绿色食品产品标准，经专门机构许可使用绿色食品标志的产品。

3.2

A 级绿色食品　A grade green food

产地环境质量符合 NY/T 391 的要求，遵照绿色食品生产标准生产，生产过程中遵循自然规律和生态学原理，协调种植业和养殖业的平衡，限量使用限定的化学合成生产资料，产品质量符合绿色食品产品标准，经专门机构许可使用绿色食品标志的产品。

3.3

渔药　fishery medicine

水产用兽药。

指预防、治疗水产养殖动物疾病或有目的地调节动物生理机能的物质，包括化学药品、抗生素、中草药和生物制品等。

3.4

渔用抗微生物药　fishery antimicrobial agents

抑制或杀灭病原微生物的渔药。

3.5

渔用抗寄生虫药　fishery antiparasite agents

杀灭或驱除水产养殖动物体内、外或养殖环境中寄生虫病原的渔药。

3.6

渔用消毒剂　fishery disinfectant

用于水产动物体表、渔具和养殖环境消毒的药物。

3.7

渔用环境改良剂　environment conditioner

改善养殖水域环境的药物。

3.8

渔用疫苗　fishery vaccine

预防水产养殖动物传染性疾病的生物制品。

3.9

停药期　withdrawal period

从停止给药到水产品捕捞上市的间隔时间。

4　渔药使用的基本原则

4.1　水产品生产环境质量应符合 NY/T 391 的要求。生产者应按农业部《水产养殖质量安全管理规定》实施健康养殖。采取各种措施避免应激、增强水产养殖动物自身的抗病力，减少疾病的发生。

4.2　按《中华人民共和国动物防疫法》的规定，加强水产养殖动物疾病的预防，在养殖生产过程中尽量不用或者少用药物。确需使用渔药时，应选择高效、低毒、低残留的渔药，应保证水资源和相关生物不遭受损害，保护生物循环和生物多样性，保障生产水域质量稳定。在水产动物病害控制过程中，应在水生动物类执业兽医的指导下用药。停药期应满足中华人民共和国农业部公告第 278 号规定、《中国兽药典兽药使用指南化学药品卷》（2010 版）的规定。

4.3　所用渔药应符合中华人民共和国农业部公告第 1435 号、第 1506 号、第 1759 号，应来自取得生产许可证和产品批准文号的生产企业，或者取得《进口兽药登记许可证》的供应商。

4.4　用于预防或治疗疾病的渔药应符合中华人民共和国农业部《中华人民共和国兽药典》《兽药质量标准》《兽用生物制品质量标准》和《进口兽药质量标准》等有关规定。

5　生产 AA 级绿色食品水产品的渔药使用规定

按 GB/T 19630.1 的规定执行。

6　生产 A 级绿色食品水产品的渔药使用规定

6.1　优先选用 GB/T 19630.1 规定的渔药。

6.2　预防用药见附录 A。

6.3　治疗用药见附录 B。

6.4　所有使用的渔药应来自具有生产许可证和产品批准文号的生产企业，或者具有《进口兽药登记许可证》的供应商。

6.5　不应使用的药物种类。

6.5.1　不应使用中华人民共和国农业部公告第 176 号、193 号、235 号、560 号和 1519 号中规定的渔药。

6.5.2　不应使用药物饲料添加剂。

6.5.3　不应为了促进养殖水产动物生长而使用抗菌药物、激素或其他生长促进剂。

6.5.4　不应使用通过基因工程技术生产的渔药。

6.6　渔药的使用应建立用药记录。

6.6.1　应满足健康养殖的记录要求。

6.6.2　出入库记录：应建立渔药入库、出库登记制度，应记录药物的商品名称、通用名称、主要成分、批号、有效期、贮存条件等。

6.6.3　建立并保存消毒记录，包括消毒剂种类、批号、生产单位、剂量、消毒方式、消毒频率或时间等。建立并保存水产动物的免疫程序记录，包括疫苗种类、使用方法、剂量、批号、生产单位等。建立并保存患病水产动物的治疗记录，包括水产动物标志、发病时间及症状、药物种类、使用方法及剂量、治疗时间、疗程、停药时间、所用药物的商品名称及主要成分、生产单位及批号等。

6.6.4　所有记录资料应在产品上市后保存两年以上。

附 录 A

（规范性附录）

A 级绿色食品预防水产养殖动物疾病药物

A.1 国家兽药标准中列出的水产用中草药及其成药制剂

见《兽药国家标准化学药品、中药卷》。

A.2 生产 A 级绿色食品预防用化学药物及生物制品

见表 A.1。

表 A.1 生产 A 级绿色食品预防用化学药物及生物制品目录

类 别	制剂与主要成分	作用与用途	注意事项	不良反应
调节代谢或生长药物	维生素 C 钠粉（Sodium Ascorbate Powder）	预防和治疗水生动物的维生素 C 缺乏症等	1. 勿与维生素 B_{12}、维生素 K_3 合用，以免氧化失效 2. 勿与含铜、锌离子的药物混合使用	
疫苗	草鱼出血病灭活疫苗（Grass Carp Hemorrhage Vaccine, Inactivated）	预防草鱼出血病。免疫期 12 个月	1. 切忌冻结，冻结的疫苗严禁使用 2. 使用前，应先使疫苗恢复至室温，并充分摇匀 3. 开瓶后，限 12 h 内用完 4. 接种时，应作局部消毒处理 5. 使用过的疫苗瓶、器具和未用完的疫苗等应进行消毒处理	
	牙鲆鱼溶藻弧菌、鳗弧菌、迟缓爱德华病多联抗独特型抗体疫苗（Vibrio alginolyticus, Vibrio anguillarum, slow Edward disease multiple anti idiotypic antibody vaccine）	预防牙鲆鱼溶藻弧菌、鳗弧菌、迟缓爱德华病。免疫期为 5 个月	1. 本品仅用于接种健康鱼 2. 接种、浸泡前应停食至少 24 h，浸泡时向海水内充气 3. 注射型疫苗使用时应将疫苗与等量的弗氏不完全佐剂充分混合。浸泡型疫苗倒入海水后也要充分搅拌，使疫苗均匀分布于海水中 4. 弗氏不完全佐剂在 2 ℃～8 ℃储藏，疫苗开封后，应当日用完 5. 注射接种时，应尽量避免操作对鱼造成的损伤 6. 接种疫苗时，应使用 1 mL 的一次性注射器，注射中应注意避免针孔堵塞 7. 浸泡的海水温度以 15 ℃～20 ℃为宜 8. 使用过的疫苗瓶、器具和未用完的疫苗等应进行消毒处理	
	鱼嗜水气单胞菌败血症灭活疫苗（Grass Carp Hemorrhage Vaccine, Inactivated）	预防淡水鱼类特别是鲤科鱼的嗜水气单胞菌败血症，免疫期为 6 个月	1. 切忌冻结，冻结的疫苗严禁使用，疫苗稀释后，限当日用完 2. 使用前，应先使疫苗恢复至室温，并充分摇匀 3. 接种时，应作局部消毒处理 4. 使用过的疫苗瓶、器具和未用完的疫苗等应进行消毒处理	

（续）

类　别	制剂与主要成分	作用与用途	注意事项	不良反应
疫苗	鱼虹彩病毒病灭活疫苗（Iridovirus Vaccine, Inactivated）	预防真鲷、鲕鱼属、拟鲹的虹彩病毒病	1. 仅用于接种健康鱼 2. 本品不能与其他药物混合使用 3. 对真鲷接种时，不应使用麻醉剂 4. 使用麻醉剂时，应正确掌握方法和用量 5. 接种前应停食至少 24 h 6. 接种本品时，应采用连续性注射，并采用适宜的注射深度，注射中应避免针孔堵塞 7. 应使用高压蒸汽消毒或者煮沸消毒过的注射器 8. 使用前充分摇匀 9. 一旦开瓶，一次性用完 10. 使用过的疫苗瓶、器具和未用完的疫苗等应进行消毒处理 11. 应避免冻结 12. 疫苗应储藏于冷暗处 13. 如意外将疫苗污染到人的眼、鼻、嘴中或注射到人体内时，应及时对患部采取消毒等措施	
	鲕鱼格氏乳球菌灭活疫苗（BY1 株）(Lactococcus Garviae Vaccine, Inactivated)（Strain BY1）	预防出口日本的五条鲕、杜氏鲕（高体鲕）格氏乳球菌病	1. 营养不良、患病或疑似患病的靶动物不可注射，正在使用其他药物或停药 4 d 内的靶动物不可注射 2. 靶动物需经 7 d 驯化并停止喂食 24 h 以上，方能注射疫苗，注射 7 d 内应避免运输 3. 本疫苗在 20℃ 以上的水温中使用 4. 本品使用前和使用过程中注意摇匀 5. 注射器具，应经高压蒸汽灭菌或煮沸等方法消毒后使用，推荐使用连续注射器 6. 使用麻醉剂时，遵守麻醉剂用量 7. 本品不与其他药物混合使用 8. 疫苗一旦开启，尽快使用 9. 妥善处理使用后的残留疫苗、空瓶和针头等 10. 避光、避热、避冻结 11. 使用过的疫苗瓶、器具和未用完的疫苗等应进行消毒处理	
消毒用药	溴氯海因粉（Bromochlorodi methylhydantoin Powder）	养殖水体消毒；预防鱼、虾、蟹、鳖、贝、蛙等由弧菌、嗜水气单胞菌、爱德华菌等引起的出血、烂鳃、腐皮、肠炎等疾病	1. 勿用金属容器盛装 2. 缺氧水体禁用 3. 水质较清，透明度高于 30 cm 时，剂量酌减 4. 苗种剂量减半	
	次氯酸钠溶液（Sodium Hypochlorite Solution）	养殖水体、器械的消毒与杀菌；预防鱼、虾、蟹的出血、烂鳃、腹水、肠炎、疖疮、腐皮等细菌性疾病	1. 本品受环境因素影响较大，因此使用时应特别注意环境条件，在水温偏高、pH 较低、施肥前使用效果更好 2. 本品有腐蚀性，勿用金属容器盛装，会伤害皮肤 3. 养殖水体水深超过 2 m 时，按 2 m 水深计算用药 4. 包装物用后集中销毁	

（续）

类　别	制剂与主要成分	作用与用途	注意事项	不良反应
消毒用药	聚维酮碘溶液（Povidone Iodine Solution）	养殖水体的消毒，防治水产养殖动物由弧菌、嗜水气单胞菌、爱德华氏菌等细菌引起的细菌性疾病	1. 水体缺氧时禁用 2. 勿用金属容器盛装 3. 勿与强碱类物质及重金属物质混用 4. 冷水性鱼类慎用	
	三氯异氰脲酸粉（Trichloroisocyanuric Acid Powder）	水体、养殖场所和工具等消毒以及水产动物体表消毒等，防治鱼虾等水产动物的多种细菌性和病毒性疾病	1. 不得使用金属容器盛装，注意使用人员的防护 2. 勿与碱性药物、油脂、硫酸亚铁等混合使用 3. 根据不同的鱼类和水体的 pH，使用剂量适当增减	
	复合碘溶液（Complex Iodine Solution）	防治水产养殖动物细菌性和病毒性疾病	1. 不得与强碱或还原剂混合使用 2. 冷水鱼慎用	
	蛋氨酸碘粉（Methionine Iodine Podwer）	消毒药，用于防治对虾白斑综合征	勿与维生素 C 类强还原剂同时使用	
	高碘酸钠（Sodium Periodate Solution）	养殖水体的消毒；防治鱼、虾、蟹等水产养殖动物由弧菌、嗜水气单胞菌、爱德华氏菌等细菌引起的出血、烂鳃、腹水、肠炎、腐皮等细菌性疾病	1. 勿用金属容器盛装 2. 勿与强碱类物质及含汞类药物混用 3. 软体动物、鲑等冷水性鱼类慎用	
	苯扎溴铵溶液（Benzalkonium Bromide Solution）	养殖水体消毒，防治水产养殖动物由细菌性感染引起的出血、烂鳃、腹水、肠炎、疖疮、腐皮等细菌性疾病	1. 勿用金属容器盛装 2. 禁与阴离子表面活性剂、碘化物和过氧化物等混用 3. 软体动物、鲑等冷水性鱼类慎用 4. 水质较清的养殖水体慎用 5. 使用后注意池塘增氧 6. 包装物使用后集中销毁	
	含氯石灰（Chlorinated Lime）	水体的消毒，防治水产养殖动物由弧菌、嗜水气单胞菌、爱德华氏菌等细菌引起的细菌性疾病	1. 不得使用金属器具 2. 缺氧、浮头前后严禁使用 3. 水质较瘦、透明度高于 30 cm 时，剂量减半 4. 苗种慎用 5. 本品杀菌作用快而强，但不持久，且受有机物的影响，在实际使用时，本品需与被消毒物至少接触15 min～20 min	
	石灰（Lime）	鱼池消毒、改良水质		
渔用环境改良剂	过硼酸钠（Sodium Perborate Powder）	增加水中溶氧，改善水质	1. 本品为急救药品，根据缺氧程度适当增减用量，并配合充水，增加增氧机等措施改善水质 2. 产品有轻微结块，压碎使用 3. 包装物用后集中销毁	
	过碳酸钠（Sodium Percarborate）	水质改良剂，用于缓解和解除鱼、虾、蟹等水产养殖动物因缺氧引起的浮头和泛塘	1. 不得与金属、有机溶剂、还原剂等解除 2. 按浮头处水体计算药品用量 3. 视浮头程度决定用药次数 4. 发生浮头时，表示水体严重缺氧，药品加入水体后，还应采取冲水、开增氧机等措施 5. 包装物使用后集中销毁	

（续）

类　别	制剂与主要成分	作用与用途	注意事项	不良反应
渔用环境改良剂	过氧化钙（Calcium Peroxide Powder）	池塘增氧，防治鱼类缺氧浮头	1. 对于一些无更换水源的养殖水体，应定期使用 2. 严禁与含氯制剂、消毒剂、还原剂等混放 3. 严禁与其他化学试剂混放 4. 长途运输时常使用增氧设备，观赏鱼长途运输禁用	
	过氧化氢溶液（Hydrogen Peroxide Solution）	增加水体溶氧	本品为强氧化剂，腐蚀剂，使用时顺风向泼洒，勿将药液接触皮肤，如接触皮肤应立即用清水冲洗	

附　录　B

（规范性附录）

A 级绿色食品治疗水生生物疾病药物

B.1　国家兽药标准中列出的水产用中草药及其成药制剂

见《兽药国家标准化学药品、中药卷》。

B.2　生产 A 级绿色食品治疗用化学药物

见表 B.1。

表 B.1　生产 A 级绿色食品治疗用化学药物目录

类　别	制剂与主要成分	作用与用途	注意事项	不良反应
抗微生物药物	盐酸多西环素粉（Doxycycline Hyelate Powder）	治疗鱼类由弧菌、嗜水气单胞菌、爱德华菌等细菌引起的细菌性疾病	1. 均匀拌饵投喂 2. 包装物用后集中销毁	长期应用可引起二重感染和肝脏损害
	氟苯尼考粉（Flofenicol Powder）	防治淡、海水养殖鱼类由细菌引起的败血症、溃疡、肠道病、烂鳃病以及虾红体病、蟹腹水病	1. 混拌后的药饵不宜久置 2. 不宜高剂量长期使用	高剂量长期使用对造血系统具有可逆性抑制作用
	氟苯尼考粉预混剂（50%）（Flofenicol Premix-50）	治疗嗜水气单胞菌、副溶血弧菌、溶藻弧菌、链球菌等引起的感染，如鱼类细菌性败血症、溶血性腹水病、肠炎、赤皮病等，也可治疗虾、蟹类弧菌病、罗非鱼链球菌病等	1. 预混剂需先用食用油混合，之后再与饲料混合，为确保均匀，本品须先与少量饲料混匀，再与剩余饲料混匀 2. 使用后须用肥皂和清水彻底洗净饲料所用的设备	高剂量长期使用对造血系统具有可逆性抑制作用
	氟苯尼考粉注射液（Flofenicol Injection）	治疗鱼类敏感菌所致疾病		
	硫酸锌霉素（Neomycin Sulfate Powder）	用于治疗鱼、虾、蟹等水产动物由气单胞菌、爱德华氏菌及弧菌引起的肠道疾病		
驱杀虫药物	硫酸锌粉（Zinc Sulfate Powder）	杀灭或驱除河蟹、虾类等的固着类纤毛虫	1. 禁用于鳗鲡 2. 虾蟹幼苗期及脱壳期中期慎用 3. 高温低压气候注意增氧	
	硫酸锌三氯异氰脲酸粉（Zincsulfate and Trichloroisocyanuric Powder）	杀灭或驱除河蟹、虾类等水生动物的固着类纤毛虫	1. 禁用于鳗鲡 2. 虾蟹幼苗期及脱壳期中期慎用 3. 高温低压气候注意增氧	
	盐酸氯苯胍粉（Robenidinum Hydrochloride Powder）	鱼类孢子虫病	1. 搅拌均匀，严格按照推荐剂量使用 2. 斑点叉尾鮰慎用	
	阿苯达唑粉（Albendazole Powder）	治疗海水鱼类线虫病和由双鳞盘吸虫、贝尼登虫等引起的寄生虫病；淡水养殖鱼类由指环虫、三代虫以及黏孢子虫等引起的寄生虫病		

（续）

类　别	制剂与主要成分	作用与用途	注意事项	不良反应
驱杀虫药物	地克珠利预混剂（Diclazuril Premix）	防治鲤科鱼类黏孢子虫、碘泡虫、尾孢虫、四级虫、单级虫等孢子虫病		
消毒用药	聚维酮碘溶液（Povidone Iodine Solution）	养殖水体的消毒，防治水产养殖动物由弧菌、嗜水气单胞菌、爱德华氏菌等细菌引起的细菌性疾病	1. 水体缺氧时禁用 2. 勿用金属容器盛装 3. 勿与强碱类物质及重金属物质混用 4. 冷水性鱼类慎用	
	三氯异氰脲酸粉（Trichloroisocyanuric Acid Powder）	水体、养殖场所和工具等消毒以及水产动物体表消毒等，防治鱼虾等水产动物的多种细菌性和病毒性疾病的作用	1. 不得使用金属容器盛装，注意使用人员的防护 2. 勿与碱性药物、油脂、硫酸亚铁等混合使用 3. 根据不同的鱼类和水体的 pH，使用剂量适当增减	
	复合碘溶液（Complex Iodine Solution）	防治水产养殖动物细菌性和病毒性疾病	1. 不得与强碱或还原剂混合使用 2. 冷水鱼慎用	
	蛋氨酸碘粉（Methionine Iodine Podwer）	消毒药，用于防治对虾白斑综合征	勿与维生素 C 类强还原剂同时使用	
	高碘酸钠（Sodium Periodate Solution）	养殖水体的消毒；防治鱼、虾、蟹等水产养殖动物由弧菌、嗜水气单胞菌、爱德华氏菌等细菌引起的出血、烂鳃、腹水、肠炎、腐皮等细菌性疾病	1. 勿用金属容器盛装 2. 勿与强类物质及含汞类药物混用 3. 软体动物、鲑等冷水性鱼类慎用	
	苯扎溴铵溶液（Benzalkonium Bromide Solution）	养殖水体消毒，防治水产养殖动物由细菌性感染引起的出血、烂鳃、腹水、肠炎、疖疮、腐皮等细菌性疾病	1. 勿用金属容器盛装 2. 禁与阴离子表面活性剂、碘化物和过氧化物等混用 3. 软体动物、鲑等冷水性鱼类慎用 4. 水质较清的养殖水体慎用 5. 使用后注意池塘增氧 6. 包装物使用后集中销毁	

附录9 绿色食品 饲料及饲料添加剂使用准则

NY/T 471—2018

1 范围

本标准规定了生产绿色食品畜禽、水产产品允许使用的饲料和饲料添加剂的术语和定义、使用原则、要求和使用规定。

本标准适用于生产绿色食品畜禽、水产产品。

2 规范性引用文件

下列文件对于本文件的应用是必不可少的。凡是注日期的引用文件，仅注日期的版本适用于本文件。凡是不注日期的引用文件，其最新版本（包括所有的修改单）适用于本文件。

GB/T 10647 饲料工业术语

GB 13078 饲料卫生标准

GB/T 16764 配合饲料企业卫生规范

NY/T 391 绿色食品 产地环境质量

NY/T 393 绿色食品 农药使用准则

NY/T 394 绿色食品 肥料使用准则

NY/T 658 绿色食品 包装通用准则

NY/T 1056 绿色食品 贮藏运输准则

中华人民共和国国务院第 609 号令 饲料和饲料添加剂管理条例

中华人民共和国农业部公告第 176 号 禁止在饲料和动物饮水中使用的药物品种目录

中华人民共和国农业部公告第 1224 号 饲料添加剂安全使用规范

中华人民共和国农业部公告第 1519 号 禁止在饲料和动物饮水中使用的物质

中华人民共和国农业部公告第 1773 号 饲料原料目录

中华人民共和国农业部公告第 2038 号 饲料原料目录修订

中华人民共和国农业部公告第 2045 号 饲料添加剂品种目录（2013）

中华人民共和国农业部公告第 2133 号 饲料原料目录修订

中华人民共和国农业部公告第 2134 号 饲料添加剂品种目录修订

3 术语和定义

GB/T 10647 界定的以及下列术语和定义适用于本文件。

3.1

天然植物饲料添加剂 natural plant feed additives

以一种或多种天然植物全株或其部分为原料，经粉碎、物理提取或生物发酵法加工，具有营养、促生长、提高饲料利用率和改善动物产品品质等功效的饲料添加剂。

3.2

有机微量元素　organic trace elements

指微量元素的无机盐与有机物及其分解产物通过螯（络）合或发酵形成的化合物。

4　使用原则

4.1　安全优质原则

生产过程中，饲料和饲料添加剂的使用应对养殖动物机体健康无不良影响，所生产的动物产品品质优，对消费者健康无不良影响。

4.2　绿色环保原则

绿色食品生产中所使用的饲料和饲料添加剂应对环境无不良影响，在畜禽和水产动物产品及排泄物中存留量对环境也无不良影响，有利于生态环境和养殖业可持续发展。

4.3　以天然原料为主原则

提倡优先使用微生物制剂、酶制剂、天然植物添加剂和有机矿物质，限制使用化学合成饲料和饲料添加剂。

5　要求

5.1　基本要求

5.1.1　饲料原料的产地环境应符合 NY/T 391 的要求，植物源性饲料原料种植过程中肥料和农药的使用应符合 NY/T 394 和 NY/T 393 的要求。

5.1.2　饲料和饲料添加剂的选择和使用应符合中华人民共和国国务院第 609 号令，及中华人民共和国农业部公告第 176 号、中华人民共和国农业部公告第 1519 号、中华人民共和国农业部公告第 1773 号、中华人民共和国农业部公告第 2038 号、中华人民共和国农业部公告第 2045 号、中华人民共和国农业部公告第 2133 号、中华人民共和国农业部公告第 2134 号的规定；对于不在目录之内的原料和添加剂应是农业农村部批准使用的品种，或是允许进口的饲料和饲料添加剂品种，且使用范围和用量应符合相关标准的规定；本标准颁布实施后，国家相关规定不再允许使用的品种，则本标准也相应不再允许使用。

5.1.3　使用的饲料原料、饲料添加剂、配合饲料、浓缩饲料和添加剂预混合饲料应符合其产品质量标准的规定。

5.1.4　应根据养殖动物不同生理阶段和营养需求配制饲料，原料组成宜多样化，营养全面，各营养素间相互平衡，饲料的配制应当符合健康、节约、环保的理念。

5.1.5　应保证草食动物每天都能得到满足其营养需要的粗饲料。在其日粮中，粗饲料、鲜草、青干草或青贮饲料等所占的比例不应低于 60％（以干物质计）；对于育肥期肉用畜和泌乳期的前 3 个月的乳用畜，此比例可降低为 50％（以干物质计）。

5.1.6　购买的商品饲料，其原料来源和生产过程应符合本标准的规定。

5.1.7　应做好饲料原料和添加剂的相关记录，确保所有原料和添加剂的可追溯性。

5.2　卫生要求

饲料和饲料添加剂的卫生指标应符合 GB 13078 的要求。

6 使用规定

6.1 饲料原料

6.1.1 植物源性饲料原料应是已通过认定的绿色食品及其副产品；或来源于绿色食品原料标准化生产基地的产品及其副产品；或按照绿色食品生产方式生产、并经绿色食品工作机构认定基地生产的产品及其副产品。

6.1.2 动物源性饲料原料只应使用乳及乳制品、鱼粉，其他动物源性饲料不应使用；鱼粉应来自经国家饲料管理部门认定的产地或加工厂。

6.1.3 进口饲料原料应来自经过绿色食品工作机构认定的产地或加工厂。

6.1.4 宜使用药食同源天然植物。

6.1.5 不应使用：
——转基因品种（产品）为原料生产的饲料；
——动物粪便；
——畜禽屠宰场副产品；
——非蛋白氮；
——鱼粉（限反刍动物）。

6.2 饲料添加剂

6.2.1 饲料添加剂和添加剂预混合饲料应选自取得生产许可证的厂家，并具有产品标准及其产品批准文号。进口饲料添加剂应具有进口产品许可证及配套的质量检验手段，经进出口检验检疫部门鉴定合格。

6.2.2 饲料添加剂的使用应根据养殖动物的营养需求，按照中华人民共和国农业部公告第1224号的推荐量合理添加和使用，尽量减少对环境的污染。

6.2.3 不应使用药物饲料添加剂（包括抗生素、抗寄生虫药、激素等）及制药工业副产品。

6.2.4 饲料添加剂的使用应按照附录A的规定执行；附录A的添加剂来自以下物质或方法生产的也不应使用：
——含有转基因成分的品种（产品）；
——来源于动物蹄角及毛发生产的氨基酸。

6.2.5 矿物质饲料添加剂中应有不少于60%的种类来源于天然矿物质饲料或有机微量元素产品。

6.3 加工、包装、储存和运输

6.3.1 饲料加工车间（饲料厂）的工厂设计与设施的卫生要求、工厂和生产过程的卫生管理应符合GB/T 16764的要求。

6.3.2 生产绿色食品的饲料和饲料添加剂的加工、储存、运输全过程都应与非绿色食品饲料和饲料添加剂严格区分管理，并防霉变、防雨淋、防鼠害。

6.3.3 包装应按照NY/T 658的规定执行。

6.3.4 储存和运输应按照NY/T 1056的规定执行。

<h1 style="text-align:center">附　录　A</h1>

（规范性附录）

<h2 style="text-align:center">生产绿色食品允许使用的饲料添加剂种类</h2>

A.1　可用于饲喂生产绿色食品的畜禽和水产动物的矿物质饲料添加剂

见表 A.1。

表 A.1　生产绿色食品允许使用的矿物质饲料添加剂

类　别	通用名称	适用范围
矿物元素及其络（螯）合物	氯化钠、硫酸钠、磷酸二氢钠、磷酸氢二钠、磷酸二氢钾、磷酸氢二钾、轻质碳酸钙、氯化钙、磷酸氢钙、磷酸二氢钙、磷酸三钙、乳酸钙、葡萄糖酸钙、硫酸镁、氧化镁、氯化镁、柠檬酸亚铁、富马酸亚铁、乳酸亚铁、硫酸亚铁、氯化亚铁、氯化铁、碳酸亚铁、氯化铜、硫酸铜、碱式氯化铜、氧化锌、氯化锌、碳酸锌、硫酸锌、乙酸锌、碱式氯化锌、氯化锰、氧化锰、硫酸锰、碳酸锰、磷酸氢锰、碘化钾、碘化钠、碘酸钾、碘酸钙、氯化钴、乙酸钴、硫酸钴、亚硒酸钠、钼酸钠、蛋氨酸铜络（螯）合物、蛋氨酸铁络（螯）合物、蛋氨酸锰络（螯）合物、蛋氨酸锌络（螯）合物、赖氨酸铜络（螯）合物、赖氨酸锌络（螯）合物、甘氨酸铜络（螯）合物、甘氨酸铁络（螯）合物、酵母铜、酵母铁、酵母锰、酵母硒、氨基酸铜络合物（氨基酸来源于水解植物蛋白）、氨基酸铁络合物（氨基酸来源于水解植物蛋白）、氨基酸锰络合物（氨基酸来源于水解植物蛋白）、氨基酸锌络合物（氨基酸来源于水解植物蛋白）	养殖动物
	蛋白铜、蛋白铁、蛋白锌、蛋白锰	养殖动物(反刍动物除外)
	羟基蛋氨酸类似物络（螯）合锌、羟基蛋氨酸类似物络（螯）合锰、羟基蛋氨酸类似物络（螯）合铜	奶牛、肉牛、家禽和猪
	烟酸铬、酵母铬、蛋氨酸铬、吡啶甲酸铬	猪
	丙酸铬、甘氨酸锌	猪
	丙酸锌	猪、牛和家禽
	硫酸钾、三氧化二铁、氧化铜	反刍动物
	碳酸钴	反刍动物
	乳酸锌（α-羟基丙酸锌）	生长育肥猪、家禽
	苏氨酸锌螯合物	猪
注：所列物质包括无水和结晶水形态。		

A.2　可用于饲喂生产绿色食品的畜禽和水产动物的维生素

见表 A.2。

表 A.2　生产绿色食品允许使用的维生素

类　别	通用名称	适用范围
维生素及类维生素	维生素 A、维生素 A 乙酸酯、维生素 A 棕榈酸酯、β-胡萝卜素、盐酸硫胺（维生素 B_1）、硝酸硫胺（维生素 B_1）、核黄素（维生素 B_2）、盐酸吡哆醇（维生素 B_6）、氰钴胺（维生素 B_{12}）、L-抗坏血酸（维生素 C）、L-抗坏血酸钙、L-抗坏血酸钠、L-抗坏血酸-2-磷酸酯、L-抗坏血酸-6-棕榈酸酯、维生素 D_2、维生素 D_3、天然维生素 E、dl-α-生育酚、dl-α-生育酚乙酸酯、亚硫酸氢钠甲萘醌（维生素 K_3）、二甲基嘧啶醇亚硫酸甲萘醌、亚硫酸氢烟酰胺甲萘醌、烟酸、烟酰胺、D-泛醇、D-泛酸钙、DL-泛酸钙、叶酸、D-生物素、氯化胆碱、肌醇、L-肉碱、L-肉碱盐酸盐、甜菜碱、甜菜碱盐酸盐	养殖动物
	25-羟基胆钙化醇（25-羟基维生素 D_3）	猪、家禽

A.3 可用于饲喂生产绿色食品的畜禽和水产动物的氨基酸

见表 A.3。

表 A.3 生产绿色食品允许使用的氨基酸

类 别	通用名称	适用范围
氨基酸、氨基酸盐及其类似物	L-赖氨酸、液体 L-赖氨酸（L-赖氨酸含量不低于 50%）、L-赖氨酸盐酸盐、L-赖氨酸硫酸盐及其发酵副产物（产自谷氨酸棒杆菌、乳糖发酵短杆菌，L-赖氨酸含量不低于 51%）、DL-蛋氨酸、L-苏氨酸、L-色氨酸、L-精氨酸、L-精氨酸盐酸盐、甘氨酸、L-酪氨酸、L-丙氨酸、天（门）冬氨酸、L-亮氨酸、异亮氨酸、L-脯氨酸、苯丙氨酸、丝氨酸、L-半胱氨酸、L-组氨酸、谷氨酸、谷氨酰胺、缬氨酸、胱氨酸、牛磺酸	养殖动物
	半胱胺盐酸盐	畜禽
	蛋氨酸羟基类似物、蛋氨酸羟基类似物钙盐	猪、鸡、牛和水产养殖动物
	N-羟甲基蛋氨酸钙	反刍动物
	α-环丙氨酸	鸡

A.4 可用于饲喂生产绿色食品的畜禽和水产动物的酶制剂、微生物、多糖和寡糖

见表 A.4。

表 A.4 生产绿色食品允许使用的酶制剂、微生物、多糖和寡糖

类 别	通用名称	适用范围
酶制剂	淀粉酶（产自黑曲霉、解淀粉芽孢杆菌、地衣芽孢杆菌、枯草芽孢杆菌、长柄木霉、米曲霉、大麦芽、酸解支链淀粉芽孢杆菌）	青贮玉米、玉米、玉米蛋白粉、豆粕、小麦、次粉、大麦、高粱、燕麦、豌豆、木薯、小米、大米
	α-半乳糖苷酶（产自黑曲霉）	豆粕
	纤维素酶（产自长柄木霉、黑曲霉、孤独腐质霉、绳状青霉）	玉米、大麦、小麦、麦麸、黑麦、高粱
	β-葡聚糖酶（产自黑曲霉、枯草芽孢杆菌、长柄木霉、绳状青霉、解淀粉芽孢杆菌、棘孢曲霉）	小麦、大麦、菜籽粕、小麦副产物、去壳燕麦、黑麦、黑小麦、高粱
	葡萄糖氧化酶（产自特异青霉、黑曲霉）	葡萄糖
	脂肪酶（产自黑曲霉、米曲霉）	动物或植物源性油脂或脂肪
	麦芽糖酶（产自枯草芽孢杆菌）	麦芽糖
	β-甘露聚糖酶（产自迟缓芽孢杆菌、黑曲霉、长柄木霉）	玉米、豆粕、椰子粕
	果胶酶（产自黑曲霉、棘孢曲霉）	玉米、小麦
	植酸酶（产自黑曲霉、米曲霉、长柄木霉、毕赤酵母）	玉米、豆粕等含有植酸的植物籽实及其加工副产品类饲料原料
	蛋白酶（产自黑曲霉、米曲霉、枯草芽孢杆菌、长柄木霉）	植物和动物蛋白
	角蛋白酶（产自地衣芽孢杆菌）	植物和动物蛋白
	木聚糖酶（产自米曲霉、孤独腐质霉、长柄木霉、枯草芽孢杆菌、绳状青霉、黑曲霉、毕赤酵母）	玉米、大麦、黑麦、小麦、高粱、黑小麦、燕麦
	饲用黄曲霉毒素 B_1 分解酶（产自发光假蜜环菌）	肉鸡、仔猪
	溶菌酶	仔猪、肉鸡
微生物	地衣芽孢杆菌、枯草芽孢杆菌、两歧双歧杆菌、粪肠球菌、屎肠球菌、乳酸肠球菌、嗜酸乳杆菌、干酪乳杆菌、德式乳杆菌乳酸亚种（原名：乳酸乳杆菌）、植物乳杆菌、乳酸片球菌、戊糖片球菌、产朊假丝酵母、酿酒酵母、沼泽红假单胞菌、婴儿双歧杆菌、长双歧杆菌、短双歧杆菌、青春双歧杆菌、嗜热链球菌、罗伊氏乳杆菌、动物双歧杆菌、黑曲霉、米曲霉、迟缓芽孢杆菌、短小芽孢杆菌、纤维二糖乳杆菌、发酵乳杆菌、德氏乳杆菌保加利亚亚种（原名：保加利亚乳杆菌）	养殖动物

（续）

类　别	通用名称	适用范围
微生物	产丙酸丙酸杆菌、布氏乳杆菌	青贮饲料、牛饲料
	副干酪乳杆菌	青贮饲料
	凝结芽孢杆菌	肉鸡、生长育肥猪和水产养殖动物
	侧孢短芽孢杆菌（原名：侧孢芽孢杆菌）	肉鸡、肉鸭、猪、虾
	丁酸梭菌	断奶仔猪、肉仔鸡
多糖和寡糖	低聚木糖（木寡糖）	鸡、猪、水产养殖动物
	低聚壳聚糖	猪、鸡和水产养殖动物
	半乳甘露寡糖	猪、肉鸡、兔和水产养殖动物
	果寡糖、甘露寡糖、低聚半乳糖	养殖动物
	壳寡糖（寡聚 β-（1-4）-2-氨基-2-脱氧-D-葡萄糖）（$n=2\sim10$）	猪、鸡、肉鸭、虹鳟
	β-1,3-D-葡聚糖（源自酿酒酵母）	水产养殖动物
	N,O-羧甲基壳聚糖	猪、鸡
	低聚异麦芽糖	蛋鸡、断奶仔猪
	褐藻酸寡糖	肉鸡、蛋鸡

注1：酶制剂的适用范围为典型底物，仅作为推荐，并不包括所有可用底物。

注2：目录中所列长柄木霉也可称为长枝木霉或李氏木霉。

A.5　可用于饲喂生产绿色食品的畜禽和水产动物的抗氧化剂

见表 A.5。

表 A.5　生产绿色食品允许使用的抗氧化剂

类　别	通用名称	适用范围
抗氧化剂	乙氧基喹啉、丁基羟基茴香醚（BHA）、二丁基羟基甲苯（BHT）、没食子酸丙酯、特丁基对苯二酚（TBHQ）、茶多酚、维生素 E、L-抗坏血酸-6-棕榈酸酯	养殖动物

A.6　可用于饲喂生产绿色食品的畜禽和水产动物的防腐剂、防霉剂和酸度调节剂

见表 A.6。

表 A.6　生产绿色食品允许使用的防腐剂、防霉剂和酸度调节剂

类　别	通用名称	适用范围
防腐剂、防霉剂和酸度调节剂	甲酸、甲酸铵、甲酸钙、乙酸、双乙酸钠、丙酸、丙酸铵、丙酸钠、丙酸钙、丁酸、丁酸钠、乳酸、山梨酸、山梨酸钠、山梨酸钾、富马酸、柠檬酸、柠檬酸钾、柠檬酸钠、柠檬酸钙、酒石酸、苹果酸、磷酸、氢氧化钠、碳酸氢钠、氯化钾、碳酸钠	养殖动物
	乙酸钙	畜禽
	二甲酸钾	猪
	氯化铵	反刍动物
	亚硫酸钠	青贮饲料

A.7 可用于饲喂生产绿色食品的畜禽和水产动物的粘结剂、抗结块剂、稳定剂和乳化剂

见表 A.7。

表 A.7 生产绿色食品允许使用的粘结剂、抗结块剂、稳定剂和乳化剂

类 别	通 用 名 称	适用范围
粘结剂、抗结块剂、稳定剂和乳化剂	α-淀粉、三氧化二铝、可食脂肪酸钙盐、可食用脂肪酸单/双甘油酯、硅酸钙、硅铝酸钠、硫酸钙、硬脂酸钙、甘油脂肪酸酯、聚丙烯酸树脂Ⅱ、山梨醇酐单硬脂酸酯、丙二醇、二氧化硅（沉淀并经干燥的硅酸）、卵磷脂、海藻酸钠、海藻酸钾、海藻酸铵、琼脂、瓜尔胶、阿拉伯树胶、黄原胶、甘露糖醇、木质素磺酸盐、羧甲基纤维素钠、聚丙烯酸钠、山梨醇酐脂肪酸酯、蔗糖脂肪酸酯、焦磷酸二钠、单硬脂酸甘油酯、聚乙二醇 400、磷脂、聚乙二醇甘油蓖麻酸酯、辛烯基琥珀酸淀粉钠	养殖动物
	丙三醇	猪、鸡和鱼
	硬脂酸	猪、牛和家禽

A.8 除表 A.1～表 A.7 外，也可用于饲喂生产绿色食品的畜禽和水产动物的饲料添加剂

见表 A.8。

表 A.8 生产绿色食品允许使用的其他类饲料添加剂

类 别	通 用 名 称	适用范围
其他	天然类固醇萨洒皂角苷（源自丝兰）、天然三萜烯皂角苷（源自可来雅皂角树）、二十二碳六烯酸（DHA）	养殖动物
	糖萜素（源自山茶籽饼）	猪和家禽
	乙酰氧肟酸	反刍动物
	苜蓿提取物（有效成分为苜蓿多糖、苜蓿黄酮、苜蓿皂苷）	仔猪、生长育肥猪、肉鸡
	杜仲叶提取物（有效成分为绿原酸、杜仲多糖、杜仲黄酮）	生长育肥猪、鱼、虾
	淫羊藿提取物（有效成分为淫羊藿苷）	鸡、猪、绵羊、奶牛
	共轭亚油酸	仔猪、蛋鸡
	4,7-二羟基异黄酮（大豆黄酮）	猪、产蛋家禽
	地顶孢霉培养物	猪、鸡
	紫苏籽提取物（有效成分为 α-亚油酸、亚麻酸、黄酮）	猪、肉鸡和鱼
	植物甾醇（源于大豆油/菜籽油，有效成分为 β-谷甾醇、菜油甾醇、豆甾醇）	家禽、生长育肥猪
	藤茶黄酮	鸡

附录 10 有机肥料

NY/T 525—2021

1 范围

本文件规定了有机肥料的范围、术语和定义、要求、检验规则、包装、标识、运输和储存。

本文件适用于以畜禽粪便、秸秆等有机废弃物为原料，经发酵腐熟后制成的商品化有机肥料。

本文件不适用于绿肥、农家肥和其他自积自造自用的有机肥。

2 规范性引用文件

下列文件中的内容通过文中的规范性引用而构成本文件必不可少的条款。其中，注日期的引用文件，仅该日期对应的版本适用于本文件；不注日期的引用文件，其最新版本（包括所有的修改单）适用于本文件。

GB/T 6682　分析实验室用水规格和试验方法

GB/T 8170—2008　数值修约规则与极限数值的表示和判定

GB/T 8576　复混肥料中游离水含量的测定　真空烘箱法

GB/T 15063—2020　复合肥料

GB 18382　肥料标识　内容和要求

GB/T 19524.1　肥料中粪大肠菌群的测定

GB/T 19524.2　肥料中蛔虫卵死亡率的测定

HG/T 2843　化肥产品化学分析常用标准滴定溶液、标准溶液、试剂溶液和指示剂溶液

NY/T 1978　肥料　汞、砷、镉、铅、铬含量的测定

NY/T 2540—2014　肥料　钾含量的测定

NY/T 2541—2014　肥料　磷含量的测定

NY/T 3442—2019　畜禽粪便堆肥技术规范

3 术语和定义

下列术语和定义适用于本文件。

3.1

有机肥料　organic fertilizer

主要来源于植物和/或动物，经过发酵腐熟的含碳有机物料，其功能是改善土壤肥力、提供植物营养、提高作物品质。

3.2

鲜样 fresh sample

现场采集的有机肥料样品。

3.3

腐熟度 maturity

腐熟度即腐熟的程度，指堆肥中有机物经过矿化、腐殖化过程后达到稳定的程度。

3.4

种子发芽指数 germination index

以黄瓜或萝卜（未包衣）种子为试验材料，在有机肥料浸提液中培养，其种子发芽率和种子平均根长的乘积与在水中培养的种子发芽率和种子平均根长的乘积的比值。用于评价有机肥料的腐熟度。

［来源：NY/T 3442—2019，3.6，有修改］

4 要求

4.1 原料

有机肥料生产原料应遵循"安全、卫生、稳定、有效"的基本原则，原料按目录分类管理，分为适用类、评估类和禁用类。优先选用附录 A 中的适用类原料；禁止选用粉煤灰、钢渣、污泥、生活垃圾（经分类陈化后的厨余废弃物除外）、含有外来入侵物种的物料和法律法规禁止的物料等存在安全隐患的禁用类原料；其余为评估类原料。如选择附录 B 中的评估类原料，须进行安全评估并通过安全性评价后才能用于有机肥料生产。

4.2 产品

4.2.1 外观

外观均匀，粉状或颗粒状，无恶臭。目视、鼻嗅测定。

4.2.2 技术指标

有机肥料的技术指标应符合表 1 的要求。

表 1 有机肥料技术指标要求及检测方法

项　　目	指　　标	检测方法
有机质的质量分数（以烘干基计），%	≥30	按照附录 C 的规定执行
总养分（$N+P_2O_5+K_2O$）的质量分数（以烘干基计），%	≥4.0	按照附录 D 的规定执行
水分（鲜样）的质量分数，%	≤30	按照 GB/T 8576 的规定执行
酸碱度（pH）	5.5～8.5	按照附录 E 的规定执行
种子发芽指数（GI），%	≥70	按照附录 F 的规定执行
机械杂质的质量分数，%	≤0.5	按照附录 G 的规定执行

4.2.3 限量指标

有机肥料限量指标应符合表 2 的要求。

表 2 有机肥料限量指标要求及检测方法

项 目	指 标	检测方法
总砷（As），mg/kg	≤15	按照 NY/T 1978 的规定执行。以烘干基计算
总汞（Hg），mg/kg	≤2	
总铅（Pb），mg/kg	≤50	
总镉（Cd），mg/kg	≤3	
总铬（Cr），mg/kg	≤150	
粪大肠菌群数，个/g	≤100	按照 GB/T 19524.1 的规定执行
蛔虫卵死亡率，%	≥95	按照 GB/T 19524.2 的规定执行
氯离子的质量分数，%	—	按照 GB/T 15063—2020 附录 B 的规定执行
杂草种子活性，株/kg	—	按照附录 H 的规定执行

5 检验规则

5.1 检验类别及检验项目

产品检验分为出厂检验和型式检验。出厂检验应由生产企业质量监督部门进行检验，出厂检验项目包括有机质的质量分数、总养分、水分（鲜样）的质量分数、酸碱度、种子发芽指数、机械杂质的质量分数和氯离子的质量分数。型式检验项目包括第 4 章的全部项目。在有下列情况之一时进行型式检验：

a) 正式生产时，原料、工艺发生变化；

b) 正常生产时，定期或积累到一定量后，每半年至少进行一次检验；

c) 停产再复产时；

d) 国家质量监管部门提出型式检验的要求时；

e) 出现重大争议或双方认为有必要进行检验的时候。

5.2 组批

有机肥料按批检验，以 1 d 或 2 d 的产量为一批，最大批量为 500 t。

5.3 采样

5.3.1 采样方法

5.3.1.1 袋装产品

采取随机抽样的方法，有机肥料产品总袋数与最少采样袋数见表 3。将抽出的样品袋平放，每袋从最长对角线插入取样器，从包装物的表面、中间和底部 3 个水平取样，每袋取出不少于 200 g 样品，每批产品采取的样品总量不少于 4 000 g。或拆包用取样铲或勺取样。用于杂草种子活性测定时，应另取一份不少于 6 000 g 的样品，装入干净的采样袋中备用。总袋数超过 512 袋时，最少采样袋数（n）按公式（1）计算。如遇小数，则进为整数。

$$n = 3 \times \sqrt[3]{N} \quad \cdots\cdots\cdots\cdots\cdots\cdots\cdots\cdots\cdots\cdots\cdots\cdots\cdots (1)$$

式中：

N——每批采样总袋数。

表3　有机肥料产品最小采样袋数要求

单位：袋

总袋数	最少采样袋数	总袋数	最少采样袋数
1～10	全部袋数	182～216	18
11～49	11	217～254	19
50～64	12	255～296	20
65～81	13	297～343	21
82～101	14	344～394	22
102～125	15	395～450	23
126～151	16	451～512	24
152～181	17		

5.3.1.2　散装产品

从堆状等散装样品中采样时，从同一批次的样品堆中用勺、铲或取样器采集适量的样品混合均匀，随机选取的采集点不少于 7 个，从样品堆的表面及内部抽取的样品总量不少于 4 000 g。从产品流水线上采样时，根据物料流动的速度，每 10 袋或间隔 2 min，用取样器取出所需的样品，抽取的样品总量不少于 4 000 g。用于杂草种子活性测定时，应另取一份不少于 6 000 g 的样品，装入干净的采样袋中备用。

5.3.2　样品缩分

将选取的样品迅速混匀，用四分法或缩分器将样品缩分至约 2 000 g，分装于 3 个干净的聚乙烯或玻璃材质的广口瓶中，每份样品重量不少于 600 g，密封并贴上标签，注明生产企业名称、产品名称、批号、原料、采样日期、采样人姓名。其中，一瓶用于鲜样水分和种子发芽指数的测定，一瓶风干用于产品成分分析，一瓶保存至少 6 个月，以备查用。

5.4　试样制备

将 5.3.2 中一瓶风干后的样品，经多次缩分后取出约 100 g 样品，迅速研磨至全部通过 Φ1 mm 尼龙筛，混匀，收集于干净的样品瓶或自封袋中，作成分分析用。余下的样品供机械杂质的测定用。

5.5　结果判定

5.5.1　本文件中质量指标合格判断，按照 GB/T 8170—2008 中"4.3.3　修约值比较法"的规定执行。

5.5.2　生产企业应按本文件要求进行出厂检验和型式检验。出厂检验项目和型式检验项目全部符合本文件要求时，判该批产品合格。每批检验合格出厂的产品应附有质量证明书，其内容包括：生产企业名称、地址、产品名称、批号或生产日期、原料名称、产品净含量、有机质含量、总养分含量、pH 及本文件编号。

5.5.3　产品出厂检验时，如果检验结果中有指标不符合本文件要求时，应重新自同批次二倍量的包装袋中选取有机肥料样品进行复检；重新检验结果中有指标不符合本文件要求时，则整批肥料判为不合格。

5.5.4　当供需双方对产品质量发生异议需仲裁时，按有关规定执行。

6　包装、标识、运输和储存

6.1　有机肥料应用覆膜编织袋或塑料编织袋衬聚乙烯内袋包装。每袋净含量 50 kg、40 kg、25 kg、10 kg，平均每袋净含量不得低于 50.0 kg、40.0 kg、25.0 kg、10.0 kg。产品包装规格也可由供需双方协商，按双方合同规定执行。

6.2　有机肥料包装袋上应注明产品通用名称、商标、包装规格、净含量、主要原料名称（质量分数≥5%，以鲜基计）、有机质含量、总养分含量及单一养分含量、企业名称、生产地址、联系方式、批号或生产日期、肥料登记证号、执行标准号等，建议标注二维码。其余按照 GB 18382 的规定执行。

6.3　氯离子的质量分数的标明值。当产品中氯离子的质量分数≥2.0%时进行标注。

6.4　杂草种子活性的标明值。应注明产品中杂草种子活性的标明值。

6.5　产品不得含有国家明令禁止的添加物或添加成分。

6.6　若加入或标示含有其他添加物，生产者应有足够的证据，证明添加物安全有效。应标明添加物的名称和含量，不得将添加物的含量与养分相加。

6.7　有机肥料应储存于阴凉、通风干燥处，在运输过程中应防潮、防晒、防破裂。

附 录 A

（规范性）

有机肥料生产原料适用类目录

有机肥料生产原料适用类目录见表 A.1。

表 A.1 有机肥料生产原料适用类目录

原料种类	原料名称
种植业废弃物	谷、麦及薯类等作物秸秆
	豆类作物秸秆
	油料作物秸秆
	园艺及其他作物秸秆
	林草废弃物
养殖业废弃物	畜禽粪尿及畜禽圈舍垫料（植物类）
	废饲料
加工业废弃物	麸皮、稻壳、菜籽饼、大豆饼、花生饼、芝麻饼、油葵饼、棉籽饼、茶籽饼等种植业加工过程中的副产物
天然原料	草炭、泥炭、含腐殖酸的褐煤等

附　录　B

（规范性）

评估类原料安全性评价要求

有机肥料生产评估类原料安全性评价要求见表 B.1。

表 B.1　有机肥料生产评估类原料安全性评价要求

序号	原料名称	安全性评价指标	佐证材料
1	植物源性中药渣	重金属、抗生素、所用有机浸提剂含量等	有机浸提剂说明、检测报告等
2	厨余废弃物（经分类和陈化）	盐分、油脂、蛋白质代谢产物（胺类）、黄曲霉素、种子发芽指数等	处理工艺（脱盐、脱油、固液分离等）说明、检测报告等
3	骨胶提取后剩余的骨粉	化学萃取剂品种和含量等	化学萃取剂说明、检测报告等
4	蚯蚓粪	重金属含量等	养殖原料说明、检测报告等
5	食品及饮料加工有机废弃物（酒糟、酱油糟、醋糟、味精渣、酱糟、酵母渣、薯渣、玉米渣、糖渣、果渣、食用菌渣等）	盐分、重金属含量等	生产工艺（包括化学添加剂的种类和含量）说明、检测报告等
6	糠醛渣	持久性有机污染物等	检测报告等
7	水产养殖废弃物（鱼杂类、蛏子、鱼类、贝杂类、海藻类、海松、海带、蛤蜊皮、海草、海绵、蕴草、苔条等）	盐分、重金属含量等	生产工艺说明、检测报告等
8	沼渣/液（限种植业、养殖业、食品及饮料加工业）	盐分、重金属含量等	生产工艺说明、检测报告等
注 1：佐证材料包括但不限于原料、成品全项检测报告，产品对土壤、作物、生物、微生物、地下水、地表水等农业生态环境的安全性影响评价资料，原料无害化处理、生产工艺措施及认证等。			
注 2：生产抗生素的植物源性中药渣、未经分类和陈化处理的厨余废弃物、以污泥为饵料的蚯蚓粪、以污泥为原料的沼渣沼液不属于评估类原料，属于禁用类原料。			

附　录　C

（规范性）

有机质含量测定（重铬酸钾容量法）

本文件方法中所用水应符合 GB/T 6682 中三级水的规定。所列试剂，除注明外，均指分析纯试剂。本文件中所用的标准滴定溶液、标准溶液、试剂溶液和指示剂溶液，在未说明配制方法时，均按照 HG/T 2843 的规定配制。

C.1　方法原理

用定量的重铬酸钾-硫酸溶液，在加热条件下，使有机肥料中的有机碳氧化，多余的重铬酸钾溶液用硫酸亚铁标准溶液滴定，同时以二氧化硅为添加物作空白试验。根据氧化前后氧化剂消耗量，计算有机碳含量，乘以系数 1.724，为有机质含量。

C.2　试剂及制备

C.2.1　二氧化硅：粉末状。

C.2.2　硫酸（$\rho = 1.84$ g/mL）。

C.2.3　重铬酸钾（$K_2Cr_2O_7$）标准溶液：c（$1/6\ K_2Cr_2O_7$）$= 0.1$ mol/L。

称取经过 130℃烘干至恒重（3 h～4 h）的重铬酸钾（基准试剂）4.903 1 g，先用少量水溶解，然后转移入 1 L 容量瓶中，用水定容至刻度，摇匀备用。

C.2.4　重铬酸钾溶液（$K_2Cr_2O_7$）：c（$1/6\ K_2Cr_2O_7$）$= 0.8$ mol/L。

称取重铬酸钾（分析纯）39.23 g，溶于 600 mL～800 mL 水中（必要时可加热溶解），冷却后转移入 1 L 容量瓶中，稀释至刻度，摇匀备用。

C.2.5　邻啡啰啉指示剂。

称取硫酸亚铁（$FeSO_4 \cdot 7H_2O$，分析纯）0.695 g 和邻啡啰啉（$C_{12}H_8N_2 \cdot H_2O$，分析纯）1.485 g 溶于 100 mL 水，摇匀备用。此指示剂易变质，应密闭保存于棕色瓶中。

C.2.6　硫酸亚铁（$FeSO_4$）标准溶液：c（$FeSO_4$）$= 0.2$ mol/L。

称取（$FeSO_4 \cdot 7H_2O$）（分析纯）55.6g，溶于 900 mL 水中，加硫酸（C.2.2）20 mL 溶解，稀释定容至 1 L，摇匀备用（必要时过滤）。储于棕色瓶中，硫酸亚铁溶液在空气中易被氧化，使用时应标定其浓度。

c（$FeSO_4$）$= 0.2$ mol/L 标准溶液的标定：吸取重铬酸钾标准溶液（C.2.3）20.00 mL 加入 150 mL 三角瓶中，加硫酸（C.2.2）3 mL～5 mL 和 2 滴～3 滴邻啡啰啉指示剂（C.2.5），用硫酸亚铁标准溶液（C.2.6）滴定。根据硫酸亚铁标准溶液滴定时的消耗量，按公式（C.1）计算其准确浓度 c。

$$c = \frac{c_1 \times v_1}{v_2} \quad \cdots\cdots\cdots\cdots\cdots\cdots\cdots\cdots\cdots\cdots\cdots \text{(C.1)}$$

式中：

c_1——重铬酸钾标准溶液的浓度数值，单位为摩尔每升（mol/L）；

v_1——吸取重铬酸钾标准溶液的体积数值，单位为毫升（mL）；

v_2——滴定时消耗硫酸亚铁标准溶液的体积数值，单位为毫升（mL）。

C.3　仪器、设备

C.3.1　水浴锅。

C.3.2　天平等实验室常用仪器设备。

C.4　测定步骤

称取过 $\Phi1$ mm 筛的风干试样 0.2 g～0.5 g（精确至 0.000 1 g，含有机碳不大于 15 mg），置于 500 mL 的三角瓶中，准确加入 0.8 mol/L 重铬酸钾溶液（C.2.4）50.0 mL，再加入 50.0 mL 硫酸（C.2.2），加一弯颈小漏斗，置于沸水中，待水沸腾后计时，保持 30 min。取出冷却至室温，用少量水冲洗小漏斗，洗液承接于三角瓶中。将三角瓶内反应物无损转入 250 mL 容量瓶中，冷却至室温，定容摇匀，吸取 50.0 mL 溶液于 250 mL 三角瓶内，加水至 100 mL 左右，加 2 滴～3 滴邻啡啰啉指示剂（C.2.5），用硫酸亚铁标准溶液（C.2.6）滴定近终点时，溶液由绿色变成暗绿色，再逐滴加入硫酸亚铁标准溶液（C.2.6）直至生成砖红色为止。同时，称取 0.2 g（精确至 0.000 1 g）二氧化硅（C.2.1）代替试样，按照相同分析步骤，使用同样的试剂，进行空白试验。

如果滴定试样所用硫酸亚铁标准溶液的用量不到空白试验所用硫酸亚铁标准溶液用量的 1/3 时，则应减少称样量，重新测定。

C.5　分析结果的表述

有机质含量以肥料的质量分数 ω（%）表示，按公式（C.2）计算。

$$\omega = \frac{c(V_0 - V) \times 3 \times 1.724 \times D}{m(1 - X_0) \times 1\,000} \times 100 \qquad\cdots\cdots\cdots\cdots\cdots\cdots\text{（C.2）}$$

式中：

c——硫酸亚铁标准溶液的浓度数值，单位为摩尔每升（mol/L）；

V_0——空白试验时，消耗硫酸亚铁标准溶液的体积数值，单位为毫升（mL）；

V——样品测定时，消耗硫酸亚铁标准溶液的体积数值，单位为毫升（mL）；

3——四分之一碳原子的摩尔质量数值，单位为克每摩尔（g/mol）；

1.724——由有机碳换算为有机质的系数；

m——风干试样质量的数值，单位为克（g）；

X_0——风干试样含水量的数值，单位为百分号（%）；

D——分取倍数，定容体积/分取体积，250/50。

C.6　允许差

C.6.1　计算结果保留到小数点后 1 位，取平行测定结果的算术平均值为测定结果。

C.6.2　平行测定结果的绝对差值应符合表 C.1 的要求。

表 C.1 平行测定结果的绝对差值要求

有机质的质量分数（ω），%	绝对差值，%
$\omega \leqslant 20$	0.6
$20 < \omega < 30$	0.8
$\omega \geqslant 30$	1.0

不同实验室测定结果的绝对差值应符合表 C.2 要求。

表 C.2 不同实验室测定结果的绝对差值要求

有机质的质量分数（ω），%	绝对差值，%
$\omega \leqslant 20$	1.0
$20 < \omega < 30$	1.5
$\omega \geqslant 30$	2.0

附　录　D

（规范性）

总养分含量测定

本文件方法中所用水应符合 GB/T 6682 中三级水的规定。所列试剂，除注明外，均指分析纯试剂。本文件中所用的标准滴定溶液、标准溶液、试剂溶液和指示剂溶液，在未说明配制方法时，均按照 HG/T 2843 的规定配制。

D.1　总氮含量测定

D.1.1　方法原理

有机肥料中的有机氮经硫酸-过氧化氢消煮，转化为铵态氮。碱化后蒸馏出来的氮用硼酸溶液吸收，以标准酸溶液滴定，计算样品中的总氮含量。

D.1.2　试剂及制备

D.1.2.1　硫酸（$\rho=1.84$ g/mL）。

D.1.2.2　30% 过氧化氢。

D.1.2.3　氢氧化钠溶液：质量浓度为 40% 的溶液。称取 40 g 氢氧化钠（化学纯）溶于 100 mL 水中。

D.1.2.4　硼酸溶液（2%，m/V）：称取 20 g 硼酸溶于水中，稀释至 1 L。

D.1.2.5　定氮混合指示剂：称取 0.5 g 溴甲酚绿和 0.1 g 甲基红溶于 100 mL 95% 乙醇中。

D.1.2.6　硼酸-指示剂混合液：每升 2% 硼酸（D.1.2.4）溶液中加入 20 mL 定氮混合指示剂（D.1.2.5）并用稀碱或稀酸调至紫红色（pH 约为 4.5）。此溶液放置时间不宜过长，如在使用过程中 pH 有变化，需随时用稀碱或稀酸调节。

D.1.2.7　硫酸 c（$1/2H_2SO_4=0.05$ mol/L）或盐酸 c（HCl）$=0.05$ mol/L 标准滴定溶液。

D.1.3　仪器、设备

D.1.3.1　实验室常用仪器设备。

D.1.3.2　消煮仪。

D.1.3.3　全自动定氮仪、定氮蒸馏仪或具有相同功效的蒸馏装置。

D.1.4　分析步骤

D.1.4.1　试样溶液制备

称取过 Φ1 mm 筛的风干试样 0.5 g～1.0 g（精确至 0.000 1 g），置于 250 mL 锥形瓶底部或体积适量的消煮管底部，用少量水冲洗粘附在瓶/管壁上的试样，加 5 mL 硫酸（D.1.2.1）和 1.5 mL 过氧化氢（D.1.2.2），小心摇匀，瓶口放一弯颈小漏斗，放置过夜。缓慢加热至硫酸冒烟，取下，稍冷加 15 滴过氧化氢，轻轻摇动锥形瓶或消煮管，加热 10 min，取下，稍冷后再加 5 滴～10 滴过氧化氢并分次消煮，直至溶液呈无色或淡黄色清液后，继续加热 10 min，除尽剩余的过氧化氢。

取下冷却，小心加水至 20 mL～30 mL，轻轻摇动锥形瓶或消化管，用少量水冲洗弯颈小漏斗，洗液收入锥形瓶或消煮管中。将消煮液移入 100 mL 容量瓶中，冷却至室温，加水定容至刻度。静置澄清或用无磷滤纸干过滤到具塞三角瓶中，备用。

D.1.4.2 空白试验

除不加试样外，试剂用量和操作同 D.1.4.1。

D.1.4.3 测定

于锥形瓶中加入 10.0 mL 硼酸-指示剂混合液（D.1.2.6），放置锥形瓶于蒸馏仪器氨液接收托盘上，冷凝管管口插入硼酸液面中。吸取消煮清液 50.00 mL 于蒸馏瓶内，加入 200 mL 水（视蒸馏装置定补水量）。将蒸馏管与定氮仪器蒸馏头相连接，加入 15 mL 氢氧化钠溶液（D.1.2.3），蒸馏。当蒸馏液体达到约 100 mL 时，即可停止蒸馏。

用硫酸标准溶液或盐酸标准溶液（D.1.2.7）直接滴定馏出液，由蓝色刚变至紫红色为终点。记录消耗酸标准溶液的体积。

D.1.5 分析结果的表述

肥料的总氮含量以肥料的质量分数（%）表示，按公式（D.1）计算，所得结果应保留到小数点后 2 位。

$$N = \frac{c(V - V_0) \times 14 \times D}{m(1 - X_0) \times 1000} \times 100 \quad\cdots\cdots\cdots\cdots\cdots\cdots\quad (D.1)$$

式中：

c——标定标准溶液的摩尔浓度，单位为摩尔每升（mol/L）；

V_0——空白试验时，消耗标定标准溶液的体积，单位为毫升（mL）；

V——样品测定时，消耗标定标准溶液的体积，单位为毫升（mL）；

14——氮的摩尔质量，单位为克每摩尔（g/mol）；

m——风干试样质量的数值，单位为克（g）；

X_0——风干试样含水量的数值；

D——分取倍数，定容体积/分取体积，100/50。

D.1.6 允许差

取平行测定结果的算术平均值为测定结果。平行测定结果允许绝对差应符合表 D.1 的要求。

表 D.1　总氮含量平行测定结果允许绝对差值

总氮（N），%	允许差，%
$N \leqslant 0.50$	＜0.02
$0.50 < N < 1.00$	＜0.04
$N \geqslant 1.00$	＜0.06

D.2　总磷含量测定

D.2.1　试样溶液制备

按照 D.1.4.1 操作制备。

D.2.2　空白溶液制备

除不加试样外，应用的试剂和操作同 D.2.1。

D.2.3　分析步骤与结果表述

吸取试样溶液 5.00 mL～10.00 mL 于 50 mL 容量瓶中，按照 NY/T 2541—2014 规定的"5.2　等离子体发射光谱法"或"5.3　分光光度法"执行，以烘干基计。其中，"分光光度法"为仲裁法。

D.3　总钾含量测定

D.3.1　试样溶液制备

按照 D.1.4.1 操作制备。

D.3.2　空白溶液制备

除不加试样外，应用的试剂和操作同 D.3.1。

D.3.3　分析步骤与结果表述

吸取 5.00 mL 试样溶液于 50 mL 容量瓶中，按照 NY/T 2540—2014 规定的"5.2　火焰光度法"或"5.3　等离子体发射光谱法"执行，以烘干基计。其中，"火焰光度法"为仲裁法。

附 录 E

（规范性）

酸碱度的测定（pH 计法）

本文件方法中所用水应符合 GB/T 6682 中三级水的规定。所列试剂，除注明外，均指分析纯试剂。本文件中所用的标准滴定溶液、标准溶液、试剂溶液和指示剂溶液，在未说明配制方法时，均按照 HG/T 2843 的规定配制。

E.1 方法原理

当以 pH 计的玻璃电极为指示电极，甘汞电极为参比电极，插入试样溶液中时，两者之间产生一个电位差。该电位差的大小取决于试样溶液中的氢离子活度，氢离子活度的负对数即为 pH，由 pH 计直接读出。

E.2 仪器

实验室常用仪器及 pH 酸度计（灵敏度为 0.01 pH 单位，带有温度补偿功能）。

E.3 试剂和溶液

E.3.1 pH 4.00 标准缓冲液：称取经 120 ℃烘 1 h 的邻苯二钾酸氢钾（$KHC_8H_4O_4$）10.12 g，用水溶解，稀释定容至 1 L。可购置有国家标准物质证书的标准缓冲液。

E.3.2 pH 6.86 标准缓冲液：称取经 120 ℃烘 2 h 的磷酸二氢钾（KH_2PO_4）3.398 g 和经 120 ℃～130 ℃烘 2 h 的无水磷酸氢二钠（Na_2HPO_4）3.53 g，用水溶解，稀释定容至 1 L。可购置有国家标准物质证书的标准缓冲液。

E.3.3 pH 9.18 标准缓冲液：称取硼砂（$Na_2B_4O_7 \cdot 10H_2O$）（在盛有蔗糖和食盐饱和溶液的干燥器中平衡 1 周）3.81 g，用水溶解，稀释定容至 1 L。可购置有国家标准物质证书的标准缓冲液。

E.4 操作步骤

称取过 Φ1 mm 筛的风干样 5.00 g 于 100 mL 烧杯中，加 50.0 mL 不含二氧化碳的水（经煮沸 10 min 驱除二氧化碳），人工或使用磁力搅拌器搅动 3 min，静置 30 min，用 pH 酸度计测定。测定前，用标准缓冲溶液对酸度计进行校验（温度补偿设为 25℃）。

E.5 允许差

取平行测定结果的算术平均值为最终分析结果，保留到小数点后 1 位。平行分析结果的绝对差值不大于 0.20 pH 单位。

附　录　F

（规范性）

种子发芽指数（*GI*）的测定

F.1　主要仪器和试剂

培养皿、定性滤纸、水（应符合 GB/T 6682 中三级水的规定）、往复式水平振荡机、恒温培养箱、游标卡尺。

F.2　试验步骤

称取试样（鲜样）10.00 g，置于 250 mL 锥形瓶中，将样品含水率折算后，按照固液比（质量/体积）1∶10 加入相应质量的水，盖紧瓶盖后垂直固定于往复式水平振荡机上，调节频率 100 次/min，振幅不小于40 mm，在 25 ℃下振荡浸提 1 h，取下静置 0.5 h 后，取上清液于预先安装好滤纸的过滤装置上过滤，收集过滤后的浸提液，摇匀后供分析用。滤液当天使用，或在 0 ℃～4 ℃环境中保存不超过 48 h。

在 9 cm 培养皿中放置 1 张或 2 张定性滤纸，其上均匀放入 10 粒大小基本一致、饱满的黄瓜（或萝卜，未包衣）种子，加入供试样浸提液 10 mL，盖上培养皿盖，在（25±2)℃的培养箱中避光培养 48 h，统计发芽种子的粒数，并用游标卡尺逐一测量主根长。

以水作对照，做空白试验。

注：评估类原料可依据专家评估结果确定固液比。

F.3　分析结果的表述

种子发芽指数（*GI*），以％表示，按公式（F.1）计算。

$$GI = \frac{A_1 \times A_2}{B_1 \times B_2} \times 100 \quad\cdots\cdots\cdots\cdots\cdots\cdots\cdots\cdots\cdots\cdots\cdots\cdots (F.1)$$

式中：

A_1——有机肥料的浸提液培养的种子中发芽粒数占放入总粒数的百分比，单位为百分号（％）；

A_2——有机肥料的浸提液培养的全部种子的平均根长数值，单位为毫米（mm）；

B_1——水培养的种子中发芽粒数占放入总粒数的百分比，单位为百分号（％）；

B_2——水培养的全部种子的平均根长数值，单位为毫米（mm）。

F.4　允许差

取平行测定结果的算术平均值为最终测定结果，计算结果保留到小数点后 1 位。

平行分析结果的绝对差值不大于 5.0％。

附 录 G

（规范性）

机械杂质的质量分数的测定

G.1 主要仪器

天平、试验筛（孔径 4 mm）等。

G.2 分析步骤

取风干试样 500 g（精确至 0.1 g），记录样品总重 m_1，过 4 mm 筛子，将筛上物用目选法挑出其中的石块、塑料、玻璃、金属等机械杂质并称重，记录为 m_2，计算样品中机械杂质的质量分数 ω（%）。

G.3 分析结果的表述

机械杂质含量以质量分数 ω（%）表示，按公式（G.1）计算。

$$\omega = \frac{m_2}{m_1} \times 100 \quad\cdots\cdots\cdots\cdots\cdots\cdots\cdots\cdots\cdots\cdots\cdots\cdots \text{（G.1）}$$

式中：

ω —— 有机肥料中机械杂质的质量分数；

m_2 —— 有机肥料中机械杂质的质量数值，单位为克（g）；

m_1 —— 风干试样的总质量数值，单位为克（g）。

计算结果保留到小数点后 1 位。

附　录　H
（规范性）
杂草种子活性的测定

H.1　主要仪器和试剂

光照培养箱、托盘、纱布、水（应符合 GB/T 6682 中三级水的规定）。

H.2　试验步骤

称取有机肥料样品（鲜样）3 000 g（精确至 0.1 g），记录样品总重 m，均匀地铺在托盘中，厚度约为20 mm，在 30 ℃ 条件下的光照培养箱（光照强度和湿度适中）中培养21 d。在试验期间，每 2 d～3 d 补充水分一次，以保持样品潮湿，补水采用喷壶喷水方式，将样品表面喷湿即可。为避免托盘中样品被污染，可以在样品上覆盖纱布。每次补水时，观察是否有种子发芽并做记录，21 d 后统计试验期间发芽种子总株数 N。

H.3　分析结果的表述

杂草种子活性以 ω 表示，按公式（H.1）计算。

$$\omega = \frac{N}{m \times 10^{-3}} \cdots\cdots\cdots\cdots\cdots\cdots\cdots\cdots\cdots\cdots\cdots\cdots\cdots\cdots \text{（H.1）}$$

式中：

ω——有机肥料中杂草种子活性数值，单位为株每千克（株/kg）；

N——有机肥料中发芽种子总株数数值，单位为株；

m——称取的有机肥料质量数值，单位为克（g）。

取平行测定结果的算术平均值为最终测定结果，保留到小数点后 1 位。

附录 11　生物有机肥

NY 884—2012

1　范围

本标准规定了生物有机肥的要求、检验方法、检验规则、包装、标识、运输和贮存。

本标准适用于生物有机肥。

2　规范性引用文件

下列文件对于本文件的应用是必不可少的。凡是注日期的引用文件，仅注日期的版本适用于本文件。凡是不注日期的引用文件，其最新版本（包括所有的修改单）适用于本文件。

GB/T 8170—2008　数值修约规则与极限数值的表示和判定

GB/T 19524.1—2004　肥料中粪大肠菌群的测定

GB/T 19524.2—2004　肥料中蛔虫卵死亡率的测定

NY 525—2012　有机肥料

NY/T 798—2004　复合微生物肥料

NY 1109—2006　微生物肥料生物安全通用技术准则

NY/T 1978—2010　肥料　汞、砷、隔、铅、铬含量的测定

HG/T 2843—1997　化肥产品化学分析常用标准滴定溶液、试剂溶液和指示剂溶液

3　术语和定义

下列术语和定义适用于本文件。

3.1

生物有机肥 microbial organic fertilizers

指特定功能微生物与主要以动植物残体（如畜禽粪便、农作物秸秆等）为来源并经无害化处理、腐熟的有机物料复合而成的一类兼具微生物肥料和有机肥效应的肥料。

4　要求

4.1　菌种

使用的微生物菌种应安全、有效，有明确来源和种名。菌株安全性应符合 NY 1109 的规定。

4.2　外观（感官）

粉剂产品应松散、无恶臭味；颗粒产品应无明显机械杂质、大小均匀、无腐败味。

4.3　技术指标

生物有机肥产品的各项技术指标应符合表1的要求，产品剂型包括粉剂和颗粒两种。

表1　生物有机肥产品技术指标要求

项　　目	技术指标
有效活菌数（CFU），亿/g	≥0.20
有机质（以干基计），%	≥40.0
水分，%	≤30.0
pH	5.5～8.5
粪大肠菌群数，个/g	≤100
蛔虫卵死亡率，%	≥95
有效期，月	≥6

4.4　生物有机肥产品中5种重金属限量指标应符合表2的要求。

表2　生物有机肥产品5种重金属限量技术要求

单位：mg/kg

项　　目	限量指标
总砷（As）（以干基计）	≤15
总镉（Cd）（以干基计）	≤3
总铅（Pb）（以干基计）	≤50
总铬（Cr）（以干基计）	≤150
总汞（Hg）（以干基计）	≤2

5　抽样方法

对每批产品进行抽样检验，抽样过程应避免杂菌污染。

5.1　抽样工具

抽样前预先备好无菌塑料袋（瓶）、金属勺、剪刀、抽样器、封样袋、封条等工具。

5.2　抽样方法和数量

在产品库中抽样，采用随机法抽取。

抽样以袋为单位，随机抽取5袋～10袋。在无菌条件下，从每袋中取样300～500 g，然后将所有样品混匀，按四分法分装3份，每份不少于500 g。

6　试验方法

本标准所用试剂、水和溶液的配制，在未注明规格和配制方法时，均应按 HG/T 2843—1997 的规定执行。

6.1　外观

用目测法测定：取少量样品放在白色搪瓷盘（或白色塑料调色板）中，仔细观察样品的颜色、形状和质地，辨别气味，应符合4.2的规定。

6.2 有效活菌数测定

应符合 NY/T 798—2004 中 5.3.2 的规定。

6.3 有机质的测定

应符合 NY 525—2012 中 5.2 的规定。

6.4 水分测定

应符合 NY/T 798—2004 中 5.3.5 的规定。

6.5 pH 测定

应符合 NY/T 798—2004 中 5.3.7 的规定。

6.6 粪大肠菌群数的测定

应符合 GB/T 19524.1—2004 的规定。

6.7 蛔虫卵死亡率的测定

应符合 GB/T 19524.2—2004 的规定。

6.8 As、Cd、Pb、Cr、Hg 的测定

应符合 NY/T 1978—2010 中的规定。

7 检验规则

7.1 检验分类

7.1.1 出厂检验（交收检验）

产品出厂时，应由生产厂的质量检验部门按表 1 进行检验，检验合格并签发质量合格证的产品方可出厂。出厂检验时不检有效期。

7.1.2 型式检验（例行检验）

一般情况下，一个季度进行一次。有下列情况之一者，应进行型式检验。

    a)   新产品鉴定；

    b)   产品的工艺、材料等有较大更改与变化；

    c)   出厂检验结果与上次型式检验有较大差异时；

    d)   国家质量监督机构进行抽查。

7.2 判定规则

本标准中质量指标合格判断，采用 GB/T 8170—2008 的规定。

7.2.1 具下列任何一条款者，均为合格产品

    a)   产品全部技术指标都符合标准要求；

    b)   在产品的外观、pH、水分检测项目中，有 1 项不符合标准要求，而产品其他各项指标符合标准要求。

7.2.2 具下列任何一条款者，均为不合格产品

    a)   产品中有效活菌数不符合标准要求；

    b)   有机质含量不符合标准要求；

    c)   粪大肠菌群数不符合标准要求；

    d)   蛔虫卵死亡率不符合标准要求；

    e)   As、Cd、Pb、Cr、Hg 中任一含量不符合标准要求；

　　f)　产品的外观、pH、水分检测项目中，有 2 项以上不符合标准要求。

8　包装、标识、运输和贮存

　　生物有机肥的包装、标识、运输和贮存应符合 NY/T 798—2004 中第 7 章的规定。

参考文献

安鑫龙，周启星，2006. 水产养殖自身污染及其生物修复技术 [J]. 环境污染治理技术与设备，7 (9)：1-6.

柏景方，2006. 污水处理技术 [M]. 哈尔滨：哈尔滨工业大学出版社.

邴旭文，陈家长，2001. 浮床无土栽培植物控制池塘富营养化水质 [J]. 湛江海洋大学学报，21 (3)：29-33.

卜发平，罗固源，许晓毅，等，2010. 美人蕉和菖蒲生态浮床净化微污染源水的比较 [J]. 中国给水排水，26 (3)：14-17.

操家顺，朱文杰，李超，2015. 给水厂污泥作为人工湿地滤料对磷的去除效果研究 [J]. 环境科技，28 (5)：16-20.

曹春艳，赵莹莹，2013. 羟基铁柱撑膨润土处理含磷废水的研究 [J]. 环境科学与技术，36 (4)：164-167.

曹涵，2008. 循环水养殖生物滤池滤料挂膜及其水处理效果研究 [D]. 青岛：中国海洋大学.

常兴涛，李润娟，岳建芝，2017. 生物质用作吸附剂处理污水研究进展 [J]. 湖北农业科学，56 (16)：3005-3008.

常雅军，陈婷，周庆，等，2018. 多功能生态塘对高密度水产养殖尾水的净化效果 [J]. 江苏农业学报，34 (2)：340-346.

陈家长，何尧平，孟顺龙，等，2007. 蚌、鱼混养在池塘养殖循环经济模式中的净化效能 [J]. 生态与农村环境学报，23 (2)：41-46.

陈家长，胡庚东，翟建宏，等，2005. 太湖流域池塘河蟹养殖向太湖排放氮磷的研究 [J]. 农村生态环境，21 (1)：21-23.

陈家长，孟顺龙，胡庚东，等，2010. 空心菜浮床栽培对集约化养殖鱼塘水质的影响 [J]. 生态与农村环境学，26 (2)：155-159.

陈双福，康得军，2013. 臭氧-气浮分离在水处理中应用研究进展 [J]. 环境保护前沿，27 (1)：18-24.

陈小华，孙从军，曹勇，等，2010. 生态浮床技术用于浅水湖泊富营养化治理的效果及影响因素研究 [C]//2010 中国环境科学学会学术年会论文集（第三卷）. 北京：中国环境科学出版社：2595-2600.

陈轶波，夏四清，张志斌，等，2006. 化学生物絮凝/悬浮填料床工艺出水深度处理研究 [J]. 中国给水排水，22 (9)：69-72.

陈愚，任长久，蔡晓明，1998. 镉对沉水植物硝酸还原酶和超氧化物歧化酶活性的影响 [J]. 环境科学学报，18 (3)：313-317.

陈志强，吕炳南. 温沁雪，等，2002. 内循环连续式砂滤器的微絮凝过滤试验 [J]. 中国给水稚水，18 (1)：45-49.

陈志强，荣宏伟，吕岩松，等，2001. 滤池工作参数对连续式砂滤器处理效果的影响 [J]. 哈尔滨工业大学学报，33 (6)：777-780.

陈志强，温沁雪，吕炳南，2004. 连续过滤处理微污染原水试验研究 [J]. 哈尔滨商业大学学报，20 (4)：425-428.

成小平，吴振斌，夏宜峥，2003. 水生植物的气体交换与输导代谢 [J]. 水生生物学报，27 (4)：413-417.

春娟，2013. 底部微孔增氧对池塘水体溶氧变化的影响研究 [J]. 山西水利 (5)：32 - 34.

戴树桂，2006. 环境化学 [M]. 北京：高等教育出版社.

戴顺珍，夏新建，许忠能，等，2013. 4 株海洋酵母菌胞外酶活力及其对水产养殖有机污染物的降解 [J]. 生态科学，32 (1)：22 - 26.

邓茹，孟顺龙，陈家长，等，2020. EM 菌在水产养殖中的应用概述 [J]. 中国农学通报，36 (11)：142 - 148.

邓素芳，陈敏，杨有泉，2009. 红萍净化水产养殖水体的研究 [J]. 环境工程学报 (5)：809 - 812.

邓玉，倪福全，2014. 污染水体的生态浮床修复研究综述 [J]. 环境科技，27 (1)：52 - 57.

董媛媛，范立民，胡庚东，等，2019. 生物絮团的饵料替代能力及水体环境微生物群落多样性分析 [J]. 江苏农业学报，35 (4)：880 - 886.

窦鸿身，濮培民，张圣照，等，1995. 太湖开阔水域凤眼莲的放养实验 [J]. 植物资源与环境，4 (1)：54 - 60.

冯之浚，2004. 循环经济导论 [M]. 北京：人民出版社.

付小平，余珊，黄敏华，2016. 佛山市河涌水环境治理修复技术研究与实践 [J]. 环境工程，34 (S1)：138 - 141.

付晓云，何兴元，2014. 5 种水生植物脱氮除磷能力比较 [J]. 西北林学院学报，29 (3)：79 - 82，91.

高静，2016. 模块化垂直流人工湿地对模拟城市污水处理厂尾水处理效果研究 [D]. 广州：华南农业大学.

高云霓，董静，何燕，等，2016. 基于化感物质释放特性的沉水植物抑藻作用模式研究进展 [J]. 水生生物学报，40 (6)：1287 - 1294.

葛滢，常杰，王晓月，等，2000. 两种程度富营养化水中不同植物生理生态特性与净化能力的关系 [J]. 生态学报，20 (6)：1050 - 1055.

龚建康，张正彪，师睿，等，2019. MOFs 吸附去除水体中磷的研究进展 [J]. 广东化工，46 (8)：110 - 111.

谷鹏飞，2017. 新型给水污泥基质填料在污水处理中的应用研究 [D]. 兰州：兰州理工大学.

顾海涛，何雅萍，王贤瑞，2013. 典型增氧设备在养殖池塘中组合应用的研究 [J]. 渔业现代化，40 (4)：36 - 39.

郭丽芸，王庆，姜伟，等，2018. 固定化微生物制剂应用于水产养殖的研究进展 [J]. 中国农学通报 (11)：23 - 2

国家环境保护总局《水和废水监测分析方法》编委会，2002. 水和废水监测分析方法 (第四版) [M]. 北京：中国环境科学出版社：223 - 281.

韩飞园，2012. 水生植物群落构建对入湖河流污染物的净化效应 [D]. 合肥：安徽大学.

何光俊，李俊飞，谷丽萍，2007. 河流底泥的重金属污染现状及治理进展 [J]. 水利渔业，27 (5)：60 - 62.

何尧平，2006. 池塘养殖循环经济模式初探 [D]. 南京：南京农业大学.

胡锋平，罗文栋，彭小明，等，2019. 改性生物质炭去除水中污染物的研究进展 [J]. 工业水处理，39 (4)：1 - 4.

胡庚东，宋超，陈家长，等，2011. 池塘循环水养殖模式的构建及其对氮磷的去除效果 [J]. 生态与农村环境学报，27 (3)：82 - 86.

胡绵好，袁菊红，杨肖娥，2010. 水生蔬菜对富营养化水体净化及资源化利用 [J]. 湖泊科学，22 (3)：416 - 420.

胡文华，吴慧芳，徐明，等，2011. 聚合氯化铝污泥对磷的吸附动力学及热力学 [J]. 环境工程学报，5 (10)：2287 - 2292.

胡小芳，2011. 水体修复技术的研究进展及发展趋势 [J]. 资源与环境（10）：47.

黄勇强，徐明力，吴涛，等，2012. 浮床植物对雨水中氮磷等污染物的去除效果 [J]. 环境工程学报，6 （7）：2178-2182.

将跃平，葛滢，岳春雷，等，2005. 轻度富营养化水人工湿地处理系统中植物的特性 [J]. 浙江大学学报：理科班，32（3）：309-313，319.

姜国华，1994. 全封闭循环流水式高密度养殖罗非鱼 [J]. 渔业机械仪器，21（3）：15-16.

蒋树义，韩世成，曹广斌，等，2003. 水产养殖用增氧机的增氧机理和应用方法 [J]. 水产学杂志，16 （2）：94-96.

蒋跃，童琰，由文辉，等，2011. 3 种浮床植物生长特性及氮、磷吸收的优化配置研究 [J]. 中国环境科学，31（5）：774-780.

焦辉平，2010. 生物活性砂过滤器应用于城镇污水处理厂出水提标改造 [D]. 镇江：江苏大学.

金中文，郑忠明，吴松杰，等，2010. 底充氧式增氧对改善池塘水质效果的初步研究 [J]. 南方水产 （6）：20-25.

靖元孝，杨丹菁，2001. 风车草（*Cypenrus altemifolius*）人工湿地系统氮去除及氮转化细菌研究 [J]. 生态科学，21（3）：89-91.

康卓，曾荣英，唐文清，等，2019. 羟基磷灰石复合吸附剂对去除水体中阴离子的研究进展 [J]. 广东化工，46（7）：120-121.

孔令杰，邹民，张志华，等，2011. 池塘微孔增氧主要养殖鲤成鱼试验 [J]. 黑龙江水产（6）：3-5.

雷慧僧，等，1981. 池塘养鱼学 [M]. 上海：上海科学技术出版社.

李红霞，张建，杨帅，2016. 河道水体污染治理与修复技术研究进展 [J]. 安徽农业科学，44（4）：74-76.

李红霞，赵新华，马伟芳，等，2008. 河道污染沉积物中 Pb，cd 有机物的植物修复作用 [J]. 华北农学报，23（1）：186-188.

李家乐，2011. 池塘养鱼学 [M]. 北京：中国农业出版社.

李建政，2004. 环境工程微生物学 [M]. 北京：化学工业出版社.

李静，2014. 微孔增氧技术原理及在海水养殖中的应用 [J]. 中国水产（4）：71-72.

李军，杨秀山，2002. 微生物与水处理工程 [M]. 北京：化学工业出版社，291-323.

李丽，杨扬，杨凤娟，等，2011. 污染水体条件下生态浮床的植物生长特性与作用 [J]. 安全与环境学报，11（3）：14-19.

李良鹏，张俊峰，庞雄斌，等，2015. 微孔曝气增氧技术在湖北地区的应用研究 [J]. 中国农机化学报，34（3）：197-199.

李善仁，邓贤山，李皓，2003. 炼油厂生化出水流砂过滤回用试验研究 [J]. 工业水处理（3）：54-72.

李善仁，张鹏，2009. 大庆石化循环水旁滤系统采用高效流砂过滤器中试研究 [J]. 水处理技术，35 （6）：43-45.

李善仁，张鹏，2009. 流砂过滤器在石化废水回用试验中的应用 [J]. 三峡环境与生态，2（3）：13.15.

李向东，2019. 环境污染与修复 [M]. 徐州：中国矿业大学出版社.

联合国粮农组织（FAO），2018. 世界渔业和水产养殖状况 [M]. 小远摘，译. 罗马：联合国粮食及农业组织.

梁福权，朱文聪，2012. 池塘养殖水体净化修复技术研究进展 [J]. 安徽农业科学，40（35）：17150-17153.

梁友，薛正锐，2002. 封闭式循环水养殖牙鲆鱼技术初步研究 [J]. 渔业科学进展，23（4）：35-39.

廖国璋，2000. 中国水产养殖业发展概况与展望 [J]. 珠江水产（3）：40-43.

林海，周刚，杨益，等，2010. 曝气复氧对中华绒螯蟹养殖池塘水质的影响研究 [J]. 水生态学杂志，3

（5）：127－130.

林秋奇，王朝晖，杞桑，等，2001. 水网藻（*Hydrodictyon reticulatum*）治理水体富营养化的可行性研究 ［J］. 生态学报，21（5）：814－819.

林文辉，2013. 池塘碳调控与鱼虾病害防控 ［C］//中国兽医协会. 中国兽医大会暨中国兽医发展论坛. 桂林：中国兽医大会工作部.

刘超，杨永哲，宛娜，2013. 铝污泥吸附六价铬的特征和机理 ［J］. 环境工程学报，7（1）：97－102.

刘丰梅，2017. 农业面源污染的现状及控制途径 ［J］. 农民致富之友（14）：82－82.

刘凤梅，2013. 温度对凤眼莲浮岛净化效果影响的研究 ［J］. 环境保护科学，39（3）：9－11.

刘洪宪，刘宁宁，鲁敏，等，2019. 金属—有机骨架材料对废水中重金属离子吸附的研究进展 ［J］. 东北电力大学学报，39（6）：58－66.

刘焕亮，2000. 水产养殖学概论 ［M］. 青岛：青岛出版社.

刘建康，何碧梧，1992. 中国淡水鱼类养殖学 ［M］. 北京：科学出版社.

刘立，2018. 底泥修复与好氧堆肥化处理的研究进展 ［J］. 安徽农学通报，24（15）：148－150.

刘瑞兰，2005. 硝化细菌在水产养殖中的应用 ［J］. 重庆科技学院学报（自然科学版），7（1）：67－69.

刘维水，2012. 微孔增氧技术在淡水池塘养殖中的试验 ［J］. 水产养殖（3）：3－4.

刘雯，丘锦荣，卫泽斌，等，2009. 植物及其根系分泌物对污水净化效果的影响 ［J］. 环境工程学报，3（6）：971－976.

刘娅琴，邹国燕，宋祥甫，等，2011. 富营养水体浮游植物群落对新型生态浮床的响应 ［J］. 环境科学研究，24（11）：1 233－1 239.

刘鹰，杨红生，刘石林，等，2005. 封闭循环系统对虾合理养殖密度的试验研究 ［J］. 农业工程学报（6）：128－131.

刘玉佳，李茹莹，2019. 河道底泥中异养硝化-好氧反硝化菌群富集培养及其脱氮性能 ［J］. 环境科学学报，39（9）：2911－2918.

刘元林，2013. 人与鱼类 ［M］. 山东：山东科学技术出版社.

刘长发，綦志仁，何洁，等，2002. 环境友好的水产养殖业：零污水排放循环水产养殖系统 ［J］. 大连水产学院学报，17（3）：220－226.

刘子森，张义，刘碧云，等，2017. 改性膨润土的制备及其对沉积物磷的吸附性能研究 ［J］. 化工新型材料，45（4）：213－215.

龙腾锐，何强，2015. 排水工程 ［M］. 北京：中国建筑出版社.

鲁春雨，2011. 泡沫分离器和耕水机在对虾养殖中的应用效果研究 ［D］. 海口：海南大学.

陆开宏，胡智勇，梁晶晶，等，2010. 富营养水体中2种水生植物的根际微生物群落特征 ［J］. 中国环境科学，30（11）：1508－1515.

罗固源，卜发平，许晓毅，等，2010. 温度对生态浮床系统的影响 ［J］. 中国环境科学，30（4）：499－503.

罗思亭，张饮江，李娟英，2011. 沉水植物与生态浮床组合对水产养殖污染控制的研究 ［J］. 生态与农村环境学报，27（2）：87－94.

吕炳南，陈志强，2001. 连续式砂滤器过滤技术试验研究 ［J］. 南京理工大学学报，25（5）：538－542.

马立珊，骆永明，吴龙华，等，2000. 浮床香根草对富营养化水体氮磷去除动态及效率的初步研究 ［J］. 土壤，32（2）：99－101.

茅孝仁，周金波，2011. 几种生态浮床常用水生植物的水质净化能力研究 ［J］. 浙江农业科学（1）：157－159.

闵航，2011. 微生物学 ［M］. 杭州：浙江大学出版社.

聂凤，熊正为，黄建洪，等，2012. 改性火山石-PAC复合絮凝剂处理城镇生活污水试验研究 ［J］. 水处理技术，38（4）：87-90.

蒲生彦，贺玲玲，刘世宾，2019. 生物炭复合材料在废水处理中的应用研究进展 [J]. 工业水处理，39（9）：1-7.

蒲生彦，张颖，王朋，2019. 磁性纳米吸附剂制备及在水处理中的应用研究进展 [J]. 工业水处理，39（10）：1-6，13.

祁真，杨京平，刘鹰，2004. 封闭循环水养殖南美白对虾的水质动态研究 [J]. 水利渔业（3）：40-42.

秦树林，金海锋，李向东，2009. 微絮凝连续砂滤装置深度处理矿区污水的研究 [J]. 能源环境保护，23（3）：20-22.

任照阳，邓春光，2007. 生态浮床技术应用研究进展 [J]. 农业环境科学学报，26（S）：261-263.

石门，2005. 生物与生态 [M]. 呼和浩特：远方出版社.

史春琼，黄光团，2013. 利用香根草吸收水体底泥中重金属 Cu 的效能分析 [J]. 净水技术，32（3）：82-84.

史磊磊，范立民，陈家长，等，2017. 组合填料对水质、罗非鱼生长及水体微生物群落功能多样性的影响 [J]. 农业环境科学学报，36（8）：1618-1626.

宋超，孟顺龙，范立民，等，2012. 中国淡水池塘养殖面临的环境问题及对策 [J]. 中国农学通报，28（26）：89-92.

宋超，陈家长，戈贤平，等，2011. 浮床栽培空心菜对罗非鱼养殖池塘水体中氮和磷的控制 [J]. 中国农学通报，27（23）：70-75.

宋崇渭，王受泓，2006. 底泥修复技术与资源化利用途径研究进展 [J]. 中国农村水利水电（8）：30-34.

宋关玲，王岩，2015. 北方富营养化水体生态修复技术 [M]. 北京：中国轻工业出版社.

宋祥甫，邹国燕，1998. 浮床水稻对富营养化水体中氮，磷的去除效果及规律研究 [J]. 环境科学学报，18（5）：489-494.

苏冬艳，崔俊华，晁聪，等，2008. 污染河流治理与修复技术现状及展望 [J]. 河北工程大学学报（自然科学版），25（4）：56-64.

苏俊峰，王文东，2013. 环境微生物学 [M]. 北京：中国建筑工业出版社.

孙连鹏，刘阳，冯晨，等，2008. 不同季节浮床美人蕉对水体氮素等污染物的去除 [J]. 中山大学学报（自然科学版），47（2）：127-130.

孙远军，李小平，黄廷林，2008. 受污染沉积物原位修复技术研究进展 [J]. 水处理技术，34（1）：14-18.

汤鸿霄，钱易，文湘华，等，2000. 水体颗粒物和难降解有机物的特性与控制技术原理（上卷）：水体颗粒物 [M]. 北京：中国环境科学出版社.

唐凯，2019. 壳聚糖基吸附剂去除水中重金属离子的研究进展 [J]. 应用化工，48（7）：1749-1753.

童昌华，杨肖娥，濮培民，2004. 富营养化水体的水生植物净化试验研究 [J]. 应用生态学报，15（8）：1447-1450.

童昌华，杨肖娥，濮培民，2003. 水生植物控制湖泊底泥营养盐释放的效果与机理 [J]. 农业环境科学学报.22（6）：673-676.

王东，马景辉，张红丽，2006. DynaSand 活性砂过滤器在市政中水回用中的应用 [J]. 工业水处理，26（9）：59-61.

王国惠，2008. 大薸和海芋对池塘水净化作用研究 [J]. 净水技术，27（6）：46-49.

王国清，杨彩根，张伟业，等，2013. 4 种不同净化工艺对池塘养殖尾水净化效果的比较 [J]. 水产养殖，34（4）：48-52.

王锦旗，郑有飞，宋玉芝，等，2012. 不同盖度凤眼莲对 2 种水流模式下水体净化效果比较 [J]. 生态环境学报，21（1）：124-129.

王良均，吴孟周，2007. 污水处理技术与工程实例［M］. 北京：中国石化出版社.

王明华，沈全华，唐晟凯，等，2009. 伊乐藻对黄颡鱼池塘养殖水体净化效果的试验［J］. 水生态学杂志，2（4）：48-51.

王谦，成水平，2010. 大型水生植物修复重金属污染水体研究进展［J］. 环境科学与技术，33（5）：96-102.

王庆海，肖波，却晓娥，2012. 退化环境植物修复的理论与技术实践［M］. 北京：科学出版社.

王瑞丰，负琳琦，李鑫，等，2019. 变性淀粉吸附剂在水处理中的应用研究进展［J］. 应用化工，48（8）：1962—1965.

王少舟，2013. 鱼塘养殖污染的原因及防治技术探究［J］. 农业与技术（5）：244.

王寿兵，阮晓峰，胡欢，等，2007. 不同观赏植物在城市河道污水中的生长试验［J］. 中国环境科学，27（2）：204-207.

王玮，陈军，刘晃，等，2010. 中国水产养殖水体净化技术的发展概况［J］. 上海海洋大学学报（1）：41-49.

王卫东，2017. 改性类水滑石制备及其氮磷吸附特性研究［D］. 北京：北京工业大学.

王晓，杨雅银，徐玉良，等，2013. 不同植物浮床系统处理景观再生水试验研究［J］. 河南师范大学学报（自然科学版），41（6）：106-109.

王信，马啸宇，周雯，等，2016. 给水污泥负载Fe合物除磷行为效果及机理［J］. 环境工程学报，10（10）：5420-5426.

王源意，卢晗，李薇，2016. 城市景观河流水质污染防治进展研究［J］. 环境科学与管理，41（6）：86-91.

温志良，张爱军，温琰茂，2000. 集约化淡水养殖对水环境的影响［J］. 水利渔业（4）：19-20.

吴定心，杨文静，柯雪佳，等，2010. 利用复合微生物菌剂控制水华的治理工程试验［J］. 环境科学与技术，33（7）：150-154.

吴黎明，丛海兵，王霞芳，等，2010. 3种浮床植物及人工水草去除水中氮磷的研究［J］. 环境科技，23（3）：12-16.

吴启堂，陈同斌，2007. 环境生物修复技术［M］. 北京：化学工业出版社.

吴伟，陈家长，胡庚东，等，2008. 利用人工基质构建固定化微生物膜对池塘养殖水体的原位修复［J］. 农业环境科学学报，27（4）：1501-1507.

吴湘，王友慧，郭建林，等，2010. 3类水生植物对池塘养殖废水氮磷去除效果的研究［J］. 北植物学报（9）：1876-1881.

吴艳霞，杜海霞，吴慧芳，等，2019. 黑臭水体原位修复技术研究进展［J］. 人民珠江，40（7）：84-89.

吴振斌，李谷，付贵萍，等，2006. 基于人工湿地的循环水产养殖系统工艺设计及净化效能［J］. 农业工程学报，22（1）：129-133.

吴振斌，邱东茹，贺锋，等，2001. 水生植物对富营养化水体水质净化作用的研究［J］. 武汉植物学研究，19（4）：299-303.

吴振斌，2011. 水生植物与水体生态修复［M］. 北京：科学出版社.

夏北城，2002. 环境污染物生物降解［M］. 北京：化学工业出版社.

肖瑾，成水平，吴振斌，等，2006. 植物修复技术及其在污水处理中的应用［J］. 淡水渔业，36（5）：59-62.

肖林，潘安君，李为民，2007. 小河道水环境修复［M］. 秦皇岛：中国农业科学技术出版社.

谢平，2006. 水生动物体内的微囊藻毒素及其对人类的潜在威胁［M］. 北京：科学出版社：1-10.

幸奠权，2013. 科学使用增氧机·养鱼增产又增收［J］. 四川农业科技（10）：34.

熊春晖，许晓光，卢永恩，等，2012. 铅镉复合胁迫下莲藕对铅镉的富集及其生理变化［J］园艺学报，39（12）：2385-2394.

徐洪文，卢妍，2011. 水生植物在水生态修复中的研究进展［J］. 中国农学通报，27（3）：413-416.

徐景涛，2012. 典型湿地植物对氨氮、有机污染物的耐受性及其机理研究［D］. 济南：山东大学.

许桂芳，2010. 4 种观赏植物对富营养化景观水体的净化效果［J］. 中国农学通报，26（7）：299-302.

许丽，穆巴拉克·艾则孜，蔡海芸，等，2012. PASP 对香根草修复富营养化水体的影响［J］. 中国给水排水，28（23）：90-92.

颜昌宙，曾阿妍，金相灿，等，2006. 沉水植物轮叶黑藻和穗花狐尾藻对 Cu^{2+} 的等温吸附特征［J］. 环境科学，27（6）：1068-1072.

阳承胜，蓝崇钰，束文圣，2002. 重金属在宽叶香蒲人工湿地系统中的分布与积累［J］. 水处理技术，28（2）：101-104.

杨德华，1993. 池塘养鱼学［M］. 北京：中国农业出版社.

杨弘，2010. 我国罗非鱼产业现状及产业技术体系建设［J］. 中国水产（9）：6-10.

杨军，冯德品，张金平，等，2014. 3 种增氧方式下黄颡鱼与中华鳖混养效果比较［J］. 长江大学学报（自然科学版），11（29）：32-37.

杨旭俊，蔡冠竞，郑伟，等，2015. 固定化微生物在受污养殖水体和水华水域生物修复中的应用［J］. 微生物学通报，42（4）：712-720.

杨燕，陈轶觊，陈轶波，2008. 流砂微絮凝过滤工艺在城市污水深度处理中的应用研究［J］. 中国资源综合利用，26（8）：23.25.

杨逸萍，王增焕，孙建，等，1999. 精养虾池主要水化学因子变化规律和氮的收支［J］. 海洋科学（1）：15-17.

尹军，崔玉波，2006. 人工湿地污水处理技术［M］. 北京：化学工业出版社.

余俊，黄荒苋，梁秋琴，等，2012. 美人蕉生态浮床处理含铜废水［J］. 安徽农业科学，40（12）：7331-7333.

袁华山，刘云国，李欣，等，2007. 氧化亚铁硫杆菌对电动力处理城市污泥中重金属影响研究［J］. 环境工程学报，1（2）：112-115.

袁野，2018. 类水滑石制备改性以及深度除磷的研究［D］. 郑州：郑州大学.

战培荣，刘伟，卢玲，2011. 循环水养鱼高效水处理技术研究［C］//2011 中国环境科学学会学术年会论文集（第二卷）. 北京：中国环境科学出版社：1033-1039.

张驰，张媛，郭旋，等，2008. 湿地中植物的修复作用原理与应用实例［J］. 四川环境 .27（6）：46-51.

张冬冬，2010. 植物修复技术在水环境污染控制中的应用［J］. 水资源保护，26（1）：63-65.

张发兵，胡维平，胡雄星，等，2008. 太湖湖泊水体碳循环模型研究［J］. 水科学进展（2）：171-178.

张镭，刘俊新，郑天龙，等，2018. 利用污泥制备水处理吸附剂的研究进展［J］. 工业用水与废水，49（1）：1-6.

张美彦，杨星，关梅，等，2017. 微孔增氧对养殖池塘水质及溶氧的影响［J］. 贵州农业科学，45（12）：101-103.

张美彦，杨星，杨兴，等，2016. 微孔曝气增氧技术应用现状［J］. 水产学杂志，29（4）：48-50.

张萌，刘足根，李雄清，等，2014. 长江中下游浅水湖泊水生植被生态修复种的筛选与应用研究［J］. 生态科学，33（2）：344-352.

张明，史家樑，徐亚同，2003. 河蟹人工育苗池水循环净化处理技术研究 [J]. 淡水渔业，33（1）：3-7.

张声，刘洋，等，2003. 溶气气浮工艺在给水处理中的应用 [J]. 中国给水排水，19（8）：26-29.

张巍，2018. 膨润土在水污染治理中吸附无机污染物的应用进展 [J]. 工业水处理，38（11）：10-16.

张新峰，王淑生，曾现英，等，2014. 传统增氧与池底微孔增氧结合高效养殖南美白对虾试验 [J]. 渔业致富指南（16）：60-63.

张扬宗，谭玉钧，欧阳海，1989. 中国池塘养鱼学 [M]. 北京：科学技术出版社.

张毅敏，高月香，吴小敏，等，2010. 复合立体生物浮床技术对微污染水体氮磷的去除效果 [J]. 生态与农村环境学报，26（S1）：24-29.

张英，魏宏斌，陈良才，2012. 连续式砂滤器的研究进展及应用 [J]. 中国给水排水，28（8）：28-30+60.

张玉杰，2009. 外循环连续砂滤器试验研究 [J]. 内蒙古石油化工（4）：8-9.

张哲，关瑞章，江兴龙，等，2011. 微孔曝气增氧技术在鳗鲡养殖中的应用 [J]. 集美大学学报（自然科学版），16（5）：335-339.

张志博，冀用良，杨艳，2013. 渔业在国民经济中的地位和作用 [J]. 吉林农业（12）：73.

张志勇，刘海琴，严少华，等，2009. 水葫芦去除不同富营养化水体中氮、磷能力的比较 [J]. 江苏农业学报，25（5）：1039-1046.

赵景联，2006. 环境修复原理与技术 [M]. 北京：化学工业出版社.

赵勋，陈煜初，周世糙，2016. "水下森林"构建施工技术 [J]. 浙江园林（1）：82-84.

郑剑锋，罗固源，许晓毅，等，2008. 低温下生态浮床净化重污染河水的研究 [J]. 中国给水排，24（21）：17-20.

郑杨忠，李钢，杜江，等，2013. 生物浮岛对三峡库区典型支流库湾水质和浮游藻类的影响 [J]. 生态与农村环境学报，29（3）：278-283.

郑尧，邴旭文，范立民，等，2016. 浮床栽培鱼腥草对吉富罗非鱼养殖池塘水质的影响 [J]. 中国农学通报，32（14）：26-31.

郑尧，陈家长，周昃玥，等，2019. "中草药/空心菜—水芹"轮作对养殖池塘水质和底质环境的影响 [J]. 西南农业学报，32（s1）：165-171.

郑尧，裘丽萍，胡庚东，等，2019. 不同比例"鱼腥草—薄荷—空心菜"浮床对吉富罗非鱼养殖池塘环境的影响 [J]. 安徽农业科学，47（1）：80-82.

周刚，周军，2011. 污染水体生物治理工程 [M]. 北京：化学工业出版社.

周露洪，谷孝鸿，曾庆飞，等，2011. 不同密度螺—草结构对养殖尾水净化效果的比较研究 [J]. 长江流域资源与环境，20（2）：173-178.

周念清，赵姗，沈新平，2014. 天然湿地演替带氮循环研究进展 [J]. 科学通报（18）：1688-1699.

周万永，谈文君，杨卫新，2009. 微孔曝气增氧机工作原理及日常使用维护 [J]. 安徽农学通报，15（19）：222-223.

周小平，王建国，薛利红，等，2005. 浮床植物系统对富营养化水体中氮、磷净化特征的初步研究 [J]. 应用生态学报，16（11）：2199-2203.

周新伟，沈明星，金梅娟，等，2017. 多级串联表面流人工湿地对河蟹养殖尾水的净化效果研究 [J]. 湿地科学，15（6）：774-780.

朱晓荣，2013. 基于潜流湿地的池塘循环水养殖系统净化效能研究 [D]. 苏州：苏州大学.

里士曼 A，2014. 微藻培养指南：生物技术与应用藻类学：biotechnology and applied phycology [M]. 北京：科学出版社.

AI - SHAMRANI A A, JAMES A, XIAO H, 2002. Destabilisation of oil - water emulsions and separation by dissolved air flotation [J]. Water Research, 36 (6): 1503 - 1512.

AJAYO T O, OGUNBAYO A O, 2012. Achieving environmental sustainability in wastewater treatment by phytoremediation with water hyacinth (*Eichhornia Crassipes*) [J]. Journal of Sustainable Development, 5 (7): 80 - 90.

BENEVENTI D, ALMEIDA F, MARLIN N, et al., 2009. Hydrodynamics and recovered papers deinking in an ozone flotation column [J]. Chemical Engineering and Processing: Process Intensification, 48 (11 - 12): 1517 - 1526.

BLOCHER C, DORDA J, MAVROV V, et al., 2003. Hybrid flotation - mem - brane filtration process for the removal of heavy metal ions from wastewater [J]. Water Research (37): 4018 - 4026.

LIU C H, CHEN J C, 2004. Effect of ammonia on the immune response of white shrimp *Litopenaeus vannamei* and its susceptibility to *Vibrio alginolyticus* [J]. Fish & Shellfish Immunology (16): 321 - 334.

CAMPOS J L, OTERO L, FRANCO A, et al., 2009. Ozonation strategies to reduce sludge production of a seafood industry WWTP [J]. Biore - source Technology, 100 (3): 1069 - 1073.

RA C S, LAU A, 2010. Swine wastewater treatment using submerged biofilm SBR process: enhancement of performance by internal circulation through sand filter [J]. J Environ Eng, 136 (6): 585 - 590.

CHEHREGANI A, NOORI M, YAZDI H L, 2009. Phytoremediation of heavy metal - polluted soils: screening for new accumulator plants in Angouran mine (Iran) and evaluation of removal ability [J]. Ecotoxicology and Environmental Safety, 72 (5): 1349 - 1353.

CHENG W, LIU C H, CHEN J C, 2002. Effect of nitrite on interaction between the giant freshwater prawn macrobrachium rosenbergii and its pathogen Lactococcus garvieae [J]. Disease of Aquature Organisns (50): 189 - 197.

CHENG Y, JUANG Y, LIAO G, et al., 2010. Dispersed ozone flotation of Chlorella vulgaris [J]. Bioresource Technology, 101 (23): 9092 - 9096.

CHENG Y, JUANG Y, LIAO G, et al., 2011. Harvesting of scenedesmus obliquus FSP - 3 using dispersed ozone flotation original research Article [J]. Bioresource Technology, 102 (1): 82 - 87.

COLT J, Watten B, 1988. Applications of pure oxygen in fish culture [J]. Aquacultural Engineering (7): 397 - 441.

DAVIS T A, VOLESKY B, MUCCI A, 2003. A review of the biochemistry of heavy metal biosorption by brown algae [J]. Water Research (37): 4311 - 4330.

DU X, HAN Q, LI J, et al., 2017. The behavior of phosphate adsorption and its reactions on the surfaces of Fe - Mn oxideadsorbent [J]. Journal of the Taiwan Institute of Chemical Engineers (76): 167 - 175.

ENCAI O, ZHOU J J, MAO S C, et al., 2007. Highly efficient removal of phosphate by lanthanum - doped mesoporous SiO$_2$ [J]. Colloids Surf A Physico - chem Eng Aspects (308): 47 - 53.

FOX L J, STRUIK P C, APPLETON B L, et al., 2008. Nitrogen Phytoremediation by Water Hyacinth (*Eichhornia crassipes* (Mart.) Solms) [J]. Water Air Soil Pollut (194): 199 - 207.

GRAY S, KINROSS J, READ P, et al., 2000. The nutrient assimilative capacity of maerl as a substrate in constructed wetland systems for waste treatment [J]. Water Research, 34 (8): 2183 - 2190.

GREINER A D, TIMMONS N B, 1998. Evaluation of the nitrification rates of microbead and trickling filters in an intensive recirculating tilapia production facility [J]. Aquacultural Engineering (22): 189 - 200.

HAGLUND K, UNDSTROM J, 1995. The potential use of macroalgae for removal of nutrients from sewage water in East Africa [J]. Ambio, 24 (7/8): 510 - 512.

HAMMAD D M C, 2011. Ni and Zn phytoremediation and translocation by water hyacinth plant at different aquatic environments [J]. Australian Journal of Basic and AppliedSciences, 5 (11): 11 - 22.

HU M H, YUAN J H, YANG X E, et al., 2010. Effects of temperature on purification of eutrophic water by floating eco - island system [J]. Acta Ecologica Sinica, 30 (6): 310 - 318.

HU Y, ZHAO Y, ZHAO X, et al., 2012. High rate nitrogen removal in an alum sludge - based intermittent aeration constructed wetland [J]. Environmental Science & Technology, 46 (8): 4583 - 4590.

HUANG L F, ZHUO J F, GUO W D, et al., 2013. Tracing organic matter removal in polluted coastal waters via floating bed phytoremediation [J]. Marine Pollution Bulletin (71): 74 - 82.

JAYAWEERA M W, KASTURIARACHCHI J C, KULARATNEA R K A, et al., 2008. Contribution of water hyacinth (*Eichhornia crassipes* (Mart.) Solms) grown under different nutrient conditions to Fe - removal mechanisms in constructed wetlands [J]. Journal of Environmental Management, 87 (3): 450 - 460.

JIANG X Y, WANG C H, 2008. Zinc distribution and zinc - binding forms in *Phragmites Australis* under zinc pollution [J]. Journal of Plant Physiology (165): 697 - 704.

KROUPOVA H, MACHOVA J, SVOBODOVA Z, 2005. Nitrite influence on fish: a review [J]. Veterinární Medicína, 50 (11): 461 - 471.

LAI L, XIE Q, CHI L, et al., 2016. Adsorption of phosphate from water by easily separable Fe_3O_4 @ SiO_2 core/shell magnetic nanoparticles functionalized with hydrous lanthanum oxide [J]. Journal of Colloid and Interface Science (465): 76 - 82.

LIN Y F, JING S R, LEE D Y, 2003. The potential use of constructed wetlands in recirculating aquaculture system for shrimp culture [J]. Enviromental Pollution (123): 107 - 113.

LU X M, KRUATRACHUE M, POKETHITIYOOK P, et al., 2004. Removal of cadmium and zinc by water hyacinth, eichhornia crassipes [J]. Science Asia (30): 93 - 103.

MICHELE A B, KEVIN C W, 2001. The fate of nitragenous waste from shrimp feeding [J]. Aquaealtuve (198): 79 - 93.

MISHRA V K, UPADHYAY A R, PANDEY S K, et al., 2008. Concentrations of heavy metals and aquatic macrophytes of Govind Ballabh Pant Sagar an anthropogenic lake affected by coal mining effluent [J]. Environmental Monitoring and Assessment (141): 49 - 58.

ODUM E P, 1971. Fundamentals of ecology [M]. Philadelphia: W. B. Saunders Company.

PANELLA S, CIGNINI I, BATTILOTTI M, et al., 1999. Ecodepuration performances of a small - scale experimental constructed wetland system treating and recycling intensive aquaculture wastewater [J]. Ann. New York Aca. of Sci. (879): 427 - 431.

PETERSON S B, TEAL J M, 1996. The role of plants in ecologically engineered wastewater treatment systems [J]. Ecological Engineering, 6 (1/2/3): 137 - 148.

QI W, YU Z, LIU Y, et al, 2013. Removal of emulsion oil from oilfield ASP wastewater by internal circulation flotation and kinetic models [J]. Chemical Engineering science, 91 (2): 122 - 129.

SIVACI A, ELMAS E, GUMUS F, et al., 2008. Removal of cadmium by myriophyllum heterophyllum michx. and potamogetoncrispus L. and its effect on pigments and total phenolic compounds [J]. Archives of Environmental Contamination and Toxicology (54): 612 - 618.

SOANA E, NALDI M, BARTOLI M, 2012. Effect of increasing organic matter loads on water features of vefetated and plant - free sediment [J]. Ecological Engineering (47): 141 - 145.

SOPHER C D, 2009. The utilization of ozone for treating vegetable processing lines [J]. Ozone: Science and engineering, 31 (4):309-315.

TILLEY D R, BADRINARAYANAN H, ROSATI R, et al., 2002. Constructed wetlands as recirculation filters in large—scale shrimp aquaculture [J]. Aquacultural Engineering (26): 81-109.

WANG J K, 2003. Conceptual design of a microalgae-based recirculating oyster and shrimp system [J]. Aquacultural Engineering, 28 (1/2): 37-46.

WANG L, WANG J, HE C, et al, 2019. Development of rare earth element doped magnetic biochars with enhanced phosphate adsorption performance [J]. Colloids and Surfaces A: Physicochemicaland Engineering Aspects (561): 236-243.

WANG Z, SHEN D, SHEN F, et al., 2016. Phosphate adsorption on lanthanum loaded biochar [J]. Chemosphere (150): 1-7.

WILINSKI P R, NAUMCZYK J, 2012. Dissolved ozone flotation as a innovative and prospect method for treatment of micropollutants and wastewater treatment costs reduction [J]. 12th edition of the World Wide Workshop for Young Environmental Scientists, Arcueil, 1-7.

YAN L, YANG K, SHAN R, et al., 2015. Kinetic, isotherm and thermodynamic investigations of phosphate adsorption onto core-shell Fe_3O_4@LDHs composites with easy magnetic separation assistance [J]. Journal of Colloid and Interface Science (448): 508-516.

ZHANG L, LIU J, GUO X, 2018. Investigation on mechanism of phosphate removal on carbonized sludge adsorbent [J]. Journal of Environmental Sciences (64): 335-344.

ZHAO F L, XI S, YANG X E, et al., 2012. Purifying eutrophic river waters with integrated floating island systems [J]. Ecological Engineering (40): 53-60.

ZHOU C F, AN S Q, JIANG J H, et al., 2006. An in vitro propagation protocol of two submerged macrophytes for lake revegetation in east China [J]. Aquatic Botany (85): 44-52.

ZHU C, 1999. An experimental study on nitrification biofilms performances using a series reactor system [J]. Aquacultural Engineering (23): 245-259.

ZLOKAMIK M, 1998. Separation of activated sludge from purified wastewater by induced air flotation (IAF) [J]. Water Research (32): 1095-1102.